经典译丛·光学与光电子学

集成光学理论与技术

（第六版）

Integrated Optics: Theory and Technology
Sixth Edition

［美］ Robert G. Hunsperger 著

叶玉堂 李剑峰 贾东方 等译

電子工業出版社
Publishing House of Electronics Industry
北京·BEIJING

内 容 简 介

本书是集成光学方面的一本经典著作,全书共 22 章,重点论述了集成光学用光波导、耦合器、调制器、激光器、探测器等光电子器件的工作原理及制作工艺,介绍了聚合物和光纤集成光学、量子阱器件、微光机电器件、光子与微波无线系统、纳米光子学等前沿研究,概述了集成光学的应用和发展前景。各章重点阐述物理概念和工程计算,避开复杂的数学推导,理论精辟,内容新颖,简明扼要,深入浅出。每一章末尾列出了主要参考资料,并附有习题。

本书可作为光电子、光电集成、光学工程、电子科学与技术、通信、电子工程等专业或领域的研究生或高年级本科生的教材,也可以作为相关科学技术人员的参考读物。

Translation from the English language edition:
Integrated Optics:Theory and Technology, Sixth Edition
by Robert G. Hunsperger

Copyright ⓒ Springer Science + Business Media, LLC, 1982, 1984, 1991, 1995, 2002, 2009
All Rights Reserved.

Authorized Simplified Chinese language edition by Publishing House of Electronics Industry. Copyright ⓒ 2016.

版权贸易合同登记号　图字:01-2010-0522

图书在版编目(CIP)数据

集成光学理论与技术:第六版/(美)亨斯珀格(Hunsperger, R. G.)著;叶玉堂等译.
北京:电子工业出版社,2016.8
(经典译丛·光学与光电子学)
书名原文:Integrated Optics:Theory and Technology, Sixth Edition
ISBN 978-7-121-29431-0

I.①集… Ⅱ.①亨… ②叶… Ⅲ.①集成光学-高等学校-教材 Ⅳ.①TN25

中国版本图书馆 CIP 数据核字(2016)第 167928 号

策划编辑:马　岚
责任编辑:马　岚
印　　刷:三河市华成印务有限公司
装　　订:三河市华成印务有限公司
出版发行:电子工业出版社
　　　　　北京市海淀区万寿路 173 信箱　邮编　100036
开　　本:787×1092　1/16　印张:22　字数:563 千字
版　　次:2016 年 8 月第 1 版(原著第 6 版)
印　　次:2019 年 4 月第 2 次印刷
定　　价:79.00 元

凡所购买电子工业出版社图书有缺损问题,请向购买书店调换。若书店售缺,请与本社发行部联系,联系及邮购电话:(010)88254888,88258888。

质量投诉请发邮件至 zlts@phei.com.cn,盗版侵权举报请发邮件至 dbqq@phei.com.cn。

本书咨询联系方式:classic-series-info@phei.com.cn。

译者简介

叶玉堂 电子科技大学教授、博士生导师;1970 年本科毕业于北京大学物理系;1981 年获电子科技大学工学硕士学位,1986 年作为访问学者由国家教委选派到美国 Delaware 大学留学。已在 *Appl. Phys. Lett.*、*Rev. Sci. Instrum.*、《物理学报》《光学学报》等国内外重要学术期刊和学术会议发表学术论文 270 余篇,其中 SCI 收录 30 余篇,EI 收录 140 余篇,最多单篇下载已超过两千次,最多单篇引用上百次;已完成或在研课题共计 50 余项,获授权专利近 50 项,其中绝大多数为发明专利;获四川省科技进步奖、电子部科技进步奖和成都市科技进步奖共 8 项;出版专著、教材、译著共 4 本,其中《幾何光學/Principle of Optics》经中国台湾"国立交通大学"陈浩中教授译成繁体字后在国际范围发行;培养博士、博士后近 20 名,硕士 100 多名。

李剑峰 博士,教授、博士生导师。2003 年于四川大学物理科学与技术学院获光学专业博士学位,同年进入电子科技大学光电信息学院任教。2011 年 5 月至 2012 年 5 月在澳大利亚悉尼大学从事访问研究。2013 年 3 月至 2015 年 3 月在英国阿斯顿大学任研究员。2011 年、2013 年和 2014 年分别入选"欧盟 FP7 玛丽居里学者","教育部新世纪优秀人才计划"和"四川省千人计划"。现主要从事非线性光纤光学、光纤激光及光纤传感、集成光学的教学和科研工作。自 2008 年以来,一直主讲"光纤光学"的硕士、博士研究生课程和"物理光学"的本科生课程。作为项目负责人和研究骨干主持了自然科学基金、国家 863 计划、总装备部预研、中国博士后特别资助项目等科研课题 20 余项。为 IEEE 高级会员,中国光学工程学会委员、中国宇航学会光电专委会委员。近 5 年来以第一或通信作者发表 SCI 收录期刊 40 余篇,申请国家发明专利 12 项,并为 21 个国内外重要刊物的审稿人。

贾东方 博士,副教授,博士生导师。2002 年于天津大学精密仪器与光电子工程学院获物理电子学专业工学博士学位,同年进入天津大学仪器科学与技术博士后流动站从事博士后研究工作,2004 年出站后留校任教。现主要从事光纤通信与光纤传感、非线性光纤光学、集成光学的教学和研究工作。自 2005 年以来,一直主讲"非线性光学""光脉冲技术"硕士、博士研究生课程和"光纤通信及系统""集成光学""光通信实验"本科生课程。作为项目负责人或研究骨干主持或参加了国家自然科学基金、国家 973 计划、天津市自然科学基金、天津市科技攻关培育项目等科研课题 10 余项。近 10 年来,以第一作者(通信作者)在国内外重要期刊和国际会议上发表论文 30 余篇,翻译出版国外著名教材和专著多部,总计 600 多万字。

Preface to the Chinese Edition

This book is an introduction to the theory and technology of integrated optics and photonics for graduate students in electrical engineering, and for practicing engineers and scientists who wish to improve their understanding of the principles and applications of this continually growing field. This growth has been driven mainly by the vast expansion of worldwide telecommunications and data transmission networks, which has created a strong demand for inexpensive, yet efficient and reliable, integrated optic components. Nowhere has this growth been more apparent than in the Peoples Republic of China. As a result, I believe, there has been much interest in this book among the scientists and engineers of China, dating back to its first publication in 1982.

Over the years the book has been updated with new editions about every five years to include new areas of the general field of integrated optics and photonics that have gained prominence. A total of six new chapters have been added to the original sixteen of the first edition. The most recent, Chapter 22 Nanophotonics, describes the progression from micrometer – sized elements to those with dimensions on the order of nanometers, such as quantum wires, quantum dots and photonic crystals.

I have been fortunate to be able to visit China, first in 1985 and later in 2006, to discuss progress in integrated optics with professors and students from a number of universities. They were very gracious hosts, and I formed many solid friendships, particularly with Professor Shuqi Liu and Professor Yutang Ye at the University of Electronic Science and Technology of China (UESTC) in Chengdu. Also I was very pleased to learn that Professor Yutang Ye and his colleague Dr. Jianfeng Li, of that university, had been chosen to manage the translation procedure and quality for this edition. I have enjoyed working with them to facilitate its production. Because of the publication of the Chinese version of my book, I believe that there will be more readers in China. The efforts the translators and China Publishing House of Electronics Industry have made are sincerely appreciated.

Newark, DE

April 2010

R. G. Hunsperger

本书主要介绍了集成光学和光电子学的理论和技术，它适合电子工程专业的研究生以及希望对这一持续发展领域的原理和应用有更深理解的在业工程师和科学家。全世界电信和数据传输网络的大量扩展，产生了对廉价、高效、可靠集成光电器件的强烈需求，从而推动了集成光学的发展。中国在这方面的发展最为显著。因此，我相信，很多中国科学家和工程师对本书的浓厚兴趣应该可以追溯到 1982 年本书在中国的首次出版。

这些年来，本书一直与时俱进，大约每隔 5 年都会有更新的版本问世，以增加最近几年集成光学和光子学中长足发展的新领域。最初的第一版含 16 章，总计已经新增 6 章。最近新增的第 22 章纳米光子学主要介绍量子线、量子点和光子晶体一类微纳元件的进展。

我有幸于 1985 年和 2006 年先后两次访问中国，与几所大学的教授和学生交流集成光学的进展。他们都非常热情好客，我还结识了很多真诚的朋友，尤其是中国电子科技大学的刘树杞教授和叶玉堂教授。得知叶玉堂教授和他的同事李剑峰博士负责这一版的翻译进程及质量管理，我非常开心。我很高兴与他们一起推动中文版的面世。由于中文版的出版，我相信我的书在中国会有更多的读者。在此，我要对本书的翻译人员和中国电子工业出版社所付出的努力表示由衷的感谢。

译 者 序

集成光学是在薄膜工艺、微波理论和激光技术的基础上形成的,它不仅是现代光电子学一个新兴的重要分支,而且还是一门涉及诸多学科领域的高新技术。从理论、工艺、材料、结构到性能水平,集成光学都在迅猛发展;从军事到民用,其应用领域正日益扩展。

R. G. Hunsperger 教授的 *Integrated Optics:Theory and Technology* 一书是一部具有世界影响的名著。1985 年,Hunsperger 教授应邀到电子科技大学讲学(听众含西安电子科技大学等相关院校部分师生),讲授的就是这本书;早在 1983 年,该书第一版就由电子科技大学刘树杞教授、蔡伯荣教授和陈铮教授翻译成中文,在国内出版发行;而且,历来以基础理论、教材建设见长的前苏联以及从前苏联解体独立出来的乌克兰已分别在 1985 年和 2003 年先后将该书第二版和第五版翻译成俄文和乌克兰文,在前苏联和乌克兰出版发行。2009 年,Springer 出版社推出该书第六版,增加了纳米光子学等不少新的内容,我们认为很有必要将它介绍给中国读者。

本书由电子科技大学的叶玉堂教授组织翻译并负责全书翻译的进程及质量管理,全书由电子科技大学和天津大学的老师们共同完成翻译工作。其中,电子科技大学的刘霖博士翻译第 1 章至第 3 章,范超博士翻译第 4 章至第 7 章,焦世龙博士和张静博士翻译前言、第 19 章至第 22 章,乔闹生博士校对整理了部分译稿,李剑峰博士翻译第 8 章、第 17 章和第 18 章、目录及索引并负责全书统稿。天津大学的贾东方博士翻译第 9 章至第 16 章。

需要说明的是,书中"组份"一词表明三元或四元合金的化合物半导体中各组成元素所占的相对份额,而"组分"只说明构成元素,不涉及元素相对份额。本书中的变量和函数等符号均采用英文原版书的字体。

要特别提及的是,R. G. Hunsperger 教授为我们提供了英文版的文档资料,为我们的翻译工作提供了不少便利。我们真诚感谢 Hunsperger 教授对于本书的翻译、出版所给予的支持和帮助!

由于译者水平有限,错误或疏漏在所难免,恳请读者不吝指正。

第六版前言

在过去七年里,集成光学又有了很大的发展。集成光子器件的尺寸减少了几个数量级。之前本书各章的内容属于微米光子范畴,因为涉及了光子和微米级物理结构的相互作用。某些光栅和量子阱的周期在 100 nm 数量级,是两个例外。由于制造技术的进步,已能制造量子线、量子点、全息光学元件(HOE)和光子晶体(PhC)之类的纳米尺寸结构。这些新型器件使光集成回路在尺寸和性能两方面都得到极大的提升。

为反映上述新的进展,第六版新增了一章:纳米光子学,其重要主题是光子和电子的约束限制、光子晶体和纳米器件,还阐述了纳米结构的制作技术和评价标准。为增加一些新的参考文献,反映新的进展,其他篇章都做了更新。各章都附有练习题,并有更新的习题解答手册可用。[①]

R. G. Hunsperger

2009 年 3 月于 Newark

---

① 采用本书作为教材的授课教师,可邮件联系 malan@ phei.com.cn 获取本书相关教学资源。——编者注

第五版前言

自从第四版出版后，集成光学在一些新的领域又取得了很多重大成果。电信行业继续组建光纤网络，不仅在主干网中使用，而且将光纤波导引入到了办公室和家庭。光纤的广泛应用，产生了对于性能卓越、价格低廉的光放大器、耦合器和光开关的广泛需求。掺铒光纤放大器（EDFA）以及用玻璃和聚合物材料制作的耦合器和光开关满足了上述需求。把微机械元器件和光器件、电子器件集成在一起的新系统已研制成功，被称为微光机电系统（MOEM 或 MEM）。最近发现，光电子器件和光集成回路还可以用于无线系统，该类系统中将光纤用于长距离信号传输，而以射频和微波收发机完成与用户的终端连接。

为反映上述新的进展，第五版增加了聚合物和光纤集成光学、光放大器、微光机电器件（MEM）和无线系统中的光电器件等新的四章。为增加一些新的参考文献，反映新的进展，对其他章节也都做了更新。新增的几章都含附加练习题，并有更新的习题解答手册可用。

作者衷心感谢 Liu Wei 博士帮助阅读版面校样并核定一些必要的修订内容。

R. G. Hunsperger
2002 年 3 月于 Newark

第四版前言

为更新早期版本中的资料，并增加介绍最新涌现的新技术，有必要再次推出新的版本。为收编新的进展，也为与增加的参考文献合并，本版对所有篇章都做了修订。

在过去几年中，世界范围的远程通信和数据传输网络得到了极大的扩展。很多地方已经实现了光纤到户和综合业务数字网络（ISDN）。现在很多人都登录因特网和全球信息网。网络的快速发展产生了对廉价、高效、可靠的集成光学器件的强烈需求，如信号分路器、耦合器和复用器。由于这些需求，在用聚合物材料和玻璃制作器件方面已做了大量工作。本书中在相应的篇章增加了对这些器件的介绍。

此外还增加了一些新的练习题，且有一个更新的习题解答手册可用。早期版本前言中提到的补充资料授课录像带仍然可用。如需要这些补充资料，可以直接函告作者。

作者感谢 Barbara Westog 女士在新材料的组织和修订稿的录入方面所给予的帮助。

R. G. Hunsperger

1995 年 7 月于 Newark

第三版前言

集成光学的持续快速发展，使得有必要推出第三版来更新早期版本中的内容。为反映该领域的最新进展，修订了所有篇章，且新增一章以阐述新发明的量子阱器件这一重要主题。这些发展很可能会显著提高激光器、调制器和探测器的性能水平。

阐述了运行在长波长 1.3 μm 和 1.55 μm 的单模系统这一通信发展趋势，并提供一些最新研发的器件和系统的图片为证。关于此事，给出了铟镓砷磷（InGaAsP）器件和光集成回路更宽的覆盖范围，还介绍了分子束外延（MBE）和金属有机化学气相沉积（MOCVD）等技术的新进展。本书也阐述了铌酸锂混合光集成回路的广泛发展，特别地，这一进步促成了第一个商用光集成回路的诞生。

增加了一些新的练习题。有一个更新的练习题解手册可用，对早期第一版前言中提到的补充资料授课录像带已做了扩展和更新。如需要这些补充资料，可以直接函告作者。

作者感谢 Garfield Simms 先生为这版创作了一些新的插图，感谢 Barbara Westog 女士录入了修改稿。

R. G. Hunsperger

1991 年 1 月于 Newark

第二版前言

我们编著本书的意愿是要提供一本两全其美的教材:作为集成光学的导论性课程,教材内容要足够全面;为了便于在业工程师概览领域全貌,数学公式的推导要足够简洁。对第一版的反映确实令人满意,由于不同寻常的强烈需求,首版书在出版发行的第一年就销售一空,因此使得我们有机会较早地进行更新和改进,推出第二版。

这一进展是很幸运的,因为集成光学是正在高速发展的领域,经常有大量创新研究的报道。因此,为审视近期的成果,也为了给相关的技术文献提供更多的参考资料,新增加了一章(第17章)。在第一版一些篇章的最后增加了共计35个新的练习题。除简要的更新修正和印刷勘误之外,第1章到第16章基本上没有变化。

为能不中断对以这本书作为教材的人们供书而导致的时间仓促,所以只能在第17章增加一些新的参考文献并简要介绍近期进展。然而,我们希望在下一版对不断的技术进步提供更加详细的阐述。

作者在此感谢 Mark Bendett 先生、Jung-Ho Park 先生和 John Zavada 博士为本版在印刷错误的校正和新练习题的拓展方面颇有价值的帮助。

R. G. Hunsperger

1983 年 12 月于 Newark

第一版前言

本书主要介绍集成光学的理论和技术，它适合电子工程专业的研究生以及希望对这一快速发展的高新领域的原理和应用有更深理解的在业工程师和科学家。

所谓集成光学，就是以光波导光纤代替人们熟悉的电线电缆、以光集成回路（OIC）取代传统的集成电路的新一代光电系统。在光集成回路中，承载信号的是光束而不是电流，且衬底母片上的各种回路原件通过光导波实现互连。集成光学系统的优点有：重量更轻、频带更宽（复用能力）、抗电磁干扰能力强、信号传输损耗低。

自 20 世纪 60 年代末开始，集成光学领域就已经做了大量的工作，因而在学术会议和参考书中，光纤光学和光集成回路通常都是分开来处理的。作者认为，由于两个领域密切相关，这种分离是不合适的。然而，不可否认，那样做也是为了实际需要。因此，本书第一章概述集成光学的整个领域，使光集成回路与光纤光学研究的进展相联系。最后一章给出了光纤和光集成回路的具体应用实例。其他章节详细研究了光集成回路的现象、器件和技术。

最初是 1975 年在南加利福尼亚大学、后来在特拉华大学，讲授研究生单学期课程集成光学，本书系根据该课程的讲稿整理而成。该课程已录制成一个系列共 20 盘彩色录像带，可与此书一起用于课程自学。有各章末所附习题的解答可用。如果需要上述补充材料，请直接函告作者。

作者感谢为本书的出版做出贡献的所有人。尤其要感谢 T. Tamir 博士，在书稿完成的整个过程中，他提出的关键问题和建设性建议对我颇有帮助。衷心感谢 H. Lotsch 博士对我持续的支持和鼓励。Anne Seibel 女士和 Jacqueline Gregg 小姐合格高效的书稿录入促成本书的及时出版，在此一并致谢。

R. G. Hunsperger

1982 年 4 月于 Newark

目　　录

第1章 导　论

自从 20 世纪 60 年代初激光的发展第一次提供了稳定的相干光源以来，加载信号的传输与处理手段已经由电流或无线电波发展到光束，这引起了人们极大的兴趣。激光束可以通过空气传播，但是随着大气的不断变化会引起通道光学特性的相应改变。在棱镜、透镜、反射镜、电光调制器和探测器等光学器件帮助下，激光光束也可以用于信号处理。但是，这些设备往往体积庞大，将占用边长达数米的实验台，而且还必须安置在防震底座上。这样的系统在实验室条件下是容许的，但是对实际应用却很不理想。因此，在 20 世纪 60 年代后期，"集成光学"的概念开始被广泛提及。随着光纤代替导线和无线电线路，成为不用穿过空气的光路；传统的集成电路也被小型化的光集成回路（或集成光路，OIC）或光子集成回路（PIC）所代替，"集成光学"得到了快速的发展。

对于集成光学的早期历史的综述，读者可以参考 Tamir[1] 和 Miller 等人[2] 编著的书籍。20 世纪 70 年代后期，随着若干新材料与新工艺的涌现，集成光学正式地由实验室走入实际应用中。这些新工艺与新材料主要包括：低损耗光纤和接头的发展、可靠的连续波（CW）GaAlAs 和 GaInAsP 激光二极管的问世，以及能制作亚微米线宽的光刻微加工新技术。20 世纪 80 年代，在远程通信领域，光纤大量取代金属导线，许多制造商开始生产适于各种应用的集成光路。20 世纪 90 年代，在电信与数据传送需求的推动下，光纤已扩大到一些系统用户环路，为多通道语音、视频和数据信号传输提供极宽的带宽。全球范围的通信和数据交换通道已由计算机网络（例如因特网等）提供。我们正在发展所谓的"信息高速公路"。这项技术的实施为 21 世纪初先进的集成光学器件和系统的发展提供了持续的动力。

制备方法的有效改进是近几年推动新的集成光学器件发展的另一技术进展。涉及微米尺寸的微技术已发展为纳米技术，纳米尺寸的器件能常规制作。在本书的第 22 章中，将专门介绍这种纳米光子学的新领域，其中包括光子晶体的制造。

因为集成光学领域极为广阔，尽管光纤和集成光路是密切相关的，实际上通常却把它们视为两个分开的研究领域。例如，1972 年 2 月，在由美国光学学会组织的第一届集成光学会议上[3]，按照规划，一直是包括光纤和集成光路两方面会议议题的，但是，到 1974 年 2 月举办第二届会议时[4]，关于光纤的文章就只有 2 篇了[5, 6]。再后来，在每两年一次的集成光学会议上，就只剩下集成光路方面的论文了。本书的主要内容将集中在集成光路方面，但为了对所讨论的主题有正确的看法，首先考虑光纤和集成光路混合系统的优点。

同常规的电学方法相比，在信号传输和处理方面，集成光学方法在质量指标和成本两方面是具有明显优势的。之所以首先在本章中对于这些优点进行阐述，主要是为了能够更加深入地理解集成光学发展的重要价值；同时，在本章中，也对最具优势的集成光路衬底材料，以及应该采用混合集成还是单片集成这两个基本问题进行了阐述。

1.1　集成光学的优点

图 1.1 展现了一种设想应用在光通信中的光纤集成光路的系统设计图。图 1.1 可以清晰

地表明,与同类型电学系统相比,光纤集成光路系统具有许多突出的优点。发送机与接收机是这个系统最为重要的部分,被分别制作在一个集成光路芯片上,并通过光纤实现两者之间的有效连接。在后面的章节中,将对系统中的这些基本器件进行详细阐述,现只对它们的一般功能进行简单介绍。系统采用的光源是以不同波长λ_1和λ_2发射的分布式反馈(DFB)集成激光二极管。为了简明起见,只画了两个二极管,但在实际应用的系统中,往往会使用上百个。光纤内可以同时传输许多信号,又称为"多路复用",主要是因为每个激光器所发射的光波长是不同的,在波导内传输时,可以互相不受影响,通过基本上独立的光"载"波传输。在接收机里,通过适当的波长选择滤波器,可以对这些信号进行选择,并按规定路线发送到不同的探测器。对于光信号的外差式探测,附加的激光二极管可以在接收机中作为本机振荡器(LO)。现在先介绍图 1.1 所示的光纤连接的优点。

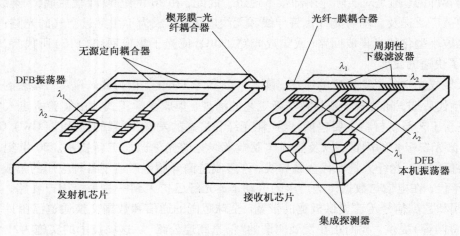

图 1.1　用于光通信的单片集成光学系统

1.1.1　光纤同其他连接的比较

多年来,通过金属导线或者通过空气的无线电连接已经成为包括集成电路在内的电路系统的标准连接方法。但事实上,与这些常规方法相比,光纤连接具有许多明显的优点。为了便于参考,将其中最重要的优点列于表 1.1 中,并在下面进一步讨论。

对于现代的电子系统,无论是航空通信系统还是地面通信系统,往往会在相当长的距离上架设成捆的导线。同时,这些导线也起到了接收天线的作用,外来信号的干扰,往往是通过包围导线的电磁场感应而产生的。这些电磁场可以来自邻近导线的杂散场,也可能是周围环境中的无线电波,甚至是核爆炸过程中释放的 γ 射线。但在许多实际应用中,这些干扰会造成许多麻烦,例如在机载雷达、导弹制导、高压输电线故障检测和多通道远程通信等应用中,极为重要的是确保这些系统能够在有严重电磁干扰的情况下连续正常运行。自然地,我们可以采用与同轴电缆相同的处理方式,将金属导线屏蔽。但是金属的屏蔽层会增加重量,成本昂贵,并且产生限制频率响应或带宽的寄

表 1.1　光纤连接的比较评估

优点:
1. 抗电磁干扰(EMI)
2. 没有电的短路或接地回路
3. 在易燃的环境中确保安全
4. 确保不受监听
5. 低损耗传输
6. 大的带宽(即多路复用容量)
7. 尺寸小,重量轻
8. 价廉,有丰富的材料来源

主要缺点:
电力传输困难

生电容。光纤在这方面的优势无与伦比,对大多数形式的电磁干扰具有固有的抵抗力,因为在光纤中,不存在由杂散电磁耦合感应产生电流的金属导线。此外,对于不希望有的光波,可以很方便地用不透明的涂层覆盖光纤(或光纤束),起到隔绝的作用。因为每个纤芯都被包层包围,而光导波场是难以透过包层的,因此,在光纤束中相邻光纤所载信号之间的"串扰"或干扰,也被压到了最低限度。光导波对于电磁干扰所具有的抵抗力,成为了在许多应用中宁可采用光纤而不用导线或电缆连接的充分理由。除此之外,使用光纤还具有不少其他的优点。

例如,光纤可以扎成密集的一束且能穿过金属管道而不必顾及电的绝缘问题,因为与金属导线不同,光纤中没有电流流过,所以不会出现电的短路。再如,光纤本身的绝缘性质排除了使用昂贵的隔离变压器,因此,在高电压应用中,例如,从电力传输线和开关装置发送遥测数据以及把控制信号输入,光纤连接特别有用。另外,在易燃或易爆的环境中,光纤应用也具有优势,因为光纤断裂时不产生火花。

在军事和其他要求高度机密的应用中,光纤能比有线电或无线电通信线路提供更强的防窃听或监视能力。这是因为没有电磁场延伸到光纤外面,从而无法用探测环路或天线获取窃听信号。要从光纤窃听信号,必须划破光纤的包层,这就很难做到既不破坏光纤内光波的传输,又可以达到探测的目的,所以这样就容易采取适当的反窃听措施。

光纤最重要的优点之一是可以将光信号在极长的路程上进行低损耗传输,不使用光放大器,可以以超过 40 Gbps 的传输速率传输 100 km 以上。通过密集波分复用(DWDM)技术和掺铒光纤放大器(EDFA)技术,以 1800 Gbps 的传输速率,即 180 个 10 Gbps 的通道,传输距离超过 7000 km[7],即使采用相对便宜的商用多模光纤,损耗也可以减少到小于 2 dB/km,单模光纤的损耗通常可以小于 0.2 dB/km。光纤中的损耗相对于频率无关,而其他连接的损耗则随频率的增加而迅速增加。例如,图 1.2 所示的数据表明,在航空电子系统中常用的对绞电缆,当调制频率超过大约 100 kHz 时其损耗大大增加。同轴电缆用于较短路程的传输虽然损耗大,却可用于大约 100 MHz 的频率,但是超过这个频率,损耗就太大了,如图 1.3 所示。通过比较可以看出,即使频率高达 10 GHz,光纤中的衰减并不显著。光纤可以传输信号的最大频率不是受衰减本身的限制,而是间接地受色散现象的限制。

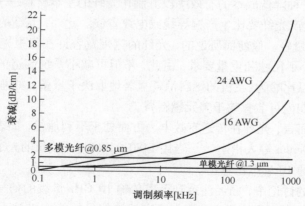

图 1.2   光纤中的衰减与对绞电缆中的衰减比较

目前最廉价的适用光纤是多模光纤,在其中,光波同时以许多不同的光学模式传输。因为不同模式具有不同的群速度,所以沿多模光纤传输的光脉冲被展宽。这个时域脉冲展宽变换到频域，对于目前可以得到的光纤产生大约 1 GHz-km 的相应带宽-距离积。当然，使用单模光纤可以避免模式色散，在单模光纤中芯径做得很小(对于可见光或近红外波长小于 10 μm)，以截止高阶模的传输。在这种情形下，带宽只受到材料色散或者纤芯折射率随波长变化的限制，并且已经实现以 1800 Gbps 的传输速率传输超过 7000 km[7]。可惜，单模光纤比多模光纤的成本高得多，而且耦合和连接问题由于小芯径而大大地加重了。另一个方法是使用渐变折射率的多模光纤，其纤芯的折射率从轴线处的最大值逐渐变到与包层界面处的最小值。折射率的这种渐变使模式色散效应平均化，它可以用来生产 3 GHz-km 带宽-距离积[8~10]的多模光纤。

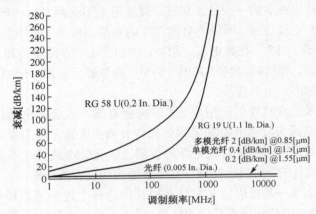

图 1.3　光纤中的衰减与同轴电缆中的衰减比较

在大多数应用中，光纤的宽带宽并不用来传输同样带宽的单个信号，而用于在同样的光载波上多路传输具有窄带宽的多个信号。这种多路传输的容量，再联系到光纤直径要比同轴电缆一般小数百倍，这意味着在使用光纤时单位横截面的通道数目可增大 10^6 的量级。当空间受限制时，像在飞机、船舶、大城市马路下导线管或海底电缆的空间条件，这是极为重要的问题。

上面说明了光纤比金属连接在性能上有许多优点。然而，在许多应用中用光纤代替铜导线或金属波导，也是一种降低成本的有效手段。制作光纤的基本材料——玻璃和塑料，要比铜丰富和便宜，这样，生产光纤要比生产铜导线或电缆省钱。此外，光纤的直径比同轴电缆小数百倍，因而体积小、重量轻。像前面所说的，光纤的宽带宽容许在每根光纤中多路传输上百个通道，从而进一步减小了尺寸和重量要求，由此，不但可减小系统制造的成本，而且可以明显减少运行费用。这可以比喻为：飞机的燃料消耗显著地取决于重量，如总重量减少几百磅即意味着在整个飞机使用期内可节省数千美元燃料费。

相对于金属导线而言，光纤在传送有效电力方面处于不利地位，如表 1.1 所示。然而，这并非没有可能实现。Dentai 等人指出[11]，当用 1480 ~ 1650 nm 波长的光通过光纤照明时，获得了长波长光电转换器的 10 V 电压输出。

在光纤各种优点的讨论中，已经注意到可以传输 10 GHz 量级的信号带宽。然而，如果不同时具备发生和处理这种信号的能力，那么只有传输信号的能力仍是不够的。集成电路很少希望在几吉赫(GHz)以上的频率下工作，因为导线或其他形式的金属连接元件不可避免地具有与它们相伴随的杂散电感和电容，这些就限制了频率响应。于是，研究发展集成光路的概念，使信息由光束传输，具有重要意义。

1.1.2　集成光路与集成电路的比较

集成光路在与其相对应的集成电路,或者较大的分立元件组成的常规光信号处理系统做比较时显示了许多优点。集成光路的主要优点列举在表 1.2 中。

集成光路具有同光纤一样大的特征带宽,因为在两种情形中载体都是光波而不是电流,这样可以避免电容和电感的频率限制效应。具有与光纤相匹配带宽的实际集成光路的设计和制作,尽管原则上是可行的,但是还需要若干年的工艺发展。然而,集成光路的许多实际应用已经实现(参见第 20 章),前途是大有希望的。

采用图 1.1 所示的频分多路复用方案,应该有可能在一个光波导通道上多路复用许多信号。Rabon 等人报道了这种形式的 16 通道 InP 衬底上的电吸收调制 DFB 激光发射器[12]。将许多光信号耦合到一个波导中,可以方便、高效地

表 1.2　集成光路的评价比较
优点:
1. 增加带宽
2. 扩展频率,波分多路复用
3. 低损耗耦合器,包括汇流通路型
4. 扩展的多端开关(端点数,开关速度)
5. 较小的尺寸、重量,较低的功耗
6. 成批制造的经济性
7. 改善可靠性
8. 改善光学对准,免于震动
缺点:
新制造技术的发展成本高

通过集成光路完成,像图 1.1 所示的双通道定向耦合器已经证实具有接近 100%[13] 的耦合效率。用大的分立部件,如合并抽头,以同样的汇流通路形式耦合到一光纤波导中,则每个插入将至少有 1 dB 的损耗[14]。

除了能把许多信号耦合到一个波导之外,集成光路还可用开关方便地把信号从某个波导开通到另一个波导,如图 1.4 所示,这能够用电光开关来实现。在双通道定向耦合器的通道顶部或通道之间沉积的金属电极,可以用来控制光功率的转移。这类电光开关已有许多不同的供应商[15]。

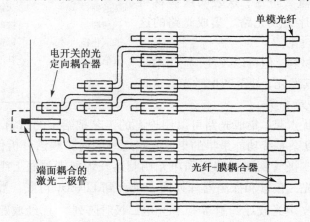

图 1.4　带有电光开关的集成光路树形定向耦合器

当集成光路系统同较大分立部件光学系统比较时,可以预料它具备像集成电路与用导线连接的分立元件电路相比时具有的同样优点。这些优点是尺寸小、重量轻和较低的功率要求,以及改善的可靠性和成批制造的经济性。此外,关于光学对准和对震动的敏感性,在分立部件光学系统中最困难的问题,在集成光路中方便地得到了控制。

所列举的集成光路和光纤连接的许多优点,曾被过誉为集成光学可以完全替代传统的电子学。然而,目前较客观的意见认为,比较可能的是集成光学系统将不断地提高,但并不能完全替代电子系统。发展集成光路工艺所需的成本相当高,但所得到的优良特性证明,这种耗费

是值得的。因为光纤波导不仅能改善传输性能，还可以降低成本，所以对于大多数信号传输可以很好地替代传统的导线和电缆。然而，它不能用于低频的电能传输，电力传输线极可能仍保持采用金属的。目前，集成光学仍然是正在迅速发展的领域，并且新的应用一定会随着工艺的改进而涌现出来。

1.2　集成光路的衬底材料

制作集成光路衬底材料的选择很大程度上取决于光路所完成的功能。在大多数情况下，集成光路可以由许多不同的光器件，如光源、调制器和探测器构成，没有一种衬底材料对于所有器件都是最佳的。因此，必须做出折中优化。如下所述，第一步要决定是选用混合集成方式还是单片集成方式。

1.2.1　混合集成与单片集成

集成光路有两种基本形式：一种是混合集成光路，它设法将两种以上的衬底材料结合在一起，使对于不同器件的性能最佳化；另一种是单片集成光路，所有器件使用单种衬底材料。因为大多数集成光路需要一个光源，所以单片集成光路只能制作在有源光学材料上，例如表1.3中的半导体。像石英或铌酸锂那样的无源材料作为衬底也是有用的，但是必须设法用光学或机械方法把外部光源，例如半导体激光器，耦合到衬底。然而，在最近几年，在掺铒或其他原子离子的玻璃、聚合物之类无源衬底材料光发射器和光放大器研制方面取得了重大进展，这表明这些材料有可能实际应用于单片集成光路。集成光路的这种类型将在第5章中讨论。

硅原本属于无源材料，但可以改性，应用纳米光子学技术，可以使其发光，甚至产生激光。这种硅发光元件将在第22章介绍。

表 1.3　集成光路的衬底材料

无源(不能发光)	有源(能发光)
石英	砷化镓
铌酸锂	镓铝砷
钽酸锂	镓砷磷
五氧化钽	镓铟砷
五氧化铌	其他 III-V 与 II-VI 族半导体
硅	
聚合物	

混合集成的主要优点是，集成光路可以用现有的工艺把给定的材料与最佳的器件拼合起来制成。例如，完成复杂系统功能最早的集成光路之一的射频频谱分析仪，就是把 GaAlAs 二极管激光器和硅光电二极管探测器阵列同声光调制器在铌酸锂衬底上组合起来[16~18]。用混合端接耦合方法把激光二极管和探测器阵列两者耦合到 LiNbO₃ 衬底。混合法能将 GaAlAs 异质结激光器[19]、LiNbO₃ 声光波导调制器[20]和光电二极管阵列[21]已经成熟的工艺结合起来。

虽然制作集成光路的混合法对于实现许多希望的功能提供了方便的途径，但它还是有缺点的，如把光路的各种元件合在一起的连接因为有震动和热膨胀而造成对准失配，或者甚至失败。还有，如果大批生产集成光路，单片法终究较为便宜，它可以采用自动化的批量生产工艺。在设计和开发的费用被回收以后，就能达到低的单片成本。为此，尽管第一批商用集成光路以混合集成方式研制，一旦工艺成熟，单片集成光路可能成为使用得最为普遍的类型。

1.2.2　III-V 与 II-VI 族三元系

大多数单片集成光路只能制作在形成光发射器的有源衬底上。这就基本上把材料的选择局限于半导体(如表 1.3 所列)。III-V(或 II-VI)族三元或四元化合物特别有用，因为这种材料的带隙可以通过改变元素的相对浓度在一个宽范围内改变。这个特点对于单片集成光路制作中基本问题的解决是十分重要的。半导体在与它们的带隙能量大约相应的波长处特征地发射光，它们也强烈地吸收波长小于或等于它们的带隙波长的光。于是，如果将光发射器、波导和探测器全都制作在单块半导体衬底上，例如 GaAs，那么从光发射器发出的光将在波导中被大量吸收，但在探测器中却不足以强烈地吸收。在集成光路的各种器件中，可以通过调节三元系或四元系材料的组分有效地消除这些效应，这将在后面几章详细讨论。

到目前为止，单片集成光路方面的大多数研究使用镓铝砷 $Ga_{(1-x)}Al_xAs$ 体系或镓铟砷磷 $Ga_xIn_{(1-x)}As_{(1-y)}P_y$ 体系，这些材料通常简单记为 GaAlAs、GaInAsP，它们具有许多优良性质，对集成光路的制作非常有用，其中最重要的性质列于表 1.4。通过改变各组分的原子份数，所发射的波长可以从 0.65 μm（对于 AlAs）变化到 1.7 μm（对于 GaInAsP）。GaAlAs 和 GaInAsP 还有相当大的电-光和声-光优值（品质因数），可用于光开关和调制器的制作。同其他 III-V（或 II-VI）族化合物相比，GaAlAs 和 GaInAsP 的广泛使用大大降低了它们的成本。GaAs 晶圆适合作为集成光路衬底，可以从许多供应商那里买到。

表 1.4　集成光路中 GaAs、GaAlAs 和 GaInAsP 的性质

透光性(μm)	$0.6 \sim 12$
辐射波长(μm)	$0.65 \sim 1.7$
晶格匹配	晶格失配可忽略，达到最小的应变
开关	电光和声光优值大
	$n_0^3 r_{41} \approx 6 \times 10^{-11}$ m/V　　$M = \dfrac{n_0^6 p^2}{\rho v_s^3} \approx 10^{-13}$ s^3/kg
工艺	外延、掺杂、欧姆接触掩模、刻蚀等都很成熟
成本	比其他 III-V（或 II-VI）族材料低

GaAlAs 工艺比其他 III-V 族三元系成熟，这有利于它的使用价值。它还有独特的性质，GaAs 和 AlAs 的晶格常数几乎相同（分别为 5.646 Å 和 5.66 Å[22]）。因此，Al 浓度大不相同的 GaAlAs 层可以外延生长在彼此的顶部，而只引起最小的界面晶格应变。这将在第 14 章中讨论，这点在多层异质结激光器的制作中特别重要。没有其他的 III-V 或 II-VI 族对具有像 GaAs 和 AlAs 那样匹配良好的晶格常数。结果，在这些材料中制作多层器件，界面应变是一个主要问题。尽管如此，对这些材料还是有许多研究，希望制造一种发射波长比用 GaAlAs 更长的光源，此目的导致了能生产发射波长在 1.3 μm 和 1.55 μm 的高效激光二极管的 GaInAsP 晶格匹配技术的发展

对 GaAlAs 和 GaInAsP 单片集成光路的研究已经制成了许多单片形式的光器件，然而，迄今为止集成的水平局限于每片上只有少量器件。许多单片集成的器件可工作得像分立的同类器件一样好，甚至更好。从迄今相当低的集成水平看，主要出于研究者个人的偏爱，而不是任何基本技术的限制。有些人情愿从事异质结激光器的研究，而另一些人则致力于波导或探测器的研究。这种专业化在早年是有利的，它导致在集成光路中所需的许多相当精致复杂的器件的创造和发展。这种器件例如异质结、分布式反馈激光器、声光波导调制器以及电光开关的定向耦合器等，是技术发展得相当好的例子。在最近几年内，一些研究者已转到把许多器件实际集成在一个衬底上。这已导致把激光器、调制器或开关、探测器结合起来[23~31]的一些基本的单片集成光路。这样的趋势无疑将在今后继续下去，并必然会产生更大规模的集成。

1.2.3 LiNbO₃ 混合集成光路

虽然单片集成技术已经取得了巨大进展，但因为其对制作技术的复杂要求，迟迟未能投入正常的商业运营。相比之下，LiNbO₃ 混合集成光路目前在市面上有着一定数量的供应商。这些混合集成光路相对比较简单，例如电光调制器、Mach-Zehnder 干涉调制器、电光开关、光纤放大器等，这些集成光路采用 LiNbO₃，具有宽透射波长范围、大电光系数和表 1.5 中列出的其他有益性能。

表 1.5 集成光路中 LiNbO₃ 材料的有用性质

透光性(μm)	$0.2 \sim 12$ μm 低损耗
辐射波长(μm)	不发光
开关	电光和声光优值大，$n_0^3 r_{33} \approx 3 \times 10^{-10}$ m/V $\quad M = \dfrac{n_0^6 p^2}{\rho v_s^3} \approx 7 \times 10^{-15}$ s³/kg
工艺	外延、掺杂、欧姆接触掩模、刻蚀等都很成熟
成本	比 GaAs 高

1.2.4 本书内容组织

本书打算作为集成光学的教科书和科技人员的参考书。因此，第 1 章对集成光学的发展、趋势和基本原理进行了总的概述，并且把这个新的方向同现有的其他技术进行了比较。光纤波导和集成光路之间的密切关系和互相依赖也有阐述。于是，后面章节准备开始详细研究集成光路的组成元件。

第 2 章到第 4 章针对实际把集成光路连接在一起的基本元件——光波导给予详细讨论。没有有效的、低损耗的光波导，简直不能设想有集成光路。因此，逻辑上应该由考虑波导来开始研究集成光学。光波导的理论在第 2 章和第 3 章中讨论，从基本的三层平面波导结构开始；在几何光学或"射线光学"的方法和电磁场或"物理光学"的方法之间进行了比较；对于普通波导的几何形状，光学模式轮廓和截止条件的理论推导同相应的实验结果进行了比较。在光波导理论展开之后，第 4 章讨论波导的制作技术。

第 5 章涵盖了聚合物和光纤集成光学这一新兴的领域。由于集成光学器件的综合商业市场的增长，聚合物的相对成本低，使它们特别是在集成光学上具有特别的吸引力。

第 6 章研究了波导中的光损耗，并讨论了用以测量这些损耗的实验技术。

一旦考虑到光波导的设计和制作，紧接着的下一个问题是有效地把光能耦合进波导(或从波导中耦合出来)的问题。第 7 章叙述实现这个目的的一些途径。因为集成光路的许多实验室研究使用常规的(非集成的)激光器，所以必须考虑棱镜和光栅耦合器，它们适用于由这样一些源发射的光束。此外，介绍了混合集成耦合器，像横向(端接)耦合器和各种光纤-波导耦合器，如双通道定向耦合器。最后，第 8 章处理类似于双通道定向耦合器的单片全集成波导-波导耦合器。双通道定向耦合器是由间距足够小的两个通道波导构成的，所以光学模式的倏逝"尾"重叠，于是发生光能的相干耦合，其工作方式类似于在微波频率处用做耦合器的开槽波导。正如将在第 9 章中讨论的，双通道定向耦合器还可以用做光调制器或开关，因为通道之间耦合的强度可以通过经适当设计的电极用电学方法控制。

光束调制问题对于集成光学是极其重要的。因为光纤和集成光学的宽带宽只有用宽带调制器把信息加载到光束上时才能被利用。因此第 9 章和第 10 章详细考虑可以用单片方式制作的各种类型的光调制器。这些光调制器一般可以分成两类:电光和声光,这取决于是利用电光的折射率改变,还是由声波产生的折射率改变把电信号耦合到光束上去。当然,在后一种情形中,电信号首先必须由声换能器耦合到声波。

虽然对于实验室研究和某些集成光学的应用,分立的(非集成的)激光光源就足够了,但是集成光路技术的大多数好处,不用单片集成光源不可能得到。最初选用为这种光源的是 p-n 结激光二极管,它被制作在半导体衬底上,这个衬底还可以承托集成光路的其余部分。因为这种器件对于集成光学领域极为重要,并且由于其复杂性,第 11 章到第 15 章将专门对半导体激光二极管的理论和工艺给予全面和系统的阐述。第 11 章讨论了半导体中光发射的基本原理,解释光子的自发辐射和受激辐射;讨论了能带结构对于辐射过程的重要影响。在第 12 章中,主要是介绍半导体激光器结构的特殊类型,引进光场限制的概念;跟踪场限制激光器的发展直至很可能成为集成光路标准光源的现代异质结二极管激光器。自发辐射现象不仅在激光器中很重要,而且在放大器中也很重要。第 13 章介绍光放大器,它们已成为光通信系统中极为重要的部件。第 14 章提供异质结场限制激光器的详细论述。最后,在第 15 章中,讨论分布式反馈(DFB)激光器。这种器件以衍射光栅为特征,它提供了激光振荡所必需的光反馈,于是就不需要解理端面或者其他反射镜来形成光学腔。因为在平面的单片集成光路中难以制作有效的发射端面,所以应用 DFB 激光器是一种新颖的解决办法。

第 16 章初看起来好像不合适,因为它讨论半导体激光器的直接调制。然而,改变输入电流直接调制激光二极管的光输出的技术,同第 9 章和第 10 章中叙述的电-光或声-光调制方法极不相同,没有关于半导体激光器中光产生特性的知识是无法理解的。因此,第 16 章的内容放到叙述激光二极管之后。输入电流调制对于最终达到 10 GHz 以上调制速率来说是很有前途的,这种调制速率在集成光路中是需要的。因此,对已经使用并取得结果的各种技术给出了全面的讨论。

虽然在集成光路中信号处理是以光的形式进行的,但是通常都希望输出信息是电信号的形式,以便与电子系统相连接。这就需要一个光-电换能器,通常称为光探测器。于是在第 17 章里介绍各种类型的光探测器,它们可以制成单片集成光路元件;列举了波导探测器与相对应的体探测器相比的优点;还叙述了通过局部改变探测器近旁衬底的有效带隙,以增加转换效率的技术。

集成光学领域一个新的发展受到关注,即"量子阱"器件,它是以非常薄的多层膜形成"超晶格"。应用这种超晶格结构,可以制作出具有良好工作特性的器件(如激光器、探测器、调制器和开关等),第 18 章中将专门介绍这些器件。

为完善本书关于集成光学的研究,在第 19 章到第 22 章中介绍了集成光学器件和系统的许多应用实例,并且分析了在这些领域中的发展趋势。此外还介绍了集成光学在微光电机械(MOEM)这一新领域以及在实用多年的远程通信领域中的应用。第 19 章和第 21 章介绍了集成光电器件在 MOEM 和无线系统中的应用。

第 22 章是新加的内容,介绍了"纳米光子学"这一集成光学的最新领域。在半导体芯片和其他衬底上形成纳米尺寸的结构,其优点远远超出了只是减小集成光路或光子集成回路的尺寸。当特征结构的尺寸接近光在衬底材料中的波长时,可以作为"光子晶体",其光学特性与原始材料的光学特性有很大不同。利用光子晶体可以制作独特的波导、耦合器、开关和光发射器等所有器件。

　　因为同集成电路相比，集成光学是一个新兴的领域，所以难以严格地预料将循着什么道路发展。然而，似乎可以肯定，集成光学对于光信号的产生、传输和处理技术将有很重要的贡献。

习题

1.1　阐述与金属导体相比，光纤互连的四个优势。

1.2　阐述与集成电路技术相比，集成光路技术的四个优势。

1.3　混合集成与单片集成光路的区别是什么？每种类型各有什么优缺点？

1.4　为什么在集成光路的制作中，采用 GaAs、GaAlAs 和 GaInAsP 几种特别有用的材料？

参考文献

1. T. Tamir（ed.）：*Integrated Optics*, 2nd edn., Topics Appl. Phys., Vol. 7（Springer, Berlin, Heidelberg 1979）

2. S. E. Miller, A. G. Chynoweth：*Optical Fiber Communications*（Academic, New York 1979）Chap. 1

3. OSA Topical Meeting on Integrated Optics-Guided Waves, Materials and Devices, Las Vegas, NV（1972）

4. OSA Topical Meeting on Integrated Optics-Guided Waves, Materials and Devices, Las Vegas. NV（1974）

5. R. D. Maurer：Properties of research fibers for optical communications. OSA Topical Meeeting on Integrated Optics, New Orleans, LA（1974）

6. S. E. Miller：Optical-fiber transmission research. OSA Topical Meeting on Integrated Optics, New Orleans, LA（1974）

7. J. A. Cai, M. Nissov, A. N. Pilipetskii, A. J. Lucero, C. R. Davidson, D. Foursa, H. Kidorf, M. A. Mills, R. Menges, P. C. Corbett, D. Sutton, N. S. Bergano：2.4 Tb/s（120 × 20 Gb/s）transmission over transoceanic distance using optimum fec overhead and 48% spectral efficiency. Optical Fiber Communication Conference and Exhibit, 2001. OFC 2001, Anaheim, CA（2001）

8. T. K. Woodward, S. Hunsche, A. J. Ritger, J. B. Stark：IEEE Phot. Techn. Lett. 11, 382（1999）

9. L. G. Cohen, P. Kaiser, C. Lin：IEEE Proc. **68**, 1203（1980）

10. G. Giaretta, W. White, M. Wegmuller, T. Onishi：IEEE Phot. Techn. Lett. **12**, 347（2000）

11. A. G. Dentai, C. R. Giles, E. Burrows, C. A. Burus, L. Stulz, J. Centanni, J. Hoffman, B. Moyer：IEEE Phot. Techn. Lett. **11**, 114（1999）

12. G. Rabon：Proc. SPIE **2684**, 102（1996）

13. S. Somekh, E. Garmire, A. Yariv, H. Garyin, R. G. Hunsperger：Appl. Opt. **13**, 327（1974）

14. J. F. Dalgleish：IEEE Proc. **68**, 1226（1980）

15. M. Papuchon：Appl. Phys. Lett. **27**, 289（1975）

16. M. C. Hamilton, D. A. Wille, M. J. Miceli：Opt. Eng. **16**, 475（1977）

17. D. Mergerian, E. C. Malarkey：Microwave J. **23**, 27（September 1980）

18. D. Mergerian, E. C. Malarkey, R. P. Pautienus, S. C. Bradly, M. Mill, C. W. Baugh, A. L. Kellner, M. Mentzer：SPIE Proc. **321**, 149（1982）

19. H. Kressel, M. Ettenberg：J. Appl. Phys. **47**, 3533（1976）

20. C. S. Tsai：IEEE Trans. CAS-**26**, 1072（1980）21. C. L. Chen, J. T. Boyd：Channel waveguide array coupled to an integrated charge-coupled device（CCD）. OSA Topical Meeting on Integrated Optics, Salt Lake City, UT（1978）

22. G. Giesecke：Lattice constants. *Semiconductors and Semimetals* 2, 63 − 75（Academic, New York 1976）, in particular, ps. 68 and 69

23. K. Sato, S. Sekine, Y. Kondo, M. Yamamoto: IEEE J. **QE-29**, 180 (1993)

24. P. Hvertas, G. Mier, M. Dotor, J. Anguita, D. Golmayo, F. Briones: Sensors and Actuators A: Physical **37**, 512 (1993)

25. S. Ura, M. Shinohara, T. Suhara, N. Nishihara: IEEE Phot. Techn. Lett. **6**, 239 (1994)

26. S. Lee, I. Jong, C. Waqng, C. Pien, T. Shih: IEEE J. Selected Topics in Quantum Electronics **6**, 197 (2000)

27. J. Ahadian, C. Fonstad, Jr.: Optical Engin. **37**, 3167 (1998)

28. H. -G. Bach, A. Umbach, S. van Waasen, R. M. Bertenberg, G. Unterborsch: IEEE J. Selected Topics in Quantum Electronics **2**, 418 (1996)

29. J. E. Johnson, J. -P. Ketelsen, J. A. Grenko, S. K. Sputz, J. Vandenberg, M. W. Focht, D. V. Stampone, L. J. Peticolas, L. E. Smith, K. G. Glogovsky, G. J. Przybylek, S. N. G. Chu, J. L. Lentz, N. N. Tzafaras, L. C. Luther, T. L. Pernell, F. S. Walters, D. M. Romero, J. M. Freund, C. L. Reynolds, L. A. Gruezke, R. People, M. A. Alam: IEEE J. Selected Topics in Quantum Electronics **6**, 19 (2000)

30. L. H. Spiekman, J. M. Wiesenfeld, U. Koren, B. I. Miller, M. D. Chien: IEEE Photonic. Tech. Lett. **10**, 1115 (1998)

31. A. Krishnamoorthy, K. Goosen: IEEE J. Selected Topics in Quantum Electronics **4**, 899 (1998)

第2章 光波导模式

光波导是连接集成光路中各种器件的基本元件,恰如金属条在集成电路中的作用。然而,与按照欧姆定律流过金属条的电流不同,光波以独特的"光学模式"在波导中传播。从这个意义上说,"模式"是光能在一维或多维空间的稳定分布。本章定性地讨论在波导结构中光学模式的概念,并尽可能简单地证明所给波导理论的主要结果,以使读者对于光波导中光传播的性质有一般的了解。随后在第3章中从数学上给出波导理论完整的推导。

2.1 平面波导结构中的模式

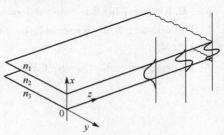

如图2.1所示,平面波导的特征是与一个方向(x)的平行界面有关,而在横向(z和y)上的范围则是无限的。当然,因为它在两个方向是无限的,所以它不是实际的波导,但却是分析具有矩形截面的实际波导的基础。因此,已为许多作者所论述,包括 Mc-Whorter[1]、Mckenna[2]、Tien[3]、Marcuse[4]、Taylor 和 Yariv[5] 以及 Kogelnik[6]。在 2.1.2 节中,我们按照 Taylor 和 Yariv[5] 的方法来研究平面波导中可能的模式,而不去全面地求解波方程。

图 2.1 基本的三层平面波导结构的图解。图中给出三种模式,代表在 x 方向的电场分布

2.1.1 三层平面波导模式的理论

为了着手讨论光学模式,考虑图2.1中简单的三层平面波导结构。假设这些层都在 y 和 z 方向是无限的,层1和层3还假设在 x 方向是半无限的。假设光波在 z 方向传播。前面已经说过,模式是光能在一维或多维的空间分布。模式等效的数学定义是,它是一个电磁场,是麦克斯韦波动方程

$$\nabla^2 E(r, t) = \left[n^2(r)/c^2\right] \partial^2 E(r, t)/\partial t^2 \tag{2.1}$$

的解,其中 E 是电场矢量,r 是径向矢量,$n(r)$ 是折射率,c 是真空中的光速。方程(2.1)的解具有形式

$$E(r, t) = E(r)e^{i\omega t} \tag{2.2}$$

式中,ω 是辐射频率。把式(2.2)代入式(2.1)得到

$$\nabla^2 E(r) + k^2 n^2(r)E(r) = 0 \tag{2.3}$$

式中,$k = \omega/c$。为了方便起见,假设在 z 方向传播的是均匀平面波,即 $E(r) = E(x, y)\exp(-i\beta z)$,其中 β 是传播常数,于是式(2.3)变为

$$\partial^2 E(x, y)/\partial x^2 + \partial^2 E(x, y)/\partial y^2 + [k^2 n^2(r) - \beta^2]E(x, y) = 0 \tag{2.4}$$

因为假设波导在 y 方向是无限的,分别对 x 方向的三个区域写出式(2.4),可得到

$$
\begin{aligned}
\text{区域1} \quad & \partial^2 E(x, y)/\partial x^2 + (k^2 n_1^2 - \beta^2)E(x, y) = 0 \\
\text{区域2} \quad & \partial^2 E(x, y)/\partial x^2 + (k^2 n_2^2 - \beta^2)E(x, y) = 0 \\
\text{区域3} \quad & \partial^2 E(x, y)/\partial x^2 + (k^2 n_3^2 - \beta^2)E(x, y) = 0
\end{aligned}
\tag{2.5}
$$

其中 $E(x,y)$ 是 $\boldsymbol{E}(x,y)$ 的笛卡儿坐标分量之一。式(2.5)的解在每一个区域是 x 的正弦或指数函数，取决于 $(k^2 n_i^2 - \beta^2)$，$i = 1, 2, 3$，大于或小于零。当然，$E(x,y)$ 和 $\partial E(x,y)/\partial x$ 在层间界面处必须连续。因此可能的模式限于图 2.2 所示的那些。

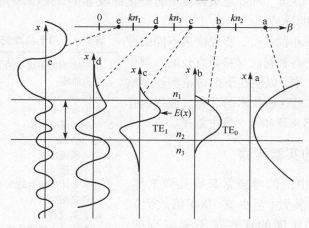

图 2.2　在平面波导中可能的模式的图解[5]

　　下面考虑对于恒定的频率 ω 以及 $n_2 > n_3 > n_1$ 的情形，模式的形状怎样作为 β 的函数而变化。这种折射率的相对次序是十分普遍的情形，相应的例子如折射率 n_2 的波导层形成在较小折射率 n_3 的衬底上，其上面被折射率 n_1 的空气所包围。就像将在第 3 章中看到的，在层 2 中产生导波的必要条件是 n_2 大于 n_1 和 n_3。当 $\beta > k n_2$ 时，函数 $E(x)$ 在所有三个区域必定是指数形式的，且只有如图 2.2 所示的模式形状才能满足 $E(x)$ 和 $\partial E(x)/\partial x$ 在界面是连续的边界条件。这种模式在物理上是不能实现的，因为在层 1 和层 3 中场无限地增加，含有无限能量的意思。模式(b)和(c)是限制良好的导模，一般称为零阶和一阶横电模(TE$_0$ 和 TE$_1$)[7]。对于 β 在 $k n_2$ 和 $k n_3$ 之间的值可以激励这样的模式。如果 β 大于 $k n_1$ 而小于 $k n_3$，那么将产生像(d)中那样的模式。这类模式的光能在空气界面受限制而在衬底中呈正弦变化，常常称做衬底辐射模。它可以被波导激励，但是因为它在传播时不断地从波导区域 2 向衬底区域 3 耗散能量，所以它将在短距离内衰减掉。因此，在信号传输中它不是很有用，但是它在耦合器的应用方面，例如楔形耦合器，事实上可以是很有用的。这类耦合器将在第 6 章中讨论。如果 β 小于 $k n_1$，$E(x)$ 的解在波导结构的三个区域中都是振荡的。这些模式不是导模，因为能量自由地散布到波导区域 2 外，它们一般称为波导结构的空气辐射模。当然，辐射模也在衬底界面处出现。

2.1.2　截止条件

　　在下面第 3 章中将看到，当对方程(2.1)正式求解并在界面上满足适当的边界条件时，β 在小于 $k n_3$ 时可以具有任意值，但是在 $k n_3$ 和 $k n_2$ 之间的范围内只允许 β 取离散的值。β 的这些离散值对应于各种模式 TE$_j$，$j = 0,1,2,\cdots$(或 TM$_k$，$k = 0,1,2,\cdots$)。可以激励的模式的数目取决于波导层的厚度 t，也取决于 ω，n_1，n_2 和 n_3。对于所给的 t，n_1，n_2 和 n_3，存在一个截止频率 ω_c，低于它导波不能出现。这个 ω_c 对应一个长波长截止 λ_c。

　　因为在特定的应用中波长常常是一个固定的参数，截止问题经常由下面的提问来陈述，即："对于一定的波长，在三层中必须选择什么样的折射率才允许已知模式的传播?"对于所谓非对称波导的特殊情形，n_1 比 n_3 小得多，可以证明(见第 3 章)所需的折射率指数关系满足下式：

$$\Delta n = n_2 - n_3 = (2m + 1)^2 \lambda_0^2/(32n_2 t^2) \tag{2.6}$$

式中，模式数 $m = 0, 1, 2, \cdots, \lambda_0$ 是真空波长。对应于较低阶模式的导波所需的折射率改变是惊人的小。例如，在 $n_2 = 3.6$[8] 和 λ_0 量级厚度 t 的砷化镓波导中，式(2.6)预示仅为 10^{-2} 量级的 Δn 足以维持 TE_0 模式的导波。

因为只需要折射率小的改变，所以许多不同的波导制作方法已证实对于各种衬底材料是有效的。其中较为重要的列于表2.1中，以便在下面讨论实验观察的波导性能，读者可熟悉这些技术的名称。波导制作方法的全面解释将在第4章和第5章中叙述。

表2.1 用于集成光路的波导的制作方法
1. 沉积的薄膜(玻璃、氮化物、氧化物、有机聚合物)
2. 光刻胶膜
3. 离子轰击的玻璃
4. 扩散掺杂原子
5. 异质外延层生长
6. 电-光效应
7. 金属膜带状线
8. 离子迁移
9. 在半导体中减少载流子浓度
a)外延层生长
b)扩散反掺杂
c)离子注入反掺杂或补偿

2.1.3 波导模式的实验观察

因为在集成光路中的波导通常只有几微米厚，没有相当精密的实验装置(至少有 1000 倍放大)，一定范围的光学模式轮廓的观察是不能实现的。图2.3 中是特别适用于半导体波导的一种系统[9]，具有波导在其上表面的样品被固定在 x-y-z 微定位器的顶部。用做输入光束耦合和输出图像放大的显微镜物镜也放在微定位器上，以便进行所需的精密对准。光源是一个气体激光器，发射对波导透明的光。例如，在波长 $1.15 \ \mu m$ 工作的氦氖激光器对于 GaAs、GaAlAs 和 GaP 波导是好的，而在 6328 Å 发射的激光器可以用于 GaP 但不能用于 GaAlAs 或 GaAs。为了有利于用肉眼观察波导模式，波导的输出面可以成像到白色的屏上或者图像转换器的屏上，这取决于所用的是可见光还是红外波长。最低阶的模式($m = 0$)以单光带出现，而较高阶的模式则具有相应增加的带数，如图2.4 所示。光像以带状出现而不是光斑，因为它只在 x 方向受波导限制。因波导比其厚度宽得多，故激光束在 y 方向上基本是自由发散的。

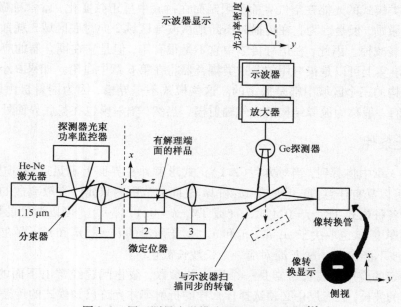

图2.3 用于测量光学模式形状的实验装置[9]

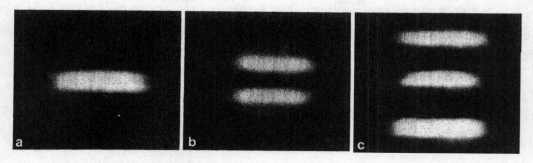

图 2.4 平面波导内光学模式的轮廓。(a)TE$_0$;(b)TE$_1$;(c)TE$_2$。在平面
波导内光在 y 方向不受限制,并如照片中所示只受输入光束
展宽程度的限制。矩形波导对应的TE$_{xy}$图样参见参考文献[10]

为了获得模式轮廓的定量显示,即光功率密度对
波导横截面上距离的曲线,使用一个旋转反射镜把波
导面的像横过光探测器扫描,此探测器盖着输入狭缝。
从探测器出来的电信号随后送到示波器的垂直标度,它
的水平扫描与反射镜扫描速率同步。结果,模式轮廓所
显示的图形如图 2.5 所示。注意,在理论上已指出模式
具有正弦-指数的形状,因而所观察到的是正比于 E^2 的
光功率密度(即强度)。模式轮廓的细节,像倏逝"尾"
伸过波导-衬底和波导-空气界面的指数衰减(或消光)
的速率,强烈地依赖于界面处 Δn 的值。从图 2.5 中可
以看到,在波导-空气界面($\Delta n \approx 2.5$)比在波导-衬底界
面($\Delta n \approx 0.01 \sim 0.1$)消光要明显得多。

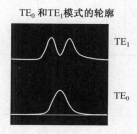

TE$_0$ 和TE$_1$模式的轮廓

空气 ◄─┤ 波导 ├─► 衬底

图 2.5 用图 2.3 的设备测量的光学模式
的轮廓。在这种情形中,波导
是由质子注入砷化镓衬底产生
的 5 μm 厚载流子补偿层[12]

如图 2.3 所示的系统对半导体波导中模式形状的分析特别有用,这种波导一般只激励一
个或两个模式,因为在波导-衬底界面处的 Δn 相当小。通常,会聚的输入激光束的位置可以
移向波导的中央以有选择地注入零阶模式,或者移向空气或衬底界面以选择一阶模式。因为
空间重叠,在较高阶的多模波导的情形中很难用肉眼分辨光带,即使模式在电磁性质上是各异
和互不耦合的。在玻璃和半导体衬底上沉积氧化物、氮化物或玻璃薄膜产生的波导,因为有较
大的波导-衬底 Δn[11~14],通常是多模的,激励三个以上的模式。对于这一类型的波导,往往
利用棱镜耦合这一不同的实验技术来分析模式。

棱镜耦合器将在第 7 章中详细讨论,在这里只要述及棱镜耦合器具有由入射(或出射)角
决定的有选择地把光耦合进(或耦合出)特定模式的性质就够了。图 2.6 说明棱镜耦合器的模
式选择性质源于下述事实:光在波导内以不同的速度在各个模式中传播,并且为耦合而需要连
续的相位匹配。在第 7 章中也将述及,将光耦合进入一定的模式所需的特定入射角,或者从一
定模式耦合出来的出射角,都可以精确地根据理论计算。棱镜耦合器因而可以用来分析波导
的模式。这可以通过下面的两个途径做到。

在一种方法中,照到输入耦合棱镜上的准直、单色激光束的入射角是变化的,并记下传播
的光学模式被引进波导的那些角度。在波导中传播的光能可以通过在波导的输出端放一只光
探测器来观察,随后就可以根据入射角数据的计算确定波导能够激励哪些模式。

　　另一种方法使用棱镜为输出耦合器。在这种情形中,单色光以激励全部导模的方式被引进波导。例如,来自半导体激光器或者气体激光器的激光束,通过透镜以产生发散的激光束被聚焦到波导的输入面上。因为光不是准直的,而是以各种角度进入波导的,所以,在所用波长下,能量被引进波导在截止以上的所有导模。如果棱镜随后被用做输出耦合器,则各个模式的光以不同角度从棱镜出射。再一次,所含的特定模式可以根据出射角计算确定。由于波导的厚度比它的宽度小得多,一定模式的出射光表现为一条光带,形成所谓的"m 线",如图 2.7 所示,它们对应着特定的模式数。

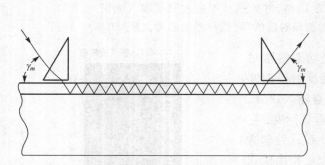

图 2.6　用做模式分析器件的棱镜耦合器

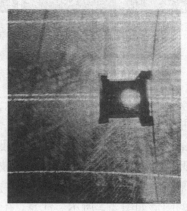

图 2.7　被棱镜从平面波导耦合出
　　　　来的光形成"m 线"的图像

　　当棱镜耦合器用来分析波导模式时,模式实际的形状或轮廓不能以图 2.3 的扫描反射镜同样的方式来确定。然而,棱镜耦合器方法能用来确定多模波导能激励多少个模式,在第 6 章中将介绍每个模式的相速度(或有效折射率)可以根据入射和出射角度来计算。

2.2　光模理论的射线光学方法

　　在 2.1 节中,我们把波导中光的传播看做数学上用麦克斯韦波方程在不同折射率的平面间的界面处满足一定边界条件的解表示的电磁场。沿 z 方向传播的平面波维持一个以上的光学模式。在各个模式中传播的光以不同的相位速度在 z 方向行进,这个相位速度是该模式的特征。波传播的这种描述方法一般叫做物理光学方法。也可以采用另一种所谓射线光学方法[6,15~17],但是它给予的描述不够完全。在射线光学方法中,在 z 方向的光传播被认为是由 x-z 平面内以锯齿形路径运动的平面波构成的,该平面波在波导界面上受到全内反射。由每个模式构成的平面波以同样的相位速度行进。然而,在锯齿形路程上的反射角对于每个模式是不同的,使得相位速度的 z 分量不同。平面波一般由等相位面所引的法线来表示,如图 2.8 所示。这就解释了射线光学的名称。

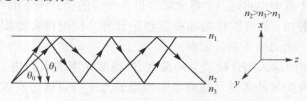

图 2.8　多模平面波导内的光线

2.2.1 三层平面波导中的光线

示于图 2.8 中的光线对应两个模式，它们是在 $n_2 > n_3 > n_1$ 的三层波导中传播的 TE_0 和 TE_1 模式。沿锯齿形路程行进的这些平面波的电场（E）和磁场（H）矢量相加，给出构成由上面 2.1 节的物理光学模型描写的在 z 方向传播的包含两个相同模式的波的 E 和 H 分布。射线光学和物理光学的阐述都可以用来表示有 E_y、H_z 和 H_x 分量的 TE 波，或者有 H_y，E_z 和 E_x 分量的 TM 波。

回顾式（2.5）可以看出物理光学方法与射线光学方法的相互关系。在导波区域 2 中这个方程的解具有如下形式[5]：

$$E_y(x, y) \propto \sin(hx + \gamma) \tag{2.7}$$

其中假设是 TE 模，h 和 γ 取决于特定的波导结构。将式（2.7）代入式（2.5），对应于区域 2 可以得到条件

$$\beta^2 + h^2 = k^2 n_2^2 \tag{2.8}$$

考虑到 $k \equiv \omega/c$，可以看出 β、h 和 kn_2 都是单位为（长度）$^{-1}$ 的传播常数。一个具有 z 方向传播常数 β_m 和 x 方向传播常数 h 的模式，可以表示为与 z 方向成角度 $\theta_m = \arctan(h/\beta_m)$ 的且具有传播常数 kn_2 的平面波，如图 2.9 所示。因为频率是恒定的，所以 $kn_2 \equiv (\omega/c) n_2$ 也是恒定的，而 θ_m、β_m 和 h 全都是与第 m 阶模式相联系的参数，对于不同的模式有不同的值。

图 2.9 光波导的传播常数之间的几何（矢量）关系

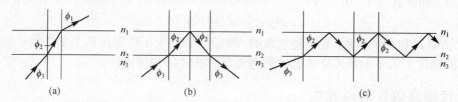

图 2.10 三层波导结构内传播的光线。（a）空气辐射模；（b）衬底辐射模；（c）导模。
在每种情形中入射光的一部分反射回到层 3 中，但图中那条光线被省略

为了用射线光学方法解释图 2.8 的平面三层波导中的光导波，只需要用 Snell 折射定律并联系到全内反射现象。对于光学的这些基本概念的全面讨论可参见参考文献[18~20]。图 2.10 所示为三层波导结构内传播的光线，图中（a）、（b）和（c）的光线分别对应于空气辐射模、衬底辐射模和导模。如在光学中的普遍做法一样，入射角和反射角 φ_i（$i = 1, 2, 3$）是相对界面的法线量度的。根据斯涅尔定律

$$\sin \varphi_1 / \sin \varphi_2 = n_2 / n_1 \tag{2.9}$$

和

$$\sin \varphi_2 / \sin \varphi_3 = n_3 / n_2 \tag{2.10}$$

从接近零的很小的入射角 φ_3 开始，逐渐增加 φ_3，可发现如下的情况：当 φ_3 小的时候，光线自由地穿过两个界面，只被折射，如图 2.10（a）中那样。这种情况对应上节中讨论的空气辐射模；当 φ_3 增加到超过某一值时，这时 φ_2 超过在 $n_2 - n_1$ 界面发生全内反射的临界角，光波变成部分地受限制，如图 2.10（b）所示，即对应于衬底辐射模。在 $n_2 - n_1$ 界面全内反射的条件为[19]

$$\varphi_2 \geqslant \arcsin(n_1 / n_2) \tag{2.11}$$

或者联立式(2.11)和式(2.10)，可得

$$\varphi_3 \geqslant \arcsin(n_1/n_3) \tag{2.12}$$

当 φ_3 进一步增加到超过某一值时，这时 φ_2 还超过在 $n_2 - n_3$ 界面发生全内反射的临界角，光波变成完全受限制，如图2.10(c)所示，对应于导模。在这种情形中临界角为

$$\varphi_2 \geqslant \arcsin(n_3/n_2) \tag{2.13}$$

或者，联立式(2.2.7)和式(2.2.4)，可得

$$\varphi_3 \geqslant \arcsin(1) = 90° \tag{2.14}$$

式(2.11)和式(2.13)作为 φ_2 的函数给出了确定一个特定的波导能激励何种模式的条件，它与式(2.11)作为 β 的函数所给的条件完全等同。例如，式(2.5)表明对小于 kn_1 的 β 只能产生空气辐射模。参考图2.9，注意

$$\sin\varphi_2 = \beta/kn_2 \tag{2.15}$$

于是，如果 $\beta \leqslant kn_1$，则

$$\sin\varphi_2 \leqslant kn_1/kn_2 = n_1/n_2 \tag{2.16}$$

这是同式(2.11)所给的同样的条件。与此类似，如果 β 大于 kn_1 而小于 kn_3，则由式(2.5)表明将激励衬底辐射模。只有当 $\beta \geqslant kn_3$ 时才能出现受限制的导模。根据图2.9，如果 $\beta \geqslant kn_3$，则

$$\sin\varphi_2 = \beta/kn_2 \geqslant kn_3/kn_2 = n_3/n_2 \tag{2.17}$$

由物理光学理论得到的式(2.17)只是式(2.13)的重复，但式(2.17)是由射线光学方法得出的。最后，如果 β 大于 kn_2，则

$$\sin\varphi_2 = \beta/kn_2 \geqslant 1 \tag{2.18}$$

当然，式(2.18)从物理上是不能实现的，对应于物理上不能实现的图2.2的a类模。这样考虑模式的确定展示了射线光学方法和物理光学方法之间的等效性。

2.2.2　传播常数 β 的离散性

射线光学和物理光学阐述之间的对应关系远超过只确定能维持什么类型模式的问题。前面已讨论过，并将在第3章从数学上展示，为满足边界条件，麦克斯韦方程的解只容许某些离散的 β 值。因此，当 β 在范围

$$kn_3 \leqslant \beta \leqslant kn_2 \tag{2.19}$$

以内时，只有有限数目的导模可以存在。对于 β 的限制用射线光学方法可以十分方便地看出来。垂直于图2.8的锯齿形光线的平面波前假定是无限的，或者至少大于与波导相截的横截面;否则它们便不适合平面波的定义，平面波要求在平面上有恒定的相位。于是当这些波在锯齿形路程上行进时将会大大地重叠。为了避免波通过波导行进时的相消干涉造成的光能的衰减，考察波前上的一点，从 $n_2 - n_3$ 界面行进到 $n_2 - n_1$ 界面并再返回来的总的相位改变必须是 2π 的倍数，这就导致条件

$$2kn_2 t \sin\theta_m - 2\varphi_{23} - 2\varphi_{21} = 2m\pi \tag{2.20}$$

式中，t 是波导区2的厚度，θ_m 是相对于 z 方向的反射角(如图2.8所示)，m 是模数，φ_{23} 和 φ_{21} 是在界面上波受全内反射时的相位改变。$-2\varphi_{23}$ 和 $-2\varphi_{21}$ 代表 Goos-Hänchen 相移[21,22]，这些相移可以解释为锯齿形光线(以某个深度 δ)渗透进限制层1和3随后再反射[6]。

φ_{23} 和 φ_{21} 的值可以根据下式计算[22]：

对于 TE 波

$$\tan \varphi_{23} = (n_2^2 \sin^2 \varphi_2 - n_3^2)^{1/2}/(n_2 \cos \varphi_2)$$

$$\tan \varphi_{21} = (n_2^2 \sin^2 \varphi_2 - n_1^2)^{1/2}/(n_2 \cos \varphi_2)$$

(2.21)

而对于 TM 波

$$\tan \varphi_{23} = n_2^2(n_2^2 \sin^2 \varphi_2 - n_3^2)^{1/2}/(n_3^2 n_2 \cos \varphi_2)$$

$$\tan \varphi_{21} = n_2^2(n_2^2 \sin^2 \varphi_2 - n_1^2)^{1/2}/(n_1^2 n_2 \cos \varphi_2)$$

(2.22)

可以看出, 将式(2.21)或式(2.22)代入式(2.20)产生只有一个变量 θ_m 或 φ_m 的超越方程, 其中

$$\varphi_m = \frac{\pi}{2} - \theta_m$$

(2.23)

对于给定的 m、参数 n_1、n_2、n_3 和 t, 可以计算出 φ_m（或 θ_m）, 于是得到一组离散的反射角 φ_m, 对应于不同的模式。然而, 并不是对于所有的 m 值都存在适当的解。对于每组 n_1、n_2、n_3 和 t, m 的允许值有一个截止条件, 对应于在 $n_2 - n_3$ 或 $n_2 - n_1$ 界面处 φ_m 小于其全反射临界角的点, 如在 2.2.1 节中所讨论的。

对于每个允许的模式, 有一个对应的传播常数 β_m, 由下式给出:

$$\beta_m = k n_2 \sin \varphi_m = k n_2 \cos \theta_m$$

(2.24)

平行于波导的光速则为

$$v = c(k/\beta)$$

(2.25)

且可以定义波导的有效折射率为

$$n_{\text{eff}} = c/v = \beta/k$$

(2.26)

本章所述在三层平面波导中能够存在的光学模式, 可以用麦克斯韦波方程的解为基础的物理光学方法描述, 或者用经典光学中几何光线作图原理的射线光学方法描述。在第 3 章中, 将详细分析作为模式理论基础的数学模型。

习题

2.1 我们想在 GaAs 上制作一个对波长 $\lambda_0 = 1.1~\mu m$ 单模(基模)工作的平面波导。如果假定如图 2.1 所示那样的平面波导, 有条件 $n_2 - n_1 \gg n_2 - n_3$, 且 $n_2 = 3.4$ 及波导层的厚度 $t = 3~\mu m$, 那么 $n_2 - n_3$ 可以有怎样的数值范围?

2.2 若 $\lambda_0 = 1.06~\mu m$, 其他所有的参数维持不变, 重新做习题 2.1。

2.3 对于厚度 $t = 6~\mu m$ 的波导, 重新做习题 2.1 和习题 2.2。

2.4 在如图 2.8 所示的平面波导中, $n_2 = 2.0$, $n_1 = 1$, $n_3 = 1.6$, 当截止出现时最低阶模的传播角度(θ_0)为多少? 对于 θ_0 这是最大角还是最小角?

2.5 在如图 2.8 那样的平面波导中, $n_1 = n_3 < n_2$, 试画出三个最低阶的模式。

2.6 设如下图所示的平面波导中一个模式以 $\beta_m = 0.8 k n_2$ 传播, 当光线在 z 方向行进 1 cm 的距离时, 在 $n_1 - n_2$ 界面经受多少次反射?

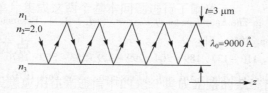

2.7　证明当某个导模接近截止时, Goos-Hänchen 相移变为零。

2.8　参考图2.8, 计算在 TE 模式下的 Goose-Hänchen 相移, 其中 $\beta = 1.85\ k$, $n_1 = 1.0$, $n_2 = 2.0$, $n_3 = 1.7$。

2.9　参考图2.9, 根据传播常数之间的矢量关系, 说明当从波导的最低阶模式逐步变到高阶模式时, β、kn_2 和 h 的相对大小是如何变化的。

2.10　一个平面不对称波导通过在石英衬底($n = 1.05$)上沉积厚层厚度约为 2 μm 的 Ta_2O_5($n = 2.09$)制成。

(a) 对于波长为 6328 Å 的光而言(真空中), 该波导可以支持多少个模式?

(b) 如果在 Ta_2O_5 波导上沉积 20 μm 厚的石英薄层($n = 1.05$), 那么可以支持多少个波长为 6328 Å(真空中)的光学模式?

2.11　(a) 如果平面波导支持最低阶 TE 模式, 求需要的平面波导的最小厚度是多少(其中, 真空光波长为 880 nm, 波导折射率为 3.5, 衬底折射率为 3.38)。围绕波导和衬底的是空气。

(b) 如果波导的厚度变为原来的 2 倍, 而其他所有的参数保持不变, 那么能够支持多少个 TE 模式?

参考文献

1. A. McWhorter: Solid State Electron. **6**, 417 (1963)

2. J. McKenna: Bell Syst. Techn. J. **46**, 1491 (1967)

3. P. K. Tien: Appl. Opt. **10**, 2395 (1971)

4. D. Marcuse: *Theory of Dielectric Optical Waveguides* (Academic, New York 1974)

5. H. F. Taylor, A. Yariv: IEEE Proc. 62, 1044 (1974)

6. H. Kogelnik: Theory of dielectric waveguides, in *Integrated Optics*, T. Tamir (ed.), 2nd edn., Topics Appl. Phys., Vol. 7 (Springer, Berlin, Heidelberg 1979) Chap. 2

7. A. Yariv: *Optical Electronics in Modern Communications*, 5th edn. (Oxford University Press, New York, Oxford 1997) Chap. 13

8. D. T. F. Marple: J. Appl. Phys. **35**, 1241 (1964)

9. E. Garmire, H. Stoll, A. Yariv, R. G. Hunsperger: Appl. Phys. Lett. **21**, 87 (1972)

10. J. Goell: Bell Syst. Tech. J. **48**, 2133 (1969)

11. P. K. Tien, G. Smolinsky, R. J. Martin: Appl. Opt. **11**, 637 (1972)

12. D. H. Hensler, J. Cuthbert, R. J. Martin, P. K. Tien: Appl. Opt. **10**, 1037 (1971)

13. R. G. Hunsperger, A. Yariv, A. Lee: Appl. Opt. **16**, 1026 (1977)

14. Y. Luo, D. C. Hall, L. Kou, O. Blum, H. Hou, L. Steingart, J. H. Jackson: Optical Properties of $Al_xGa_{(1-x)}As$ heterostructure native oxide planar waveguides. LEOS'99, IEEE Lasers and Electro − Optics Society 12th Annual Meeting, Orlando, Florida (1999)

15. R. Ulrich, R. J. Martin: Appl. Opt. **10**, 2077 (1971)

16. S. J. Maurer, L. B. Felsen: IEEE Proc. **55**, 1718 (1967)

17. H. K. V. Lotsch: Optik **27**, 239 (1968)

18. E. U. Condon: Electromagnetic waves, in *Handbook of Physics*, (ed.) E. U. Condon H. Odishaw (eds.) (McGraw-Hill, New York 1967) pp. 6 − 8

19. B. H. Billings: Optics, in *American Institute of Physics Handbook*, D. E. Gray, 3rd edn. (McGraw-Hill, New York 1972) pp. 6 − 9

20. H. E. Bennett: Reflection, in *The Encyclopedia of Physics*, (ed.) R. M. Besancon 3rd edn. (Van Nostrand Reinhold, New York 1990) pp. 1050 − 51

21. H. K. V. Lotsch: Optik **32**, 116 − 137, 189 − 204, 299 − 319, 553 − 569 (1970/71)

22. M. Born, E. Wolf: *Principles of Optics*, 3rd edn. (Pergamon, New York 1970) p. 49

第3章 光波导理论

上一章论述了波导理论的主要结果,特别是关于能够在波导中存在的各种光学模式。在分析波导中光的传播时,进行了物理光学方法和射线光学方法之间的比较。本章则详细探讨物理光学方法的电磁波理论,侧重于光集成回路中最常用的两种基本波导几何形状——平面波导和矩形波导。

3.1 平面波导

前面已经说过,平面波导是许多作者(见第2章参考文献[1~7])视为更复杂波导结构的基础的基本几何形状。以下3.1.1节中关于基本的三层平面波导理论大部分将依据 Taylor 和 Yariv(第2章参考文献[5])的论点。

3.1.1 基本的三层平面波导

图3.1是基本的三层平面波导结构。折射率为 n_1 和 n_3 的光限制层被假定是分别在 $+x$ 和 $-x$ 方向无限伸展的。这个假设的主要意义是,除在 $n_1 - n_2$ 和 $n_2 - n_3$ 界面处外,在 x 方向可以不考虑反射。对于在 z 方向以传播常数 β 行进的 TE 平面波的情形,麦克斯韦波动方程(2.1)简化为

$$\nabla^2 E_y = \frac{n_i^2}{c^2} \frac{\partial^2 E_y}{\partial t^2} \quad i = 1, 2, 3 \qquad (3.1)$$

其解的形式为

$$E_y(x, z, t) = \mathcal{E}_y(x) e^{i(\omega t - \beta z)} \qquad (3.2)$$

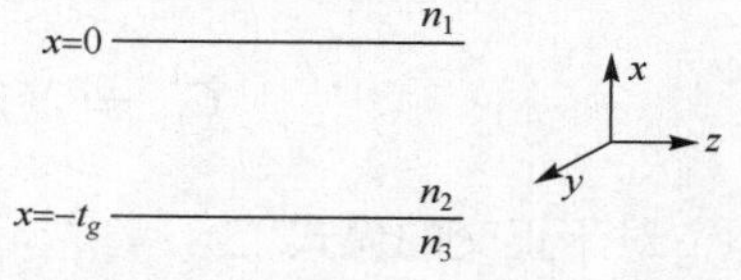

图3.1 基本的三层平面波导结构

当然,方程(3.1)中的脚标 i 对应于波导结构三层中特定的一层。如前所述,对于 TE 波,E_x 和 E_z 为零,还要注意式(3.2)中 $\mathcal{E}_y$ 没有 y 或 z 的依赖关系,因为假定平面层在这些方向上是无限的,排除了反射及从而产生驻波的可能性。

横向函数 $\mathcal{E}_y(x)$ 具有一般形式

$$\mathcal{E}_y(x) = \begin{cases} = A \exp(-qx) & 0 \leqslant x \leqslant \infty \\ = B \cos(hx) + C \sin(hx) & -t_g \leqslant x \leqslant 0 \\ = D \exp[p(x + t_g)] & -\infty \leqslant x \leqslant -t_g \end{cases} \qquad (3.3)$$

式中,A、B、C、D、q、h 和 p 都是常数,可以由相应的边界条件来确定,边界条件要求 $\mathcal{E}_y$ 和 $\mathcal{H}_z = (i/\omega\mu)\partial\mathcal{E}_y/\partial x$ 的连续性[1]。因为假定磁导率 μ 和频率 ω 是常数,所以第二个条件转化为要求 $\partial\mathcal{E}_y/\partial x$ 连续。令在区域1和区域2之间的边界上($x = 0$)$\mathcal{E}_y$ 和 $\partial\mathcal{E}_y/\partial x$ 连续,以及 $\mathcal{E}_y$ 在 $x = -t_g$ 处连续,由此可以确定常数 A、C 和 D。这个步骤为四个未知量提供了三个方程,所以 $\mathcal{E}_y$ 的解可以用一个常数 C' 来表示:

$$\mathcal{E}_y = \begin{cases} = C' \exp(-qx) & 0 \leqslant x \leqslant \infty \\ = C'[\cos(hx) - (q/h)\sin(hx)] & -t_g \leqslant x \leqslant 0 \\ = C'[\cos(ht_g) + (q/h)\sin(ht_g)]\exp[p(x + t_g)] & -\infty \leqslant x \leqslant -t_g \end{cases} \qquad (3.4)$$

为了确定 q、h 和 p，把式(3.4)代入式(3.2)，对于三个区域中的各个区域，都用所得的公式作为方程(3.1)中的 $E_y(x,z,t)$，得到

$$
\begin{aligned}
q &= (\beta^2 - n_1^2 k^2)^{1/2} \\
h &= (n_2^2 k^2 - \beta^2)^{1/2} \\
p &= (\beta^2 - n_3^2)^{1/2} \\
k &\equiv \omega/c
\end{aligned}
\tag{3.5}
$$

注意，式(3.5)中 q、h 和 p 都是用单个未知的 β 给出的，β 是在 z 方向的传播常数。如所要求的那样，令 $\partial E_y/\partial x$ 在 $x = -t_g$ 处连续，便导出关于 β 的条件。从式(3.4)中取 $\partial E_y/\partial x$ 并使它在 $x = -t_g$ 处连续，得出条件

$$
- h\,\sin(-ht_g) - h(q/h)\cos(-ht_g) = p[\cos(ht_g) + (q/h)\sin(ht_g)]
\tag{3.6}
$$

或者简化后

$$
\tan(ht_g) = \frac{p+q}{h\left(1 - pq/h^2\right)}
\tag{3.7}
$$

超越方程(3.7)，连同式(3.5)，可以把右边和左边作为 β 的函数描成曲线，并记下其交点，以作图求解，或者在计算机上用数值方法求解。不管用什么方法求解，结果都是一组离散的可以允许的 β 值对应于所允许的模式。对于每一个 β_m，q_m、h_m 和 p_m 的对应值可以由式(3.5)确定。

在式(3.4)中剩下的一个未知常数 C' 是任意的。然而可以方便地将 C' 归一化，使 $\mathcal{E}_y(x)$ 代表在 y 方向每单位宽度增加 1 W 的功率流。于是，$E_y = A\,\mathcal{E}_y(x)$ 的模式具有功率流 $|A|^2$ W/m。在这情形中，归一化条件为[2]

$$
- \frac{1}{2} \int_{-\infty}^{\infty} E_y H_x^* \, \mathrm{d}x = \frac{\beta_m}{2\omega\mu} \int_{-\infty}^{\infty} [\mathcal{E}_y^{(m)}(x)]^2 \, \mathrm{d}x = 1
\tag{3.8}
$$

把式(3.4)代入式(3.8)可得

$$
C'_m = 2h_m \left[\frac{\omega\mu}{|\beta_m|(t_g + 1/q_m + 1/p_m)(h_m^2 + q_m^2)} \right]^{1/2}
\tag{3.9}
$$

对于正交的模式

$$
\int_{-\infty}^{\infty} \mathcal{E}_y^{(l)} \mathcal{E}_y^{(m)} \, \mathrm{d}x = \frac{2\omega\mu}{\beta_m} \delta_{l,m}
\tag{3.10}
$$

对于 TM 模的情形，除了零分量是 H_y、E_x 和 E_z 而不是 E_y、H_x 和 H_z 以外，其推导完全类似于刚才对于 TE 模的情形。得出的场分量是

$$
H_y(x, z, t) = \mathcal{H}_y(x) \mathrm{e}^{\mathrm{i}(\omega t - \beta z)}
\tag{3.11}
$$

$$
E_x(x, z, t) = \frac{\mathrm{i}}{\omega\varepsilon} \frac{\partial H_y}{\partial z} = \frac{\beta}{\omega\varepsilon} \mathcal{H}_y(x) \mathrm{e}^{\mathrm{i}(\omega t - \beta z)}
\tag{3.12}
$$

$$
E_z(x, z, t) = -\frac{\mathrm{i}}{\omega\varepsilon} \frac{\partial H_y}{\partial x}
\tag{3.13}
$$

横向磁场分量 $\mathcal{H}_y(x)$ 由下式给出：

$$
\mathcal{H}_y(x) = \begin{cases}
-C'\left[\dfrac{h}{\bar{q}}\cos(ht_g) + \sin(ht_g)\right]\exp[p(x+t_g)] & -\infty \leqslant x \leqslant -t_g \\[2mm]
C'\left[-\dfrac{h}{\bar{q}}\cos(hx) + \sin(hx)\right] & -t_g \leqslant x \leqslant 0 \\[2mm]
C' - \dfrac{h}{\bar{q}}\exp[-qx] & 0 \leqslant x \leqslant \infty
\end{cases}
\tag{3.14}
$$

式中，h、q 和 p 仍由式(3.5)定义，且其中

$$\bar{q} = \frac{n_2^2}{n_1^2} q \tag{3.15}$$

当边界条件以类似于 TE 模情形的方式相匹配时，发现只有满足下式的 β 值是允许的

$$\tan(h t_g) = \frac{h(\bar{p} + \bar{q})}{h^2 - \bar{p}\bar{q}} \tag{3.16}$$

其中，

$$\bar{p} = \frac{n_2^2}{n_1^2} p \tag{3.17}$$

式(3.14)中的常数 C' 可以归一化，使由式(3.11)~式(3.14)所表示的场在 y 方向每单位宽度运载 1 W 的功率，导致(见第 2 章文献[5])

$$C'_m = 2\sqrt{\frac{\omega\varepsilon_0}{\beta_m t'_g}} \tag{3.18}$$

其中

$$t'_g \equiv \frac{\bar{q}^2 + h^2}{\bar{q}^2}\left(\frac{t_g}{n_2^2} + \frac{q^2 + h^2}{\bar{q}^2 + h^2}\frac{1}{n_1^2 q} + \frac{p^2 + h^2}{\bar{p}^2 + h^2}\frac{1}{n_3^2 p}\right) \tag{3.19}$$

3.1.2　对称波导

当 n_1 等于 n_3 时，基本三层平面波导出现特别有趣的特殊情形。这样的对称波导常常被用于光集成回路中。例如，当折射率为 n_2 的波导层在两边以具有较小折射率 n_1 的相同限制层为边界的时候。多层 GaAlAs 光集成回路常常利用这种类型的波导。3.1.1 节中导出的公式适用于这类波导，在确定可以激励什么模式时可以有较大的简化。在许多情形中，并不需要知道对于各个模式的 β，唯一的问题是波导能否传播特定的模式。

在这种情形中，TE 模的截止条件的闭合公式可以参照式(2.5)导出，并注意，在截止点(场在区域 1 和 3 呈现振荡)处 β 的大小为

$$\beta = k n_1 = k n_3 \tag{3.20}$$

把式(3.20)代入式(3.5)可得

$$p = q = 0$$
$$h = k(n_2^2 - n_1^2)^{1/2} = k(n_2^2 - n_3^2)^{1/2} \tag{3.21}$$

把式(3.21)代入式(3.7)得出条件

$$\tan(h t_g) = 0 \tag{3.22}$$

或者

$$h t_g = m_s \pi, \quad m_s = 0, 1, 2, 3, \dots \tag{3.23}$$

联立式(3.21)和式(3.23)得出

$$k(n_2^2 - n_1^2)^{1/2} t_g = m_s \pi \tag{3.24}$$

于是，为了使给定模式在波导中传播，必须有

$$\Delta n = (n_2 - n_1) > \frac{m_s^2 \lambda_0^2}{4 t_g^2 (n_2 + n_1)}, \quad m_s = 0, 1, 2, 3, \dots \tag{3.25}$$

式中，$k \equiv \omega/c = 2\pi/\lambda_0$。在式(3.25)中所给的截止条件决定了具有给定 Δn 和比值 λ_0/t_g 的波导能维持哪些模式。但是对称波导的最低阶模式($m_s = 0$)是不寻常的，它不像其他模式那样显示截止。原则上，任何波长都能以这种模式传播，甚至对于越来越小的 Δn。然而，对于小的 Δn 和（或）大的 λ_0/t_g，光能的限制很差，具有相当大的倏逝模尾延伸到衬底中。

如果 $n_2 \approx n_1$，则截止条件式(3.25)变为

$$\Delta n = (n_2 - n_1) > \frac{m_s^2 \lambda_0^2}{8t_g^2 n_2}, \quad m_s = 0, 1, 2, 3, \ldots \tag{3.26}$$

或者，如果 $n_2 \gg n_1$，则它由下式给出

$$\Delta n = (n_2 - n_1) > \frac{m_s^2 \lambda_0^2}{4t_g^2 n_2}, \quad m_s = 0, 1, 2, 3, \ldots \tag{3.27}$$

3.1.3 不对称波导

三层平面波导的另一个重要的特殊情形是不对称波导，其中 $n_3 \gg n_1$。当然，为了出现导波，n_2 仍必须大于 n_3。不对称波导常常出现在这样的光集成回路中。例如，薄膜波导被沉积或者用其他方法形成在折射率略小的衬底上，而波导层的上表面或者任其向空气敞开，或者镀上一个金属层电极。用几何方法将其与对称波导进行比较[3]，可以导出对于不对称波导情形截止条件的近似闭合形式的公式。

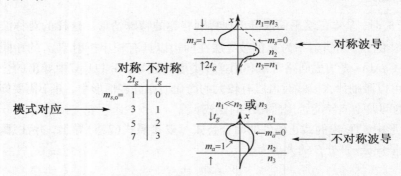

图 3.2　对称和不对称平面波导中模式的图解

参见图 3.2 所示的不对称波导，它的厚度等于对应的对称波导的一半厚度 t_g。对称波导的两个最低阶的 TE 模($m_s = 0, 1$)和不对称波导的两个最低阶的 TE 模($m_a = 0, 1$)都画在图中。请注意，对于限制得很好的模式，对称波导的 $m_s = 1$ 模式的下半部分紧紧地对应着半厚度的不对称波导的 $m_a = 0$ 模式。这个事实说明可以用数学分析来获得在不对称波导的情形中截止条件的闭合形式的公式。

以上面 3.1.2 节中同样的方法，对于厚度等于 $2t_g$ 的对称波导的情形，解超越方程(3.7)得出条件

$$\Delta n = n_2 - n_3 > \frac{m_s^2 \lambda_0^2}{4(n_2 + n_3)(2t_g)^2}, \quad m_s = 0, 1, 2, 3, \ldots \tag{3.28}$$

然而，不对称波导只维持相应于其 2 倍厚度的对称波导的奇数模。因此，不对称波导的截止条件为

$$\Delta n = n_2 - n_3 > \frac{m_a^2 \lambda_0^2}{16(n_2 + n_3)t_g^2} \qquad (3.29)$$

其中 m_a 是由 m_s 的奇数值组成的子集的元素，它可以方便地表示为

$$m_a = (2m + 1), \qquad m = 0, 1, 2, 3, \ldots \qquad (3.30)$$

假定 $n_2 \approx n_3$，式 (3.29) 变为

$$\Delta n = n_2 - n_3 > \frac{(2m + 1)^2 \lambda_0^2}{32 n_2 t_g^2}, \qquad m = 0, 1, 2, 3, \ldots \qquad (3.31)$$

虽然截止条件的式 (3.31) 和式 (3.25) 只对所规定的特殊情形成立，但是它们却提供了估计特定的波导能激励多少模式的便利方法。为了在一般的情形下回答这个问题，或者为了确定各种模式的 β 值，必须解超越方程 (3.7)。

虽然式 (3.31) 是对于 TE 模的情形导出的，但可以证明，只要 $n_2 \approx n_3$，它对 TM 模也成立。于是，不对称波导看来对于所有模式都具有可能的截止，不像对称波导那样，TE_0 模不可能截止。这使得不对称波导作为光开关特别有用，这将在第 9 章中讨论。

3.2　矩形波导

在上面 3.1 节中所讨论的平面波导，尽管它们只在一维内限制光场，在许多集成光学的应用中是有用的。甚至相当复杂的光集成回路，例如 Mergerian 和 Malarkey 的射频频谱分析仪[4]，以及 Madsen 等人的光谱分析仪[5]，也可以用平面波导制作。然而，其他的应用要求在二维内限制光场。使用矩形截面的"条"形波导可得到具有阈值电流小和单模振荡的激光器[6]，或者具有可降低驱动功率条件的电-光调制器[7]。有时候仅仅是为了在光集成回路表面把光从一点导向另一点，以便把两个回路元件以像金属条用于集成电路类似的方式连接起来，才要求二维限制。

3.2.1　通道波导

基本的矩形波导结构如图 3.3 所示，它由周围被较小折射率 n_2 的限制媒质包裹着的折射率 n_1 的波导区域构成，这样的波导常常称为通道波导、条形波导或三维波导。在限制媒质中的折射率不必在所有区域中都一样。折射率小于 n_1 的许多材料都可以用来包围波导。然而，在那种情形中，波导中的模式将不再是严格对称的。对于这种一般情形，波方程的严格解是极其复杂的，至今尚未得出。

分析图 3.4 所示的波导结构，Marcatili[10] 导出矩形通道波导问题的近似解，这还算是十分一般的。Marcatili 分析中所做的关键假设是，模式是良好地被导引的，也就是远离截止，所以场在区域 2、3、4 和 5 中呈指数衰减，大部分功率限制在区域 1 中。图 3.4 的斜线角形区域中场的幅度小到可以忽略不计。因此，麦克斯韦方程可以通过假设相当简单的正弦和指数场分布，并且只沿着区域 1 的四边匹配边界条件来解。可以证明波导维持离散数目的导模，它们可以分为两族，即 E_{pq}^x 和 E_{pq}^y 模，其中模数 p 和 q 分别对应在 x 和 y 方向场分布的峰的数目。E_{pq}^x 模的横向场分量是 E_x 和 H_y，而 E_{pq}^y 的是 E_y 和 H_x。E_{11}^y 模（基模）画在图 3.5 中。请注意，模式的形状由光场呈指数衰减的区域内的消光系数 η_2、ξ_3、η_4 和 ξ_5 以及在区域 1 中的传播常数 k_x 和 k_y 表征。

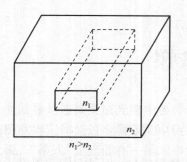

图 3.3　基本的矩形介质波导结构

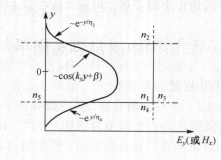

图 3.4　以小折射率区域为边界的矩形介质波导的截面图

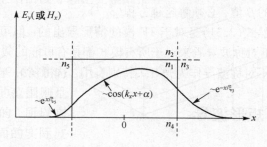

图 3.5　典型的 E_{11}^y 模的示意图

k_x、k_y、η 和 ξ 的定量表达式对于 E_{pq}^y 模可以如下确定。示于图 3.4 中的五个区域(由 $v=1$，2，3，4，5 标记)的场分量的形式为

$$H_{xv} = \exp(-ik_z z + i\omega t) \begin{cases} M_1 \cos(k_x x + \alpha) \cos(k_y y + \beta) & v=1 \\ M_2 \cos(k_x x + \alpha) \exp(-ik_{y2}y) & v=2 \\ M_3 \cos(k_y y + \beta) \exp(-ik_{x3}x) & v=3 \\ M_4 \cos(k_x x + \alpha) \exp(ik_{y4}y) & v=4 \\ M_5 \cos(k_y y + \beta) \exp(ik_{x5}x) & v=5 \end{cases} \tag{3.32}$$

$$H_{yv} = 0 \tag{3.33}$$

$$H_{zv} = -\frac{i}{k_z} \frac{\partial^2 H_{xv}}{\partial x \partial y} \tag{3.34}$$

$$E_{xv} = -\frac{1}{\omega \varepsilon_0 n_v^2 k_z} \frac{\partial^2 H_{xv}}{\partial x \partial y} \tag{3.35}$$

$$E_{yv} = \frac{k^2 n_v^2 - k_{yv}^2}{\omega \varepsilon_0 n_v^2 k_z} H_{xv} \tag{3.36}$$

$$E_{zv} = -\frac{i}{\omega \varepsilon_0 n_v^2} \frac{\partial H_{xv}}{\partial y} \tag{3.37}$$

式中，M_v 是振幅常数，ω 是角频率，ε_0 是自由空间的介电常数。相位常数 α 和 β 决定在区域 1 中场的最大值和最小值位置，k_{xv} 和 k_{yv}($v=1$，2，3，4，5)是在各个媒质中沿 x 和 y 方向的横向传播常数。匹配边界条件需要假设

$$k_{x1} = k_{x2} = k_{x4} = k_x \tag{3.38}$$

以及

$$k_{y1} = k_{y3} = k_{y5} = k_y \tag{3.39}$$

还可以证明

$$k_z = (k_1^2 - k_x^2 - k_y^2)^{1/2} \tag{3.40}$$

其中，

$$k_1 = k n_1 = \frac{2\pi}{\lambda_0} n_1 \tag{3.41}$$

是在折射率为 n_1 的媒质中具有自由空间波长 λ_0 的平面波的传播常数。假设 n_1 如在光集成回路的通常情形中那样仅稍大于其他的 n_v，导致条件

$$k_x \quad 和 \quad k_y \ll k_z \tag{3.42}$$

注意在射线光学的术语中式(3.42)对应于光线在导波区域 1 的表面上的"掠入射"。计算指出，E_{pq}^y 的两个重要的分量是 H_x 和 E_y。

在区域 1 的边界上匹配场分量得出超越方程

$$k_x a = p\pi - \arctan k_x \xi_3 - \arctan k_x \xi_5 \tag{3.43}$$

以及

$$k_y b = q\pi - \arctan \frac{n_2^2}{n_1^2} k_y \eta_2 - \arctan \frac{n_4^2}{n_1^2} k_y \eta_4 \tag{3.44}$$

其中反正切函数在第一象限内取值，且

$$\xi_5^3 = \frac{1}{\left| k_{x5}^3 \right|} = \frac{1}{\left[\left(\frac{\pi}{A_5^3} \right)^2 - k_x^2 \right]} \tag{3.45}$$

$$\eta_4^2 = \frac{1}{\left| k_{y4}^2 \right|} = \frac{1}{\left[\left(\frac{\pi}{A_4^2} \right)^2 - k_y^2 \right]^{1/2}} \tag{3.46}$$

以及

$$A_v = \frac{\pi}{(k_1^2 - k_v^2)^{1/2}} = \frac{\lambda_0}{2 (n_1^2 - n_v^2)^{1/2}}, \quad v = 2, 3, 4, 5 \tag{3.47}$$

超越方程式(3.43)和式(3.44)不能严格地以闭合形式求解。然而，对于良好限制的模式可以假设大部分功率是在区域 1 中。因此，

$$\left(\frac{k_x A_5^3}{\pi} \right) \ll 1 \quad 且 \quad \left(\frac{k_y A_4^2}{\pi} \right)^2 \ll 1 \tag{3.48}$$

使用式(3.48)的假设，通过将反正切函数按幂级数展开，只保留前两项，可以得到式(3.43)和式(3.48)关于 k_x 和 k_y 的近似解，于是

$$k_x = \frac{p\pi}{a} \left(1 + \frac{A_3 + A_5}{\pi a} \right)^{-1} \tag{3.49}$$

$$k_y = \frac{q\pi}{b} \left(\frac{1 + n_2^2 A_2 + n_4^2 A_4}{\pi n_1^2 b} \right)^{-1} \tag{3.50}$$

把式(3.49)和式(3.50)代入式(3.40)、式(3.45)和式(3.46)中，可以得到关于 k_z、ξ_3、ξ_5、η_2 和 η_4 的表达式。

$$k_z = \left[k_1^2 - \left(\frac{\pi p}{a} \right)^2 \left(1 + \frac{A_3 + A_5}{\pi a} \right)^{-2} - \left(\frac{\pi q}{b} \right)^2 \left(1 + \frac{n_2^2 A_2 + n_4^2 A_4}{\pi n_1^2 b} \right)^{-2} \right]^{1/2} \qquad (3.51)$$

$$\xi_5^3 = \frac{A_5^3}{\pi} \left[1 - \left(\frac{p A_5^3}{a} \frac{1}{1 + \frac{A_3 + A_5}{\pi a}} \right)^2 \right]^{-1/2} \qquad (3.52)$$

$$\eta_4^2 = \frac{A_4^2}{\pi} \left[1 - \left(\frac{p A_4^2}{b} \frac{1}{1 + \frac{n_2^2 A_2 + n_4^2 A_4}{\pi n_1^2 b}} \right)^2 \right]^{-1/2} \qquad (3.53)$$

E_{pq}^y 模是偏振的,所以 E_y 是电场的唯一有意义的分量;E_x 和 E_z 是可以忽略的。对于 E_{pq}^x 模的情形可以证明,E_x 也是唯一有意义的电场分量,E_y 和 E_z 可以忽略。为了探讨同已对 E_{pq}^y 模导出的关系式相对应的 E_{pq}^x 模的关系式,只要把 E 改为 H,μ_0 改为 $-\mathcal{E}_0$;在各个方程中反过来也一样。只要假设 n_1 仅稍大于周围媒质的折射率,即

$$\frac{1}{n_1}(n_1 - n_v) \ll 1 \qquad (3.54)$$

则对于 E_{pq}^x 模恰似 E_{pq}^y 模一样,k_z、ξ_3 和 η_2 仍分别由式(3.51)、式(3.52)和式(3.53)给出。

三维矩形波导的 Marcatili 分析在这种结构设计中是很有用的,虽然它是麦克斯韦波动方程的近似解,但必须指出,理论假设是对充分限制的模式,当波导线度 a 和 b 比波长短的时候,理论对于该模式变得不精确[8]。矩形波导可以用 Katz 描述的有限元法进行分析[9]。无论用什么方法,分析矩形波导结构都要用到复杂的数学计算。幸运的是,现在有不少商用计算机程序可做这些事[10]。

3.2.2　条载波导

可以做一个三维波导,在 x 和 y 线度上有限制,实际上没有用较低折射率的材料包围波导。这可以在折射率为 n_1 的平面波导顶部形成较低折射率 n_3 的介质材料的条来实现,如图 3.6 所示,这种结构通常称为条载波导或称为光学带线波导。波导层顶部加载条的存在使得在它下面区域的有效折射率 n_{eff}' 比邻近区域的有效折射率 n_{eff} 大。这样不但在 x 方向而且在 y 方向也有限制,这种现象的物理性质用射线光学方法可以想象出来,即在 z 方向传播并遵循波导层中通常的锯齿路程(见图 2.10)的平面波组成的特定模式。因为 n_3 大于 n_4,于是在 $n_1 - n_3$ 界面比在 $n_1 - n_4$ 界面穿透的波略多,因此,波导的有效高度在载条底部比在它两边的区域中大。这说明平面波的锯齿路程在载条下稍长,导致

$$n_{\text{eff1}}' = \frac{\beta'}{k} > n_{\text{eff1}} = \frac{\beta}{k} \qquad (3.55)$$

Furuta 等人用有效折射率方法分析如图 3.6 所示的条载波导[11],指出其导波性质等价于图 3.7 所示的介质波导的性质,其中旁边限制层的等效折射率为

$$n_{\text{eq}} = \left(n_1^2 - n_{\text{eff1}}'^2 + n_{\text{eff1}}^2 \right)^{1/2} \qquad (3.56)$$

图 3.7 的矩形波导的传播常数可以用 3.2.1 节分析中叙述的 Marcatili 方法来确定。通过把理论预期同 6328 Å 的光在条载波导中的导波实验观察进行比较,证实该方法是有效的[11]。

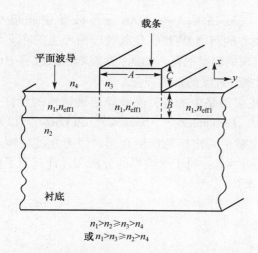

图 3.6　介质条载波导的图解，在波导层中标出有效
折射率以及块状材料的折射率，$n'_{\text{eff1}} > n_{\text{eff1}}$

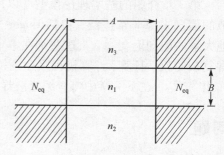

图 3.7　等效于图 3.6 的条载波导
的矩形介质波导的截面图

在那种情形中，波导是在 $n_2 = 1.662$ 的玻璃衬底上近似 $0.6~\mu\mathrm{m}$ 厚的玻璃薄膜（$n_1 = 1.721$），载条的折射率为 1.592，它的截面线度为 $0.7~\mu\mathrm{m}$ 厚 $\times 14~\mu\mathrm{m}$ 宽。Ramaswamy[12] 也用有效折射率方法分析条载波导，并发现同实验结果符合得很好。

条载波导也可以做成载条的折射率 n_3 等于波导的折射率 n_1，这种类型的波导称为脊形或肋条波导。Kogelnik[13] 把有效折射率方法应用于该类波导，指出这种传播以位相常数

$$\beta = kN \tag{3.57}$$

为特征，其中 N 为

$$N^2 = n_{\text{eff1}}^2 + b(n'_{\text{eff1}}{}^2 - n_{\text{eff1}}^2) \tag{3.58}$$

在此情形中，n'_{eff1} 是高度等于波导层与载条的厚度之和的波导有效折射率。参数 b 是归一化波导折射率，为

$$b = (N^2 - n_2^2)/(n_1^2 - n_2^2) \tag{3.59}$$

金属载条也可以用来产生光学带线。在这种情形中，如图 3.8 所示，两个金属载条设置在波导层表面上，在希望限制的区域两边。因为导波的穿透在 $n_1 - n_4$ 界面处比在 $n_1 - n_3$ 界面处深，所以得到在 y 线度上所要的限制，恰似在介质条载波导的情形一样。金属条载波导在诸如电光调制器的应用中尤为有用，那里有表面金属电极，这些金属条可以起限定波导的附加作用[14]。

原理上，可以预料条载波导应该具有比矩形介质通道波导小的光损耗，因为由侧壁的粗糙所引起的散射减小了。实验结果也似乎证实了这种假设。Blum 等人[15] 报道了在 GaAs 条载

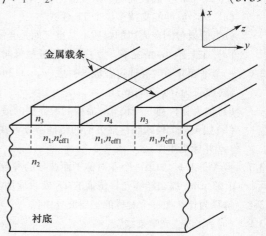

图 3.8　金属条载波导（在波导层中标出有效折射率及块状材料的折射率，$n'_{\text{eff1}} < n_{\text{eff1}}$）

波导中 1 cm^{-1} 的损耗系数,而 Reinhart 等人[16]则在 GaAs-GaAlAs 脊形波导中测得小于 2 cm^{-1} 的波导损耗。关于条载波导有效性的最关心的问题是:由于负载效应而产生的在 y 线度上小的有效折射率差,不足以限制由波导弯曲出现的辐射损耗。然而,在玻璃条载波导中已经做成半径小到 2.5 mm 的 90°弯曲[11],而没有观察到过度的辐射损耗。

第 3 章介绍的基本理论模型可以用于在光集成回路中的各种光波导传输特性的计算,本节的信息来源非常广泛,包括 Unger[17]、Tamir[18]、Fernandez[19]、Okamoto[20]和 Calvo[21]以及其他大量的期刊论文[22~61],这些都在本章的参考文献中列出标题以便查阅。因为光波导涉及非常复杂的数学计算,计算机程序在该领域中发展非常快,对于光波导的分析和设计起到了重要作用[62~68]。在下一章中将介绍光波导的制作技术。

习题

3.1 参考图 3.1 所示的基本三层平面波导,证明区域 2 中的相位常数 h,以及区域 1 和区域 3 中的消光系数 q 和 p,能够分别用下式表示:

$$q = (\beta^2 - n_1^2 k^2)^{1/2}$$
$$p = (\beta^2 - n_3^2 k^2)^{1/2}$$
$$h = (n_2^2 k^2 - \beta^2)^{1/2}$$

其中,β 是在 z 方向上的传播常数,$k = \omega/c$。

3.2 证明,在一个不对称波导中第 m 阶模式与所需的折射率变化值 Δn 之间的关系式为

$$\Delta n = n_2 - n_3 > \frac{(2m+1)^2 \lambda_0^2}{32 n_2 t_g^2}, \qquad m = 0, 1, 2, 3, \ldots.$$

在上式中,其定义请参照 3.1.3 节。

3.3 绘出在一个矩形波导中 E_{12}^y 和 E_{22}^y 模式典型的电场分布。

3.4 绘出在一个矩形波导中 E_{33}^y 和 E_{22}^y 模式典型的光功率分布。

3.5 一个对称平面波导的波导层厚度为 3 μm,折射率 $n_2 = 1.5$,这个波导用 He-Ne 激光器激励(波长为 0.6328 μm),假设周围的媒质为空气($n_1 = n_3 = 1$)。

(a)这个波导能支持多少个 TE 模?

(b)假设包围在周边的媒质不是空气而是介质,于是 $n_1 = n_3 = 1.48$,那么可以传播多少个 TE 模?

(c)在上述(b)情况下,为了能够保证最低阶模式传播,波导层厚度为多少?

3.6 一个平面介质波导通过在玻璃衬底($n_3 = 1.346$)上制作玻璃薄层($n_2 = 1.62$)而成,光源是 He-Ne 激光器(波长为 0.6328 μm)。

(a)如果只传播一个模式,需要的波导层的最大厚度是多少?

(b)如果某个模式在传播方向的传播常数为 $\beta = 1.53 \times 10^5$ cm^{-1},那么该模式的反射角 θ_m 为多少(画图并标出角度)?

3.7 参考图 3.1,如果一个非对称平面波导的参数如下:$n_1 = 1.0$,$n_2 = 1.65$,$n_3 = 1.52$,$t_g = 1.18$ μm,$\lambda_0 = 0.63$ μm,那么能够允许传播的 TE 模数量是多少?

3.8 解释为什么在一个对称的三层波导中比一个非对称的三层波导中更容易做成单模波导?

3.9 (a)什么是"光学带线"?

(b)用射线光学方法,画出在一个如图 3.6 所示条载光波导中的光传播。

3.10 考虑一个平面波以锯齿路径沿着条载波导的长度方向曲折传播,那么其速度是有载条时更快还是无载条时更快?

参考文献

1. W. Hayt, Jr.: *Engineering Electromagnetics*, 4th edn. (McGraw-Hill, New York 1981) p. 151 and p. 317

2. A. Yariv: *Optical Electronics*, 4th edn. (Holt, Rinehart and Winston, New York 1991) p. 490 3. D. Hall, A. Yariv, E. Garmire: Opt. Commun. **1**, 403 (1970)

4. D. Mergerian, E. Malarkey: Microwave J. **23**, 37 (1980)

5. C. K. Madsen, J. Wagener, T. A. Strasser, D. Muhlner, M. A. Milbrodt, E. J. Laskowski, J. DeMarco: IEEE J. Selected Topics in Quantum Electronics **4**, 925 (1998)

6. H. Kressel, M. Ettenberg, J. Wittke, I. Laddany: Laser diodes and LEDs for fiber optical communications, in *Semiconductor Devices*, H. Kressel, (ed.), 2nd edn., Topics Appl. Phys., Vol. 39 (Springer, Berlin, Heidelberg 1982) pp. 23 – 25

7. S. Somekh, E. Germaire, A. Yariv, H. Garvin, R. G. Hunsperger: Appl. Opt. **13**, 327 (1974)

8. A. A. J. Marcatilli: Bell Syst. Tech. J. **48**, 2071 (1969)

9. J. Katz: Novel solution of 2-D waveguides using the finite element method, Appl. Opt. 21, 2747 (1982)

10. See, e. g., the following suppliers: Bay Technology (http://www. baytechnology. com) BBV-Software (http://www. bbv-software. com) Breault Research (http://www. breault. com/) Integrated Optical Software (http://www. ios-gmbh. de/) Optiwave (http://www. optiwave. com/) RSOFT (http://www. rsoftinc. com/home. htm) Stellar Software (http://www. stellarsoftware. com/) Catalog (A listing of additional software sources.) (http://home. earthlink. net/ ~ skywise711/LasersOptics/Software/PhotonicSoftware. html)

11. H. Furuta, H. Noda, A. Ihaya: Appl. Opt. **13**, 322 (1974)

12. V. Ramaswamy: Bell Syst. Tech. J. **53**, 697 (1974)

13. H. Kogelnik: Theory of dielectric waveguides, in *Integrated Optics*, T. Tamir (ed.), 2nd edn., Topics Appl. Phys., Vol. 7 (Springer, Berlin, Heidelberg 1979) Chap. 2

14. J. Campbell, F. Blum, D. Shaw, K. Shaw, K. Lawley: Appl. Phys. Lett. **27**, 202 (1975)

15. F. Blum, D. Shaw, W. Holton: Appl. Phys. Lett. **25**, 116 (1974)

16. F. Reinhart, R. Logan, T. Lee: Appl. Phys. Lett. **24**, 270 (1974)

17. H. G. Unger: *Planar Optical Waveguides and Fibers* (Oxford University Press, Oxford 1978)

18. H. Kogelnik: Theory of optical waveguides, in *Guided Wave Optoelectronics*, T. Tamir (ed.) 2nd edn., Springer Ser. Electron. Photon., Vol. 26 (Springer, Berlin, Heidelberg 1990)

19. F. A. Fernandez, Y. Lu: *Microwave and Optical Waveguide Analysis by the Finite Element Method* (Research Studies Press/ Wiley, Taunton/New York, 1996)

20. K. Okamoto: *Fundamentals of Optical Waveguides*, 2nd edn. (Elsevier Academic Press, New York, 2006)

21. M. L. Calvo and V. Lakshminarayanan: *Optical Waveguides: From Theory to Applied Technologies* (CRC Press, Taylor and Francis Group, Boca Raton, FL, 2007)

22. T. Tamir: Microwave modeling of periodic waveguides. IEEE Trans. MTT-**29**, 979 (1981)

23. T. Tamir: Guided-wave methods for optical configurations. Appl. Phys. **25**, 201 (1981)

24. E. A. Kolosovsky, D. V. Petrov, A. V. Tsarey, I. B. Yakovkin: An exact method for analyzing light propagation in anisotropic inhomogeneous optical waveguides. Opt. Commun. **43**, 21 (1982)

25. K. Yasumoto, Y. Oishi: A new evaluation of the Goos Hänchen shift and associated time delay. J. Appl. Phys. **54**, 2170 (1983)

26. F. P. Payne: A new theory of rectangular optical waveguides. Opt. Quant. Electron. **14**, 525 (1982)

27. H. Yajima: Coupled-mode analysis of anisotropic dielectric planar branching waveguides. IEEE J. LT-**1**, 273 (1983)

28. S. A. Shakir, A. F. Turner: Method of poles for multiyer thin film waveguides. Appl. Phys. A **29**, 151 (1982)

29. W. H. Southwell: Ray tracing in gradient-index media. J. Opt. Soc. Am. **72**, 909 (1982)

30. J. Van Roey, J. Vander Donk, P. E. Lagasse: Beam-propagation method: Analysis and assessment. J. Opt. Soc. Am. **71**, 803 (1981)

31. J. Nezval: WKB approximation for optical modes in a periodic planar waveguide. Opt. Commun. **42**, 320 (1982)

32. Ch. Pichot: Exact numerical solution for the diffused channel waveguide. Opt. Commun. **41**, 169 (1982)

33. V. Ramaswamy, R. K. Lagu: Numerical field solution for an arbitary asymmetrical gradedindex planar waveguide. IEEE J. LT-**1**, 408 (1983)

34. Y. Li: Method of successive approximations for calculating the eigenvalues of optical thin-film waveguides. Appl. Opt. **20**, 2595 (1981)

35. J. P. Meunier, J. Piggeon, J. N. Massot: A numerical technique for the determination of propagation characteristics of inhomogeneous planar optical waveguides. Opt. Quant. Electron. **15**, 77 (1983)

36. M. Belanger, G. L. Yip: Mode conversion analysis in a single-mode planar taper optical waveguide. J. Opt. Soc. Am. **72**, 1822 (1982)

37. E. Khular, A. Kumar, A. Sharma, I. C. Goyal, A. K. Ghatak: Modes in buried planar optical waveguide with graded-index profiles. Opt. Quant. Electron. **13**, 109 (1981) A. K. Ghatak: Exact modal analysis for buried planar optical waveguides with asymmetric graded refractive index. Opt. Quant. Electron. 13, 429 (1981)

38. A. Hardy, E. Kapon, A. Katzir: Expression for the number of guided TE modes in periodic multilayer waveguides. J. Opt. Soc. Am. **71**, 1283 (1981)

39. L. Eyges, P. Wintersteiner: Modes in an array of dielectric waveguides. J. Opt. Soc. Am. **71**, 1351 (1981) L. Eyges, P. D. Gianino: Modes of cladded guides of arbitrary cross-sectional shape. J. Opt. Soc. Am. **72**, 1606 (1982)

40. P. M. Rodhe: On radiation in the time-dependent coupled power theory for optical waveguides. Opt. Quant. Electron. **15**, 71 (1983) 3.2 Rectangular Waveguides 51

41. L. McCaughan, E. E. Bergmann: Index distribution of optical waveguides from their mode profile. IEEE J. LT-**1**, 241 (1983)

42. H. Kogelnik: Devices for lightwave communications, in *Lasers and Applications*, W. O. N. Guimaraes, C. -T. Lin, A. Mooradian (eds.) Springer Ser. Opt. Sci., Vol. 26 (Springer, Berlin, Heidelberg 1981)

43. R. E. Smith, S. N. Houde-Walter, G. W. Forbes: Mode determination for planar waveguide using the four-sheeted dispersion relation. IEEE J. Quant. Electron. **28**, 1520 (1992)

44. H. Renner: Bending losses of coated single-mode fibers: a simple approach. IEEE J. Lightwave Tech. **10**, 544 (1992)

45. F. Olyslager, D. De Zutter: Rigorous boundary integral equation solution for general isotropic and uniaxial anisotropic dielectric waveguides in multilayered media including losses, gain and leakage. IEEE Trans. Micro. Theor. Tech. **41**, 1385 (1993)

46. J. W. Mink, F. K. Schwering: A hybrid dielectric slab-beam waveguide for the submillimeter wave region. IEEE Trans. Micro. Theor. Tech. **41**, 1720 (1993)

47. F. Di Pasquale, M. Zoboli, M. Federighi, I. Massarek: Finite-element modeling of silica waveguide amplifiers with high erbium concentration. IEEE J. Quant. Electron. **30**, 1277 (1994)

48. G. R. Hadley, R. E. Smith: Full-vector waveguide modeling using an iterative finite-difference method with transparent boundary conditions. IEEE J. Lightwave Tech. **13**, 465 (1995)

49. S. M. Tseng, J. H. Zhan: A new method of finding the propagation constants of guided modes in slab waveguides containing lossless and absorbing media. Proc. Lasers and Electro-Optics Society Annual Meeting, LEOS' 97 (1997) pp. 512－513.

50. O. Mitomi, K. Kasaya: Wide-angle finite-element beam propagation method using Pade approximation. Electron. Lett. **33**, 1461 (1997)

51. K. Kawano, T. Kitoh, M. Kohtoku, T. Takeshita, Y. Hasumi: 3-D semivectorial analysis to calculate facet reflectivities of semiconductor optical waveguides based on the bi-directional method of line BPM (MoL-BPM). IEEE Photo. Tech. Lett. **10**, 108 (1998)

52. G. Tartarini, H. Renner: Efficient finite-element analysis of tilted open anisotropic optical channel waveguides. IEEE Micro. Guided Wave Lett. **9**, 389 (1999)

53. A. A. Abou El-Fadl, K. A. Mostafa, A. A. Abelenin. T. E. Taha: New technique for analysis of multimode diffused channel optical waveguides. Digest, IEEE Conf. Infrared and Millimeter Waves (2000) pp. 229 – 230

54. R. Scarmozzino, A. Gopinath, R. Pregla, S. Helfert: Numerical techniques for modeling guided-wave photonic devices. IEEE J. Selected Topics in Quant. Electron. **6**, 150 (2000)

55. K. Saitoh, M. Koshiba: Approximate scalar finite-element beam-propagation method with perfectly matched layers for anisotropic optical waveguides. IEEE J. Lightwave Techno. **19**, 786 (2001)

56. C. R. Doerr: Beam propagation method tailored for step-index waveguides. IEEE Phot. Technol. Lett. **13**, 130 (2001)

57. A. Giorgio, A. G. Perri, M. N. Armenise: Modelling waveguiding photonic bandgap structures by leaky mode propagation method. Electron. Lett. **37**, 835 (2001)

58. A. Sharma: Analysis of integrated optical waveguides: variational method and effective-index method with built-in perturbation correction, J. Opt. Soc. Am. A **18**, 1383 (2001)

59. R. Pregla: Modeling of planar waveguides with anisotropic layers of variable thickness by the method of lines, Opt. Quant. Electron. **35**, 533 (2003)

60. T. Miyamoto, M. Momoda, K. Yasumoto: Numerical analysis for three-dimensional optical waveguides with periodic structure using Fourier series expansion method, Electron. Communi. Jap. (Part II: Electron.) **86**, 22 (2003)

61. M. A. Boroujeni, M. Shahabadi: Full-wave analysis of lossy anisotropic optical waveguides using a transmission line approach based on a Fourier method, J. Opt. A: **8** 1080 (2006)

62. J. Costa, D. Pereira, A. Giarola: Analysis of optical waveguides using Mathematica (R) Microwave and Optoelectronics Conference, Proceedings, 1997, SBMO/IEEE MTT-S International **1**, 91 (1997) 52 3 Theory of Optical Waveguides

63. Y. Moreau, J. Porque, P. Coudray, P. Etienne, K. Kribich: New simulation tools for complex multilevel optical circuits, SPIE International Conference, Optical Design and Analysis Software, Denver, CO (1999)

64. M. F. van der Vliet, G. Beelen: Design and simulation tools for integrated optic circuits, Proc. SPIE **3620**, 174 (1999)

65. M. R. Amersfoort: Design and Simulation Tools for Photonic Integrated Circuits, LEOS 2000 Annl. Meet. Conf. Proc. **2**, 774 (2000)

66. M. Amersfoort: Simulation and Design Tools Address Demands of WDM, Laser Focus World, (March 2001), pp. 129 – 32

67. T. G. Nguyen, A. Mitchell: Analysis of optical waveguides with multilayer dielectric coatings using plane wave expansion, J. Lightwave Techn. **24**, 635 (2006)

68. P. R. Chaudhuri, S. Roy: Analysis of arbitrary index profile planar optical waveguides and multilayer nonlinear structures: a simple finite difference algorithm, Opt. Quant. Electron. **39**, 221 (2007)

第4章　波导制作技术

在第3章中,讨论了有关各种类型波导的理论。在每种情形中,波导的形成都取决于波导区与周围媒质之间的折射率差。已经创造了多种技术用于产生所需的折射率差,每种方法各具有优缺点,并且没有一种方法可以说是具有明显的优势。波导制作技术的选择取决于实际应用以及现有设备。本章将讨论波导制作的多种方法以及它们固有的特点。

4.1　薄膜沉积

最早使用和最有效的波导制作方法之一是介质材料的薄膜沉积。近些年,玻璃和聚合物波导迅速增长的重要原因在于其相对于半导体和铌酸锂材料具有成本优势。国际通信网络(有时也称做"信息高速公路")的全面实施需要数以百万计的廉价波导器件。在本节中,沉积这个词被广泛定义为既包括液态源沉积的方法(如甩涂和浸渍),也包括真空气相沉积和溅射的方法。因为聚合物薄膜在波导器件的应用迅速扩大,在本版本中用一整章进行专门的讨论。第5章将描述聚合物波导的制作及其在集成光学中的多种应用。

4.1.1　介质薄膜溅射

生产常规应用薄膜(如增透膜)的标准方法——热激励真空蒸镀很少应用于波导制作,因为其制得的薄膜对可见光的波长有相当高的损耗(10 dB/cm)。这种高损耗是由于包含着起吸收和散射中心作用的污染原子造成的[1]。取而代之的是使用固态源的分子溅射沉积。溅射的过程是原子或分子在真空中被具有超过约30 eV 到2 keV 能量的离子轰击而从源(靶)材料表面剥离,从靶的表面逸出的原子(或分子)可以沉积在衬底的表面上形成薄膜。溅射的薄膜通过以相当大的动能到达表面的单个粒子的堆积而缓慢增厚。因为沉积的原子是动态分布于整个表面的,使这个过程产生的薄层很均匀。由于这个过程是在比真空蒸气沉积所需的温度相对低的温度下进行的,靶材料在使用前可以高纯度化,因此,可以生成损耗为1 dB/cm[2]的优质光学薄膜。

溅射[3]薄膜的一种方法是通过等离子体放电,如图4.1 所示。靶和衬底放置在真空系统中,气体在$2 \sim 20 \times 10^{-3}$ torr 的压强下通入。在阳极与阴极之间施加高压偏置,从而建立起等离子体放电。等离子体放电时所产生的离子向阴极加速撞击靶,这样把它们的动能传递给靶材料表面的原子,这些原子因而被溅射出来,随后沉积在衬底上。

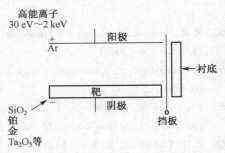

图4.1　用于薄膜沉积的等离子体放电系统

为了使溅射的原子与衬底黏附得好以产生均匀的低损耗层,衬底在放进真空系统前必须在适当的溶剂或刻蚀剂中彻底清洗。所以在任何薄膜沉积过程中衬底清洗是一个基本的重要步骤,但其方法因衬底和薄膜的材料而异。Zernike[4]对衬底清洗程序进行了综述。

图 4.1 中衬底的位置仅仅是可采用的许多不同几何结构中的一个代表，因为从靶溅射的原子趋向于沉积到暴露在真空系统中的每个表面上，为了得到沉积层最好的均匀性，从衬底到靶的距离应该比衬底的尺寸大。然而，增加衬底-靶间距会减小沉积率，使得产生一定厚度的膜层需要更长的时间。衬底通常同阳极接触，因为它提供了易于得到均匀膜层的几何形状。但是，如果要求分离的衬底偏压，则必须提供电隔离，而且由入射电子而引起的衬底发热会相当显著。图 4.1 中挡板的目的是遮蔽衬底以免在最初几分钟或在等离子体放电刚激励时被沉积，因为在那段时间释放出许多吸附的污染原子。

通常会在等离子体腔中使用氩、氖或氦等其中一种惰性气体，以免沉积层被激活原子污染。然而，在某些情形中采用反应溅射是有利的，其中从靶溅射的原子同轰击离子反应形成氧化物或氮化物薄膜。例如，在氨气中用硅靶按如下反应形成氮化硅：

$$3Si + 4NH_3 \rightarrow Si_3N_4 + 6H_2 \tag{4.1}$$

施加在阳极与阴极之间的偏置电压，可以是直流的或者有直流分量的射频电压。射频溅射通常产生质量较好的薄膜，不会遇到在低电导靶上电荷集聚的问题，但是这当然需要比较复杂的电源。在参考文献[5,6]中可以找到有关射频和直流溅射的详尽叙述。

等离子体溅射不但对介质层而且对金属薄膜也是有用的。于是，金属电接触和电场平板可以按需要沉积在介质波导的上面或紧贴着介质波导。

作为在等离子体放电中产生轰击离子的替代方法，可以采用如图 4.2 所示的局部源或离子枪产生的准直离子束。同等离子体放电方法相比较，离子束溅射的优点是可以在压强小于 10^{-6} torr 的高真空中沉积，并且聚焦的离子束只撞击靶面，没有污染原子从腔壁溅射出来。因为聚焦的离子束通常比靶小，所以等离子束常以栅形图样沿整个靶扫描以保证均匀的溅射。

溅射沉积，无论是等离子体放电还是离子束，都可以制作各种介质波导，这里仅举几个例子。Zernike 在玻璃和 KDP 衬底上都生成了康宁 7059 玻璃波导[4]，同时 Stadler and Gopinath 研制出了磁光薄膜[7]。Choi 等人使用掺铒 SiO_2 来制作波导光放大器[8]，同时 Kitigawa 等人使用溅射钕掺杂二氧化硅波导来制作激光器[9]。溅射波导还可以使用氧化钽[10]和氧化钇[11]来制作。

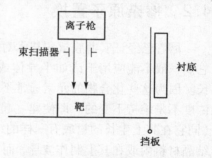

图 4.2　离子束溅射沉积系统

4.1.2　溶液沉积

用干燥后可形成介质薄膜的溶液在光刻胶甩胶台的旋转衬底上均匀地敷涂一层，或者把衬底浸入溶液并缓慢地移出，或者用浇铸或注塑技术，均可形成多种材料的波导。表 4.1 列出部分可用于此方式的普通的波导材料，以及在各种情形中选用的适当溶剂。这些波导的优点是成本低且无须任何复杂的设备就可以应用。然而，材料的纯度比用溅射薄膜方式得到的低，均匀性也相当差。尽管如此，还是能够得到一些令人意想不到的好结果。Neyer 等人[18]使用二甲基丙烯酸乙二醇酯（EGDMA）在有机玻璃（PMMA）中注射成型来制作波导，在 1300 nm 波长处损耗只有 0.3 dB/cm。

采用激光直写技术制作的聚酰亚胺通道波导可以作为 50 GHz 的调制源和高速探测器之间的光互连媒质[19]。这类互连器件可以被应用于诸如相控阵雷达等晶圆尺度的复杂系统。

表 4.1　采用旋涂和浸渍的波导材料

材料	溶剂
光刻胶[12]	丙酮
环氧树脂[13]	专用化合物
聚甲基丙烯酸甲酯[14]	氯仿，甲苯
聚氨酯	二甲苯
聚酰亚胺	
旋制氧化硅玻璃（SOG）[17]	

4.1.3　有机硅膜

Tien 等人[20]采用有机化学单体的射频放电聚合方法生成了薄膜波导，如由乙烯基三甲基硅烷（VTMS）和六甲基二硅氧烷（HMDS）单体制备的薄膜沉积在玻璃衬底上。VTMS 薄膜在 6328 Å 波长的折射率为 1.531，比通常的玻璃衬底的折射率（1.512）约大 1%。HMDS 薄膜相应的折射率为 1.488，因此使用具有 1.4704 折射率的康宁 744 派热克斯玻璃，通过分开的泄漏阀把单体和氩引入真空系统中完成沉积。系统被抽空到小于 2×10^{-6} torr 的压强，然后在阳极和阴极之间施加 200 W 功率、13.56 MHz 的射频电压后开始放电，衬底在阴极上。VTMS 的生长速率约为 2000 Å/min，而 HMDS 薄膜为 1000 Å/min，测量的压强为 0.3 torr（单体）和 0.1 torr（氩）。得到的聚合物光滑、无针孔，且在 4000 Å ~ 7500 Å 是透明的。光学损耗出乎意料的低（<0.004 dB/cm）。此外还发现薄膜的折射率可以通过把两种单体在沉积之前混合或者沉积之后进行化学处理加以改变。

4.2　掺杂原子置换

尽管已经证实薄膜沉积技术对于在玻璃和其他非晶材料中生成波导是非常有效的，但是它们一般不能应用于诸如半导体或类似 $LiNbO_3$ 和 $LiTaO_3$ 一样的铁电体等晶体材料的膜层生长。因为这些化合物的元素通常不能均匀地沉积，当原子从源转移到衬底时，不同元素的相对浓度不是维持不变的。即使建立起条件使其出现均匀沉积，生长层一般也不是单晶和外延的（同它在其上生长的衬底有一样的结晶结构）。为了避免这个问题，开发了许多不同的方法在结晶材料内或在其上制作波导，而不会严重地破坏晶格结构。许多这些方法包含引进掺杂原子，它们会置换某些晶格原子，从而引起折射率的增加。

4.2.1　扩散掺杂剂

因为对于可见光和近红外波长的波导通常只有几微米的厚度，所以从衬底表面掺杂原子的扩散对于波导制作是一种可行的方法。在存在掺杂原子源的情况下使用标准扩散技术[21]，其中衬底被放在电炉中，其温度一般在 700 ℃ 到 1000 ℃。这个源可以是流动的气体、液体或固体表面薄膜。例如，从钛、钽、镍或锌金属表面层的原子扩散，常被用来在 $LiNbO_3$ 和 $LiTaO_3$ 中制作波导[22~25]。在 $LiNbO_3$ 和 $LiTaO_3$ 中可以制作出损耗小于 1 dB/cm 的金属扩散波导。

在 $LiNbO_3$ 中最常用的制作波导的方法是通过射频溅射或电子束蒸镀方法在表层沉积一层金属钛，然后将这个衬底放置于约 1000 ℃ 的扩散炉中，并在含氧的流动气体中加热，例如，通过一个扩散器的氩气通常被使用。将涂有钛的 $LiNbO_3$ 衬底放入加热炉中，当温度达到约 500 ℃ 时沉积的钛开始氧化。随着时间的推移，衬底达到大约设定在 1000 ~ 1100 ℃ 范围的预期扩散温度，氧化即告完成，钛金属则被一层多晶二氧化钛所替代。生成的二氧化钛随后与 LiNbO$_3$ 反应，在表面生成了一种络合物作为钛原子的扩散源。钛扩散的程度取决于扩散系数以及时间和温度。一个限量原子源的扩散遵循通用的 Fick 定律，使钛原子从表面的扩散深度函数满足高斯分布。相对于由金属钛层的直接扩散，这种多步扩散工艺的优势在于可以阻止 LiNbO$_3$ 中锂原子的外扩散。否则，锂原子向外扩散导致折射率变化区域的深度将大大超过单模波导所要求的深度。通过氧化工艺，折射率的变化仅仅在钛的扩散深度内发生，而钛的扩散深度是可以精确控制的。

金属扩散也可以用于在半导体中制作波导[26]。一般来说，p 型掺杂剂扩散进入 n 型衬底（或者相反），于是形成了 p-n 结，由此提供电隔离和光波导。例如，Martin 和 Hall[27] 用 Cd 与 Se 扩散进 ZnS，并用 Cd 扩散进 ZnSe，制成平面波导和通道波导。在用 Cd 扩散进 ZnSe 形成的 10 μm 宽、3 μm 深的通道波导内测得损耗小于 3 dB/cm。

掺杂原子置换制作波导的方法并不局限于半导体，还可以应用于玻璃和聚合物材料。如 Zolatov 等人[28] 研究了把银扩散进玻璃制作的波导，观察到由于存在扩散的 Ag 原子而产生的折射率的改变，在波长从 6328 Å 变到 5461 Å 时 $\Delta n \approx 0.073$。因为扩散必须在玻璃熔点以下相对较低的温度下进行，这是一个缓慢的过程。因此，离子交换和迁移常作为替代方法来引入所需的掺杂原子。

许多聚合物具有非常好的掺杂扩散能力，如 Booth 在参考文献[29]中所述。溶液掺杂剂可以选择性地扩散进入波导区以增加折射率，小分子掺杂剂或单体可以通过热外扩散来形成波导区。

4.2.2　离子交换和迁移

典型的离子交换和迁移过程如图 4.3 所示，衬底材料是掺钠玻璃。当如图所示施加电场，玻璃衬底被加热到约 300 ℃ 时，Na$^+$ 离子向阴极方向迁移。玻璃表面浸没在熔融的硝酸铊中，部分 Na$^+$ 离子被 Tl$^+$ 离子交换，导致在表面处形成高折射率层。

Izawa 和 Nakagome[30] 采用离子交换和迁移方法在表面浅近处形成掩埋波导。其装置如图 4.3 所示，只是使用了硼硅玻璃衬底，温度为 530 ℃。整个进程分为两个阶段：在第一阶段，包围衬底（阳极）的盐是硝酸铊、硝酸钠和硝酸钾，使玻璃中的 Na$^+$ 和 K$^+$ 离子与 Tl$^+$ 离子交换，在表面形成高折射率层；在第二阶段，在阳极处只有硝酸钠和硝酸钾，因而 Na$^+$ 和 K$^+$ 离子返向表面扩散，而 Tl$^+$ 离子向衬底深处移动，结果得到在

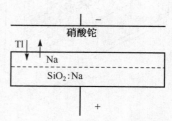

图 4.3　制作波导的离子迁移系统

表面下某一深度处具有高折射率的掺 Tl$^+$ 层，其顶部和底部被普通的硼硅玻璃覆盖，于是形成掩埋波导。离子交换技术同样可以应用于 LiNbO$_3$ 波导的制作。在这种情况下，质子与锂离子交换使折射率的增加达到预想值。质子源苯甲酸被加热到超过其熔点（122 ℃），达到约 235 ℃ 的高温，然后将带有掩模的铌酸锂衬底放置到该熔体中 1 h 或更短的时间。该方法足以实现步进为 $\Delta n_e = 0.12$（非寻常光）和 $\Delta n_o = -0.04$（寻常光）的折射率变化。已经有关于设计离子交换波导的设计程序和软件工具的报道[32]。离子交换波导已经被广泛应用于各类器件，包括分插滤波器[33]、阵列波导光栅复用器/解复用器[34] 以及周期性分段波导[35]。

4.2.3 离子注入

置换的掺杂离子也可以通过离子注入引进,在离子注入掺杂过程中,首先生成所要掺杂的离子,随后通过典型的 20 ~ 300 keV 的电场加速撞击衬底。当然,这个过程必须在真空中进行。注入掺杂的基本系统示于图 4.4。在一些文献中已有关于离子注入掺杂技术的详细叙述[36],因此这里将不再重复。然而,应该注意到,注入系统的基本部件是离子源、加速电极、与一个狭缝联合使用而形成离子(质量)分离器的静电或磁偏转部件、束偏转器,它把准直的离子束在整个衬底上以栅状图样扫描。注入离子的渗透深度取决于它们的质量、能量和衬底材料及其取向。列表的数据对于大多数离子/衬底组合是有用的[37]。知道了渗透特性和每平方厘米的离子注入剂量(通过测量束流密度和注入时间精确地确定),就可以计算出注入离子浓度随深度的分布。

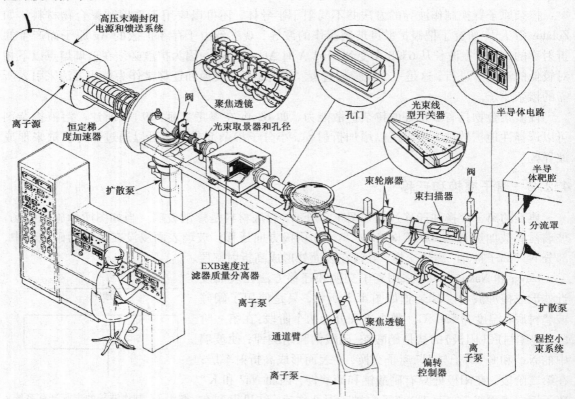

图 4.4 具有分别应用离子束的三条臂的 300 kV 离子注入系统的草图(图片来源:休斯研究实验室,Malibu,加州)

在大多数情况下,离子注入后必须接着在提高了的温度下进行退火,以消除由注入引起的晶格损伤,并使注入的掺杂原子移入晶格中的置换位置。退火以后,置换掺杂注入做成的波导具有同扩散波导几乎一样的特性。然而,注入工艺允许对掺杂浓度分布有更强的控制,因为可以改变离子能量和剂量从而生成平坦的或者其他所希望的分布。扩散总是得到掺杂原子的高斯分布或互补误差函数分布,由所用扩散源的类型决定。

除了置换掺杂效应以外,离子注入波导的折射率增加是由还可以源自非置换的注入离子所产生的晶格位错,这类波导的例子已由 Standley 等人研制成功[38]。他们发现从氦到铋的各种离子注入熔石英衬底，都可生成折射率增加层。离子的能量在 32~200 keV 范围内。最好的结果是用锂原子得到的，离子剂量与在 6328 Å 的折射率之间的经验关系为

$$n = n_0 + 2.1 \times 10^{-21} C \tag{4.2}$$

式中，n_0 是注入前的折射率，C 是每立方厘米的离子浓度。在 300 ℃ 温度下退火 1 h 以后可以达到小于 0.2 dB/cm 的光损耗。

用离子注入可以在某些产生缺陷中心俘获的半导体中产生第三类光波导。质子轰击可以用来产生晶格损伤，结果形成补偿中心，在具有比较大的载流子浓度的衬底中产生载流子浓度极低的区域。因为自由载流子通常使折射率减小，因此在低载流子浓度区域中折射率稍大。注入的质子本身并不引起折射率的明显增加；折射率差由使载流子浓度降低的载流子俘获造成。首先在 GaAs 中展现的这类波导[39,40]将在 4.3 节中与其他类型的载流子浓度减小型波导一并详细讨论。

4.3　载流子浓度减小型波导

在半导体中存在的任何自由载流子对折射率的影响是负的，也就是说，它们使折射率减小到低于载流子完全耗尽的样品中所具有的值。因此，如果载流子被设法从某一区域内除去，那么该区域将具有比周围媒质大的折射率，并可以起波导的作用。

4.3.1　载流子浓度减小型波导的基本特性

由自由载流子的每立方厘米的给定浓度 N 所产生的折射率减小的定量表示式，可以由因带电粒子的等离子体在介质中产生的折射率改变[40]的类比发展出来。在此情形中，

$$\Delta\left(\frac{\varepsilon}{\varepsilon_0}\right) = 2n\Delta n = -\frac{\omega_p^2}{\omega^2} = -\frac{Ne^2}{\varepsilon_0 m^* \omega^2} \tag{4.3}$$

式中，ω_p 是等离子体频率，m^* 是载流子的有效质量，其他参数的定义同前。如果我们把 n_0 定义为不存在自由载流子时半导体的折射率，那么存在每立方厘米 N 个载流子时的折射率为

$$n = n_0 - \frac{Ne^2}{2n\varepsilon_0 m^* \omega^2} \tag{4.4}$$

因此，每立方厘米 N_2 个载流子的波导层与每立方厘米 N_3 个载流子的限制层之间的折射率之差为

$$\Delta n = n_2 - n_3 = \frac{(N_3 - N_2)e^2}{2n_2 \varepsilon_0 m^* \omega^2} \tag{4.5}$$

式中，$N_3 > N_2$，且假设 $n_2 \approx n_3$。

式 (4.5) 清晰地表明了载流子浓度减小型波导的某些特征。首先，一旦 N_2 减小到低于 N_3 约 1/10 时，则进一步的减小基本上不再改变折射率差 Δn。这个事实说明，载流子浓度减小型质子轰击波导在波导层与限制层之间界面处的折射率改变，比预料轰击造成损伤的分布要陡峭得多。这个效应如图 4.5 所示。

载流子浓度减小型波导的第二个特点可以通过研究如图 3.2 所示的不对称波导看出，其中 $n_1 \ll n_2, n_3$。在该情形中，联立式 (4.5) 和式 (3.31) 可以找出允许最低阶 ($m=0$) 模式波导所需的载流子浓度差，得到

$$N_3 - N_2 \geqslant \frac{\varepsilon_0 m^* \omega^2 \lambda_0^2}{16 e^2 t_g^2} \tag{4.6}$$

因为 $\omega = 2\pi\nu$ 以及 $\nu\lambda_0 = c$, 式(4.6)可以写成

$$N_3 - N_2 \geqslant \frac{\pi^2 c^2 m^* \varepsilon_0}{4 e^2 t_g^2} \tag{4.7}$$

注意, 式(4.7)的截止条件是与波长无关的。因此, 对于载流子浓度减小型波导, 导引 10 μm 波长的光并不比导引 1 μm 波长的光需要更大的浓度差。当然, 模式的形状特别是延伸到区域 3 的倏逝尾的大小将是不同的, 这将造成在两个波长处不同的损耗。截止条件之所以不依赖于波长的原因是所需的 Δn 及由 $N_3 - N_2$ 的给定值产生的 Δn 都正比于 λ_0^2, 这可以由式(4.6)及式(3.31)看出。

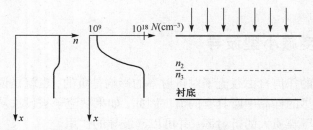

图 4.5　波导制作的质子轰击方法的图解, 图中给出了产生的载流子浓度(N)和折射率(n)随深度的变化

4.3.2　质子轰击消除载流子

载流子浓度减小型波导已由质子轰击在 GaAs 和 GaP 中制成[40~42]。一般来说, 在用大于 $10^{14}\,\mathrm{cm}^{-2}$ 的质子剂量轰击以后, 光损耗大于 200 dB/cm。然而, 在低于 500 ℃ 的温度下退火后, 损耗可以减小到 3 dB/cm 以下[39]。对于用 300 keV 质子注入的 GaAs 样品, 典型的退火曲线示于图 4.6 中。在退火除去与损伤中心相联系的过量光吸收以后, 剩余的损耗主要是由于延伸到衬底的倏逝模尾的自由载流子吸收造成的(参见图 2.5 对于质子轰击波导中模式的表示)。把 GaAs 和 GaP 的 m^* 的典型值分别代入式(4.7)中可以看出, 对于 $t_g = 3$ μm, 即使导引最低阶模式, 也需要 $N_3 = 6 \times 10^{17}\,\mathrm{cm}^{-3}$ 和 $N_3 = 1.5 \times 10^{18}\,\mathrm{cm}^{-3}$ 的衬底载流子浓度。因此, 在衬底中倏逝模尾的自由载流子吸收可能是个严重的问题。增加比值 t_g/λ_0, 可使得倏逝模尾的相对尺寸减小, 并减弱与自由载流子吸收有关的效应。通过精确控制离子剂量和/或退火条件, 则有可能制作出在 1.06 ~ 10.6 μm 波长范围内损耗小于 2 dB/cm 的质子轰击波导[40]。

除 GaAs 和 GaP 外, ZnTe[43] 和 ZnSe[44] 也都

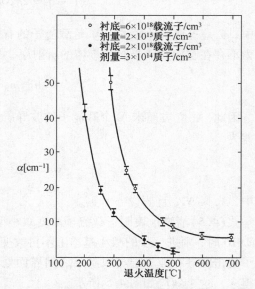

图 4.6　质子轰击波导中的损耗(数据是利用指数损耗系数 α 给出的, 它由 $I(z) = I_0 \exp(-\alpha z)$ 定义, 其中 I_0 是起点($z = 0$)处的光强)

是用质子轰击产生的载流子补偿来制作波导的材料。这个方法在 n 型和 p 型衬底中都是有效的,它包含深能级陷阱而不是浅的受主或施主。质子轰击波导在衬底材料的整个正常的透明范围内是有用的。例如,对于 6328 Å 波长的波导可以在 GaP 中制成,而不能做在 GaAs 中。目前人们已在 GaAs 和 GaP 中制成 1.06 μm、1.15 μm 和 10.6 μm 的波导。

4.4　外延生长

在半导体衬底上形成的单片光集成回路中,外延生长是制作波导的最变化多端的方法。这是因为外延生长层的化学成分可以变化,以调节波导的折射率和透明的波长范围[45]。

4.4.1　外延生长波导的基本特性

在单片半导体光集成回路中,存在必须克服的波长不相容的基本问题。半导体具有特征光发射波长,对应其带隙能量,这个波长近似地同其吸收边波长是一样的。因此,如果在半导体衬底上制作发光二极管或激光器,则其发射的光将在同样衬底材料中形成的波导内被强烈地吸收。还有,这种光将不能被该衬底上形成的探测器有效地检测,因为其波长对应吸收边的尾部。为了制作可以工作的光集成回路,吸收和发射的有效带隙能量在光路的不同部件内必须是不一样的,使得

$$E_{g波导} > E_{g发射器} > E_{g探测器} \qquad (4.8)$$

三元(或四元)材料的外延生长提供了产生必要的带隙改变以及折射率改变的方便手段。一般来说,1/10 eV 数量级的带隙改变可以通过改变生长层 10% 的原子组份来产生,附带出现折射率的相应改变。经过精心设计,可以制作出在发射的波长处具有低损耗的波导以及有效的探测器。外延生长技术可以通过其在 $Ga_{(1-x)}Al_xAs$ 材料中的应用做出最好的诠释,它是单片光集成回路制作中最普遍使用的材料。

4.4.2　$Ga_{(1-x)}Al_xAs$ 外延生长波导

在 GaAs 衬底上制作光集成回路的 $Ga_{(1-x)}Al_xAs$ 外延层生长,通常是在管形炉内在 700 ~ 900 ℃ 的温度下通过液相外延(LPE)进行的。人们已经开发出不少行之有效的方法,其中许多体积相当小(约 0.1 cm³)的熔融体被容纳在可动的石墨舟组件上,使得衬底可以从一个熔融体连续地输送到下一个熔融体而生长多层结构。详细方法可以参阅 Garmire[46] 的论述。

各层中有不同 Al 浓度的多层 $Ga_{(1-x)}Al_xAs$ 结构的外延生长,如图 4.7 所示,可以用于制作对波长大于带隙(吸收边)波长的光透明的波导,这个波长依 Al 浓度而变化,如图 4.8 所示。

通过将实验测得的 GaAs 的吸收边[47,48]偏移一个对应于下式计算的带隙变化即可得到图 4.8 中的曲线[49]

$$E_g(x) = 1.439 + 1.042x + 0.468x^2 \qquad (4.9)$$

式中,x 是 Al 在 $Ga_{(1-x)}Al_xAs$ 中的原子份额。不常使用大于 35% 的 Al 浓度,因为在这个水平以上是间接带隙,会产生有害效应,这将在第 10 章中讨论。于是,可以选择 Al 浓度 x 使波导在所希望的波长处是透明的。

可以得到低至 1 dB/cm 的光损耗,在波导设计中,波导层 Al 的浓度一经选定,下一步便是选择限制层中的 Al 浓度 y。

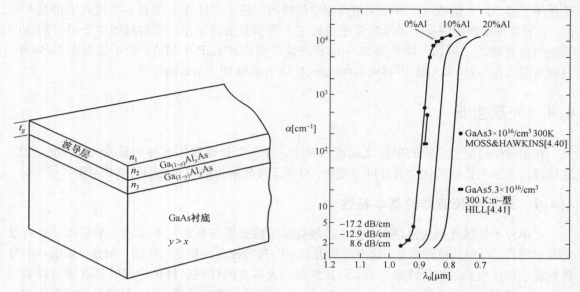

图 4.7 $Ga_{(1-x)}Al_xAs$ 平面波导

图 4.8 作为波长和 Al 浓度的函数的带间吸收

增加 $Ga_{(1-x)}Al_xAs$ 中 Al 的浓度会引起折射率的减小, 其对应关系如图 4.9 所示, 可以由经验决定的 Sellmeier 方程表示: [50,51]

$$n^2 = A(x) + \frac{B}{\lambda_0^2 - C(x)} - D(x)\lambda_0^2 \tag{4.10}$$

式中, x 是 Al 原子在 $Ga_{(1-x)}Al_xAs$ 中的原子份额, A、B、C、D 是表 4.2 给出的 x 的函数。因为 n 对 x 的曲线呈稍微的非线性, Al 浓度不相当的两层之间的折射率差不仅依赖于浓度差, 还依赖于浓度的绝对值。对于在波导层中两种不同的 Al 浓度 0% 和 20%, 这种影响如图 4.10 所示。

表 4.2 Sellmeier 方程系数(λ_0, 单位 μm)

材料	A	B	C	D
GaAs	10.906	0.97501	0.27969	0.002467
$Ga_{(1-x)}Al_xAs$	$10.906 - 2.92x$	0.97501	$(0.52886 - 0.735x)^2$ $x \leq 0.36$ $(0.30386 - 0.105x)^2$ $x \geq 0.36$	$(0.002467)(1.41x + 1)$

对于如图 4.7 所示的不对称 $Ga_{(1-x)}Al_xAs$ 波导的情形, 联立截止条件式(3.31)和式(4.10), 可以计算导引某个给定的模式所需的 Al 浓度。图 4.11 给出了在各种厚度(d)和 Al 浓度的 $Ga_{(1-x)}Al_xAs$ 波导中[52], 对于 0.9 μm波长光的两个最低阶模式的波导所计算的结果。不过对于 d/λ_0(厚度/波长)比小于0.8, 特别是对 $m=1$ 模式的情形, 所需的 Al 浓度差($y-x$)将急剧增大。然而, 对于 $t_g/\lambda_0 \geq 1.0$, 仅 10% 的浓度差就足以导引 $m=0$ 和 $m=1$ 模式。

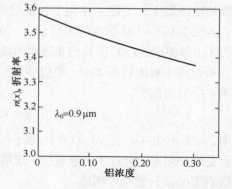

图 4.9 作为 Al 浓度函数的 $Ga_{1-x}Al_xAs$ 的折射率

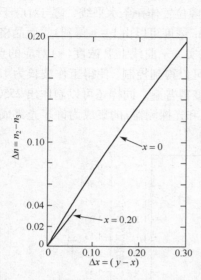

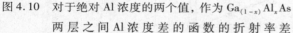

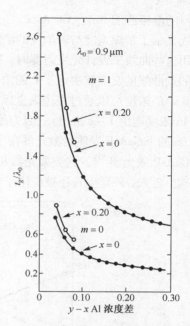

图 4.10　对于绝对 Al 浓度的两个值，作为 $Ga_{(1-x)}Al_xAs$
　　　　两层之间 Al 浓度差的函数的折射率差

图 4.11　波导层与衬底之间作为 Al 浓度
　　　　函数的波导厚度与波长之比

由外延生长生成的 $Ga_{(1-x)}Al_xAs$ 多层波导已经有分立和集成的形式用于多种光学器件。Alferov 等人[53]已把这类波导用于制作最早的限制场激光器之一，这是将在第 12 章中详细讨论的一个专题。$Ga_{(1-x)}Al_xAs$ 外延波导已用来制作 10.6 μm 波长的红外光的调制器和光束偏转器[54]，它们也用在 1 μm 波长的光集成回路中[55,56]。

对这一节中通过液相外延方法生长 $Ga_{(1-x)}Al_xAs$ 波导进行总结，应当注意，有限熔体滑杆生长方法是可以替代的。例如，Craford 和 Groves[57]用气相外延（VPE）方法生长了 $Ga_{(1-x)}Al_xAs$，而 Kamath[58]采用了液相外延的垂直浸渍"无限熔体"（infinite melt）技术。这两种方法的主要优点是，它们允许使用大面积的衬底。而允许最大面积衬底的外延生长技术是分子束外延（MBE），相关内容将会在 4.4.4 节中讨论。

4.4.3　其他 III-V 族、II-VI 族和 IV 族材料的外延波导

因为晶格常数分别为 5.64 Å 和 5.66 Å 的 GaAs 和 AlAs 材料晶格匹配得非常好[59]，大部分光集成回路外延生长的工作都是围绕 $Ga_{(1-x)}Al_xAs$ 进行的。然而其他 III-V 族和 II-VI 族材料同样令人感兴趣，$Ga_{(1-x)}In_xAs$[60] 和 $CdS_xSe_{(1-x)}$[61] 已经应用于波导的生长。特别是 $Ga_{(1-x)}In_xAs$ 材料，由于 In 的加入使 GaAs 带隙移动，从而使吸收边移向长波。这意味着 $Ga_{(1-x)}In_xAs$ 光集成回路的发射器和探测器的工作波长可以通过加入 In 而移向长波，而更纯的 GaAs 可以用于制作波导以减小吸收。这样的光路在与光纤–光学互连相结合时特别有用，因为玻璃光纤的最小吸收波长大约在 1.2 μm 处[59]。可惜，由于 InAs 的晶格常数为 6.06 Å 而 GaAs 的晶格常数为 5.64 Å，两者晶格匹配得不是很好[46]。这种失配在不同 In 浓度的层间的界面上产生严重的晶格应变，因而增加了光散射并使导模引入相位畸变。这个问题通过四元化合物 $Ga_{(1-x)}In_xAs_yP_{(1-y)}$ 的使用而得到缓解，因为这种四元化合物提供了附加的自由度，可以在波长和晶格匹配两方面都达到最佳。测

量所得的晶格匹配 $In_{(1-x)}Ga_xAs_yP_{(1-y)}$ 合金的带隙与合金组份的函数关系如图 4.12[62] 所示，其中点曲线显示了带隙宽度与磷浓度的函数关系，而实线显示了晶格匹配所需的 $Ga(x)$ 和 $P(y)$ 的浓度。用这些曲线来设计光发射器时，从希望波长的带隙位置作一条水平线，它与对应于设计工作温度的点曲线的交点就决定了 P 的浓度(y)（对应的 As 浓度可以由 $1-y$ 得到）。而晶格匹配所需的 $Ga(x)$ 的浓度可以通过左边纵坐标显示的 x 值，从实 x、y 曲线上 P 浓度(y) 对应的点读出（对应的 In 浓度则由 $1-x$ 给出）。因为晶格匹配和带隙可以得到控制，使得工作波长为 1300 nm 和 1550 nm 的 InGaAsP 异质结激光器在今天很多应用中变得普遍。同样还可以制作出 2550 nm 波长的 InGaAsP 激光器[63]。这类激光器和 InGaAsP 波导（和光探测器）的集成为许多光集成回路提供了基础。近来，外延生长还被应用于 SiGe 波导的制作[64]。

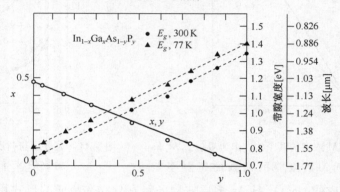

图 4.12   测量得到的晶格匹配 $In_{(1-x)}Ga_xAs_{(1-y)}P_y$ 合金的带隙宽度与合金组份的函数关系图[62]

4.4.4   分子束外延

除了前面段落所描述的液相外延外，半导体的多层结构还可以通过分子束外延（MBE）技术来生长。对 MBE 工艺，以加速分子（或原子）束生长时，成分原子被输送到衬底表面。因为原子或分子都不是带电粒子，因此它们只能通过热激发加速。MBE 生长室的示意图如图 4.13 所示。

GaAlAs 或 GaInAsP 的生长源已在图中给出。这些源由带加长遮板的电阻加热小坩埚构成，坩埚的一端留有开口以产生定向热加速原子束。每个源都有一个远程控制开关，这样粒子束就可以在生长周期中按照预想的不同时刻被打开或关闭。整个装置被密闭在一个超高真空室（UHV）中，这样原子就不会受到空气分子的散射。对分子束外延技术更深入的讨论，读者可以参阅 Chernov[65] 以及 Ploog 和 Graf[66,67] 的著述。

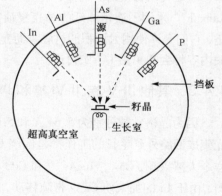

图 4.13   MBE 生长系统简图

与 LPE 生长相比，MEB 最核心的优势是它可以自如地控制纯度、掺杂和厚度。为了最好地控制纯度，MBE 系统通常由负载室、生长室和分析室三个独立的分室组成。这样的布局还可以增加系统的晶圆产量，因为当后一个衬底片装入准备生长时，前一个晶圆还可以继续生长。远程控制传输机械用于将晶圆从一个室传送至另一个室[68]。在一个精心设计的 MBE 系统中，在 2 英寸直径的晶圆上，掺杂浓度以及膜层厚度的均匀性可以达到 ±1%[69]。MBE 可以生长小于100 Å 的层厚，得以应用于量子阱器件的多层超晶格的制作[70]。相关内容将在第 18 章中进行进一步讨论。

4.4.5 金属有机化学气相沉积

另一个应用于光电器件制作的外延生长技术是金属有机化学气相沉积（MOCVD），有时也称为金属有机气相外延（MOVPE）[71~74]。在 MOCVD 中，成分原子在生长反应炉中以气流形态被传递到衬底。PH_2、AsH_2、TEGa、TEIn 和 THAl 是常用的金属有机气体。典型的衬底生长温度是750 ℃，比 LPE 的温度相对要低。生长的反应器可以是类似在掺杂扩散中使用的简单的管式电炉。但是，调节气体流量必须使用非常复杂（而且昂贵）的控制阀、过滤器和排气口，同时还必须保证安全，因为金属有机气体有剧毒而运载气体（H_2）易爆。尽管不便，MOCVD 在光电器件制作中越来越盛行，因为它和 MBE 一样可以对掺杂浓度和层厚提供精确控制。量子阱结构可以通过MOCVD 生长，此外，MOCVD 可以被用于大面积的衬底晶圆。后一个特性使 MOCVD 在激光器、LED 和其他光电器件的大批量生产中非常具有吸引力。

4.5 电光波导

GaAs 和 $Ga_{(1-x)}Al_xAs$ 显示出强的电光效应，其中电场的存在引起折射率的改变。因此，如果在 GaAs 衬底上形成金属电场平板，就会形成肖特基势垒接触，如图 4.14 所示，沿肖特基势垒反向施加电压，则在耗尽层的电场可以引起足够的折射率改变，以产生折射率 n_2 大于衬底 n_1 的波导层。很幸运，在 GaAs 和 $Ga_{(1-x)}Al_xAs$ 上面很容易形成肖特基势垒，几乎除银以外的所有金属，当沉积在 n 型材料上时，勿需任何热处理，都将形成肖特基势垒而不是欧姆接触。当反向偏置电压施加到肖特基势垒上时，像在 p-n 结中一样形成耗尽层。由两种不同的机制使得在这一层中折射率增加。

第一，如 4.3 节中所讨论的，载流子耗尽引起折射率增加；第二，电场的存在引起折射率进一步增加。对这种线性电光效应的详细分析可参阅 Yariv[75] 的著作。对于 TE 波，在图 4.14 所示的特殊取向的折射率改变

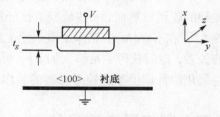

$$\Delta n = n^3 r_{41} \frac{V}{2t_g} \qquad (4.11)$$

图 4.14　基本电光波导的示意图

式中，n 是无电场存在时的折射率，V 是所加的电压，t_g 是耗尽层厚度，r_{41} 是适当选取晶体取向和电场方向的电光张量元[75]。电光效应是各向异性的，其他取向不一定显示同样的折射率改变。例如，在如图 4.14 所示取向的晶体中，其中对于 TM 波的情形（E 矢量在 x 方向偏振）折射率改变为零。因此，在设计电光波导时必须仔细考虑晶体衬底和导波偏振两者的取向。

波导的厚度也就是耗尽层的厚度，除了取决于所施加的电压外，还取决于衬底载流子浓度。假定衬底载流子浓度的恰当值为 $10^{16}\,cm^{-3}$，施加 $V = 100\,V$ 的电压（即避免雪崩击穿的最大值），将产生耗尽层厚度 $t_g = 3.6\,\mu m$。该结果是以突变结为基础计算的[76]，在这种情形中，由式(4.11)得到的折射率改变为 $\Delta n = 8.3 \times 10^{-4}$，这里 GaAs 的 $n = 3.4$ 而 $n^3 r_{41} = 6 \times 10^{-11}\,m/V$[52]。

从式(3.31)可知,在这种情形中最低阶模式能被导引,但极勉强(需要 $\Delta n = 5.7 \times 10^{-4}$)。

从上述例子中可以清楚地看出,由避免雪崩击穿的必要性所加于波导设计的强制条件是要认真对待的。除非已有不同寻常地轻度掺杂的衬底材料(载流子浓度 $< 10^{16}$ cm^{-3}),只有最低阶模式可以被导引。在沉积肖特基接触之前,在衬底上生长相当厚(> 10 μm)的极轻度掺杂的 GaAs 外延层可以缓解这个问题。这个层可以生长成载流子浓度低到 10^{14} cm^{-3}。在这种情形中,必须小心使用足够低的衬底载流子浓度,使外延层不形成载流子浓度减小型波导。

同之前已经描述的其他波导相比,电光波导最大的优点是它可以用电学方法控制。因此,将如第 8 章中较详细描述的,它可以用在开关和调制器中。改变所施加的电压不仅改变波导层内的折射率,而且也该改变了波导层的厚度,于是按需要可使波导对于特定模式在截止以上或以下。

场平板肖特基接触可以做成窄条形式,或是直的或是弯曲的。在这种情形中,当电压增加到截止阈值水平以上时,在条的下面形成矩形通道波导。一些额外的制作通道或条形波导的方法将在下一节中叙述。

4.6 氧化

在硅衬底上制作光波导,实现复杂的硅集成电路与光互连之间的耦合,在过去十五年中人们在这方面的兴趣在逐年增长。众所周知,硅的原生氧化物 SiO$_2$,通过在有氧或水雾环境下将硅片加热到约 1000 ℃ 可以很容易地生成。生成的氧化物具有良好的一致性,与硅表面具有良好的附着力并且可以生长好几微米的厚度而没有裂纹。在半导体工业中通常使用的硅氧化工艺的全面描述参见 Compbell 的著作[77]。硅的热氧化已经被应用于硅基衬底上光波导的制作[78~81],此类波导显示了良好的低损耗光学特性。

III-V 族衬底材料的热氧化工艺没有像硅开发得那样好,通常会产生非均匀层而不适合光波导的应用。然而,一些研究者已经用 III-V 族材料成功地制作了原生氧化物波导。例如,Luo 等人[82]在 GaAlAs 上制作了湿热原生氧化层并使用棱镜耦合测试方法来研究折射率与铝浓度的关系,他们获得了足够大的 Δn,可支持氧化层中的波传导。Deppe 等人报道了基于 AlAs 原生氧化的低阈值垂直腔激光器的制作[83]。

4.7 制作通道波导的方法

制作许多类型通道波导的前提是:衬底上已由上述任何一种方法形成平面波导。许多不同通道波导的横向尺寸由标准的光刻技术在晶圆表面上被同时确定,正如集成电路的制作一样。

4.7.1 刻蚀形成的脊形波导

制作脊形波导的常用方法是:将光刻胶(光刻胶)涂在平面波导样品上,通过接触掩模让光刻胶在紫外光或 X 射线下曝光,该掩模限定了波导的形状,随后将光刻胶显影以便在样品表面上形成一个图样,如图 4.15 所示[84]。此光刻胶[85,86]对于化学湿法刻蚀[87]或离子束溅射刻蚀[88]都是合适的掩模。离子束溅射刻蚀(有时称为微加工)产生较光滑的边缘,特别是对于曲线形状非常合适。但它同时会引起某种晶格损伤。如果希望有最小的光损耗，必须经过退火来消除晶格损伤。用离子束微加工在 GaAs 上形成的脊形通道波导照片如图 4.16 所示[88]。光刻胶做成抵御轰击离子的良好的掩模，因为它的有机分子的质量比 Ar+ 或 Kr+ 的质量大得多，使得同 Ar-GaAs 相互作用中传递的能量相比只有相当小的能量传递。例如，在 2 kV Ar+ 离子轰击下得到的溅射差别是，用 1 μm 厚的光刻胶掩模可以在未遮蔽区域除去 5 μm 厚的 GaAs。在 GaAs 离子加工以后残留的晶格损伤，可以把样品在 250 ℃ 下经过约半个小时的退火来消除。

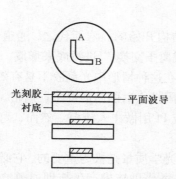

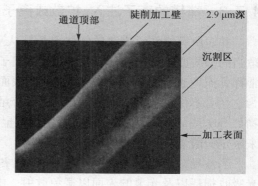

图 4.15　用于通道波导制作的光刻胶掩蔽技术　　　　图 4.16　离子束刻蚀通道波导

化学湿法刻蚀也可以同限定通道波导结构的光刻胶掩模一起使用。化学刻蚀不产生晶格损伤，但是很难控制刻蚀深度和轮廓。大多数刻蚀剂对于晶体取向是有选择性的，使得波导的弯曲部分形成残缺的边缘。然而，有选择性的化学刻蚀效应有时可以加以利用，如在限定半导体激光器的矩形台面时[89]。

把离子束加工与化学湿法刻蚀的优点结合起来的一个新方法是，Kawabe 等人[90]用于 LiNbO$_3$ 上的离子轰击增强的刻蚀技术。他们采用聚合物(聚甲基丙烯酸甲酯)光刻胶掩模和电子束刻蚀工艺在扩钛平面波导层上生成 2 μm 宽的脊形波导。其方法是先在室温下用 3×10^{15} cm^{-2} 剂量的 60 keV Ar+ 离子轰击样品来完成刻蚀。因为 Ar+ 离子有相当大的能量，产生大量的晶格损伤，但是几乎不出现表面原子的溅射。轰击以后继以稀释氢氟酸中的湿法刻蚀，它选择性地去除受损伤的层[91]。对于 60 keV Ar+，去除的深度为 700 Å，但每次刻蚀的轰击可以重复多次以产生较深的刻蚀。离子轰击增强的刻蚀对离子束微加工的较精确的图样进行限定，同时与化学湿法刻蚀得到的无损晶体表面相结合。

4.7.2　条载波导

代替对通道波导的侧壁进行刻蚀以形成平面波导结构，介质载条可以沉积在上表面以提供横向限制，如 3.2.2 节中所述。这种窄条的形状可以由 4.7.1 节制作脊形波导所用的同样的光刻工艺来限定。再一次，离子束或化学湿法刻蚀可以同光刻胶掩蔽一起使用。如图 4.17 所示，Blum 等人[91]用折射率 n_1 稍小于波导层 n_2 的重掺杂 GaAs 载条在 GaAs 中制成了这种类型的光学条带。他们使用光刻胶掩蔽的 NaOH 和 H$_2$O$_2$ 的化学湿法刻蚀。在图 4.17 中还示出了金属中折射率 n_0 的金属条载波导。这类波导也可用光刻胶掩蔽和离子束或化学刻蚀方法制作。

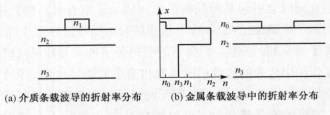

(a) 介质条载波导的折射率分布　　(b) 金属条载波导中的折射率分布

图 4.17　用光刻胶掩蔽和化学湿法刻蚀结合的条载波导

4.7.3　掩模的离子注入、扩散或离子交换

　　并非所有制作通道波导的技术都是从平面波导结构开始的。取而代之,通道波导可以由适当的杂质原子借助掩模直接扩散[92]、离子注入[93]或离子交换[94]进衬底来形成。这种波导通常称为掩埋通道波导,因为它们在衬底表面的下面。在这种情形中光刻胶不是有效的掩模,因为它经受不住扩散时所需的高温,也没有足够的质量阻挡入射的高能离子。通常,沉积的氧化物如 SiO_2 或 Al_2O_3 用做扩散掩模,而贵重金属如 Au 或 Pt 用做注入掩模。然而,光刻胶仍被用来限定掩蔽氧化物或金属层的图样。

　　当波导被直接注入或扩散进衬底时,衬底材料的光学质量是极为重要的,它必须具有低的光吸收损耗以及光滑的表面以避免散射。由注入或扩散借助掩模产生掩埋通道波导的最重要的优势是其平面工艺。光集成回路表面不受凸起或凹进的破坏,所以易于光学耦合进出光集成回路,由尘埃或潮湿所致的表面污染问题被减到最小。这个过程的另一个优点是,它比上节所述的方法简单,因为在限定条形波导之前不需要在整个光集成回路芯片上制作平面波导结构。为了限定 1 μm 量级尺寸的掩模图样,可以使用电子束刻蚀[95,96]。同样,更高清晰度的刻蚀图样可以通过反应离子刻蚀获得[97,98]。

　　离子注入和离子刻蚀工艺通常与掩模一起用来限制波导的横向尺寸。然而最先进的聚焦离子束系统可以形成 50 nm 量级的光束直径,电流密度为 1 A/cm^2。使用这些系统,人们已经开发出诸如无掩模离子注入和刻蚀的独特工艺技术[99]。

4.7.4　聚焦粒子束刻写技术

　　除了通过传统的光刻掩蔽和刻蚀(干法或湿法)技术来限定通道波导的几何尺寸外,还可以使用聚焦光束直接写入技术来实现。直接写入技术可以采取不同的形式。Sure 等人[100]结合了电子束刻写与高能束敏感玻璃灰度掩模光刻,该工艺被用于在光刻胶中制作 3D 结构。电感耦合等离子体(ICP)刻蚀被用于在硅衬底上映射图像。聚焦离子束还可以被用于形成通道波导的图样。Arrand 等人[101]使用聚焦氮原子束在多孔硅(PSi)上制作波导。Teo 等人[102]报道了用于制作三维硅波导的直写技术,它与标准的多孔氧化硅全隔离(FIPOS)技术兼容[103]。在这种方式中,一个聚焦的 250 keV 质子束在随后的阳极氧化中被用于选择性地减缓多孔硅的形成,形成多孔硅包层包围的硅芯层。已报道实验中粒子束的焦斑大小在 200 nm 量级。250 keV 质子在硅中的穿透深度(范围)大约为 2.5 μm。质子轰击减小了自由载流子密度,同时增加了材料的局部电阻率,如 4.3 节中的解释。在随后的电化学刻蚀工艺中,这些缺陷迁移到硅/电介质表面,减少了照射区域多孔硅的形成率。最终的结果是一个硅芯被具有更低折射率的多孔硅所包围,如图 4.18 所示。

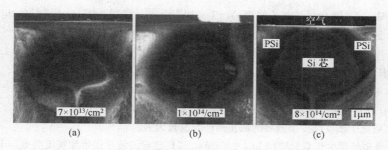

图 4.18   波导在不同辐照剂量下的 SEM 截面图[102]

通道波导同样可以通过聚焦激光束改变折射率来制作。这一技术有时被称为"微加工"，Gattass 等人[104]给出了全面的综述。强聚焦飞秒(fs)激光脉冲被用于改变激光束聚焦区域衬底材料的折射率，产生嵌入衬底内部的波导。例如，Krol 等人[105]采用这种方式制作了通道波导，它嵌于两类玻璃[石英玻璃和 Schott IOG-I(一种磷酸盐玻璃)]之中，石英玻璃(康宁 7940)是一种常用的用于无源器件制作的光学材料，而磷酸盐玻璃，如 Schott IOG-I，由于其材料中允许有高掺杂浓度的稀土原子，因此是非常适合制作有源器件的潜在材料。由一个放大钛宝石激光系统(波长为 800 nm，脉冲宽度为 130 fs，重复频率为 1 kHz)产生的聚焦飞秒激光脉冲通过一个 10 倍的显微镜物镜聚焦在玻璃上，用来在上述材料上制作波导。典型的脉冲能量为 0.5 ~ 5 pJ。用这种方式在石英玻璃上制作的单模波导在 633 nm 波长显示了小于 1 dB/cm 的损耗。

为了产生足够强的场强来产生所需的激光诱导光学击穿，激光束必须紧密聚焦，最终导致在聚焦区域的折射率如预期那样增加。对 800 nm 激光脉冲，在脉冲宽度小于 10 fs 时主导机制为多光子吸收[106]，而当脉冲宽度在 30 ~ 200 fs 时[107]为雪崩击穿。激光微加工可以使用仅仅纳焦的飞秒脉冲，只要重复频率保持足够高(典型的频率在 25 MHz 或者更高)以在聚焦区聚集能量[104]。因此，无需外部器件来放大激光脉冲。

习题

4.1 欲制作对波长$\lambda_0 = 1.15$ μm 的光是单模(基模)工作的平面波导。如果用质子轰击使载流子浓度减小方法在 GaAs 内形成 3 μm 厚的波导，衬底中可以允许的最小和最大载流子浓度是多少？(计算 p 型或 n 型衬底材料两种情形是否会得到不同的答案？)

4.2 如果对$\lambda_0 = 1.06$ μm 的光，上题的答案怎样？

4.3 把以上两题的结果同第 2 章中的习题 2.1 和习题 2.2 两题的结果进行比较，注意载流子浓度减小型波导独特的波长依赖关系。

4.4 欲在 $Ga_{(1-x)}Al_xAs$ 上制作用于$\lambda_0 = 0.9$ μm 光的平面波导。这是 GaAs 衬底上的双层结构，顶层(波导层)为 3 μm 厚，组份为 $Ga_{0.9}Al_{0.1}As$。底层(限制层)为 10 μm 厚，组份为 $Ga_{0.17}Al_{0.83}As$。这种结构中的导模数量为多少？

4.5 如果波长$\lambda_0 = 1.15$ μm，上题答案如何？

4.6 在石英衬底($n = 1.5$)上通过沉积 2.0 μm 厚的 Ta_2O_5($n = 2.09$)薄膜制作平面非对称波导。
   (a)该波导在 6328 Å 波长(真空波长)能支持多少个模式？
   (b)最高阶模式的射线与波导表面的角度约为多少？

4.7 一个三层平面波导结构，组成形式为：一个 5 μm 厚的 GaAs 波导层，电子浓度 $N = 1 \times 10^{14}$ cm^{-3}，上层

覆盖 $Ga_{0.75}Al_{0.25}As$ 限制层，电子浓度 $N = 1 \times 10^{18}$ cm^{-3}，底层为 GaAs 限制层，电子浓度 $N = 1 \times 10^{18}$ cm^{-3}。如果该波导被用于导引的光波长$\lambda_0 = 1.06$ μm，可以支持多少个模式？

4.8　对如图 3.1 所示的一个非对称平面波导，其中 $n_1 = 1.0$，$n_2 = 1.65$，$n_3 = 1.52$，$t_g = 1.18$ μm 以及$\lambda_0 = 0.63$ μm，求允许的 TE 模的个数。

4.9　如果习题 4.4 中波导被制作成能多支持一个额外的模式，实际可以通过电光效应来产生折射率 n 的改变吗(假设在垂直于波导表面方向施加均匀电场，$r_{41} = 1.5 \times 10^{-12}$ m/V)？

4.10　解释为什么载流子浓度减少型波导的截止条件与波长无关。

4.11　在室温下，希望外延生长双异质结 $In_{(1-x)}Ga_xAs_{(1-y)}P_y$ 波导的波导层带隙宽度为 $E_g = 1.1$ eV。
　　(a)如果要求晶格匹配，成分元素的相对浓度为多少？也就是 x 和 y 各为多少？
　　(b)在波导中能导引的没有过量带间吸收的最短波长为多少？

4.12　在液氮温度条件下(77 K)，如果制作带隙宽度为 0.9 eV 的 $In_{(1-x)}Ga_xAs_{(1-y)}P_y$ 外延生长波导，求所需的 x 和 y 值为多少？

参考文献

1. P. K. Tien: Appl. Opt. **10**, 2395 (1971)

2. K. E. Wilson, E. Garmire, R. M. Silva, W. K. Stowell: J. Opt. Soc. Am. **71**, 1560 (1981)

3. R. Behrisch (ed.): *Sputtering by Particle Bombardment I*, Topics Appl. Phys., Vol. 47 (Springer, Berlin, Heidelberg 1981)

4. F. Zernike: Fabrication and measurement of passive components, in *Integrated Optics*, T. Tamir (ed.) 2nd edn., Topics Appl. Phys., Vol. 7 (Springer, Berlin, Heidelberg 1979)

5. J. D. Plummer, J. D. Deal, P. B. Griffin: *Silicon VLSI Technology* (Prentice Hall, Upper Saddle River, NJ 2000) pp. 539 − 555

6. A. B. Glaser, G. E. Subak-Sharpe: *Integrated Circuit Engineering* (Addison-Wesley. Reading, MA 1977) pp. 169 − 181

7. B. J. H. Stadler, A. Gopinath: Magneto-optical garnet films made by reactive sputtering. IEEE Transactions on Magnetics **36**, 3957 (2000)

8. Y. B. Choi, S. J. Park, K. S. Shin, K. T. Jeong, S. H. Cho, D. C. Moon: The planar light waveguide type optical amplifier fabricated by sputtering method. APCC/OECC'99. Fifth Asia-Pacific Conference on Communications and Fourth Optoelectronics and Communications Conference, Volume: 2 (1999) pp. 1634 − 1635

9. T. Kitagawa, K. Hattori, Y. Hibino, Y. Ohmori: Neodymium-doped silica-based planar waveguide lasers. IEEE J. Lightwave Technol. **12**, 436 (1994)

10. M. P. Roe, M. Hempstead, J. L. Archambault, P. St. J. Russell, L. Dong: Strong photoinduced refractive index changes in RF-sputtered tantalum oxide planar waveguides. Conference on Lasers and Electro-Optics Europe (1994) p. 67

11. T. H. Hoekstra, P. V. Lambeck, H. Albers, T. J. A. Popma: Sputter-deposited erbium-doped yttrium oxide active optical waveguides. Electron. Lett. **29**, 581 (1993)

12. D. Ostrowsky, A. Jaques: Appl. Phys. Lett. **18**, 556 (1971)

13. K. Enbutsu, M. Hikita, S. Tomaru, M. Usui, S. Imamura, T. Maruno: Multimode optical waveguide fabricated by UV curved epoxy resin for optical interconnection. APCC/OECC'99. Fifth Asia-Pacific Conference on Communications and Fourth Optoelectronics and Communications Conference, Vol.: 2 (1999) pp. 1648 − 1651

14. T. Sosnowski, H. Weber: Appl. Phys. Lett. **21**, 310 (1972)

15. D. A. Ramey, J. T. Boyd: IEEE Trans. CAS-**26**, 1041 (1979)

16. R. Reuter, H. Franke, C. Feger: Appl. Opt. **27**, 4565 (1988)

17. T. Arakawa, T. Hasegawa, M. Kawaga: Upt. Eng. **42**, 898 (2003)

18. A. Neyer, T. Knoche, L. Müller: Electron. Lett. **29**, 399 (1993)

19. D. P. Prakash, D. V. Plant, D. Zhang, H. R. Fetterman: SPIE Proc. **1774**, 118 (1993)

20. P. K. Tien, G. Smolinsky, R. Martin: Appl. Opt. **11**, 637 (1972)

21. S. A. Campbell: *The Science and Engineering of Microelectronic Fabrication*, 2nd ed. (Oxford, New York 2001) pp. 39 – 65

22. J. L. Jackel, V. Ramaswamy, S. P. Lyman: Appl. Phys. Lett. **38**, 509 (1981)

23. Y. Liao, D. Chen, R. Lu, W. Wang: Photo. Technol. Lett. **8**, 548 (1996)

24. R. Twu, C. Huang, W. Wang: Micro. Opti. Technol. Lett. **48**, 2312 (2006)

25. J. Hukriede, D. Kip, E. Krataig: Photorefraction and thermal fixing in channel waveguides fabricated in lithium niobate by titanium and copper indiffusion. Conference Digest IEEE Conference on Lasers and Electro-Optics Europe (2000)

26. H. F. Taylor, W. E. Martin, D. B. Hall, V. N. Smiley: Appl. Phys. Lett. **21**, 325 (1972)

27. W. E. Martin, D. B. Hall: Appl. Phys. Lett. **21**, 325 (1972)

28. E. M. Zolatov. V. A. Kiselyov, A. M. Prokhorov, E. A. Sacherbakov: Determination of characteristics of diffused optical waveguides. OSA Topical Meeting on Integrated Optics, Salt Lake City, UT (1978)

29. B. L. Booth: Optical interconnection polymers, in *Polymers for Lightwave and Integrated Optics: Techniques and Applications*, L. A. Hornak (ed.) (Dekker, New York 1992) p. 232

30. T. Izawa, H. Nakagome: Appl. Phys. Lett. **21**, 584 (1972)

31. R. C. Alfernes: Titanium-diffused lithium niobate waveguide devices, in *Guided-Wave Optoelectronics*, T. Tamir (ed.), 2nd edn., Springer Ser. Electron. Photon., Vol. 26 (Springer, Berlin, Heidelberg 1990) pp. 145 – 206, in particular, p. 148

32. A. Tervonen, S. Honkanen, P. Poyhonen, M. Tahkokorpi: SPIE Proc. **1794**, 264 (1993) P. Masalkar, V. Rao, R. Sirohi: SPIE Proc. **1794**, 271 (1993)

33. D. F. Geraghty, D. Provenzano, M. Morrell, S. Honkanen, A. Yariv, N. Peyghambarian: lonexchanged waveguide add/drop filter. Electron. Lett. **37**, 829 (2001)

34. B. Buchold, E. Voges: Planar arrayed-waveguide grating multi/demultiplexers based on ionexchanged waveguides in glass. IEE Colloquium on WDM Technology and Applications (Digest No. 1997/036) (1997) pp. 10/1 – 10/5

35. D. Nir, S. Ruschin, A. Hardy, D. Brooks: Proton-exchanged periodically segmented channel waveguides in lithium niobate. Electron. Lett. **31**, 186 (1995)

36. H. Ryssel, H. Glawisching (eds.): *Ion Implantation*, Springer Ser. Electrophys., Vols. 10 and 11 (Springer, Berlin, Heidelberg 1982 and 1983)

37. W. S. Johnson, J. F. Gibbons: *Projected Range Statistics in Semiconductors* (Standford Univ. Press, Standford, CA 1969)

38. R. Standley, W. M. Gibson, J. W. Rodgers: Appl. Opt. **11**, 1313 (1972)

39. E. Garmire, H. Stoll, A. Yariv, R. G. Hunsperger: Appl. Phys. Lett. **21**, 87 (1972)

40. M. A. Mentzer, R. G. Hunsperger, S. Sriram, J. Bartko, M. S. Wlodawski, J. M. Zavada, H. A. Jenkinson: Opt. Eng. **24**, 225 (1985)

41. M. Barnoski, R. G. Hunsperger, R. Wilson, G. Tangonan: J. Appl. Phys. **44**, 1925 (1973)

42. J. Zavada, H. Jenkinson, T. Gavanis, R. G. Hunsperger, M. Mentzer, D. Larson, J. Comas: SPIE Proc. **239**, 157 (1980)

43. J. P. Donnelley, A. G. Foyt, W. T. Lindley, G. W. Iseler: Solid State Electron, **13**, 755 (1970)

44. R. M. Alien, British Embassy, Washinton, DC 20008: Priv, Commun. (1976)

45. P. Bhattacharya: *Semiconductor Optoelectronic Devices* (Prentice-Hall, Englewood Cliffs, NJ 1944) pp. 133 – 137, 294 – 299

46. E. Garmire: Semiconductor components for monolithic applications, in *Integrated Optics*, T. Tamir (ed.), 2nd edn., Topics Appl. Phys., Vol. 7 (Springer, Berlin, Heidelberg 1979) Chap. 6, in particular, pp. 293 – 301

47. T. Moss, G. Hawkins: Infrared Phys. **1**, 111 (1961)

48. D. Hill: Phys. Rev. A **133**, 866 (1963)

49. J. Shah, B. I. Miller, A. E. DiGiovanni: J. Appl. Phys. **43**, 3436 (1972)

50. J. T. Boyd: IEEE J. **QE-8**, 788 (1972)

51. H. C. Casey Jr., D. D. Sell, M. B. Panish: Appl. Phys. Lett. **24**, 633 (1974)

52. V. Evtuhov, A. Yariv: IEEE Trans. MTT-**23**, 44 (1975)

53. Zn. I. Alferov, V. M. Andreev, E. L. Portnoi, M. K. Trukn: Sov. Phys. -Semiconductors **3**, 1107 (1970)

54. J. H. McFee, R. H. Nahory, M. A. Pollack, R. A. Logan: Appl. Phys. Lett. **23**, 571 (1973)

55. F. K. Reinhart, R. A. Logan, T. P. Lee: Appl. Phys. Lett. **24**, 270 (1974)

56. S. M. Jensen, M. K. Barnoski, R. G. Hunsperger, G. S. Kamath: J. Appl. Phys. **46**, 3547 (1975)

57. M. G. Craford, W. O. Groves: IEEE Proc. **61**, 862 (1973)

58. S. Kamath: Epitaxial GaAs-GaAl As layers for integrated optics. OSA Topical Meeting on Integrated Optics, New Orleans, LA (1974)

59. H. Kressel (ed.): *Semiconductor Devices for Optical Communication*, 2nd edn., Topics Appl. Phys., Vol. 39 (Springer, Berlin, Heidelberg 1982)

60. C. M. Wolfe, G. E. Stillman, M. Melngallis: Epitaxial growth of InGaAs-GaAs for integrated optics. OSA Topical Meeting on Integrated Optics, New Orleans, LA (1974)

61. M. Kawabe: Appl. Phys. Lett. **26**, 46 (1975)

62. K. Nakajimi, A. Yamaguch, K. Akita, T. Kotani: J. Appl. Phys. **49**, 5944 (1979)

63. R. U. Martinelli: LEOS'88, Santa Clara, CA (1988) Digest p. 55

64. M. R. T. Pearson, P. E. Jessop, D. M. Bruce, S. Wallace, P. Mascher, J. Ojha: Fabrication of SiGe optical waveguides using VLSI processing techniques. IEEE J. Lightwave Tech. **19**, 363 (2001)

65. A. A. Chernov (ed.): *Modern Crystallography III*, *Crystal Growth*, Springer Ser. Solid-State Sci., Vol. 36 (Springer, Berlin, Heidelberg 1984)

66. K. Ploog, K. Graf: *Molecular Beam Epitaxy of III-V compounds*, *a Comprehensive Bibliography* 1958 – 1983 (Springer, Berlin, Heidelberg 1984)

67. M. A. Herman, H. Sitter: *Molecular Beam Epitaxy*, 2nd edn., Springer Ser. Mater. Sci., Vol. 7 (Springer, Berlin, Heidelberg 1996)

68. W. T. Tsang: Appl. Phys. Lett. **38**, 587 (1981)

69. J. C. M. Hwang, J. V. DiLorenzo, P. E. Luscher, W. S. Knodle: Solid State Techn. **25**, 166 (1982)

70. C. Goldstein, C. Stark, J. Emory, F. Gaberit, D. Bonnevie, F. Poingt, M. Lambert: J. Crystal Growth **120**, 157 (1992)

71. R. G. Walker, R. C. Goodfellow: Electron. Lett. **19**, 590 (1983)

72. T. Matsumoto, P. Bhattacharya, M. J. Ludowise: Appl. Phys. Lett. **42**, 52 (1983)

73. H. Ishiguro, T. Kawabata, S. Koike: Appl. Phys. Lett. **51**, 12 (1987)

74. H. Jvergensen: Microelectron. Eng. **18**, 119 (1992)

75. A. Yariv: *Optical Electronics*, 4th edn. (Holt, Rinehart and Winston, New York 1991) pp. 309 – 316

76. B. G. Streetman: *Solid State Electronic Devices*, 3rd edn. (Prentice-Hall, Englewood Cliffs. NJ 1990) p. 147

77. S. A. Campbell: *The Science and Engineering of Microelectronic Fabrication*, 2nd ed. (Oxford, New York, 2001) pp. 68 – 95

78. C. Boulas, S. Valertte, E. Parrens. A. Fournier: Low loss multimode waveguides on silicon substrate. Electron. Lett. **28**, 1648 (1992)

79. Q. Lai, P. Pliska, J. Schmid, W. Hunziker, H. Melchior: Formation of optical slab waveguides using thermal oxidation of SiO_2. Electron. Lett. **29**, 1648 (1992)

80. A. V. Tomov, V. V. Filippov, V. P. Bondarento: Pis'ma Zh. Tekh. Fiz **23**, 86 (1997)

81. O. K. Sparacin, S. J. Spector, L. C. Kimerling: J. Lightwave Technol. **23**, 2455 (2005)

82. Y. Luo, D. C. Hall, L. Kou, O. Bium, H. Hou, L. Steingart, J. H. Jackson: Optical properties of AlGaAs heterostructure native oxide planar waveguides LEOS'99. IEEE

83. D. G. Deppe, D. L. Huffaker, H. Deng, C. C. Lin: Engineering Foundation Conference on High Speed Optoelectronic Devices for Communications and Interconnects, San Luis Obispo, CA (1994)

84. E. Spiller, R. Feder: X-ray lithography, in *X-Ray Optics*, H. -J. Queiser (ed.), Topics Appl. Phys., Vol. 22 (Springer, Berlin, Heidelberg 1977)

85. R. A. Bartolini: Photoresits, in *Holographic Recording Materials*, ed. by H. M. Smith, Topics Appl. Phys., Vol. 20 (Springer, Berlin, Heidelberg 1977)

86. H. I. Bjelkhagen: *Silver-Halide Recording Materials for Holography and Their Processing*, 2nd edn., Springer Ser. Opt. Sci., Vol. 66 (Springer, Berlin, Heidelberg 1995)

87. M. C. Rowland: The preparation and properties of gallium arsenide, in *Gallium Arsenide Lasers*, C. H. Gooch (ed.) (Wiley-Interscience, New York 1969) p. 166

88. S. Somekh, E. Garmire, A. Yariv, H. Garvin, R. G. Hunsperger: Appl. Opt. **12**, 455 (1973)

89. A. R. Goodwin, D. H. Lovelace, P. R. Selway: Opto-Electron. **4**, 311 (1972)

90. M. Kawabe, S. Hirata, S. Namba: IEEE Trans. CAS-**26**, 1109 (1979)

91. F. A. Blum, D. W. Shaw, W. C. Holton: Appl. Phys. Lett. **25**, 116 (1974)

92. H. F. Taylor, W. E. Martin, D. B. Hall, V. N. Smiley: Appl. Phys. Lett. **21**, 95 (1972)

93. S. Somek, E. Garmire, A. Yariv, H. Garvin, R. G. Hunsperger: Appl. Opt. **13**, 327 (1974)

94. G. Li, K. A. Winick, H. C. Griffin, J. S. Hayden: Appl. Opt. **45**, 1743 (2006)

95. S. M. Sze: *VLSI Technology*, 2nd edn. (McGraw-Hill, New York 1988)

96. D. F. Barbe: *Very Large Scale Integration (VLSI)*. 2nd edn., Springer Ser. Electrophys., Vol. 5 (Springer, Berlin, Heidelberg 1982)

97. J. L. Jackel, R. E. Howard, E. L. Hu, S. P. Lyman: Appl. Phys. Lett. **38**, 907 (1981)

98. M. A. Bosch, L. A. Coldren, E. Good: Appl. Phys. Lett. **38**, 264 (1981)

99. K. Gamo: Mater. Sci. Eng. B: Solid-State Mater. for Adv. Techn. B **9**, 307 (1991)

100. A. Sure, T. Dillon, J. Murakowski, C. Lin, D. Pustai and D. W. Prather: Opt. Express **11**, 3555 (2003)

101. H. F. Arrand, T. M. Benson, P. Sewell, A. Loni: J. Lumin. **80**, 199 (1999)

102. E. J. Teo, A. A. Bettiol, M. B. H. Breesel, P. Yang, G. Z. Mashanovich, W. R. Headley, G. T. Reed, D. J. Blackwood: Optics Express **16**, 573 (2008)

103. K. Imai: Solid State Electron. **24** 150 (1981)

104. R. R. Gattass, L. R. Cerami, E. Mazur: Proc. Int. Workshop on Optical and Electronic Device Technology for Access Network, San Jose, CA, 51 (2005)

105. D. M. Krol, J. W. Chen, T. Huser, S. H. Risbud, J. Hayden: CLEO/Europe 2003 Conference on Lasres and Electro-Optics Europe, **346** (2003)

106. M. Lenzner, J. Kruger, S. Sartania, Z. Cheng, C. Spielmann, G. Mourou, W. Kautek, F. Ksausz: Physical Review Letters **80**, 4076 (1998)

107. C. B. Schaffer, A. Brodeur, E. Mazur: Meas. Sci. Technol. **12** 1784 (2001)

第 5 章　聚合物和光纤集成光学

近年来，人们对采用聚合物制作波导和其他集成光学器件的兴趣迅速增长，其发展的驱动力是成本的不断降低。半导体材料和诸如铌酸锂的电介质材料相对昂贵，并且用以制作器件的工艺非常复杂。随着光纤通信和数据通信系统的规模和复杂程度的增长，光纤到户和办公室，导致廉价的集成光学器件的需求量大增。结果，使研究由原先仅仅是 III-V 族半导体或铌酸锂制作的器件直接转向了聚合物制作的器件。同时也已经证实，一些集成光器件可以采用玻璃或塑料光纤波导与聚合物来制作。后一种类型器件的一个例子是阵列波导，类似于棱镜，它可以产生不同波长的空间色散[1]。

5.1　聚合物的类型

有多种不同的聚合物可以被用于光集成回路，每种类型具有不同的光学、电学和机械特性。一些聚合物产生玻璃状薄膜，而另一些则产生柔性薄膜。最核心的光学特性是折射率和衰减（或光损耗），常用度量单位是 dB/cm。它们都是波长的函数，因而二者在感兴趣波长的数值必须确定。其他感兴趣的特性还有热稳定性、机械稳定性以及任何可能的双折射。玻璃化转变温度也是一个重要的参数，它是聚合物达到稳定形态的温度，聚合物层可以是晶体或非晶体的。众多不同的供应商都可以提供大宗的聚合物。一些常用光学聚合物的关键特性由 Eldada 和 Shaklette[2] 归纳，如表 5.1 所示。从中可以看到，对应于第一、第二和第三"通信窗口"的波长，分别为 840 nm、1300 nm 和 1500 nm，其光损耗一般在 10^{-1} dB/cm 的量级。当聚合物沉积在衬底上之后，有多种不同的技术可以用于形成聚合物层图样，包括光刻或湿法刻蚀后的电子束刻蚀、反应离子刻蚀（RIE）以及激光消蚀。

表 5.1　全球范围研制的光聚合物的关键属性[12]

制造商	聚合物类型	光刻技术	光损耗 dB/cm [波长 nm]	其他特性 [波长 nm]
Allied Signal	丙烯酸酯	曝光/湿法刻蚀	0.02[840]	双折射:0.0002[1550]
		反应离子刻蚀/激光消蚀	0.2[1300]	交联，T_g:25℃
			0.5[1550]	环境稳定
	卤代丙烯酸酯	曝光/湿法刻蚀	<0.01[840]	双折射：<0.000001[1550]
		反应离子刻蚀/激光消蚀	0.03[1300]	交联，T_g：-50℃
			0.07[1550]	环境稳定
Amoco	氟化聚酰亚胺	曝光/湿法刻蚀	0.4[1300]	双折射:0.025
			1.0[1550]	交联，稳定
Dow Chemical	苯并环丁烯	反应离子刻蚀	0.8[1300]	T_g>350℃
			1.5[1550]	
	全氟环丁烯	曝光/湿法刻蚀	0.25[1300]	T_g>400℃
			0.25[1550]	
DuPont	丙烯酸酯	光锁定	0.18[800]	层压板
			0.2[1300]	准分子激光切削
			0.6[1550]	

（续表）

制造商	聚合物类型 [商品名称]	光刻技术	光损耗 dB/cm [波长 nm]	其他特性 [波长 nm]
General Electric	聚醚	反应离子刻蚀，激光消蚀	0.24[830]	热稳定
Hoechst Celanese	聚甲基丙烯酸甲酯共聚物	光致漂白	1.0[1300]	非线性光学聚合物
JDS Uniphase Photonics （Akzo Nobel Photonics）	—	反应离子刻蚀	0.6[1550]	热稳定
NTT	卤代丙烯酸酯	反应离子刻蚀	0.02[830] 0.07[1310] 1.7[1550]	双折射:0.000006[1310] T_g:110℃
	氘化聚硅氧烷	反应离子刻蚀	0.17[1310] 0.43[1550]	环境稳定
	氟化聚酰亚胺	反应离子刻蚀	TE:0.3,TM:0.7[1310]	环境稳定

聚合物现阶段可以是均聚物或嵌段共聚物。均聚物是一个单化学结构，由相同的化学单元组成，该化学单元之间通过共价键键合形成一个线形的聚合物链。一个嵌段共聚物包含两个由共价键键合在一起的聚合物。当加热超过它们的玻璃化转变温度时，嵌段共聚物可以分离为两种成分聚合物的分层，即意味着一个自行塑形的多层结构成为可能。

5.2 聚合物工艺

与第 4 章所述的 III-V 族半导体和铌酸锂材料工艺相比，制作用于波导或集成光器件的薄膜的聚合物工艺没有那么复杂，因此也没有那么昂贵。通常聚合物被溶解于溶剂中，然后通过传统的涂胶台旋涂在晶圆衬底上，再加热到超过其玻璃化转变温度一段时间，挥发掉其中的溶剂以释放所有应变。聚合物薄膜的光学和机械特性决定于诸如在溶剂中的聚合物浓度、聚合物的分子量、转速、退火时间及温度等工艺参数。例如，分子量会影响聚合物在溶剂中的黏性从而影响聚合物层的厚度。

5.2.1 聚苯乙烯工艺

Everhart[3]研究了聚苯乙烯均聚物特性与工艺参数之间的关系。聚苯乙烯是一种在波导制作中具有吸引力的材料，原因在于其折射率为 1.5894（略大于玻璃）、100 ℃ 的玻璃化转变温度以及对可见光和近红外波长范围透明。研究两个不同分子量（280 000 和 190 000）的样品，它们被溶解于甲苯中形成 7 种不同浓度的溶剂，然后旋涂在玻璃衬底上形成聚合物薄膜。形成薄膜的厚度与分子量、浓度、转速、旋转时间、退火温度以及退火时间的关系如表 5.2 所示。

形成的聚苯乙烯薄膜厚度约为 2600 ~ 59 900 Å，正适合于波导和其他集成光学器件的范围。从图 5.1 和图 5.2 中可以看出，聚合物层的厚度密切依赖于溶解于溶剂中的嵌段聚合物浓度，而对其他的工艺参数依赖性不高。对不同变量的依赖性可以直观得到，例如，较大分子量产生一个较厚的层，而较快速的涂胶速度产生较薄层。

厚度范围在 1 ~ 1.2 μm 的这一类聚苯乙烯薄膜可以形成相对低的约 1 dB/cm 损耗的波导。

表 5.2　薄膜厚度与工艺变量的关系[3]

样品	分子量	浓度 (ml/g)	转速 (rpm)	旋转时间 (s)	退火温度 (℃)	退火时间 (min)	平均厚度 (Å)
1	280 000	5	3000	60	110	45	59932
2	280 000	10	3000	40	110	45	10710
3	280 000	20	3000	40	110	45	4084
4	190 000	5	2000	60	110	45	40297
5	190 000	10	2000	40	110	45	9276
6	190 000	20	2000	40	110	45	3797
7	190 000	5	3000	60	110	45	38016
8	190 000	10	3000	40	110	45	7848
9	190 000	20	3000	40	110	45	2598

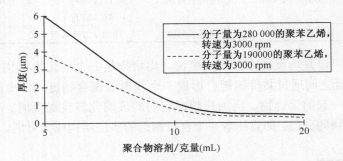

图 5.1　分子量对厚度的影响[3]

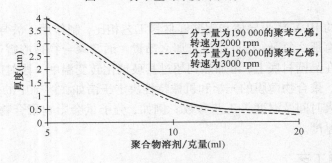

图 5.2　转速对厚度的影响[3]

5.2.2　聚酰亚胺工艺

聚酰亚胺是一种具有良好热特性的聚合物,可以耐受直至 350 ℃ 的高温。它同时还具有良好的耐溶性和电特性。由于其对可见光和近红外波长透明,因此它们是波导材料的优质候选。事实上,大量的研究者已经报道了使用聚酰亚胺制作的波导[4~7]。使用与聚苯乙烯相类似的方式,聚酰亚胺可以被溶解于溶剂中并被旋涂在衬底上。Zhang 在参考文献[7]中叙述的典型工艺如表 5.3 所示。

以上工艺可以被用于玻璃或硅衬底。然而,由于硅具有比聚酰亚胺更大的折射率,因此在旋涂聚酰亚胺之前有必要首先沉积或生长一层二氧化硅($n = 1.46$)作为光限制层。而对于玻璃衬底,聚酰亚胺可以被直接应用,因为它的折射率(典型值 $1.56 \sim 1.7$)比玻璃的折射率(1.5)要大。

表 5.3　聚酰亚胺通道波导的制作工艺[7]

1. 使用丙酮、甲醇和异丙醇清洗衬底
2. 旋涂聚酰亚胺膜，典型值 500 rpm，共 10 s
3. 在 120 ℃下软烘 20 min 或 30 min
4. 涂胶
5. 90 ℃下烘烤 10 min
6. 应用掩模定位器进行光刻胶曝光
7. 显影(如果光刻胶中含有碱性聚酰亚胺，此步还要腐蚀)
8. 刻蚀聚酰亚胺(使用碱性湿法刻蚀或溅射干法刻蚀工艺)

5.2.3　后沉积工艺

通常用标准的光刻技术[8]形成波导图样的横向尺寸。然而，激光或电子束直写也同样可行[9]。聚合物可以被腐蚀剂[10,11]或反应离子(RIE)刻蚀[12,13]。被刻蚀波导损耗的典型值范围从 850 nm 的 0.1 dB/cm 到 1300 nm 的 0.3 dB/cm。通过有机玻璃(PMMA)衬底的注塑，并用交联剂乙二醇二甲基丙烯酸酯(EGDMA)填充波导沟槽(4 ~ 7 μm 宽)，用此方法制作的单模聚合物波导同样在 1300 nm 波长观测到了 0.3 dB/cm 的损耗[14]。

5.3　聚合物波导互连的应用

聚合物波导已经在一些相当复杂的光信号传输应用中得到应用。例如，Prakash 等人[15]使用激光直写技术制作的聚酰亚胺通道波导作为 50 GHz 调制源和高速光探测器之间的互连媒质。他们认为此类互连器件具有应用于相控阵雷达之类晶圆尺寸复杂系统的潜力。

聚合物波导作为器件和(或)电路板之间互连的潜力也同样在 Thomson 等人[16]制作的 8 通道发射/接收链路中展示出来。该链路包括一个环氧玻璃纤维(FR4)光电板，内含封装的 8 通道发射机和接收机，通过杜邦 Polyguide TM 波导互连，如图 5.3 所示[17]。波导回路是包括直通、交叉和弯曲的 8 通道阵列，与光电板边缘的多光纤带自动对准互连。Polyguide 波导通过在芯片下方的波导两端形成的 45°平面外反射镜的方式与发射和接收芯片耦合的(更多耦合方式的细节见第 7 章)。为了使弯曲和对角线波导之间的光损耗最小，掩模被制作为 0.1/ μm 的分辨率。该光电板取得了每通道超过 1.25 Gbps 的数据传输率而误码率低于 10^{-11}。相邻通道的串扰为 − 31 dB，包括在接收机阵列芯片的电学串扰和光学串扰。

Eldada 等人[18]报道了多种多样透明的光化学固化丙烯酸酯单体/分子聚合物。这些单体系统通过光化学曝光形成了高度交联网络，在 400 ~

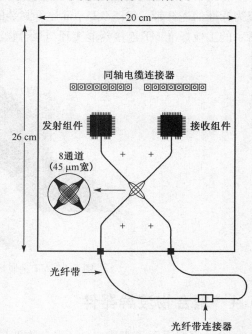

图 5.3　光电板 8 通道链路示意图[16]

1600 nm波长范围内具有低吸收系数。当充分聚合时,这些聚合物的折射率在1.3~1.6范围内,这取决于聚合物的正确混合。波导通过光刻的方法制备,可以通过掩模将液态单体混合聚合物在紫外光照射下曝光,也可以激光直写。聚合物可以沉积在多种衬底上,包括刚性和柔性衬底。

聚合物波导的核心优势之一是它们可以沉积在柔性的塑料衬底上。因此,它们可以用于背板"接线"或平面条形电缆来连接光发射器或探测器阵列。这一类型应用的例子是 Gallo 等人[19]描述的用于二维 VCSEL(垂直腔表面发光激光器)阵列的高密度互连电缆。34 通道多模聚合物波导带堆叠成 12 层阵列(34×12 通道),其中,各层之间波导中对中间距125 μm,而在同一层中间距为 90 μm。即使当多模波导之间的间距减小到 4 μm 时,通道之间也没有观测到串扰。这些柔性聚合物提供了一个曲率半径小于 5 mm 的非平面弯曲,简化了 VCSEL 的封装要求和体积。一个堆叠波导阵列的照片如图 5.4 所示。

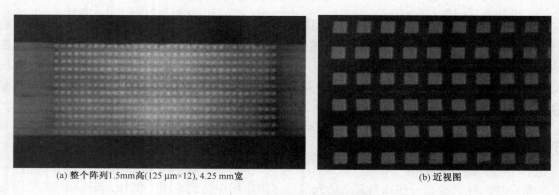

(a) 整个阵列1.5mm高(125 $\mu m \times 12$), 4.25 mm宽　　　　　　(b) 近视图

图 5.4　二维 VCSEL 阵列的 12 层聚合物连接[19]

将聚合物层之间及之内的波导间距从 125 μm 变到 250 μm,就使得高密度 VCSEL 阵列接口成为标准的光纤带。62.5/125 μm 尾纤封装的无源光纤获得了小于 0.5 dB 的损耗。采用如图 5.5 所示的工业标准 MT 连接器能实现与聚合物波导阵列的直接连接,完全避免了使用尾纤封装。

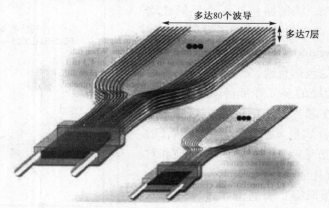

图 5.5　MT 金属环封装的 5 层聚合物阵列[19]

5.4　聚合物波导器件

除了应用于互连媒质之外,聚合物波导还可以构成各种无源和有源光电器件的基本元件。如果器件制作采用聚合物取代III-V族半导体或铌酸锂而没有过多的损耗,将会大大降低成本。

成本的降低不仅仅是因为材料花费的减少,同时还因为聚合物材料的工艺要比半导体或诸如铌酸锂等结晶介质材料的工艺简单得多。表 5.4 列出了采用聚合物材料制作的器件。它们分为两类:一类是无源器件,该类器件的性能恒定,工作基于耦合、反射、衍射和吸收等;另一类是有源器件,其性能能因施加电压、电流、外力或化学反应而改变,以产生预期的效果。

表 5.4　聚合物波导器件

无源	有源
耦合器/分束器	光发射器
光栅/滤波器	激光器
延迟线	光探测器
模式转换器	光调制器/开关
衰减器	加速度计
阵列波导(AWG)	化学探测器

5.4.1　无源聚合物器件

分支耦合器和分束器很容易用聚合物来制作,首先从一个平面聚合物波导层开始,然后采用第 4 章所描述的标准光刻工艺限定一个分支图样,以用来制作腐蚀脊形波导结构或掩埋通道波导结构。Van der Linden 等人使用掩埋沟道波导 3 dB(50/50)分束器制作了一个紧凑型多通道直列式光功率计[20],而 Pliska 等人使用腐蚀聚合物波导制作了非线性光器件[21]。也可以在聚合物上通过图样激光直写技术[22]或通过掩模紫外光曝光[18]来制作掩埋分支波导结构,后一种工艺如图 5.6 所示。

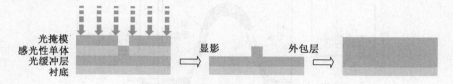

光掩模
感光性单体
光缓冲层
衬底　　　　显影　　　　外包层

图 5.6　基于掩模工艺制作光致聚合物波导[18]

聚合物的使用与负光刻胶类似,并且可以通过甩胶涂布于衬底。玻璃、石英、硅、柔性塑料薄膜或玻璃填充环氧树脂印制电路板都可以作为衬底。曝光使用汞灯或汞氙灯通过一个光掩模完成,显影则通过传统的有机溶剂如甲醛实现。如果需要,则可以加一层外包层(如 SiO_2)用于保护聚合物器件。一个 1×2 的分束器照片如图 5.7 所示。

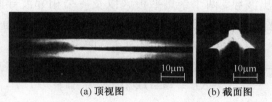

10μm　　　　10μm
(a) 顶视图　　　　(b) 截面图

图 5.7　1×2 分束器显微照片[18]

除了用于分支分束器和耦合器的制作,聚合物还可以通过改变波导的厚度来制作模式转换器和模斑转换器。Chen 等人[23]使用此方法制作的锥形模式扩展器能使矩形波导模式可以与圆柱形光纤更有效地耦合。锥形体将高度椭圆形的波导模式转换为大的圆形模式,这样可以更有效地与光纤纤芯相匹配。锥形体长 0.5~2 mm,由高折射率材料组成,由此增加了波导两端的有效厚度。反应离子刻蚀(RIE)技术通过锥形光刻胶掩模或遮蔽掩模技术来制作锥形。

如图 5.8 所示,锥形区域被置于金属接触电极之外,用以避免与之相关的损耗以及确保在模式尺寸和传输损耗之间没有相互影响。该模斑转换器的性能与波导宽度和光束偏振无关,在每一端口观测到的耦合损耗减小了 1.6 dB。

最后一个无源聚合物器件的例子考虑阵列波导光栅（AWG）。它是一个具有对不同光波长有空间色散特性的器件，可以产生与棱镜相似的输出。然而，当它制作在一个平面聚合物波导集成回路中时，与棱镜相比，它更容易与光纤的输入/输出通道耦合，而且对震动更不敏感。正是由于这种简单性和有效性，AWG 作为复用/解复用器被广泛用于密集波分复用（DWDM）系统。Kaneko 等人[24]给出了关于阵列波导光栅工作原理和基本特性的详细说明。一个阵列波导光栅解复用器如图 5.9 所示，其中，一束混合了 N_{ch} 通道的波分复用光从

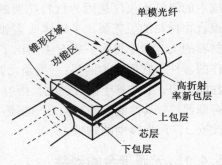

图 5.8　模斑转换器（长度未按比例画）

左侧进入。同时，器件是可逆的，因此，当不同光波长的 N_{ch} 通道的光从右往左传播时，也可以提供一个复用器的功能。

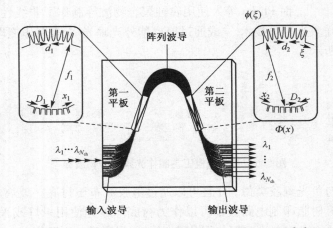

图 5.9　阵列波导光栅解复用器（或互易性复用器）[24]

AWG 包含输入和输出波导，两个聚焦平板区以及一个相邻波导间具有固定光程差 ΔL 的相控波导阵列。在第一平板区，输入波导间距为 D_1，阵列波导间距为 d_1，曲率半径为 f_1。在第二平板区，输出波导间距为 D_2，阵列波导间距为 d_2，曲率半径为 f_2。通常波导在输入/输出端的参数是相同的，有 $D_1 = D_2$ 等。在这种情况下，相邻波导之间要求的光程差由下式给出[24]：

$$\Delta L = (n_s d D \lambda_0)/(N_{ch} f \Delta\lambda) \tag{5.1}$$

式中，n_s 为平板区的折射率，λ_0 为 WDM 系统的中心波长，$\Delta\lambda$ 为相邻通道之间的波长间隔。为了保证每个通道的独立，避免串扰，有必要仅使用阵列波导的一阶空间色散，这就限制了它的空间范围和可能的通道数。同一波长第 m 阶和第 $(m+1)$ 阶聚焦光束的空间分离距离由下式给出：

$$X_{FSR} = \lambda_0 f/n_s d \tag{5.2}$$

由此，有效的波长通道数为

$$N_{ch} = X_{FSR}/D = \lambda_0 f/n_s d D \tag{5.3}$$

阵列波导光栅可以被制作成有数百个通道而没有串扰问题，阵列波导光栅在光分插复用器（OADM）中的应用将在第 20 章中讨论。它们已经成为密集波分复用远程通信和数据通信系统中非常重要的元件。

5.4.2　有源聚合物器件

在现代光通信系统中，通常希望在同一衬底上同时实现有源和无源功能。幸运的是，许多聚合物材料显示出良好的电光特性，其折射率随着电场的存在而改变。这一特性使其可以应用于各种各样的电控开关和调制器。电光调制器的细节将在第 9 章中讨论，但有必要至少将其在有机物中的制作于本章中予以说明。Morand 等人[25]制作了一个混合结构的相位调制器和开关，它是将电光聚合物薄膜旋涂于采用离子交换技术在玻璃衬底上制作的无源波导上。在此器件中，光波实际上主要在离子交换玻璃波导中传播，波导尺寸限制其以单模工作。然而，光学模式末端延伸到有源聚合物中，这提供了外加电场和光学模式之间的耦合。有源区由 4 层组成，一层薄的导电氧化层(<50 nm)沉积于玻璃表面顶部作为接地电极，并用铬涂于边缘以减小串联电阻。然后通过旋涂沉积 0.5 μm 的电光聚合物，接着是 2 μm 厚的环氧树脂用于保护有源聚合物。最后，在有源区之上蒸镀铝作为信号电极。当在信号和地电极上施加电场时，就改变了聚合物的折射率，反过来引起了在波导中传输光波的相移，由此实现了相位调制器的功能。如果波导形成对相位敏感的结构图样，比如 Mach-Zehnder 干涉仪(将在第 9 章中讨论)，则相位的变化可以转换为幅度的变化，产生一个光强度调制器或开关。在上述的特殊器件中，信号电压要产生一个 π 弧度(180°)的相位变化。对应于 100% 的开关，仅仅需要 10 V 的电压。这与采用 III-V 族半导体或铌酸锂材料制作的器件的要求是类似的。

在一个光集成回路中，希望得到的最重要的有源功能之一是光发射。起初认为有效的光发射需要半导体材料而不可能是聚合物材料，然而最近的工作表明不仅仅是非相干光发射，甚至激光器都可以用聚合物来制作。例如，Shoustikov 等人[26]报道了多种聚合物可以在 462 ~ 645 nm 波长范围内具有光发射能力，而且提供了广泛的参考资料。他们制作了有机发光二极管(OLED)，其中包括一个空穴输运层、一个发光层(掺杂的有机聚合物)和一个电子输运层，该层介于空穴注入铟锡氧化物(ITO)接触和电子注入接触之间。这些器件显示出与半导体器件相似的有效光学带隙。

Schulzgen 等人[27]观测到了聚合物中光的受激辐射，并由此制作了适用于集成光学的小型平面和环形激光器(半导体和聚合物中受激辐射、自发辐射和激光的基本原理的细节将在第 11 章和第 12 章中讨论)。由受激辐射引起的超大光增益可以用泵浦-探针光谱技术直接测量。几百纳米厚薄膜中的受激辐射导致了辐射强度急剧增大，而辐射线宽急剧减小，如图 5.10 所示。受激辐射取代自发辐射有两个标准的标志，当有反馈时，进一步的线宽减小和光输入/输出曲线中明显的阈值点表明了激光的产生。

在这里激励源是光，一个放大的碰撞脉冲锁模(CPM)激光系统提供了 100 fs 的可调脉冲。在聚合物中覆盖 50 nm 的谱宽内观测到的光增益高达 $10^4 cm^{-1}$。

近几年，对有机 LED 和激光器的研究在持续快速增长。现在，半导体聚合物 LED[28]作为分立器件已得到较好的应用[29]，连续波亮度超过 25 000 cd/m² 以及峰值脉冲亮度超过 2 000 000 cd/m² 的 LED 已经有报道[29]。LED 同样进入了部分显示市场[30]。目前，大多数聚合物激光器采用高功率的激光器进行光泵浦，但是由于泵浦激光器的尺寸和造价，使得这种方式通常在实验室里可行，而在很多应用场合却不切实际。然而，达到阈值所需的电流密度已经在脉冲应用中得到了展示[31,32]。例如，更多聚合物激光器进展的例子参见 Samuel 和 Turnbull[33]的文章。

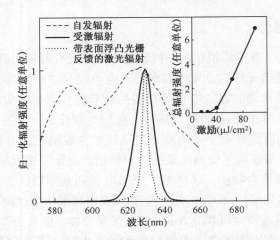

图 5.10　200 nm BEH:PPV 薄膜发射光谱的比较:低激发态自发辐射(虚线),无反馈
　　　　受激辐射(实线)和带表面浮凸光栅反馈的激光辐射(点线,$\Lambda = 500$ nm)。
　　　　插图(右上角)为激光器结构总的辐射强度与激励的函数关系[27]

5.5　光纤波导器件

　　除了被用做互连来传输短距和长距光信号之外,光纤波导还可以在大量的不同集成光器件中作为基本元件。这些器件都具有固有的优势,即它们可以与传输输入/输出光波信号的其他长度的光纤进行无缝耦合。例如,Madamopoulos 和 Riza[39]制作了光纤光学延迟线,使用光纤作为延迟通道,光波信号按需要通过不同长度的延迟通道进行切换。其中一个带有机电式纤维光开关的配置,光延迟线模块获得了 60 dB 的良好光隔离以及 1.5 dB 的低插损,但是 7 ms的开关速度较慢。另一个带有电光开关的配置取得了 100 ps 的更快的开关速度,但是光隔离度减小到了 22 dB,而插损增加到了 4 dB。

　　光纤布拉格光栅(FBG)是另一类光纤器件,可以实现对光束的反射、色散和偏转[布拉格衍射(反射)效应将在第 15 章中解释]。一个光纤布拉格光栅由一个折射率纵向周期变化的光纤波导纤芯组成。在单模光纤中,可以选择光纤布拉格光栅的周期,使其有选择性地对特定波长通过 180° 进行反射,而对其他波长保持畅通。波长选择功能使布拉格光栅可以作为波分复用系统,甚至是密集波分复用系统的一个组成部分。由于具有光栅的色散特性,光纤布拉格光栅还可以被用于光纤光波系统的色散补偿以及光放大器的增益平坦化。此外,光纤布拉格光栅还可以作为位移、机械应变、压力和热膨胀的精确传感器,只要在传感器中使上述物理量的变化引起光栅周期的改变。由于是光纤的一个组成部分,相对于光集成回路芯片形式中相似的器件,光纤布拉格光栅具有结构简单、耦合效率高和成本低的优势。光纤布拉格光栅可以通过将一个阶跃折射率掺锗石英光纤置于由氟化氪(KrF)准分子激光器($\lambda = 248$ nm)或倍频氩离子激光器($\lambda = 244$ nm)产生的强烈的紫外光(UV)中曝光来制作。光吸收造成了纤芯折射率的永久性改变。光纤布拉格光栅所需的精确的周期可以通过 Mayer 和 Basting[35]叙述的三种方法中的任意一种产生,如图 5.11 所示。在干涉法中,通过将单光束一分为二产生一对相位相干的激光束,并使用平面镜反射回去,由此产生具期望间距明暗条纹的干涉图样。这种方法具有通过改变光束角度来轻松调节不同光栅周期的优点,但是对震动十分敏感。

相位掩模方法使用衍射光栅将一个激光束分为不同的衍射序列，当它们相互干扰时即产生衍射条纹。相对于干涉法，此方法对震动不敏感，但是每当期望的光栅周期发生改变时，都需要一个新的衍射光栅。

光纤布拉格光栅的第三种制作方法利用曝光束通过一个掩模图样投影，该掩模与半导体集成电路制作中使用的掩模相似。该方法的主要优点是掩模图样可以改变，以产生一个具有多重周期的"啁啾"光栅。此光栅可被用于提高光学系统的带宽以及一些其他专业的应用。然而在许多应用中，此光栅的周期对应于光栅"条"之间的间距为 100 nm 的数量级，而投影掩模是很难做到如此精度的。

很显然，三种方法各有其优缺点。一个工程师必须选择其中对特定应用最符合要求且设备功能可行的一种方法。

一个采用啁啾光栅的特定应用的例子是 Spammer 和 Fuhr[36] 描述的光纤加速度计，其工作原理是，啁啾宽度随位移 x 引起的光栅物理变形而变化。传感通过将宽光谱光束在光纤中传输并监测光栅的峰值反射波长来实现。加速度由位移的二阶导数 d^2x/dt^2 给出。因此，即使该器件基本上测量的是位移，也被称为加速度计。加速度计被广泛应用于诸如震动、倾斜角和地震强度的测量。如图 5.12 所示，

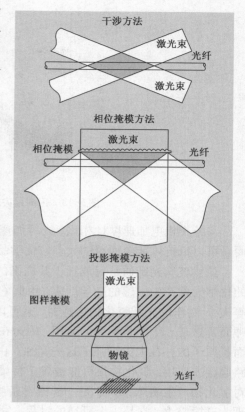

图 5.11　光纤布拉格光栅的制作方法[35]

光纤加速度计由一个单一周期的光纤布拉格光栅连接（用环氧树脂黏合）在一个梁上，在一端形成支撑，由此形成一个悬臂。

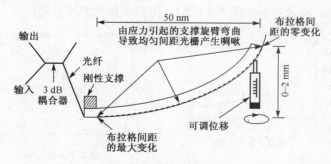

图 5.12　啁啾光栅光纤加速度计[36]

悬臂偏转在光纤光栅中产生了一个线性递减应变，导致了线性啁啾所需要的周期变化，啁啾的大小与悬臂位移成比例。光纤光栅规格为：中心波长 1549.77 nm；最大反射率 99.8%（26.4 dB）；半极大全宽度（FWHM）0.12 nm；长度 50 mm。该光纤加速度计在 20 Hz 基频振动下的响应与传统的压阻式加速度计基本相同。观测到的峰值波长与悬臂位移之间预期的线性关系如图 5.13 所示。

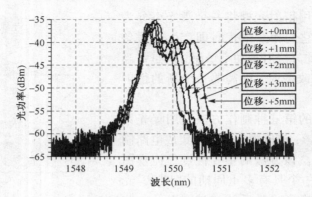

图 5.13　正的梁尖端位移对应的啁啾光栅频谱图[36]

与各类机电加速度计相比，光纤加速度计的优势是，自身没有移动部件失效，非常轻巧，而且可以抵抗可能会面对的大多数化学品的腐蚀。

虽然玻璃光纤通常对放置于其周围的化学制品不敏感，但是加入的掺杂可以使其对特定的化学元素产生敏感的光学性质，由此它们可以被应用于化学传感器。其中一个例子是 Fuhr 等人[37]制作的光纤氯化物传感器，它可以被用来探测渗透进桥面的氯化物。对桥梁维护工程师而言这是一个非常重要的应用，因为在桥梁中用于加强混凝土的钢绞线和钢条易受到腐蚀，而氯原子的存在大大增强了这一腐蚀。由于氯化钠和氯化钾在寒冷气候中经常被用于高速公路起融冰作用，氯化物很可能被置于桥梁的表面。玻璃光纤可以通过有机染料 ABQ 的掺杂而对氯化物产生敏感，ABQ 是一种喹啉衍生物，有卤离子存在时淬火会产生荧光。该过程的机理为碰撞淬火，它是一个可逆的过程，发出的荧光强度随淬火离子浓度的增加非线性地减小。这个过程由 Stern-Volmer 关系表述：

$$I_0/I = 1 + K_{sv}[Q] \tag{5.4}$$

式中，I_0 是没有淬火时的荧光信号，I 是淬火剂浓度为 $[Q]$ 时的荧光信号，而 K_{sv} 是与扩散相关的 Stern-Volmer 常数。ABQ 的荧光淬灭随着氯离子浓度增加的非线性如图 5.14(a)所示，数据按 I_0/I 的 Stern-Volmer 格式重画于图 5.14(b)，得到了预期的线性曲线。

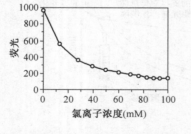

(a) 随氯离子浓度增加的非线性淬灭

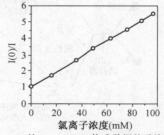

(b) 按Stern-Volmer格式数据的重绘图

图 5.14　ABQ 在氯化物中的荧光淬灭[37]

ABQ 的荧光数据通过峰值波长为 340 nm 的过滤紫外光源的激励获得，但在实地中该光源使用不方便。然而，一个类似的有机染料 MEQ 可以通过 LED 产生的 450 nm 辐射来激励荧光。

本章回顾了一些采用有机物或玻璃光纤制作的不同器件，这些仅仅是属于这一大类器件中的代表。很显然，有源和无源器件都可以制作，而且与传统的半导体和结晶介质材料制作的器件相比，它们通常具有成本或性能的优势。基于这些原因，可以期望在未来看到更大比例的光器件采用聚合物或光纤制作。

聚合物光子器件在设计和制作上的进展已足以允许它们被纳入到光集成回路（OIC）中（或使用更现代的术语 PIC——光子集成回路）。Bruendel 等人展示了一个集成了聚合物波导和聚合物光源的方法[38]。可变光衰减器阵列和可重构光分插复用器回路同样可以用聚合物制作[39]。聚合物波导已经被用于垂直腔表面发光激光器（VCSEL）的阵列互连[40]（有关 VCSEL 的更多信息见第 14 章）。因为更经济以及可以形成有效的图样，聚合物毫无疑问将在商用 PIC 的制作中被越来越多地使用。

习题

5.1　采用将溶解聚苯乙烯的溶剂旋涂于衬底方式制作的波导，决定其厚度的因素有哪些？

5.2　假设如图 5.9 所示的阵列波导光栅复用器工作于中心波长 1.55 μm，有 20 个通道，相邻通道波长间隔 1 nm，聚焦平板的曲率半径为 8 mm。输入和输出波导间距为 125 μm，阵列波导间距为 7 μm。该平板区域的折射率为 1.67。该阵列相邻波导间要求的路径长度差为多少？

5.3　若要使上题 AWG 复用器的通道数加倍，可以采取什么方法？描述可以采取的所有改进方式。假设中心波长和通道之间的波长间隔不变。

5.4　与 III-V 族半导体材料相比，聚合物在光集成回路制作中有哪些优势？

5.5　为什么在同一聚合物中制作的 LED 能够发射出波长显著不同的光（即不同颜色）？

5.6　你怎么知道发光聚合物是否在产生激光？

5.7　什么是光纤布拉格光栅（FBG）？描述光纤布拉格光栅的三种不同制作方法。

5.8　将浓度为 10 ml/g，分子量为 280 000 的聚苯乙烯沉积在玻璃衬底上，在转速为 3000 rpm 的条件下旋转 40 s，然后在 110 ℃下退火 45 min，请问该波导薄膜的厚度为多少？

5.9　采用有机染料 ABQ 覆盖玻璃光纤制作氯离子传感器，该传感器对氯离子浓度的荧光响应如图 5.14 所示。由实测数据确定的该材料的 Stern-Volmer 常数为多少？

参考文献

1. N. Keil, H. H. Yao, H. H. C. Zawadzki, J. Bauer, M. Bauer, C. Dreyer, J. Schneider: Athermal all-polymer arrayed-waveguide grating multiplexer. Electron. Lett. **37**, 579 (2001)

2. L. Eldada, L. W. Shaklett: Advances in polymer integrated optics. IEEE J. Selected Topics in Quant. Electron. **6**, 54 (2000).

3. J. Everhart: Analysis of polystyrene and polystyrene-poly(methyl methacrylate) diblock copolymer for the creation of optical waveguides. Masters Thesis, University of Delaware (University Microfilms, Ann Arbor, MI 1998)

4. D. P. Prakash, D. C. Scott, H. R. Fetterman, M. Matloubian, Q. Du, W. Wang: integration of polyimide waveguides with traveling-wave phototransistors, Phot. Technol. Lett. **9**, 800 (1997)

5. J. Kobayashi, T. Matsuura, Y. Hida, S. Sasaki, T. Maruno: Fluorinated polyimide waveguides with low polarization-dependent loss and their applications to thermooptic switches, J. Lightwave Technol. **16**, 1024 (1998)

6. Y-T. Lu, Z-L. Yang, S. Chi: Fabrication of a deep polyimide waveguide grating for wavelength selection, Opt. Commun. **216**, 127 (2003)

7. F. Zhang: Low loss coupling between lasers and other optoelectronic devices Masters Thesis. University of Delaware (University Microfilms, Ann Arbor, MI 1999)

8. R. K. Watts: Lithography, in *VLSI Technology*, S. M. Sze (ed.), 2nd edn. (McGraw Hill, New York 1988)

9. R. R. Krchnavek, G. R. Lalk, D. H. Hartman: J. Appl. Phys. **66**, 5156 (1989)

10. D. H. Hartman, G. R. Lalk, J. W. Howse, R. R. Krchnavek: Appl. Opt. **28**, 40 (1989)

11. J. H. Trewhella, J. Gelorme, B. Fan, A. Speth, D. Flagello, M. Oprysko: SPIE Proc. **1777**, 379 (1989)

12. A. Guha, J. Bristow, C. Sullivan, A. Husain: Appl. Opt. **29**, 1077 (1990)

13. R. Selvaraj: IEEE J. **L T-6**, 1034 (1988)

14. A. Neyer, T. Knoche, L. Muller: Electron. Lett. **29**, 399 (1993)

15. D. P. Prakash, D. V. Plant, D. Zhang, H. R. Fetterman: SPIE Proc. **1774**, 118 (1993)

16. J. E. Thomson, H. Levesque, E. Savov, F. Horowitz, B. L. Booth, J. E. Marchegiano: Opt. Eng. 33, 939 (1994)

17. B. L. Booth: Optical interconnection polymers, in *Polymers for Lightwave and Integrated Optics: Technology and Applications*, L. A. Hornak (ed.) (Dekker, New York 1992)

18. L. Eldada, R. Blomquist, L. Shaklette, M. McFarland: High performance polymetric componentry for telecom and datacom applications. Opt. Eng. **39**, 596 (2000)

19. J. T. Gallo, J. L. Hohman, B. P. Ellerbusch, R. J. Furmanak, L. M. Abbott, D. M. Graham, C. A. Schuetz, B. L. Booth: High-density interconnects for 2-dimensional VCSEL arrays suitable for mass scale production. SPIE ITCom2001 Conf. on Modeling and Design of Wireless Networks, Denver, USA, 23 – 24 August 2001

20. J. E. van der Linden, P. P. Van Daele, P. M. Dobbelaere, M. B. Diemeer: Compact multichannel in-line power meter. IEEE Photonics. Tech. Lett. **11**, 263 (1999)

21. T. Pliska, V. Ricci, A. C. Le Duff, M. Canva, P. Raymond, F. Kajzar, G. I. Stegeman: Low loss polymer waveguides fabricated by plasma etching for nonlinear-optical devices operating at telecommunication wavelengths. Tech. Digest Quantum Electronics and Laser Science Conference (1999) p. 138

22. A. Chen, V. Chuyanov, S. Garner, W. H. Steier, J. Chen, Y. Ra, S. S. H. Mao, G. Lan, L. R. Dalton: Fast maskless fabrication of electrooptic polymer devices by simultaneous direct laser writing and electric poling of channel waveguides. Proc. Lasers and Electro-Optics SocietyAnnual Meeting, 1997. LEOS'97 **2**, 250 (1996)

23. A. Chen, V. Chuyanov, F. Marti-Carrera, S. Garner, W. H. Steiner, J. Chen, S. Sun. L. R. Dalton: Vertically tapered polymer waveguide mode size transformer for improved fiber coupling. Opt. Eng. **39**, 1507 (2000)

24. A. Kaneko, T. Goh, H. Yamada, T. Tanaka, I. Ogawa: Design and applications of silica-based planar lightwave circuits. IEEE J. Selected Topics in Quantum Elect. **5**, 1227 (1999)

25. A. Morand, S. Tedjini, P. Benesch, D. Bosc, B. Loisel: Proc. Glass electro-optic polymer structure for light modulation and switching. Proc. SPIE **3278**, 63 (1998)

26. A. Shoustikov, Y. You, M. E. Thompson: Electroluminescence color tuning by dye doping inorganic light emitting diodes. IEEE J. Selected topics in Quantum Electron. **4**, 1077 (1998)

27. A. Schulzgen, C. Spiegelberg, S. B. Mendes, P. M. Allemand, Y. Kawabe, M. Kuwata-Gonokami, S. Honkanen, M. Fallahi, B. N. Kippelen, N. Peyghambarian: Light amplification and laser emission in conjugated polymers. Opt. Eng. **37**, 1149 (1998)

28. R. H. Friend, R. W Gymer, A. B. Holmes, J. H. Burroughes, R. N. Marks, C. Taliani, D. D. C. Bradley, D. A. Dos Santos, J. L. Brédas, M. Lögdlund, W. R. Salaneck: Electroluminescence in conjugated polymers, Nature **397**, 121 (1999)

29. R. B. Fletcher, D. G. Lidzey, D. D. C. Bradley, S. Walker, M. Inbasekaran, E. P. Woo: High brightness conjugated polymer LEDs, Synthetic Metals **111 – 112**, 151 (2000)

30. J. Ouellette: Semiconducting polymers on display, The Industrial Physicist **7**, 22 (2001)

31. M. D. McGehee, A. J. Heeger: Semiconducting (conjugated) polymers as materials for solidstate lasers, Advanced Materials **12**, 1655 (2000)

32. N. Tessler: Lasers based on semiconducting organic materials, Advanced Materials **11**, 363 (1999)

33. D. W. Samuel, G. A. Turnbull: Polymer lasers: recent advances, Materials Today **7**, 28 (2004)

34. N. Madamopoulos, N. A. Riza: All-fiber connectorized compact fiber optic delay-line modules using three-dimensional polarization optics. Opt. Eng. **39**, 2338 (2000)

35. E. Meyer, D. Basting: Eximer-laser advances aid production of fiber gratings. Laser Focus World **36**, 107 (April 2000)

36. S. J. Spammer, P. L. Fuhr: Temperature insensitive fiber optic accelerometer using a chirped Bragg grating. Opt. Eng. **39**, 2177 (2000)

37. P. L. Fuhr, D. R. Huston, B. MacCraith: Embedded fiber optic sensors for bridge deck chloride penetration measurement. Opt. Eng. **37**, 1221 (1998)

38. M. Bruendel, Y. Ichihashi, J. Mohr, M. Punke, D. G. Rabus, M. Worgull, V. Saile: Photonic integrated circuits fabricated by deep UV and hot embossing, Digest of the IEEE LEOS Summer Topical Meetings **23 − 25**, 105 (2007)

39. E. A. Dobisz, L. A Eldada (eds.): Nanoengineered polymers for photonic integrated circuits, Proc. SPIE, **5931**, 121 (2005)

40. J. T. Gallo, J. L. Hohman, B. P. Ellerbusch, R. J. Furmanak, L. M. Abbott, D. M. Graham, C. Z. Schuetz, B. L. Booth, High-density interconnects for 2-dimensional VCSEL arrays suitable for mass scale production, Proc. SPIE **4532**, 47 (2001)

第 6 章　光波导的损耗

在第 2 章和第 3 章中已说明了波导的截止条件，并叙述了能够存在于波导中的各种光学模式。随着模传播问题而来的另一个最重要的波导特性是光波通过波导时产生的衰减，即损耗。一般而言，这种损耗由三种不同的机理引起：散射、吸收和辐射。玻璃或介质波导通常以散射损耗为主，而在半导体和其他晶体材料中最主要的是吸收损耗。当波导呈弯曲通道时，辐射损耗变得很重要。

过去习惯上都用光波或光线来表示光场，但是，对损耗过程用量子力学的概念来解释更为明确，它把光场看成具有电磁能量的量子化单元的准粒子流，也就是光子流[1]。光束通过波导时光子能被散射、吸收或辐射，因而使传输的总功率减少。当光子被吸收时，光子将其能量传递给吸收材料的原子或亚原子粒子（通常是电子）而自身湮灭。与此相反，当光子被散射或辐射时，其自身保留而仅改变运动的方向，有时也改变其能量（例如在拉曼散射中）。然而，散射或辐射的光子已离开了光束而引起损耗，影响了总的传输能量。

6.1　散射损耗

光波导的散射损耗有两种：体散射和表面散射。体散射是由波导层体积内的缺陷，如气泡、杂质原子或晶格缺陷所引起的。体散射在单位长度上引起的损耗与单位长度上的缺陷（散射中心）数量成比例。同时，体散射损耗也明显地取决于缺陷与材料中光波波长的相对尺寸。除最粗制的波导之外，几乎对所有波导，体缺陷与光波波长相比都是极小的，其数量也都很少，所以相对于表面散射损耗而言，体散射损耗一般可以忽略不计。

6.1.1　表面散射损耗

表面散射损耗即使在比较光滑的表面也是主要的，特别是对高阶模式的情形，因为传播的波与波导表面频繁地相互作用。这一效应用图 6.1 表示的光导波射线光学方法来说明更为明显。一个波在波导中传播经受多次反射，在长度 L 上从每个表面反射的次数是

$$N_{\mathrm{R}} = \frac{L}{2t_g \cot\theta_{\mathrm{m}}} \tag{6.1}$$

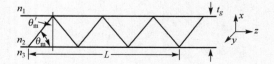

图 6.1　射线光学方法表示表面散射损耗示意图

如在第 2 章习题 2.6 中所证实的，对 Ta_2O_5 波导，$t_g = 3\ \mu m$，$n_2 = 2.0$ 及 $\beta_{\mathrm{m}} = 0.8kn_2$，波长 $\lambda_0 = 9000\ \text{Å}$ 的光每传播 1 cm 在每一表面经受 1250 次反射，散射损耗将出现于每一次反射中。因为对较高阶模式，其 θ_{m} 较大，由表面散射产生的损耗也较大。

为了定量地分析光损耗的大小，通常采用指数衰减系数。这样，沿波导长度上任意一点的光强（单位面积上的光功率）表示为

$$I(z) = I_0 e^{-\alpha z} \tag{6.2}$$

式中，I_0 是在 $z = 0$ 处的初始光强。可以导出用 dB/cm 表示的损耗与 α 的关系（见习题 6.2）为

$$\mathcal{L}\left[\frac{dB}{cm}\right] = 4.3\alpha[cm^{-1}] \tag{6.3}$$

Tien[2] 基于瑞利判据导出了由表面粗糙所引起的散射损耗的公式。把损耗表示为

$$\alpha_s = A^2\left(\frac{1}{2}\frac{\cos^3\theta'_m}{\sin\theta'_m}\right)\left(\frac{1}{t_g + (1/p) + (1/q)}\right) \tag{6.4}$$

式中，θ'_m 如图 6.1 所示，p 和 q 是限制层的消光系数（见 3.1.1 节），而 A 为

$$A = \frac{4\pi}{\lambda_2}(\sigma_{12}^2 + \sigma_{23}^2)^{1/2} \tag{6.5}$$

式中，λ_2 是波导层中的光波长，σ_{12}^2 和 σ_{23}^2 是表面粗糙的方差。已知变量 x 的统计方差为

$$\sigma^2 = S[x^2] - S^2[x] \tag{6.6}$$

式中，$S[x]$ 是 x 的平均值，而

$$S[x^2] = \int_{-\infty}^{\infty} x^2 f(x) dx \tag{6.7}$$

式中，$f(x)$ 是概率密度函数。

式(6.4)是从瑞利判据得出的，这就是说，如果在表面上的入射光束具有功率 P_i，则镜面反射光束具有功率

$$P_r = P_i \exp\left[-\left(\frac{4\pi\sigma}{\lambda_2}\cos\theta'_m\right)^2\right] \tag{6.8}$$

此瑞利判据只适用于相关长度长的条件，但在大多数情况下该假设是合理的。

要注意在式(6.4)和式(6.5)中，衰减系数 α 主要是与粗糙度对材料中波长的比值的平方成比例，这由 A^2 表示。而后，此比值再乘一个权重因子，该权重因子反比于波导厚度加上 $1/p$、$1/q$ 的和，其中 $1/p$ 和 $1/q$ 与模式的穿透尾有关。显然，表面散射对限制良好的模式比倏逝尾大的模式有更大的影响。如果 $1/p$ 和 $1/q$ 比 t_g 大，散射将减小。从物理上说，波在界面上的穿透使它对表面粗糙的灵敏度减小，式(6.4)中的因子 $\cos^3\theta'_m/\sin\theta'_m$ 说明较高阶模式（θ'_m 小）具有较大损耗，因为在传播方向单位长度的表面上有较频繁的反射。对 Ta_2O_5 波导和波长为 6328 Å 的光，实验测量的值[3]与由式(6.4)计算的值符合得非常好，$m = 0$ 模式对应于 $\alpha_s = 0.3$ cm^{-1}，$m = 3$ 模式对应于 $\alpha_s = 2.8$ cm^{-1}。

虽然 Tien 的散射损耗的理论模型[2]只是近似的，但它对 α_s 提供了方便的表达式。平板波导表面散射的较精确的理论已由 Marcuse 提出，这是计算总波导损耗[4~6]结果中的一部分。Marcuse 的理论把表面散射看成是辐射的一种形式，波导表面的不规则性把导模的能量耦合进入辐射模（也可进入其他导模）。用适当的近似和在相关长度的限制下，Marcuse 理论的结果与前面由式(6.4)给出的结果正好符合。

由表面不规则性引起的散射光的远场辐射图样已由 Suematsu 和 Furuya[7] 及 Miyanaga[8] 进行过研究。一般来说，衬底散射是高度定向的，有许多在特定角度的非常狭的波瓣，而空气散

射呈现为单一的宽瓣。此空气瓣的峰值方向与传播方向成一角度,它决定于相关长度。Gottli-eb 等人[9]已从实验中观察到在热氧化硅衬底上的 7059 玻璃波导的平面外散射,所发现的结果与 Suematsu 和 Furuya 的理论相一致。

表面散射在介质薄膜波导(如玻璃和氧化物)中一般都是主要的损耗,对最低阶模式造成的损耗大约是 $0.5 \sim 5 \ dB/cm$,对高阶模式则更大[10, 11]。在半导体波导中,厚度变化通常能控制在 $0.01 \ \mu m$ 左右,并且吸收损耗大得多,所以表面散射不起重要作用。

6.2　吸收损耗

在非晶体薄膜和晶体铁电材料如 $LiTaO_3$ 或 $LiNbO_3$ 中,吸收损耗与散射损耗相比一般小到可以忽略,除非存在杂质原子[12,13]。但是,在半导体中因为带间或带边吸收及自由载流子吸收,这两者都引起明显的损耗。

6.2.1　带间吸收

半导体中能量大于带隙能的光子被强烈地吸收,它们放出能量使电子从价带上升到导带,这一效应往往很强,结果使直接带隙半导体的吸收系数大于 $10^4 \ cm^{-1}$。这可从第 4 章图 4.8 所示 GaAs 的吸收曲线中看到。为了避免带间吸收,必须使用比波导材料吸收边波长更长的波长。在第 4 章讨论了一种把第三种元素加进二元化合物的方法来形成带隙较宽的三元系,如把 Al 加进 GaAs 形成 $Ga_{(1-x)}Al_xAs$。一般来说,该方法对 III-V 族和 II-VI 族化合物是有效的,只要注意适当选择第三种元素以获得外延层间良好的晶格匹配,第三种元素还必须有足够的浓度使吸收边有足够的位移,进而使其工作波长位于吸收曲线尾部之外,对 $Ga_{(1-x)}Al_xAs$ 的情况这一效应示于图 6.2 中,其中对略超过吸收边的波长给出了实验确定的吸收数据。在图 6.2 中用多种横坐标标度来说明当 Al 的浓度增加时吸收边位移至较短波长区。可以看出,例如当 Al 的浓度 $x=30\%$ 时,对 9000 Å 的波长来说,结果使吸收损耗减少到 3 dB/cm。不加 Al 时,损耗将达 $50 \ cm^{-1}$ 或 215 dB/cm。当然,能容许的

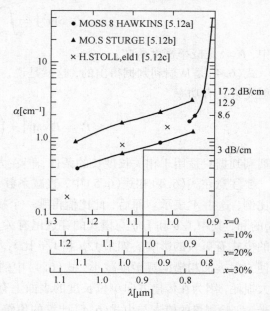

图 6.2　在 $Ga_{(1-x)}Al_xAs$ 能带边的长波长尾部的吸收,横坐标表示四种不同的铝浓度(原子份数)

吸收损耗的水平由特定的应用所决定。但是,因为大多数光集成回路的尺寸在厘米数量级,在多数情况下 3 dB/cm 应该是可以接受的。使带间吸收减少到不小于 8.6 dB/cm 或 3 dB/cm 所要求的 Al 浓度,对应于已在光集成回路中应用的三种不同的半导体激光器光源[17]列于表 6.1。

带间吸收也能用混合的方法来避免,那就是应用一种发射波长比波导材料的吸收边更长的激光器。例如,GaAs 波导用于发射波长在 $10.6 \ \mu m$ 的 CO_2 激光器[18],GaP 波导用于 6328Å 的氦氖激光器[19]以及 SiC 波导[20]。

表 6.1　所需的绝对 Al 浓度

光源波长	波导中所需的 Al 浓度	
	$\alpha = 2 \ cm^{-1}$ (8.6 dB/cm)	$\alpha = 0.7 \ cm^{-1}$ (3 dB/cm)
0.85 μm GaAlAs	17%	40%
0.90 μm GaAs	7%	32%
0.95 ~ 1.0 μm Si:GaAs	0%	20%

在半导体中不论采用哪种方法来避免带间吸收,如果要做成实用的波导都必须用另一个步骤来限制自由载流子吸收。

6.2.2　自由载流子吸收

自由载流子吸收有时称为带内吸收。它出现在当一个光子放出其能量给已在导带中的电子或在价带中的空穴,因而使它升到更高的能量。通常,自由载流子吸收也包括从导带边附近的浅施主能级中跃出来的电子,或从价带边附近的浅受主能级中激发进入价带的空穴。带间和带内(自由载流子)吸收引起能带之间的电子跃迁如图 6.3 所示。

由自由载流子吸收引起的吸收系数 α_{fc} 的表达式可从经典电磁理论导出,重温这一推导是值得的。因为它能说明自由载流子吸收的本性,并且也附带提供了折射率变化的推导,那是由于自由载流子的存在而引起的。

有外电场 $E_0 \exp(i\omega t)$ 存在时,一个电子的运动必须满足微分方程[21]

$$m^* \frac{d^2 x}{dt^2} + m^* g \frac{dx}{dt} = -eE_0 e^{i\omega t} \qquad (6.9)$$

式中,g 是阻尼系数,x 是位移。方程(6.9)中的第一项是熟知的力项(质量乘加速度);第二项表示电子运动与晶格相互作用的线性阻尼,等式右边的一项是外加力。方程(6.9)的稳态解是

$$x = \frac{(eE_0)/m^*}{\omega^2 - i\omega g} e^{i\omega t} \qquad (6.10)$$

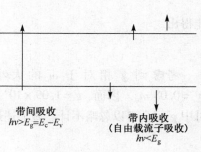

图 6.3　吸收时的电子跃迁

一般来说,材料的介电常数是

$$K = \frac{\varepsilon}{\varepsilon_0} = 1 + \frac{\bar{P}}{\varepsilon_0 \bar{E}} \qquad (6.11)$$

式中,$\bar{P}$ 是极化强度。当存在自由载流子时:

$$\bar{P} = \bar{P}_0 + \bar{P}_1 \qquad (6.12)$$

式中,$\bar{P}_0$ 是没有载流子时的分量,即介质的极化强度;$\bar{P}_1$ 是由电子云在电场中位移引起的附加极化强度。因而,

$$K = \frac{\varepsilon}{\varepsilon_0} = 1 + \frac{\bar{P}_0}{\varepsilon_0 \bar{E}} + \frac{\bar{P}_1}{\varepsilon_0 \bar{E}} \qquad (6.13)$$

或

$$K = n_0^2 + \frac{\bar{P}_1}{\varepsilon_0 \bar{E}} \qquad (6.14)$$

式中，n_0是没有载流子时材料的折射率。假设为各向同性材料，其中 $\bar{P}$ 和 $\bar{E}$ 同方向，

$$\bar{P}_1 = -Ne\bar{x} \tag{6.15}$$

式中，N 是每 cm^3 中的自由载流子浓度，x 是位移，已在式(6.10)中给出。把式(6.15)和式(6.10)代入式(6.14)，可得

$$K = n_0^2 - \frac{(Ne^2)/(m^*\varepsilon_0)}{\omega^2 - i\omega g} \tag{6.16}$$

分离 K 的实部和虚部，得到

$$K_r = n_0^2 - \frac{(Ne^2)/(m^*\varepsilon_0)}{\omega^2 + g^2} \tag{6.17}$$

及

$$K_i = \frac{(Ne^2 g)/(m^*\omega\varepsilon_0)}{\omega^2 + g^2} \tag{6.18}$$

阻尼系数 g 能从式(6.9)的已知稳态解计算出。因为在稳态时，$d^2x/dt^2 = 0$。

$$m^* g \frac{dx}{dt} = eE \tag{6.19}$$

从迁移率 μ 的定义，用

$$\frac{dx}{dt} = \mu E \tag{6.20}$$

能得出

$$g = \frac{e}{\mu m^*} \tag{6.21}$$

考虑到 g 相对于 ω 的大小，对 n 型 GaAs 的典型情况来说，$\mu \approx 2000\ cm^2/Vs$，$m^* = 0.08\ m_0$。因而，$g = 1.09 \times 10^6\ s^{-1}$。因为在光频时 $\omega \sim 10^{15}\ s^{-1}$，在式(6.17)和式(6.18)的分母中 g 完全可以忽略不计。做上述近似并从式(6.21)把 g 代入，得

$$K_r = n_0^2 - \frac{Ne^2}{m^*\varepsilon_0\omega^2} \tag{6.22}$$

和

$$K_i = \frac{Ne^3}{(m^*)^2\varepsilon_0\omega^3\mu} \tag{6.23}$$

指数损耗系数 α 与介电常数的虚部有关：

$$\alpha = \frac{kK_i}{n} \tag{6.24}$$

式中，n 是折射率，k 是波矢的幅值，因而，对于自由载流子吸收的情况

$$\alpha_{fc} = \frac{kK_i}{n} = \frac{Ne^3}{(m^*)^2 n\varepsilon_0\omega^2\mu c} \tag{6.25}$$

其中，$k \equiv \omega/c$ 在前面已用过。因为 $c = \nu\lambda_0$ 和 $\omega = 2\pi\nu$，式(6.25)可以重写为

$$\alpha_{fc} = \frac{Ne^2\lambda_0^2}{4\pi^2 n(m^*)^2\mu\varepsilon_0 c^3} \tag{6.26}$$

对在 n 型 GaAs 中 1.15 μm 导波光的典型情况来说，$n = 3.4$，$m^* = 0.08 m_0$，$\mu = 2000\ cm^2/Vs$，式(6.26)变为

$$\alpha_{fc}[cm^{-1}] \approx 1 \times 10^{-18} N[cm^{-3}] \qquad (6.27)$$

因此，在重掺杂的$(N > 10^{18}\ cm^{-3})$ GaAs 中自由载流子吸收能够有希望把损耗减少到 1 ~ 10 cm^{-1}的数量级。由自由载流子吸收引起的主要损耗发生于光学导引模在重掺杂衬底或限制层(见 4.3.2 节)中的倏逝尾。然而，通过适当地选取波导厚度与波长的比率可以将这个损耗最小化，如 Mentzer 等人[22]在图 6.4 给出的数据所示。

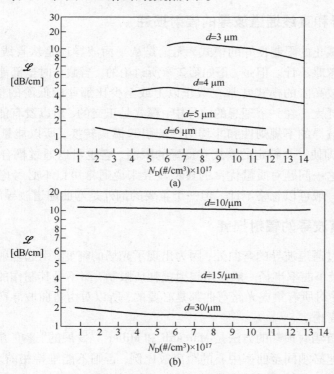

图 6.4　质子轰击波导中的传输损耗(d 为波导厚度，N_D 为衬底掺杂浓度)。(a) $\lambda_0 = 1.3\ \mu m$ 时衬底掺杂对应的传输损耗；(b) $\lambda_0 = 10.6\ \mu m$ 时衬底掺杂对应的传输损耗

必须注意，在式(6.22)中，由载流子的存在所引起的折射率的变化是 $-(Ne^2)/(m^*\varepsilon_0\omega^2)$，这已在第 4 章式(4.3.1)中给出，但那里没有证明。

在式(6.26)中给出的 α_{fc} 典型的表达式显示出它与 λ_0^2 有关，但是，在实际情况中很少能精确地观察到。必须记得该式所依据的模型是式(6.26)，假设阻尼系数 g 是波长无关的常数。实际上，因与晶格的相互作用而出现的阻尼是一个变量，它取决于声学声子、光学声子或电离杂质是否涉及。一般来说，所有这三种因素都不同程度地存在，所形成的自由载流子吸收系数能最好表示为[23]

$$\alpha_{fc} = A\lambda_0^{1.5} + B\lambda_0^{2.5} + C\lambda_0^{3.5} \qquad (6.28)$$

式中，A、B 和 C 是常数，它们分别给出了由于声学声子、光学声子和电离杂质所引起吸收的相对比例。n 型化合物半导体的自由载流子吸收已由 Fan[24]做了研究，并且对许多不同的材料确定了一个有效的波长关系式。

一般来说，在可见光和近红外波长范围，式(6.26)对自由载流子损耗给出一种近似值，但已属相当精确的估计。

6.3 辐射损耗

光能可以通过辐射从波导模式中失去,在这种情况下,光子被发射进入波导周围的媒质而不再是可导引的。辐射能从平面波导或从通道波导发生。

6.3.1 平面波导和直线通道波导的辐射损耗

对于那些远离截止的限制良好的模式,无论是从平面波导还是从直线通道波导产生的辐射损耗一般都可以忽略不计。但是,正如第 2 章所讨论的,当截止时全部能量转移到衬底辐射模中。因为波导中较高阶的模式常常在截止以上或至少比那些较低阶的模式更接近于截止,所以较高阶模的损耗大。在一个理想的波导中,模式是正交的,所以没有能量从低阶模耦合到高阶模中去。但是波导的不规则性和非均匀性能引起模式转换,所以能量从低阶模耦合到高阶模中去[25],这时即使一个特定的模式有良好的限制,它也可以通过耦合到高阶模后再辐射而产生能量损耗。这一问题对质量优良的典型波导来说通常可以不必考虑,因为辐射损耗相对散射和吸收损耗一般可以忽略不计。但一个重要的例外是弯曲通道波导的情况。

6.3.2 弯曲通道波导的辐射损耗

当导波传播经过通道波导的弯曲处,因为出现了光场的畸变,引起辐射损耗大大增加。实际上,波导允许的最小曲率半径一般是由辐射损耗所限制,而不是其制作的公差。除非最简单的光集成回路,几乎对所有集成光路弯曲都是必要的,所以对由弯曲波导产生的辐射损耗必须在光路设计中加以考虑。

一个方便的分析辐射损耗的方法是 Marcatili 和 Miller[26]发展的"速度方法",即在一个弯曲波导中波的正切相速必须同至曲率中心的距离成比例,否则不能维持相前。为了弄清这一点,可考虑具有传播常数 β_z 的波导模式在半径 R 的圆周内传播的情况,如图 6.5 所示。由于存在一定的半径 $(R + X_r)$,为了维持相前,将必须超过具有折射率 n_1 的限制媒质中的非导光速度。因为对所有沿着相前的波的 $\mathrm{d}\theta/\mathrm{d}t$ 必须是同样的,由此得到两个方程为

$$(R + X_r)\frac{\mathrm{d}\theta}{\mathrm{d}t} = \frac{\omega}{\beta_0} \tag{6.29}$$

和

$$R\frac{\mathrm{d}\theta}{\mathrm{d}t} = \frac{\omega}{\beta_z} \tag{6.30}$$

式中,β_0 是非导光在媒质 1 中的传播常数,β_z 是在半径 R 的波导中的传播常数。

联立式(5.3.1)和式(5.3.2)可导出

$$X_r = \frac{\beta_z - \beta_0}{\beta_0}R \tag{6.31}$$

辐射过程可以设想如下:位于半径大于 $R + X_r$ 处光学模式的光子传输不够快,跟不上模式的其余部分,结果被分离出来辐射到媒质 1 中去。于是就提出:"光子从导模中跑出来以前它们必须传播多远"的问题。如图 6.6 所示,Miller[27]提出:从一个突然终止的波导将光发射进入一媒质,在波导厚度之内保持准直所通过的长度 Z_c 表示为

$$Z_c = \frac{a}{\varphi} = \frac{a^2}{2\lambda_1} \tag{6.32}$$

式中，a 和 φ 分别是近场束宽和远场角（如图 6.6 所示），λ_1 是在波导周围媒质中的波长。式（6.32）的推导是根据衍射理论的基本关系：

$$\sin\frac{\varphi}{2} = \frac{\lambda_1}{a} \tag{6.33}$$

其中假设在孔径内场是正弦分布的且要求 $a > \lambda_1$。

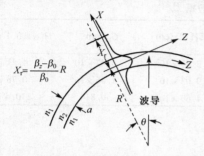

图 6.5　确定辐射损耗的"速度方法"的图解　　　　图 6.6　从截头波导发射的光的扩展

指数衰减系数与在波导中传播单位长度所损失功率的关系为（见本章习题 6.1）

$$\alpha = \frac{-1}{P(z)}\frac{\mathrm{d}P(z)}{\mathrm{d}z} \tag{6.34}$$

式中，$P(z)$ 是传输功率。因此，如果我们定义 P_1 是在 X_r 以外模尾的功率（即在长度 Z_c 内由于辐射而损失的功率）；定义 P_t 是波导所载的总功率，则衰减系数可以表示为

$$\alpha \approx \frac{1}{P_t}\frac{P_1}{Z_c} \tag{6.35}$$

距离 Z_c 可以方便地由式（6.32）确定，但是 P_1 必须用半径大于 $(R + X_r)$ 的光学模式中所包含的功率的积分来计算。

如果假设场具有形式

$$E(x) = \sqrt{C_0}\cos(hx), \qquad -\frac{a}{2} \leqslant x \leqslant \frac{a}{2} \tag{6.36}$$

和

$$E(x) = \sqrt{C_0}\cos\left(\frac{ha}{2}\right)\exp\left[-q\left(|x|-(a/2)\right)\right], \qquad |x| \geqslant \frac{a}{2} \tag{6.37}$$

则有

$$P_1 = \int_{X_r}^{\infty} E^2(x)\mathrm{d}x = C_0\frac{q}{2}\cos^2\left(\frac{ha}{2}\right)\exp\left[-2q\left(X_r - \frac{a}{2}\right)\right] \tag{6.38}$$

和

$$P_t = \int_{-\infty}^{\infty} E^2(x)\mathrm{d}x = C_0\left[\frac{a}{2} + \frac{1}{2h}\sin(ha) + \frac{1}{q}\cos^2\left(\frac{ha}{2}\right)\right] \tag{6.39}$$

把式（6.38）和式（6.39）代入式（6.35），可得

$$\alpha = \frac{\frac{1}{2q}\cos^2\left(\frac{ha}{2}\right)\exp\left(-2q\frac{\beta_z-\beta_0}{\beta_0}R\right)2\lambda_1\cdot\exp(aq)}{\left[\frac{a}{2} + \frac{1}{2h}\sin(ha) + \frac{1}{q}\cos^2\left(\frac{ha}{2}\right)\right]a^2} \tag{6.40}$$

尽管在式(6.40)中 α 的表达式看上去十分复杂,仔细分析可发现它具有较为简单的形式:

$$\alpha = C_1 \exp(-C_2 R) \tag{6.41}$$

式中,C_1 和 C_2 是由波导尺寸和光学模式的形式所决定的常数。式(6.41)的重要特征是辐射损耗系数与曲率半径成指数关系。几种典型的介质波导对应于辐射损耗小于 0.1 dB/cm 所允许的最小曲率半径已由 Goell[28] 计算过。从表 6.2 可见,特别是当波导与周边媒质之间的折射率差很小时,辐射损耗可能是很大的。

表6.2　波导辐射损耗数据[28,29]

序号	折射率		宽度 α[μm]	C_1[dB/cm]	C_2[cm^{-1}]	$R(\alpha = 0.1$ dB/cm)
	波导	周边媒质				
1	1.5	1.00	0.198	2.23×10^5	3.47×10^4	4.21 μm
2	1.5	1.485	1.04	9.03×10^3	1.46×10^2	0.78 μm
3	1.5	1.4985	1.18	4.69×10^2	0.814	10.4 cm

6.4　波导损耗的测量

确定波导损耗的基本方法是,把一已知光功率引进波导的一端,再测量从另一端出射的功率。但是,采用这种基本方法存在不少问题和误差。例如,输入和输出的耦合损耗一般是未知的,它能在很大程度上掩盖每厘米上真实的波导损耗;并且,如果波导是多模的,则各个模式对损耗的影响就不能分别确定。为了解决上述问题,已设计了许多不同的损耗测量方法,测量技术的选择取决于所采用的波导是何种形式,哪种损耗占主要地位,以及需测量的损耗的大小在什么范围。

6.4.1　用不同长度的波导进行端焦耦合

最简单、精确的测量波导损耗的方法是,把所要波长的光直接聚焦在波导的抛光或解理的输入面上(如图 6.7 所示),而后测量全部的传输功率。这种直接耦合通常称为端焦耦合。测量时要对具有不同长度而其他条件都相同的多种波导试样重复进行。这一系列的测量常常从一个较长的波导试样开始,而后用解理或切割和抛光把试样截短。在每次测量前必须注意把激光束和试样对准以达到最佳耦合,使观察到的输出功率最大。通过这一系列的测量,得到的损耗数据在半对数坐标上将出现在一直线附近,如图 6.8 所示。损耗系数可根据传输功率对长度的曲线的斜率来确定,或同样可用如下关系式:

$$\alpha = \frac{\ln(P_1/P_2)}{Z_2 - Z_1}, \qquad Z_2 > Z_1 \tag{6.42}$$

式中,P_1 和 P_2 是两个不同长度 Z_1 和 Z_2 的波导的传输功率。

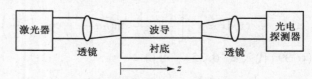

图 6.7　利用端焦耦合来测量波导损耗的实验装置

数据点的分散程度是试样输入和输出耦合损耗一致性的量度，它取决于端面的制备，也取决于试样的对准程度。如果在试样之间这些参数有重大变化，则数据点将分散得很宽，这将不可能有满意的精度来确定传输功率-长度曲线的斜率。但是，如果数据点能相当好地落在一条直线上，这可作为已达到了足够一致性的证明，即使耦合损耗的绝对大小可能并不知道。

假如波导是均匀的而数据偏离直线，则可以看成是实验误差。例如，在图 6.8 中长度超过 4 mm 时微分损耗增大，这是由输出光束的孔径引起的，即当光在平面波导中横向扩展到某种程度时，不能使全部光束都收集进输出透镜时出现这样的结果。

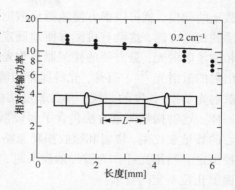

图 6.8　典型的衰减数据（这些数据是应用图 6.7 所示的装置测量扩 Ti 铌酸锂波导的损耗所得到的）

上述损耗测量方法最大的优点是简单和精确，但是也存在着固有的缺点。其中最主要的缺点是它在一般情况下总是属破坏性的，即在测量过程中波导被分割成许多小块，而且不同模式之间的损耗无法辨别。由于这些原因，这种方法常用于半导体波导的测量。因为它的折射率差比较小，所以通常是单模的，同时它容易解理得到质量一致的端面。

6.4.2　棱镜耦合法测量损耗

为了确定多模波导各个模式的损耗，上节所述的基本测量技术可改用棱镜耦合[30]，如图 6.9 所示。因为通过适当选择激光束的入射角，光能够有选择地向各个模式分别耦合进去，各个模式的损耗能分别测量。一般输入棱镜的位置保持固定，而在每次测量后移动输出棱镜以改变有效的试样长度。可以像端焦耦合的方法一样对数据进行作图和分析。为了得到最好的精度，输出探测器应放在一定的位置并加以遮盖，以保证只收集到与所要的模式相对应的 m 线来的光。如果不存在模式转换，全部传播光应包含在这 m 线内，这时输出棱镜可以用端焦方法

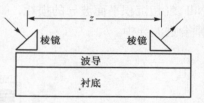

图 6.9　棱镜耦合法测量波导损耗的实验装置

中较简单的透镜耦合探测器代替，收集从波导出射的全部光。在这种情况下，输入棱镜需要连续地移动以改变有效的试样长度，如果肯定模式转换起重要作用，就应该使用两个棱镜。实际上，采用输出棱镜是探测模式转换存在的最好方法，因为在那种情况下将观察到许多条 m 线。

与端焦耦合相比，虽然棱镜耦合是一种具有更多用途的损耗测量技术，但是一般它的精度较差。因为当棱镜每次移到新的位置时，很难重复得到相同的耦合损耗。正如将在第 7 章中详细讨论的，耦合系数会随棱镜与波导间接触压力的变化而显著变化，而接触压力是难以重复控制的。然而，通过应用一个精密夹持的小型棱镜，并在棱镜和波导之间加进折射率匹配液，棱镜耦合方法可成功地确定低至 0.02 dB/cm 的损耗[31]。

6.4.3　散射损耗测量

以上所讨论的损耗测量方法全都是用来确定由散射、吸收和辐射所形成的总损耗，不能在这三种机理中加以区分。与散射相比，如果已知吸收和辐射可以忽略，例如玻璃直波导中远离

截止的导模，就可以很方便地测量散射损耗。由于散射光离开波导的方向不同于在波导中传播的初始方向，这就有可能方便地确定散射损耗。方法是用一个带光阑的定向探测器来收集和测量散射光，最方便的探测器是与光纤耦合的 p-n 结光电二极管，光纤作为探头收集从波导出射的散射光[32]。通常，光纤保持与波导成直角并沿长度方向进行扫描，结果可以作出相对散射光功率-长度的曲线。单位长度的损耗能够从该曲线的斜率来确定，这与前面说明的方法一样。这种损耗测量方法包含了假设散射中心是均匀分布的，并且横向散射光强度与散射中心的数量成比例，辐射和吸收损耗忽略不计。这样没有必要收集全部散射光，它只要求探测孔径恒定。当用光纤作为波导的探头时，光纤端面与波导表面之间的空隙必须保持恒定，以满足探测孔径不变的要求。

与用棱镜或端焦耦合的损耗测量情况一样，数据点对一直线分散的程度可以可靠地说明实验精度。如果在波导中存在不规则分布的大散射中心，或散射是不均匀的，则损耗数据点将不会落在直线的近旁。横向光纤探针法对具有相当大散射损耗的波导是非常精确的。当散射损耗低于 1 dB/cm 时，由于必须探测低光强，所以测量有困难。

因为散射损耗通常在介质薄膜波导中占主要地位，于是这种方法经常用于这类波导的损耗测量。实际上，通常假定用横向光纤探针法测得的损耗作为波导的总损耗，吸收及辐射损耗认为可以忽略不计。在半导体波导中，吸收损耗比较重要，横向光纤探针法只能用来决定总损耗。但是，这并不提供波导中三种损耗机理的相对大小的任何说明。

作为前节叙述的收集光信号的横向光纤的一个替代，可以使用一个棱镜在损耗测量中收集散射光。Hurtado-Ramos 等人[33]通过该类型的实验装置来测量 2.7 μm 厚的 SiO$_2$ 波导和 NdF$_3$ 气相沉积平面波导的损耗，如图 6.10 所示。用一个棱镜将 20 mW 氦氖激光器发射的光耦合进波导中。

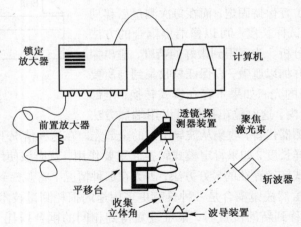

图 6.10　测量损耗的实验装置[33]

它们可以在 NdF$_3$ 中激发 4 种模式，在 SiO$_2$ 中激发两种模式，但是它们在损耗测量中都采用了可以提供最强信号的最低阶模式。测量得 SiO$_2$ 波导中的损耗近似为 20 dB/cm，而在 NdF$_3$ 波导中为 5 ~ 10 dB/cm。

持续的研究主要针对提高损耗测量的精度和便利性。Chen 等人[34]使用了一个精密反射计从波导传输损耗中将输入光纤和波导之间的耦合损耗分离。使用这一技术，他们测得采用 RIE 工艺制作的硅绝缘体(SOI)脊形波导的传输损耗为 4.3 dB/cm。通过优化输入光束光斑尺寸恰好等于导波的模式尺寸，Haruna 等人[35]实现了耦合损耗与传输损耗的分离。使用此方法，他们报道获得了优于 0.05 dB/cm 的精度。Hribek 等人[36]展示了一个单通传输损耗测量方法，其中光束耦合基于在单 BaTiO₃ 晶体中的自泵浦相位共轭过程。他们报道了至少 10^{-3} cm^{-1} 的精度。

为了解释波导损耗测量的多种技术，有必要简要地叙述一些将光耦合进/出波导的方法。下一章将会有更详细的论述，同时还将回顾一些其他的耦合技术，如光栅耦合。

习题

6.1 如果 $P = P_0\exp(-\alpha z)$，其中 P_0 是波导输入端的功率，P 是传输功率，它是在传播方向(z)通过距离的函数，证明

$$\alpha = \frac{单位长度损失的功率}{传输功率}$$

6.2 证明衰减系数 $\alpha(\mathrm{cm}^{-1})$ 和损耗 $\mathcal{L}(\mathrm{dB/cm})$ 之间的关系是

$$\mathcal{L} = 4.3\alpha$$

6.3 在表示如下的光集成回路中，所有波导具有同样的横截面尺寸，设由散射和吸收引起的单位长度的损耗也相同。但是，弯曲波导由于辐射具有单位长度的附加损耗。如果在以下元件之间的总损耗是：

在 D 和 E 之间　　$L_T = 1.01$ dB

在 C 和 D 之间　　$L_T = 1.22$ dB

在 B 和 C 之间　　$L_T = 1.00$ dB

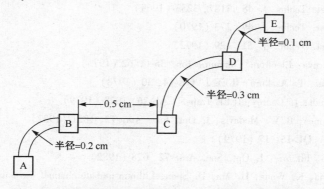

图 6.11　光集成回路。图中给出了 1/4 圆弯曲波导的半径

试问在元件 A 和 B 之间的总损耗 L_T 是多少(和上面一样忽略耦合损耗，只考虑波导的损耗)？

6.4 给出物理解释，为什么当弯曲波导的曲率半径减小时辐射损耗会增加？

6.5 某 1 μm 厚的脊形通道波导，在光集成回路中被用于传导真空波长 $\lambda_0 = 6328$ Å 的光束。在波导测试章节的损耗测量表明，直线试样的损耗系数为 $\alpha = 0.3$ cm^{-1}，而曲率 $R = 0.5$ mm 的损耗系数为 1.4 cm^{-1}，当 $R = 0.3$ mm 时 $\alpha = 26.3$ cm^{-1}。如果要求光路中所有点的损耗系数 α 小于 3 cm^{-1}，则最小曲率半径为多少？

6.6 (a)画出条载波导的折射率分布，标明不同区域折射率的相对大小。

(b)III-V 族半导体波导按如下列显示的次序进展到不同材料。什么原因(即优点)激发了其中各步的进展？

在 GaAs 衬底上的 LPE GaAs 波导

在 GaAs 衬底上的 LPE $Ga_{(1-x)}Al_xAs$ 波导

在 GaAs 衬底上的 LPE $Ga_{(1-x)}In_xAs$ 波导

在 GaAs 衬底上的 MBE $Ga_{(1-x)}In_xAs_yP_{(1-y)}$ 波导

(LPE:液相外延;MBE:分子束外延)

6.7　某 2 cm 长均匀波导传输一个光信号,波导输出端测得功率为 1 W。如果波导长度减小 10%,测得输出光功率为 1.2 W。求波导的衰减系数(cm^{-1})。

6.8　当实验测量光波导的损耗时,描述从传输损耗中分离耦合损耗的两种不同的方法。

6.9　观察到一个 3 cm 长平面光波导的输出光功率为 5 mW。当该波导截取一半时,测得余下一半波导的输出光功率为 5.5 mW。

　　(a)波导的损耗系数(cm^{-1})为多少?

　　(b)波导的损耗(dB/cm)为多少?

6.10　在 GaAs 外延层上制作一个 5 cm 长的平面光波导,n 型掺杂浓度为 $1 \times 10^{18}/cm^{3}$。

　　(a)输入功率与波导自由载流子吸收引起的功率损耗之间的比率为多少?

　　(b)如果(a)中的掺杂浓度减小到 $1 \times 10^{16}/cm^{3}$,结果又为多少?

6.11　在由表面粗糙引起的散射损耗占主导地位的波导中,是具有小倏逝尾的限制良好的模式的损耗较大,还是倏逝尾进一步延伸进限制层的模式的损耗较大?

参考文献

1. R. H. Good, Jr.: *The Encyclopedia of Physics*, R. M. Besancon, (Ed.), 3rd edn. (Van Nostrand Reinhold, New York, 1985) p. 921

2. P. K. Tien: Appl. Opt. **10**, 2395 (1971)

3. D. H. Hensler, J. D. Cuthbert, R. J. Martin, P. K. Tien: Appl. Opt. **10**, 1037 (1971)

4. D. Marcuse: Bell Syst. Techn. J. **48**, 3187, 3233 (1969)

5. D. Marcuse: Bell Syst. Techn. J. **49**, 273 (1970)

6. D. Marcuse: Bell Syst. Techn. J. **51**, 429 (1972)

7. Y. Suematsu, K. Furuya: Electron. Commun. Jpn. **56**-C. 62 (1973)

8. S. Miyanaga, M. lmai, T. Asakura: IEEE J. **QE-14**, 30 (1978)

9. M. Gottlieb, G. Brandt, J. Conroy: IEEE Trans. **CAS-26**, 1029 (1979)

10. D. G. Hall, G. H. Ames, R. W. Modavis: J. Opt. Soc. Am. **72**, 1821 (1982)

11. D. D. North: IEEE J. **QE-15**, 17 (1979)

12. N. K. Uzunoglu, J. G. Fikioris: J. Opt. Soc. Am. **72**, 628 (1982)

13. F. Lu, G. Fu, C. Jia, K. Wang, H. Ma, D. Shen: Lithium niobate channel waveguide at optical communication wavelength formed by multienergy implantation, Opt. Express **13**, 9143 (2005)

14. T. Moss, G. Hawkins: Infrared Phys. **1**, 111 (1961)

15. M. D. Sturge: Phys. Rev. **127**, 768 (1962)

16. H. Stoll, A. Yariv, R. G. Hunsperger, E. Garmire: Proton-implanted waveguides and integrated optical detectors in GaAs. OSA Topical Meeting on Integrated Optics, New Orleans, LA (1974)

17. V. Evtuhov, A. Yariv: **IEEE** Trans. **MTT-23**, 44 (1975)

18. R. T. Brown: 0 ~ 1 GHz waveguide 10.6 μm GaAs electrooptic modulator, IEEE J. Quant. Electron. 28, 1349 (1992)

19. M. Barnoski, R. G. Hunsperger, R. Wilson, G. Tangonan: J. Appl. Phys. 44, 1925 (1973)

20. G. Pandraud, H. T. M. Pham, P. J. French, P. M. Sarro: PECVD SiC optical waveguide loss and mode characteristics, Opt. Laser Technol. 39, 532 (2007)

21. A. Yariv: *Optical Electronics*, 4th edn. (Holt, Rinehart and Winston, New York, 1991) p. 161

22. M. A. Mentzer, R. G. Hunsperger, S. Sriram, J. Bartko, M. S. Wlodawski, J. M. Zavada, H. A. Jenkenson: Opt. Eng. 24, 225 (1985)

23. J. I. Pankove: *Optical Processes in Semiconductors* (Prentice-Hall, Englewood Cliffs, NJ 1971) p. 75

24. H. Y. Fan: Effects of free carriers on the optical properties. *Semiconductors and Semimetals* **3**, 409 (Academic, New York 1967)

25. D. Marcuse: Bell Syst. Tech. J. **48**, 3187 (1969)

26. E. A. J. Marcatili, S. E. Miller: Bell Syst. Tech. J. **48**, 2161 (1969)

27. S. E. Miller: Bell Syst. Tech. J. **43**, 1727 (1964)

28. J. E. Goell: Loss mechanisms in dielectric waveguides, in *Introduction to Integrated Optics*, M. K. Barnoski (ed.) (Plenum, New York 1974) p. 118

29. E. Neumann, W. Richter: Appl. Opt. **22**, 1016 (1983)

30. P. K. Tien, R. Ulrich, R. J. Martin: Appl. Phys. Lett. **14**, 291 (1969)

31. H. P. Weber, F. A. Dunn, W. N. Leibolt: Appl. Opt. **12**, 755 (1973)

32. H. Osterberg, L. W. Smith: J. Opt. Soc. Am. **54**, 1078 (1964)

33. J. B. Hurtado-Ramos, O. N. Stavroudis, H. Wang, G. Gomez-Rosas: Scattering loss measurements of evaporated slab waveguides of SiO_2 and NdF_3 using a prism coupler and angle limited integrated scattering. Opt. Eng. **39**, 558 (2000)

34. S. Chen, Q. Yan, Q. Xu, Z. Fan, J. Liu: Optical waveguide propagation loss measurement using multiple reflections method, Opt. Commun. **256**, 68 (2005)

35. M. Haruna; Y. Segawa, H. Nishihara: Nondestructive and simple method of optical-waveguide loss measurement with optimization of end-fire coupling, Electron. Lett. **28**, 1612 (1992)

36. P. Hribek, M. Slunecko, J. Schröfel: Planar and channel optical waveguide loss measurement using optical phase conjugation in $BaTiO_3$, Fiber and Integrated Optics **21**, 323 (2002)

第7章 波导输入和输出耦合器

第 6 章已经简略地提到过将光能耦合进波导或从波导耦合出光能的一些方法,本章将比较详细地讨论各种可以采用的耦合技术。用于两个波导之间耦合光能的方法,是与将空间的光束耦合到波导所使用的方法不相同的,而且有些耦合器有选择地将能量耦合到某个给定的波导模式中,而另一些耦合器是多模的。每一种耦合器有各自的优缺点,没有哪一种耦合器对一切应用都是完美无缺的,因而,不仅光集成回路的设计者要熟悉各种耦合特性,光集成回路的使用者也必须了解这方面的知识。

一般来说,可以采用如光刻胶掩蔽、薄膜沉积和外延生长等工艺来制作耦合器,而这些工艺在第 4 章已经进行了介绍,因而不需要专辟一章介绍耦合器的制作,但本章将讨论某些专门的方法,例如用光刻胶的全息曝光制作光栅耦合器。

7.1 光耦合原理

任何耦合器的基本性质是它的耦合效率和模式选择性,耦合效率通常用光束总功率中被耦合进(或耦合出)波导的分数来表示。另外,效率也可以用以分贝(dB)为单位的耦合损耗来表示。对于一个选模耦合器,可以分别确定每个模式的耦合效率;多模耦合器则通常用一个总效率表示,然而,有时还可确定多模耦合器各个模式的相对效率。因此,耦合效率的基本定义为

$$\eta_{cm} \equiv \frac{\text{耦合进(出)第 } m \text{ 阶模式的功率}}{\text{耦合前光束的总功率}} \tag{7.1}$$

耦合损耗(以 dB 为单位)的定义为

$$\mathcal{L}_{cm} \equiv 10\log \frac{\text{耦合前光束的总功率}}{\text{耦合进(出)第 } m \text{ 阶模式的功率}} \tag{7.2}$$

如果不能分别确定每一个模式的功率,就可使用总的 η_{cm} 和 $\mathcal{L}_{cm}$ 值。

耦合效率非常密切地依赖于光束场和波导模场的匹配程度。通过对横向耦合器的讨论,就可以很好地说明耦合原理。

7.2 横向耦合器

横向耦合器是光束直接聚焦在波导外露截面上的耦合器,对自由空间(空气)光束来说,可使用一个透镜来完成这种聚焦。两块固体波导的横向耦合,可以通过将它们的抛光了的或解理了的横截面对接在一起来实现。

7.2.1 直接聚焦

激光束与波导横向耦合的最简单方法是如图 7.1 所示的直接聚焦或端焦法。波导既可以是平面型,也可以是通道型,但目前假设它是一个平面波导,光束能量向已知的波导模式转移时通过将光束场和波导模场的匹配来完成,由入射光束的场分布与波导模场分布的重叠积分[1]可以计算出耦合效率。

$$\eta_{cm} = \frac{\left[\int A(x)B_m^*(x)\mathrm{d}x\right]^2}{\int A(x)A^*(x)\mathrm{d}x \int B_m(x)B_m^*(x)\mathrm{d}x} \qquad (7.3)$$

式中，$A(x)$ 是输入激光束的振幅分布，$B_m(x)$ 是第 m 阶导模的振幅分布。

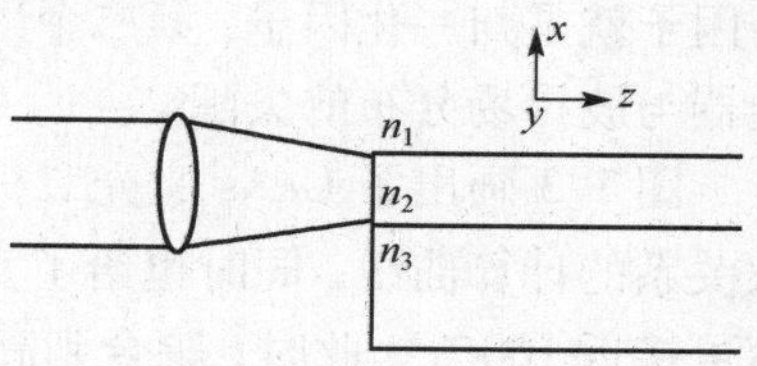

由于激光束高斯分布与 TE_0 波导模式形状之间具有相当好的匹配，所以以端焦法特别适用于气体激光束与波导基模之间的耦合。当然，要实现最佳耦合，光束直径一定要与波导厚度匹配。原则上讲，如果仔细地将两个场分布匹配，耦合效率可以接近 100%，然而，实际上一般得到的效率约为 60%，这是因为薄膜厚度在 1 μm 的数量级，于是对准是非常困难的。因为这种端焦耦合很方便，所以实验室里常常采用这种方法。但是，没有光学工作台而要保持对准是困难的，这就限制了端焦耦合的实际应用。

图 7.1　横向耦合法，也称端焦耦合法

7.2.2　端接耦合

对于波导与半导体激光器或与其他波导的耦合来说，横向耦合确实具有实际的应用，可以使用如图 7.2 所示的平行端接方法[2]。由于波导层的厚度可以制作得与激光器的发光层厚度近似相等，并且激光基模的场分布也能与波导 TE_0 模的场分布很好匹配，所以可以实现非常有效的耦合。因为注入型激光器与薄膜波导之间难以通过使用棱镜、光栅或楔形薄膜耦合器实现有效的耦合，所以端接耦合法特别适用于激光二极管与平面波导之间的耦合，其他一些方法不能实现有效耦合的原因是，因为注入型激光器光束的典型发散半角度为 10° ~ 20°，准直性较差。棱镜耦合器、光栅耦合器和楔形薄膜耦合器对入射光束的角度都很敏感，要实现有效耦合需要优于 1° 的准直度。本章的后面部分将对此进行解释。

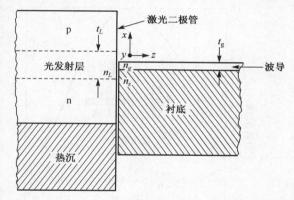

图 7.2　激光二极管和薄膜波导的平行端接耦合

如图 7.2 所示，一个工作在 TE_0 基模态的激光二极管与平面波导进行耦合，它们在两个 TE 模间的耦合效率可表示为[2]

$$\eta_{cm} = \underbrace{\frac{64}{(m+1)^2\pi^2}}_{\text{归一化因子}} \cdot \underbrace{\frac{n_L \cdot n_g}{(n_L+n_g)^2}}_{\text{反射因子}} \cdot$$
$$\cos^2\left(\frac{\pi t_g}{2t_L}\right) \cdot \underbrace{\frac{1}{\left[1-\left(\frac{t_g}{(m+1)t_L}\right)^2\right]^2}}_{\text{交叠因子}} \cdot \underbrace{\frac{t_g}{t_L}}_{\substack{\text{面积}\\\text{失配因子}}} \cdot \cos^2\left(\frac{m\pi}{2}\right) \qquad (7.4)$$
$$m = 0,1,2,3,\dots$$

式(7.4)基于以下假设：所有的波导模式都受到很好限制，并且 $t_g \leqslant t_L$。有趣的是，从式(7.4)最后一个因子可以看出，与奇次阶波导模式不发生耦合。这是因为在求偶次($m=0$)阶激光模式与波导模式的重叠积分时，这两种模式的场分布具有相抵消的波瓣。式(7.4)第一个因子就是归一化因子,第二个因子由激光器与波导交界面上的反射引起,其他一些项说明激光器与波导场分布的失配。

图7.3画出了 GaAs 激光二极管与玻璃衬底 Ta_2O_5 波导相耦合的 η_{cm} 与相对波导厚度的函数关系的计算曲线,同时也给了实验数据[2]。如果 $t_g \approx t_L$,最低阶波导模式的耦合效率的理论值可接近100%。此时,耦合到高阶模式的能量几乎为零。Hammer 等人报道了采用这种方式将 27 mW 的光功率从一个单模二极管激光器($\lambda_0 = 0.84$ μm)耦合进一个 Ti 扩散 $LiNbO_3$ 波导,耦合效率为68%[3]。

图7.3所示的耦合效率是相当于激光器与波导完全对准时的最佳值。耦合效率对于 X 方向的横向对准偏差是非常敏感的。如图7.4所示,波导相对于激光器的位移 X 按以下的关系使耦合效率减少[2]:

$$P/P_0 = \cos^2\left(\frac{\pi X}{t_L}\right) \tag{7.5}$$

式中,P_0 是 $X=0$ 时的耦合功率。上面这一表达式假设 $t_g < t_L$ 和 $X \leqslant (t_L - t_g)/2$。图7.4中的虚线是 $t_L = 5.8$ μm 和 $t_g = 2.0$ μm 时 P/P_0 的理论计算值,而实线代表实验测量数据。在波导上使用了一个棱镜输出耦合器,从而确定所观察的由端接法耦合进三个模式中每一个模式的相对功率。

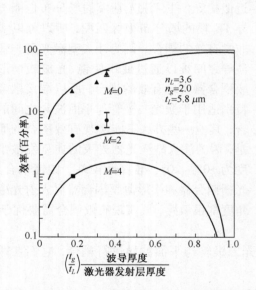

图7.3　耦合效率的实验数据与理论曲线的比较[2]

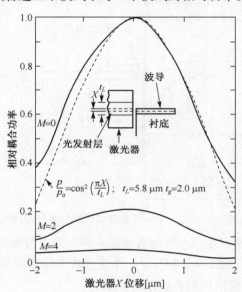

图7.4　耦合效率与激光器及波导横
向对准失配量的函数关系[2]
实线:实验曲线,虚线:理论曲线

激光器与波导在 Z 方向之间的间距也是非常关键的,要实现最佳耦合,就要将此间距控制在波长量级的精度。图7.5表示耦合功率与 Z 方向位移关系的实验测量值。曲线的振荡形状是激光器输出面的有效反射率调制的结果,此调制是由激光器和波导的平行表面形成的法布里-珀罗标准具内的共振引起的。原则上,可以在激光器和波导之间用一种折射率匹配液消除这种振荡效应,使耦合功率随 Z 方向位移如图7.5中的虚线所示那样非常平滑地变化。

上面介绍的这些结论,都证明端接耦合可以是激光二极管与波导耦合的一种非常有效的方法。Enochs[4]在激光器与光纤端接耦合的工作中也得到类似的结论。但是,为了获得最佳的效率,显然需要亚微米的对准公差。一般使用压电驱动测微头就可以实现这种公差的对准。这种压电驱动测微头实际上是黏在普通螺旋测微计末端的一小块压电晶体平台。先用测微计螺旋进行粗调,然后加上电压,使压电平台带动激光器(或波导)达到最终的对准。在调节过程中被耦合的光功率用适当的输出耦合器和光探测器进行监测。商购压电测微计在 2000 V 电压范围内的灵敏度一般可优于每伏 40 Å,因而,用环氧树脂或金属黏接剂,可能以优于 0.1 μm 的对准精度,将激光器热沉和波导支撑结构永久地黏接在一起。由于激光器和光集成回路的尺寸和质量相对较小,震动敏感性并不是一个显著的问题,因而可以保持可靠的对准。

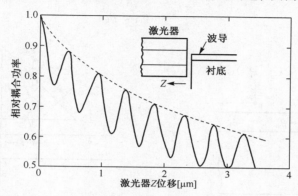

图 7.5　耦合效率同激光器与波导之间间距关系的实验曲线[2]

虽然以上描述的对准技术对波导和激光器之间的耦合是一个有效的方式,但是它作为生产线安装则相当耗时,因此较昂贵。为了解决这个问题,利用自动化、批量制作规程开发了混合和单片集成技术。例如,Yanagisawa 等人[5]应用混合集成工艺将一个 AlGaAs 激光器耦合到一个硅衬底上的玻璃波导。通过将硅衬底表面作为参考平面实现垂直对准,而横向对准通过传统的光刻技术实现。对准精度在 1 μm 以内,产生了约 3 dB 的耦合损耗。

一个单片集成的例子是 Aoki[6]描述的波导耦合,它将一个 InGaAsP 分布式反馈激光器和电吸收调制器耦合在 InP 衬底上。采取的方式是基于仔细控制多量子阱(MQW)结构的金属有机气相外延(MOVPE)的选择区域(见第 18 章有关 MQW 结构的讨论)。集成的激光器/调制器被用于 80 km 单模光纤中的数据传输,速率为 2.5 Gbps。

7.3　棱镜耦合器

只有当波导的横截面露在外部,才有可能使用横向耦合。有时必须将光耦合到掩埋在光集成回路内而只有表面露出来的波导里面去。可以设想按图 7.6 那样,以某倾角将光聚焦在波导的表面,但这样却遇到了一个基本问题。为了实现耦合,在波导和光束内波传播的相速度在 z 方向的分量必须相等,因而必须满足相位匹配条件,即要求

$$\beta_m = kn_1 \sin\theta_m = \frac{2\pi}{\lambda_0} n_1 \sin\theta_m \qquad (7.6)$$

然而,在第 2 章中已经给出,波导模式应符合以下条件

$$\beta_m > kn_1 \qquad (7.7)$$

按式(7.6)和式(7.7),将得出 $\sin\theta_m > 1$ 的结论,显然这是不可能的。

　　解决相位匹配问题的一种方法是使用如图 7.7 所示的棱镜。一束宽度为 W 的光束直接投射在棱镜表面，棱镜的折射率满足 $n_p > n_1$。在 $n_p - n_1$ 交界面上，光束发生全内反射，如图 7.7 所示，棱镜内形成了驻波模式。这个模式在 x 方向是固定的，在 z 方向以相位常数 β_p 传播。在波导内存在各种各样的导模，它们各以相位常数 β_m 在 z 方向传播。所有的这些导模都存在倏逝尾，倏逝尾略向 $n_1 - n_2$ 的界面外延伸。如果棱镜间隙 s 相当小，以至导模模尾与棱镜模尾发生重叠，并且选择 θ_m 使 $\beta_p = \beta_m$，这就发生棱镜模式与第 m 阶波导模式的能量相干耦合。β_p 项的匹配条件为

$$\frac{2\pi n_p}{\lambda_0} \sin \theta_m = \beta_m \tag{7.8}$$

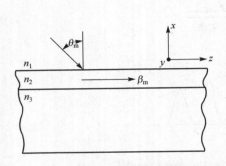

图 7.6　试图通过波导表面将光倾
斜耦合进波导的示意图

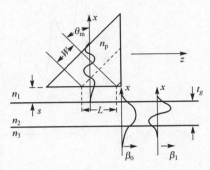

图 7.7　棱镜耦合器示意图(图中画出了棱镜模式以及
$m = 0$ 和 $m = 1$ 波导模式在 x 方向的电场分布)

　　虽然为了耦合到某一给定模式中，需要仔细地选择 θ_m 角，但是仍可以使用单个棱镜只改变光束入射角而将能量耦合到许多不同的模式中。光束并不需要如图 7.7 所示的那样垂直于棱镜的表面。然而，当光束不垂直于棱镜表面时，在此表面上就要发生折射，由式(7.8)给出的 θ_m 角的表达式就应该给予修正。本章末的习题 7.2 即为考虑这种影响的一个例子。

　　虽然入射光束在棱镜内趋于全内反射，但能通过模尾重叠而耦合能量，该过程有时就称为光学隧道效应，因为它与量子力学中质点穿过势垒的隧道效应相似。波导中的导模只是微弱地耦合到棱镜模式中。因而，基本的模式形状的微扰可以忽略。当然，如果要在棱镜内发生全内反射，还要满足以下条件：

$$\theta_m > \theta_c = \arcsin\left(\frac{n_1}{n_p}\right) \tag{7.9}$$

式中，θ_c 是临界角。

　　因为棱镜具有一定的大小，所以棱镜模式与波导模式只能在长度 L 内发生相互作用。弱耦合模理论[1]指出：如果在 z 方向的相互作用长度满足以下关系：

$$\kappa L = \pi/2 \tag{7.10}$$

相位匹配的模式之间才能发生完全的能量交换，其中 κ 是耦合系数。耦合系数与确定模尾形状的 n_p、n_1 和 n_2 有关，也与棱镜和波导的间隙 s 有关。根据式(7.10)，实现完全耦合所需的长度为

$$L = \frac{W}{\cos \theta_m} = \frac{\pi}{2\kappa} \tag{7.11}$$

　　对于给定的长度 L，实现完全耦合所需的耦合系数则为

$$\kappa = \frac{\pi \cos \theta_m}{2W} \tag{7.12}$$

　　这一完全耦合条件是假定在光束的整个宽度 W 内，电场是均匀的，实际上这是绝不可能的。如果是高斯光束，最大的耦合效率约为 80%，Tamir[7] 和 Klimov[8] 详细讨论了光束宽度和形状对耦合效率的影响。另外，即使是均匀光束，要想实现 100% 的耦合，光束的边缘一定要恰好与棱镜的直角顶点相交。如果相交得偏右，则部分入射功率或被反射或直接透射入波导，而不进入棱镜模式；如果光束入射得偏左，则部分已耦合入波导的功率将会重新耦合回棱镜。

　　因为棱镜耦合器具有多种用途，集成光学中常常要用到它，它既可以用做输入耦合器，也可用做输出耦合器。当作为输出耦合器使用时，除了导波光传播的方向是在负 z 方向外，棱镜的安放与图 7.7 完全相同。如果波导中有不止一个模式传播，光均以对应于各个模式的特征角度耦合出来。由于棱镜耦合器具有这种特性，所以可用它作为一种分析工具，确定如第 6 章所介绍的各个波导模式的相对功率。将棱镜沿波导的长度方向移动，还可测量损耗。但是，在每次测量耦合功率时，对棱镜都要施以相同的机械压力，使得间隙也就是耦合效率能保持相同。

　　棱镜耦合器的一个缺点是，它的折射率 n_p 不仅高于 n_1，而且必须大于 n_2，实际情况的确如此，因为波导的折射率 n_2 一般都接近于衬底折射率 n_3，它导致以下的结果

$$\beta_m \approx kn_2 = \frac{2\pi}{\lambda_0} n_2 \tag{7.13}$$

　　由于 $\sin\theta_m \leqslant 1$，将式 (7.13) 与式 (7.8) 相对照，就得出了 $n_p > n_2$。玻璃波导的折射率近似为 1.5，很容易找到一种合适的棱镜材料，它的折射率 $n_p > n_2$。但是，半导体波导的折射率一般约为 3 或 4，很难用棱镜耦合。一定要从所使用的波段来考虑棱镜材料的折射率和透明度。表 7.1 列出了一些不同性能的棱镜材料，均具有良好的光学质量，同时也注明了不同波长时的折射率。

表 7.1　光束耦合器的实际棱镜材料

材料	近似折射率	波长范围
钛酸锶	2.3	可见～近红外
金红石	2.5	可见～近红外
锗	4.0	红外

　　棱镜耦合器的另一缺点是，入射光束必须高度准直，因为光耦合到给定模式的效率严格依赖于角度。由于这个原因，半导体激光器的光束发散半角度为 10°～20°，因此不能用棱镜耦合器进行有效的耦合。

　　棱镜耦合器在某些情况下能比平面波导结构更有效地耦合光束。它们近来被用于将光耦合进和耦合出介电微球的回音壁模式 (WGM)[9]。可调谐窄线宽半导体激光器发射的约 670 nm 的光通过透镜聚焦成一点，落在一个与直径 59 μm 的玻璃微球相接触的三棱镜的表面，由此产生了对应于棱镜中受抑全内反射的倏逝波，通过这种方式，光就可以被耦合进微球腔的 WGM 中。

　　在实验室中，棱镜耦合器是非常有用的，因为其对入射光束的位置希望有一定的灵活性。但是，要将棱镜固定在波导上却需要稳定的机械压力，这就使它很难应用于经常发生震动和温度变化的场合，使用光栅耦合器就可避免这个问题，而且也不失去模选择的优点。

7.4　光栅耦合器

　　像棱镜耦合器那样，光栅耦合器的作用如图 7.8 所示，也是使一个特定波导模式与倾斜入射在波导表面上的非传导光束实现相位匹配。回顾一下，没有光栅时相位匹配条件为式 (7.6)，且任何 θ_m 值都不能满足该式。

7.4.1　光栅耦合器的基本原理

由于光栅的周期性质,光栅下面区域的波导模式
会受到微扰,使每个模式具有一组空间谐波[10],它
们在 z 方向的传播常数为

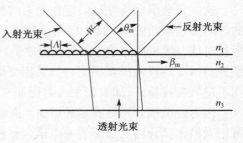

图7.8　光栅耦合器示意图

$$\beta_\nu = \beta_0 + \frac{\nu 2\pi}{\Lambda} \qquad (7.14)$$

式中,$\nu = 0$,± 1,± 2,$\cdots$,Λ 是光栅的周期。基阶
因子 β_0 近似地同没有被光栅覆盖的波导区域的特定模式的 β_m 相等。现在由于有负的 ν 值,即
使 $\beta_m > kn_1$,也能满足相位匹配条件式(7.6),所以

$$\beta_\nu = kn_1 \sin \theta_m \qquad (7.15)$$

由于每个模式的所有空间谐波在光栅区域内耦合,形成完整的表面波场,从光束引入任意
一个空间谐波的能量,当它向右传播通过光栅时,这个能量最终耦合到基阶($\nu = 0$)谐波中去。
该基阶谐波非常接近于光栅区域外面的 β_m 模式,并且最终变为 β_m。因而,适当选择光束的入
射角度,光栅耦合器就可以用来选择性地将光束能量转移到特定波导模式中。相反,波导模式
的能量可以从对应的某一特定模式的特殊角度 θ_m 耦合出来,所以光栅耦合器也可以用做输出
耦合器。

上面已经较简单地介绍了光栅耦合器的工作原理。然而,这种耦合现象的细节是十分复
杂的,它密切依赖于光栅截面的形状及其间隙,对光栅形状影响的分析可见参考文献[7]第
110~118页。如棱镜耦合器那样,当高斯光束与光栅耦合时,理论上可获得的最佳耦合效率
约80%,但是典型的非闪耀光栅(对称横截面)的耦合效率一般为10%~30%。效率不高的主
要原因是因为光栅与棱镜不同,它不能以全内反射的方式工作,大部分入射能量通常都透过波
导而损失在衬底中,要是光栅周期与导模波长比不是近似为1,功率也会耦合到光栅所产生的
高级衍射光束中。

采用非对称形状的横截面,并按耦合角和光束波长设计最佳性能的"闪耀",这样就可大
大提高光栅耦合器的性能。例如,Tamir 和 Peng[11]已经指出,对称横截面光栅的 TE_0 或 TM_0 模
与空气中的光束耦合效率最大值约为50%,而非对称的锯齿形横截面光栅的效率可大于
95%。这些理论预测得到了闪耀光栅高效率的实验结果[12,13]和进一步理论工作的[14,16]支持。

光栅耦合器的主要优点是,一旦制作完毕后它就是波导结构的一个组成部分。因而,它的
耦合效率是个恒量,而且不随外界条件明显改变。光栅耦合器还能用在高折射率半导体波导
上,而这种波导却是难以找到合适的棱镜材料的。然而,由于光栅耦合器对角度的依赖性很
大,它也不能有效地用于发散角相当大的半导体激光器与波导的耦合。光栅耦合器最大的缺
点是制作非常困难,因为需要复杂的掩模技术和刻蚀技术。

7.4.2　光栅制作

可以用以下两种方法制作光栅结构:将波导表面掩蔽后进行刻蚀[12,17,18]或将表面掩蔽后
再沉积薄膜光栅图样[19,20]。无论采用哪种方法,最困难的加工工序都是限定相隔很近的光栅
条的图样。光栅条间距应该是波导材料中波长的量级。因而,对于波导材料折射率在 1.4~4
范围的可见光或近红外波长的情况,栅条间距一般为 1000~3000 Å。微电子工业中使用的常

规光刻胶具有足够的分辨能力，但是普通光掩模的实际极限约为 3000 Å，因而一般都采用聚焦电子束曝光[18]或光学干涉曝光加工制作光栅[19,20]，有时也称为全息加工[21, 22]。

在这种加工过程中，首先用第 4 章介绍的任一种方法在衬底上涂覆一层光刻胶，然后如图 7.9 所示，用两束射向表面的相干激光束相遇产生的干涉图样对此光刻胶曝光。这两束激光一般是由一束激光通过一块分束器分束得到的。从简单的几何关系可得到以下的光栅周期 Λ 与光束角度 α 的关系：

$$\Lambda = \frac{\lambda_0}{2 \sin \alpha} \tag{7.16}$$

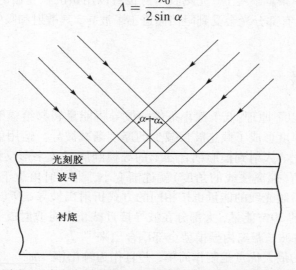

图 7.9　全息光刻胶曝光（两束倾斜相交的相干激光束产
生的干涉图样对光刻胶曝光，形成光栅图样）

由式(7.16)显然可见，Λ 不能小于 $\lambda_0/2$。但是，如图 7.10 所示，通过使用一种长方形棱镜，由同一台激光器曝光制作的光栅图样的栅条间距，就可能比普通方法制作的光栅图样的栅条间距小。此时式(7.16)可化为

$$\Lambda = \frac{\lambda_0}{2n \, \sin \alpha} \tag{7.17}$$

式中，n 是棱镜材料的折射率。Yen 等人[23]使用石英棱镜和氦镉激光器，得到了 1150 Å 的栅条间距。

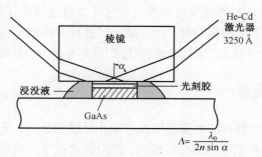

图 7.10　全息光栅曝光棱镜法示意图（在 GaAs 波导上用这种方法制得一阶光栅[23]）

光刻胶一经曝光后，就使用标准方法显影，在波导表面产生所需要的掩模。按照第 4 章说明

的刻蚀方法,既可以使用化学刻蚀也可以使用离子束刻蚀来制作光栅。一般离子束刻蚀可以产生比较均匀一致的光栅结构,而化学刻蚀在波导材料上产生损伤较少。如果刻蚀剂选择适当,化学刻蚀也可以穿透得相当深而不产生侧蚀,例如,NH_4F 缓冲液刻蚀 GaAs 的深度可能大于 100 μm[24]。化学刻蚀的另一个优点是,适当选择衬底取向和刻蚀剂,可以得到各向异性的刻蚀速率,从而获得对所需波长闪耀的非对称光栅[12]。

作为刻蚀方法的替代,另一种在波导表面制作光栅结构的方法是,用光刻胶限定形状后,再在波导表面沉积薄膜条。事实上,光刻胶本身也可以用做沉积光栅的材料[19,20]。用这些方法得到的光栅耦合器,有部分光会受到阻挡而进不了波导,其散射和吸收损耗都要大于刻蚀光栅的值。

7.5 楔形耦合器

楔形耦合[20]基于以下原理:低于截止条件的波导将能量转移给辐射模。如图 7.11 所示,耦合区呈楔形的波导厚度形成了截止波长减少的厚度渐减波导。运用射线光学的方法可以方便地使耦合机理直观化。入射到楔形耦合器上的导模经历了 Z 字形反射,每反射一次波导与衬底交界面上的入射角(偏离法线的角度)就逐渐变小,当入射角小于全内反射的临界角时,能量就折射进衬底。后续光线的能量也按相同的方式折射出波导,所以可以得到高至 70% 的耦合效率[25],其损失的 30% 能量,大部分在波导接近截止点时散射成为空气辐射模。到达截止点后,约在 8 个真空波长距离内导模就全部耦合出来[10]。

这种楔形耦合器的最大优点是制作简单,并且作为输出耦合器时性能也相当好。但是,如图 7.11 所示,它的输出是发散光束,发散度随楔形器而定,一般在 1°~20° 的角度范围内。使用发散光束多少是有些不方便的,但是在许多对输出光束的形式不作严格要求的应用中可以不计较这种发散。

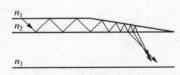

图 7.11 楔形耦合器示意图

原理上楔形耦合器也可以用做输入耦合器,然而,要获得高的耦合效率就必须构造这样一个会聚光束,它是图 7.11 所示的发散光束的逆光束。由于实际上难以得到这样的会聚光束,所以将楔形耦合器用做输入耦合器时一般只能得到非常低的耦合效率。因为一般可以将光纤的端面放置在非常靠近波导的位置处,并且还可以将光纤的端面成形以改进耦合效率,所以在薄膜波导与光纤耦合时可以实际使用这类楔形耦合器。

在光纤波导中楔形耦合器的制作相对容易,它可以通过将光纤加热到一个使其软化的温度,然后在其一端用一个张力将其拉伸,由此减小了直径并减薄了包层。通过这种方式,包层可以变得足够薄以允许光纤纤芯中模式的倏逝尾扩展到光纤外,从而耦合到周边媒质中。

7.6 楔形模斑转换器

7.6 节描述的楔形耦合器在波导横截面尺寸减小足够充分时,使波导处于截止之下,由此能量辐射出波导。然而,对于应用的特定模式,如果波导尺寸没有减小到截止水平,则没有能量辐射,楔形波导结构则可以用做模斑转换器。许多不同的几何构造可以被用于扩展或压缩模式。关于已使用的多种楔形设计的综述由 Moerman 等人完成[26],他们考虑过的一些横向楔形,如图 7.12 所示。

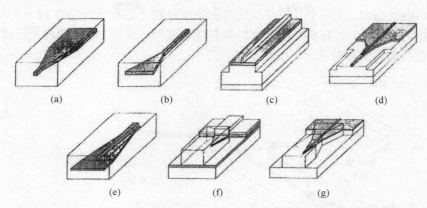

图 7.12   横向楔形设计。(a) 横向下楔形掩埋波导;(b)横向上楔形掩埋波导;(c)由脊形波导到光纤匹配波
导的单横向楔形过渡;(d)由脊形波导到光纤匹配波导的多段楔形过渡;(e)双横向重叠掩埋波导楔
形;(f)双横向重叠脊形波导楔形;(g)由脊形波导到光纤匹配波导的嵌入式波导楔形过渡[26]

图 7.12 所示模斑转换器的功能在各种图表中已很明显。模斑随着楔形形状和传播方向增
大或减小。在设计中需要遵循的通用法则是在过渡区域中的楔形角需要足够小,以阻止从基
模到高阶楔形模的功率耦合。同样重要的是,最小楔形横截面不能太小而使波导截止,除非希
望将光能转移到另一波导中,如图 7.12(c) 所示。由此在楔形区域,上层脊形的宽度足够小,
这样上层脊形的光学模式在楔形面附近截止而仅支持一个宽光学模式,它是由宽的下层脊形
限定的。如图 7.12 所示的楔形全部是横向楔形,可以通过标准的光刻技术限定。垂直楔形,
即波导层的厚度是变化的,也可以用于制作模斑转换器,但是需要特殊的生长和刻蚀技术用以
改变楔形的厚度[26]。

7.7   光纤-波导耦合器

集成光学系统的基本元件——耦合器的功能是,它在光纤(用做长距离传输)和光集成回
路(用做信息处理)之间传播光波。通过最近几年的研究,已发明了一些不同类型的光纤-波导
耦合器。

7.7.1   对接耦合

光纤可以不需要任何接口器件而直接与波导对接做端面对准。如果纤芯的横截面与波导
相当匹配,像对接耦合的通道波导[26]或激光管与通道波导那样,就可以实现高效率的耦合。
再使用折射率匹配液还可以减小界面的反射损耗。对接耦合方法最大的问题是由于纤芯与波
导的线度都是微米量级,要建立并保持准确的对准都是极其困难的。

一个将单模光纤和激光二极管(或波导)有效耦合的机械配置由 Enoch[4] 在图 7.13 中展
示。由于光纤纤芯直径仅有几微米,同时激光发射区域小于 1 微米厚,因此耦合非常困难。当
光纤永久地黏合在适当的位置时同样需要保证对准。如本章前面所述,压电驱动微操作器可
以用于光纤对准。为了提供光纤和激光器的永久性黏合,光纤需要金属化然后焊接到光纤安
装衬底上。接着,这个衬底又附在一个带有焊料的热电热沉上。在这个光纤安装衬底底部(见
图 7.13 左上角)是金属化引线和一个薄膜电阻,通过电流来熔化焊料。当电流通过薄膜电阻

保持焊料在熔融状态时，用一个计算机反馈控制系统将激光器和光纤调整到一个最佳的对准。当获得了期望的对准时，计算机切断电流将焊料冷却成形。这样，激光器和光纤就与热电热沉永久地黏合在一起并保持对准。

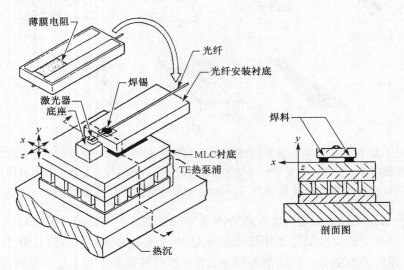

图7.13　单模激光二极管与单模光纤的互连[4]（图片由泰克公司提供）

　　最近，集成电路工业中已经采用了多年的硅 V 形槽和倒装片技术[28]，也被用于通道波导与单模光纤的对准。Sheem 等人[29] 使用了一个硅 V 形槽和倒装片耦合器，将 3 μm 宽的扩散型 LiNbO$_3$ 波导与 4.5 μm 纤芯的单模光纤实现了耦合，得到的 TE 模和 TM 模的耦合效率都是75%。Murphy 和 Rice[30] 使用精密刻蚀的 V 形槽硅片和 Ti 扩散 LiNbO$_3$ 波导衬底上表面之间的重叠来实现一个单模光纤阵列与相应通道波导之间的同时对准。如图 7.14 所示的耦合结构，六个自由度中除了一个以外，其余均自动对准，仅在 x 方向上的横向对准必须调整以获得最大的耦合。为了简化，图中仅示意了 5 根光纤，此方法可以用于连接 12 根光纤的阵列，在波长 $\lambda_0 = 1.3$ μm时，平均附加损耗 0.9 dB。Sugita 等人[31] 更近期的工作已将 8 槽接口的损耗减小到 0.6 dB。

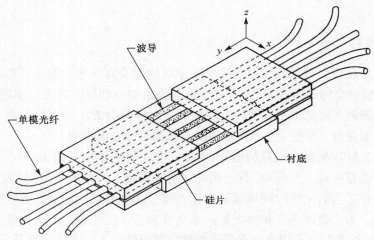

图7.14　光纤和波导的自对准耦合结构[30]

刻蚀沟槽同样可以应用于聚合物平面波导或通道波导与光纤之间的对准[32]。通过准分子激光器消融产生定向和尺寸都很精确的沟槽来容纳包层被剥离的光纤纤芯,取得的角度精度达到 0.3°,平移精度达到 0.5 μm,由此得到耦合损耗小于 0.5 dB。

Chung 等人[33]开发了一项技术用于多通道波导和光纤阵列之间的耦合,该技术在有机玻璃(亚克力)衬底上使用 V 形槽,其中衬底由使用计算机控制的 CO_2 激光器系统精确加工制作。报道的 1 × 2、1 × 3 和 1 × 4 分支波导和 N 端口光纤阵列之间耦合的附加损耗小于 1 dB。

耦合效率的最优化一直是一个持续关注的课题。人们已经提出了详细的理论模型用于描述光纤与平面波导[34]和通道波导[35]之间的耦合,模式形状适配器[36,37]被用于改进圆形横截面光纤和矩形波导之间的匹配。

新的微加工技术被开发以用于提高对准,如图 7.15 所示[38]。

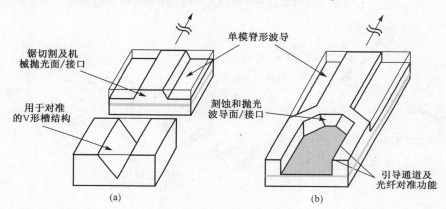

图 7.15 两种工艺的比较。(a)标准工艺技术;(b)微加工光纤对准工艺[38]

如图 7.15(a)所示的标准工艺技术要求制作的脊形波导器件和对准结构分隔,同时还需要锯切割及机械抛光每个波导面以获得光滑的光学表面。在如图 7.15(b)所示的微加工工艺中,光纤对准和光波导表面抛光是完全同时的,而且集成在同一衬底上。此工艺技术的组合优势大大减小了由于波导侧壁或端面的对准误差和表面粗糙引起的能量损失。

总结本节光纤的对接耦合,我们注意到,发光面积相对较大的面发光二极管(LED)可以相当容易地与光纤耦合。有关这一话题的深入讨论,读者可以参考 Barnoski[39]的综述。

7.7.2 高密度多光纤连接器

随着光纤互连在远程通信和数据通信系统中的广泛使用,对适合于现场应用的多光纤连接器的要求也更高了。将大量的单模光纤以最小的损耗重复耦合是一件困难的工作。然而,该问题已经得到了解决。例如,Takaya 等人[39]设计的机械转接(MT)和多芯推接式(MPO)连接器可以连接 60 根光纤。两个 60 芯的带状连接器的基本构造如图 7.16 所示。

该连接器用一个整体 60 芯金属箍构建,可以对准 5 层 12 芯光纤(光纤带)。光纤纤芯排列成 5 行 12 芯,间距 250 μm。这些连接器被设计成具有相同的外形尺寸,与常规的 MT 型和 MPO 型连接器具有同样的外尺寸。该连接器拥有 286 芯/cm² 的 MT 型和 40 芯/cm² 的 MPO 型的高封装密度。这些连接器允许所有光纤精确对准的核心特性是引导孔对,它们与匹配连接器上的引导脚紧密适配,如图 7.17 所示。

60 芯 MT 型连接器的插入损耗由一个 1.3 μm 波长的 LED 测量,平均插入损耗为 0.20 dB,

最大插入损耗为 1.00 dB。60 芯 MPO 型连接器的平均插入损耗为 0.70 dB,最大插入损耗为 1.80 dB。200 次重接所增加的最大插入损耗小于 0.5 dB。

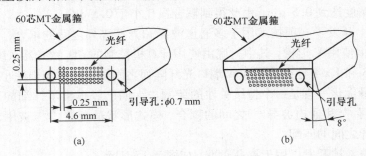

图 7.16 60 芯光纤连接器几何端面。(a)MT 型;(b)MPO 型[40]

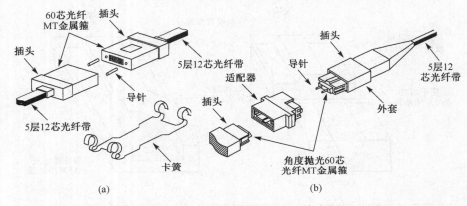

图 7.17 60 芯光纤连接器结构。(a)MT 型;(b)MPO 型[40]

习题

7.1 用一块钛酸锶($n_p = 2.32$)棱镜作为输出耦合器,将光从 Ta_2O_5 波导($n_2 = 2.09$)内耦合出来。观察到三条"m 线"离开波导表面的角度分别为 36.5°、30.2° 和 24.6°。棱镜输出面与波导面的夹角为 60°,光波长 λ_0 为 9050 Å。试求这三个模式的 β 值各为多少?

7.2 如果用一块金红石棱镜($n_p = 2.50$)作为上题中那块波导的输入耦合器,要将光有效地耦合到波导的最低阶模式中,设棱镜的输入面与波导表面的夹角为 60°。试问入射光束与波导表面的夹角是多少?

7.3 试解释在棱镜耦合器中要实现耦合,为什么要满足以下条件:

$$\beta_m = \frac{2\pi n_p}{\lambda_0} \sin\theta_m$$

式中,n_p 为棱镜折射率;β_m 为波导中第 m 阶导模的相位常数;θ_m 为波导表面法线与棱镜内入射光线的夹角;λ_0 为真空中的光波长。试从几何关系导出上述方程。

7.4 一个钛酸锶直角棱镜($n_p = 2.32$)被用于输入耦合器,将波长 9050 Å(真空)的光从空气耦合进 Ta_2O_5 波导($n_p = 2.09$)。棱镜表面与波导表面成 45° 角。波导最低阶模式的 β 值为 $1.40 \times 10^5 \text{ cm}^{-1}$。

(a)画出该耦合器的略图,标记出 ϕ_1、ϕ_2、ϕ_3 等重要的角度,在题(b)的计算中使用这些标记。

(b)为了实现到最低阶模式的耦合,入射激光束(空气中)与波导表面的角度应取多少?

7.5 一个位于平面波导上的光栅可以作为波导中波的 180° 反射镜。如果导模的传播常数 $\beta = 1.582\, k$,$\lambda_0 = 0.6328\ \mu m$,求引起模式反射的最小的光栅间距 Λ。

7.6　金红石棱镜($n_p = 2.50$)被用于将真空波长$\lambda_0 = 0.9050$ μm 的光耦合进折射率 $n_g = 2.09$ 的波导基模中。假设基模的相位常数 $\beta_0 = 1.44 \times 10^5$ cm^{-1}，棱镜输入面同波导表面的夹角 γ 为多少？取得最有效耦合时棱镜中光束与波导表面的夹角 ϕ 为多少？

7.7　位于 GaAs 平面波导上间距 $\Lambda = 0.4$ μm 的光栅，被用于将氦氖激光器($\lambda_0 = 1.15$ μm)光束耦合进波导中。如果波导最低阶模式的传播常数 $\beta_0 = 3.6\,k$，为了耦合到这一模式中，激光束与波导表面的夹角为多少？假设为一阶耦合，即 $|\nu| = 1$。

7.8　一个薄膜波导的 $n_1 = 1$，$n_2 = 1.5$，$n_3 = 1.462$，波导厚度 0.9 μm。一个氦氖激光器($\lambda_0 = 6328$ Å)发射的光被导入 TE$_0$ 模(基模)中，波导的有效折射率 $n_{eff} = 1.481$，如果一个折射率 $n_p = 2.25$ 的 45°-45°-90° 棱镜被用于输出耦合器，则出射光束与波导表面的夹角为多少？

7.9　一个折射率 $n_p = 2.2$ 的棱镜耦合器被用于观测如下所示的导模模式，光源为 $\lambda_0 = 6328$ Å 的氦氖激光器。如果对应某个特定模式，光与棱镜表面法线方向的夹角为 26.43°，则该模式的传播常数 β 为多少？

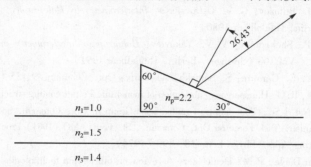

7.10　一个薄膜波导特性参数如下：$n_1 = 1$，$n_2 = 1.5$，$n_3 = 1.462$，波导厚度为 0.9 μm。波导的基模 TE$_0$ 模由通过 $n_p = 2.25$ 的棱镜耦合的氦氖激光束($\lambda_0 = 6328$ Å)激发。

　　(a) 如果以上模式的有效折射率 $n_{eff} = 1.481$，则棱镜与波导界面上光的入射角应为多少？

　　(b) 如上所述的模式和波导，如果用射线光学方法来表示模式，该反射角为多少？

7.11　如果一个光栅耦合器用于将 0.85 μm 的光耦合进给定的波导，它还可以用于将 1.06 μm 的光耦合进同一波导吗？解释如何做到？

7.12　如果一个折射率为 1.65 的石英棱镜被用于在 GaAs 波导上制作光栅，如图 7.10 所示，$\alpha = 5°$。

　　(a) 如果使用氦镉激光器(波长 325 nm)，则光栅条距为多少？

　　(b) 如果使用 ArF 激光器(波长 193 nm)，则光栅条间距又为多少？

参考文献

1. A. Yariv：IEEE J. **QE-9**, 919 (1973)

2. R. G. Hunsperger, A. Yariv, A. Lee：Appl. Opt. **16**, 1026 (1977)

3. J. M. Hammer, D. Botez, C. C. Ncil, J. C. Connoly：J. Appl. Phys. **39**, 943 (1981)

4. S. Enoch：Optical fiber interconnect to a single mode laser. OSA/IEEE Meeting on Integrated and Guided Wave Optics, Atlanta, GA (1986)

5. M. Yanagisawa, H. Teroi, K. Shuto, T. Miya, M. Kobayashi：Photon. Techn. Lett. **4**, 21 (1992)

6. M. Aoki, M. Suzuki, T. Taniwatari, H. Sano, T. Kawano：Microwave Opt. Techn. Lett. 7, 132 (1994)

7. T. Tamir：Beam and waveguide couplers, in *Integrated Optics*. T. Tamir (ed.), 2nd edn., Topics Appl. Phys., Vol. 7 (Springer, Bellin, Heidelberg 1979) Chap. 3, in particular, pp. 102 – 107

8. M. S. Klimov, V. A. Sychugov, A. Tishchenko, O. Parriaux：Fiber Integr. Opt. **11**, 85 (1992)

9. L. de S. Menezes, A. Mazzei, S. Götzinger, O. Benson, V. Sandoghdar：Optimizing the coupling of light via a prism to high-Q modes of a microsphere resonator using a near-field probe, Proc. Encontro Nacional de Fisica de Materia Condensada, ENFMC XXIX, Sao Lourengo, Brazil, May 2006

10. P. K. Tien: Appl. Opt. **10**, 2395 (1971)

11. T. Tamir, S. T. Peng: Appl. Phys. **14**, 235 (1977)

12. M. Shams, D. Botez, S. Wang: Opt. Lett. **4**, 96 (1979)

13. A. Gruss, K. T. Tam, T. Tamir: Appl. Phys. Lett. **36**, 523 (1980)

14. K. Rokushima, J. Yamakita: J. Opt. Soc. Am. **73**, 901 (1983)

15. K. C. Chang, T. Tamir: Appl. Opt. **19**, 282 (1980)

16. K. C. Chang, V. Shah, T. Tamir: J. Opt. Soc. Am. **70**, 804 (1980)

17. S. Somekh, E. Garmire, A. Yariv, H. Garvin, R. G. Hunsperger: Appl. Opt. **12**, 455 (1973)

18. M. H. Lim, T. E. Murphy, J. Ferrera, J. N. Damask, H. I. Smith: Fabrication techniques for grating-based optical devices, J. Vac. Sci. Technol. B: Microelectron. Nanometer Struc. **17**, 3208 (1999)

19. M. Dakss, L. Kuhn, P. F. Heidrich, B. A. Scott: Appl. Phys. Lett. **16**, 523 (1970)

20. E. Kapon, A. Katzir: J. Appl. Phys. **53**, 1387 (1982)

21. Yu. I. Ostrovsky, M. M. Butusov, G. V. Ostrovskaya: *Interferometry by Holography*, Springer Ser. Opt. Sci., Vol. 20 (Springer, Berlin, Heidelberg 1980)

22. Yu. I. Ostrovsky, V. P. Shchepinov, V. V. Yakovlev: *Holographic Interferometry in Experimental Mechanics*. Springer Ser. Opt. Sci., Vol. 60 (Springer, Berlin, Heidelberg 1991)

23. H. Yen, M. Nakamura, E. Garmire, S. Somekh, A. Yariv: Opt. Commun. **9**, 35 (1973)

24. S. Hava, H. B. Sequeira, R. G. Hunsperger: Fabrication of monolithic Peltier cooling structures for semiconductor laser Diodes. Joint Meeting, Nat'l Sci. Foundation, Grantee-User Group in Opt. Commun. and the Opt. Nat'l Telecommun. and Inform. Administr. Task Force on Opt. Commun., St. Louis, MO (1981) Proc. pp. 46–51

25. P. K. Tien, R. J. Martin: Appl. Phys. Lett. **18**, 398 (1974)

26. I. Moerman, P. P. Van Daele, P. M. Demeester: A review on fabrication technologies for the monolithic integration of tapers with III-V semiconductor devices. IEEE J. Selected topics in Quantum Elect. **3**, 1308 (1997)

27. W. L. Emkey: IEEE J. LT-**1**, 436 (1983)

28. A. B. Glaser, G. E. Subak-Sharpe: *Integrated Circuit Engineering* (Addison-Wesly, Reading, MA 1977) pp. 263–265 and 267–268

29. S. K. Sheem, C. H. Bulmer, R. P. Moeller, W. K. Burns: High efficiency single-mode fiber/channel waveguide flip-chip coupling. OSA Topical Meeting on Integrated Optics, Incline Village, NV (1980)

30. E. J. Murphy, T. C. Rice: IEEE J. **QE-22**, 928 (1986)

31. A. Sugita, K. Onosa, Y. Ohnori, M. Yasu: Fiber Integr. Opt. **12**, 347 (1993)

32. B. L. Booth: Optical interconnection polymers, in *Polymers for Lightwave and Integrated Optics: Technology and Applications*, L. A. Hornak (ed.) (Dekker, New York 1992)

33. P. S. Chung, W. Y. Hung, H. P. Chan: Fabrication of waveguide-fiber array couplers using laser-machined V-groove techniques in perspex substrates, Microwave Opt. Technol. Lett. 2, 421 (1989)

34. A. T. Andreev, K. P. Panajotov, B. S. Zatirova, J. B. Koprinarova: SPIE Proc. **1973**, 72 (1993)

35. J. Lee, H. Lee, C. Lee: SPIE Proc. **1813**, 76 (1991)

36. T. Brenner, H. Melchior: IEEE Photon. Techn. Lett. **5**, 1059 (1993)

37. M. Mashayekhi, W. J. Wang, S. I. Najafi: Semiconductor device to optical fiber coupling using low-loss glass taper waveguide. Opt. Eng. **36**, 3476 (1997)

38. M. A. Rosa, N. Q. Ngo, D. Sweatman, S. Dimitrijev, H. B. Harrison: Self-alignment of optical fibers with optical quality end-polished silicon rib waveguides using wet chemical micromachining techniques. IEEE J. Selected topics in Quantum Elect. **5**, 1249 (1999)

39. M. K. Barnoski: Fiber couplers, in *Semiconductor Devices for Optical Communications*, H. Kressel (ed.) 2nd edn., Topics Appl. Phys., Vol. 39 (Springer, Berlin, Heidelberg 1982) pp. 201–211

40. M. Takaya, S. Nagasawa, Y. Murakami: Design and performance of very high-density multifiber connectors employing monolithic 60-fiber ferrules, IEEE Phot. Technol. Lett. **11**, 1446 (1999)

第8章 波导间耦合

光学隧道现象不仅可以像第 7 章所述的那样用来将光纤或光束的能量耦合进波导，而且也可以将一个波导内的能量耦合进另一波导。因为能量以相干的方式传递以至传播的方向保持不变，所以这类耦合器通常被称为定向耦合器。已经按以下两种基本的几何形状制作了定向耦合器：多层平面结构和边对边的双通道波导。这一章将介绍不同类型的波导到波导耦合器并给出简明的工作原理。对于这些器件的详细数学处理方法，读者可以参考 Burns 和 Milton 的著作[1]。

8.1 多层平面波导耦合器

虽然可以用第 7 章所述的端接耦合方法将两个平面波导耦合起来，但更普遍的方法如图 8.1 所示，使波导紧紧相贴，通过相位相干能量传递（光学隧道效应）来实现耦合。波导层的折射率 n_0 和 n_2 一定要大于 n_1 和 n_3，限制层 1 的厚度一定要薄到能够使两个导模的倏逝模尾相重叠。为了使两个波导之间能转移能量，这两个波导应具有完全相同的传播常数。因而，波导层的折射率和厚度都要仔细地控制，以提供匹配的传播常数。尽管这种控制是很困难的，但已经取得了卓著的成果。与其他采用同步耦合原理的器件（如棱镜耦合器）一样，要实

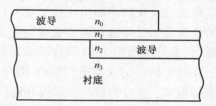

图 8.1　两个平面波导之间通过光学隧道效应耦合，通过折射率为 n_1 的隔离层，由相位相干同步耦合实现能量转移

现最佳耦合也是需要仔细选择相互作用长度的。能量全部转移的条件也由式（7.10）决定，但是一对倏逝场发生重叠的平面波导的 κ 值显然与棱镜耦合器的不相同。

由于沉积薄膜的厚度和折射率都不便控制，因此沉积薄膜波导之间就难以用这种方法进行耦合。然而，对于外延生长波导来说，由于其厚度和折射率都可以获得精确的控制（通过控制组份），传播常数的匹配问题的解决就容易得多。这种方法似乎特别适用于集成激光二极管与波导之间的耦合。例如，Vawter 等人[2] 已使用多层平面结构将一个 GaAlAs 横向结条形（TJS）激光器与同类材料的波导实现耦合。在这种结构中，中间隔离层由低折射率的 GaAlAs 组成。这种方法也被 Utaka 等人[3] 用来耦合由 GaInAsP 材料组成的激光器和波导，它们之间用 InP 薄层隔开。这种双波导结构[4] 也可用来制作带有分布式反馈光栅的单模激光器。通过使用两个分离的但又互相耦合的波导，将产生光子的有源区与分布式反馈区隔离开来，就可以获得一个非常有效的激光器。我们将在第 13 章再对这类器件进行详细介绍。

8.2 双通道定向耦合器

双通道定向耦合器同微波双波导多孔耦合器[5] 相仿，基本是由平行的两个通道波导构成。这两个通道波导靠得相当近以至于能量可以通过光学隧道效应从一个波导转移到另一个波导，

如图 8.2 所示。这种能量转移是通过各个波导内导模的
倏逝尾重叠产生的同步相干耦合实现的。激励模(在波
导 0 中)的光子转移到被激励模(在波导 1 中),仍保持着
相位相干性。这种转移过程是在相当长的一段长度内累
积发生的。因此,为了产生同步耦合,光在各个通道内
传播的相速度一定要相等。单位长度内耦合的功率大小
是由这些分离通道内模式的重叠决定的。因而,它就与
间隔距离 s、相互作用长度 L 以及在通道波导之间的模式
穿透有关,这种模式穿透可用衰减系数 p 和 q 来表征(见
第 2 章和第 3 章关于模式形状的讨论)。

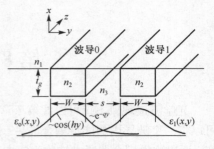

图 8.2　双通道定向耦合的示意图。电
场振幅分布如波导下方所示

8.2.1　双通道耦合器的工作特性

在一个双通道耦合器内,只要相互作用长度足够长,能量就会交替地从一个波导转移到另
一个波导中,然后再转移回来。如果沿着定向耦合器一个通道的 z 方向移动测量光能密度,就
会发现光能密度随距离呈正弦变化。一个耦合器要转移任意已知大小的能量,只需在某一适
当的位置将第二个通道弯出去就行了。例如,用这种方法可以制作出测量填料用的 10 dB 耦
合器、光束分路用的 3 dB 耦合器或光开关用的 100% 耦合器。

实验上测得的双通道型 3 dB 耦合器的传输特性如图 8.3 所示。左边的示意图表示输入激
光束的位置,右边的照片表示波导输出平面处光功率密度的示波器扫描曲线(沿 y 方向)。构
成这种特殊耦合器的波导是 GaAs 衬底受 300 keV 能量的质子轰击制作成的[6]。波导的横截面
为 3 μm 见方,间距约为 3 μm。这块样品上有两对互相耦合的通道波导,一束波长为
1.15 μm 的氦氖激光聚焦在样品的解理输入面上。当激光束直接聚焦在一个波导上时,如
图 8.3(b) 和图 8.3(d) 所示,这两个相互耦合的波导之间输出面的光能量是平均分配的,即
3 dB 耦合。当激光束只是覆盖着一个波导的部分区域,如图 8.3(a) 所示,或两个波导都被覆
盖着一部分,如图 8.3(c) 所示,此时只有少量的光被耦合进波导,并且双通道对的两个波导
间输出的光能量仍然是粗略平均分配的。

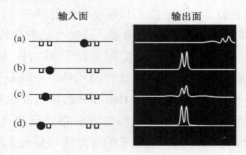

图 8.3　不同输入条件下(如文中所描述的)3 dB 双通道定向耦合器输出端的光功率分布。输
　　　　出功率的示波器图形是用图2.3所示的扫描系统得到的,波导为GaAs衬底受质子轰击
　　　　制作出来的,波导的横截面为3 μm × 3 μm,间距为3 μm,相互作用长度为1 mm

如图 8.4 所示,耦合效应在 100% 耦合器的传输特性中甚至更为显著。这个器件除了长度
为 2.1 mm(不是 1 mm)以外,其他都与 3 dB 耦合器相同。选择这个长度,是为了在输出面上
能产生能量的全部转移。这时候,当输入激光束如图 8.4(b) 和图 8.4(d) 所示聚焦在某一对波

导的任一通道上时，在输出面上光就包含在这对波导的另一通道中；当输入光束如图 8.4(a) 和图 8.4(c) 那样覆盖着两个通道时，这两条通道中就会分别耦合进较弱的光。

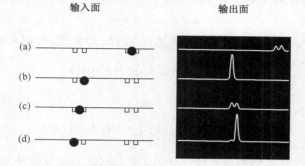

图 8.4　不同输入条件下 100% 双通道定向耦合器输出面上的光功率分布。
除了相互作用长度为 2.1 mm 外，波导的其他参数均与图 8.3 相同

图 8.3 和图 8.4 所示的结果表明，双通道耦合器在相对较短的相互作用长度范围内，就能够非常有效地将能量从一个波导耦合进另一个波导。离子注入法制得的掩埋波导位于衬底表面的下方，与衬底材料的折射率差约为 0.005，由于模尾能有效地延伸到波导间的空隙，所以这种波导特适宜于制作成双通道耦合器。对其他一些波导就不是这样了，例如脊形波导，位于衬底表面的上方，三面被空气包围着，它就不适宜用来制作双通道耦合器。尽管如此，只要能精确地控制波导的临界尺寸和折射率，在玻璃上也可制成有效的双通道耦合器[7]。在讨论了双通道定向耦合器的工作原理后，下一节将对制作双通道耦合器的各种工艺进行更详细的介绍和比较，紧接着是对其工作原理的讨论。

8.2.2　同步耦合的耦合模理论

可以用 Yariv 的耦合模理论方法阐述双通道定向耦合器工作的简明理论[8,9]。这个模型已经同由 Peall 和 Syms 制作在 Ti:LiNbO₃ 上的三分支耦合器的实验结果进行了对比[10]，获得了很好的一致性。波导内传播模式的电场可表述为

$$\bar{E}(x, y, z) = A(z)\bar{\mathcal{E}}(x, y) \tag{8.1}$$

式中，$A(z)$ 是复振幅，包括相位项 $\exp(-i\beta z)$；$\bar{\mathcal{E}}(x, y)$ 项是一个波导中模场分布的解，这时假设另一波导是不存在的。按照惯例，设定模场分布 $\bar{\mathcal{E}}(x, y)$ 归一化为运载单位功率。因而，在波导 1 内的功率可表示为

$$P_1(z) = |A_1(z)|^2 = A_1(z)A_1^*(z) \tag{8.2}$$

两个模式之间的耦合可以从这两个模式振幅的普通耦合模方程导出，于是有

$$\frac{dA_0(z)}{dz} = -i\beta_0 A_0(z) + \kappa_{01} A_1(z) \tag{8.3}$$

和

$$\frac{dA_1(z)}{dz} = -i\beta_1 A_1(z) + \kappa_{10} A_0(z) \tag{8.4}$$

式中，β_0 和 β_1 为两导模的传播常数，κ_{01} 和 κ_{10} 为导模之间的耦合系数。

考虑如图 8.2 所示的波导，设两个波导完全相同，并且都具有光损耗系数 α，于是

$$\beta = \beta_r - i\frac{\alpha}{2} \tag{8.5}$$

式中，$\beta = \beta_0 = \beta_1$，$\beta_r$是$\beta$的实部。对于两个完全一致的波导，根据互易性，显然可得

$$\kappa_{01} = \kappa_{10} = -i\kappa \tag{8.6}$$

式中，κ是实数。接着，利用式(8.5)和式(8.6)，式(8.3)和式(8.4)可改写成以下形式：

$$\frac{dA_0(z)}{dz} = -i\beta A_0(z) - i\kappa A_1(z) \tag{8.7}$$

和

$$\frac{dA_1(z)}{dz} = -i\beta A_1(z) - i\kappa A_0(z) \tag{8.8}$$

如果假设光是在$z = 0$处耦合进入波导0的，则此问题的边界条件为

$$A_0(0) = 1 \quad \textbf{和} \quad A_1(0) = 0 \tag{8.9}$$

因此，这两个方程的解可表示为

$$A_0(z) = \cos(\kappa z)e^{-i\beta z} \tag{8.10}$$

和

$$A_1(z) = -i\sin(\kappa z)e^{-i\beta z} \tag{8.11}$$

于是，这两个波导内的功率流为

$$P_0(z) = A_0(z)A_0^*(z) = \cos^2(\kappa z)e^{-\alpha z} \tag{8.12}$$

和

$$P_1(z) = A_1(z)A_1^*(z) = \sin^2(\kappa z)e^{-\alpha z} \tag{8.13}$$

由式(8.12)和式(8.13)可以看出，两个波导之间确实存在着如图8.3和图8.4所示实验结果的功率往返转移，这种转移是长度的函数。从式(8.10)和式(8.11)也发现这两个波导中场的振幅之间存在明显的相位差，被激励波导内的相位总是滞后于激励波导90°。因而，最初在$z = 0$处，波导1的相位滞后于波导0的相位90°。随着距离z的增加，滞后的相位关系继续下去，以至于在距离z满足$\kappa z = \pi/2$时，所有的功率都转移到波导1中。然后，在$\pi/2 \leqslant \kappa z \leqslant \pi$时，波导0的相位又滞后于波导1，依此类推。这种相位关系源于产生相干能量转移的基本机理。激励波导内的场在介质材料中产生了与它同相的极化，由于导模尾延伸到两个波导之间的区域，所以极化也扩展到这个区域。于是这个极化在被激励波导的模式中起着产生能量的作用。根据场论的基本原理，极化超前于场而产生能量和极化滞后于场而消耗能量[11]，因而可以预料到，在被激励波导内产生的场是滞后场。由于这种确定的相位关系，双通道耦合器就是一个定向耦合器。在被激励波导中，能量不可能耦合到沿$-z$方向传播的后向波中。在许多应用中，这是一种非常有用的性质。

由式(8.12)和式(8.13)可以看出，要将功率从一个波导完全转移到另一个波导，长度L必须满足

$$L = \frac{\pi}{2\kappa} + \frac{m\pi}{\kappa} \tag{8.14}$$

式中$m = 0, 1, 2, \cdots$。实际的波导总具有吸收损耗和散射损耗，β是个复数。因此，两个波导中所包含的总功率按因子$\exp(-\alpha z)$减小。根据式(8.12)和式(8.13)，在图8.5中画出了理论上的功率分布与距离z的函数关系。

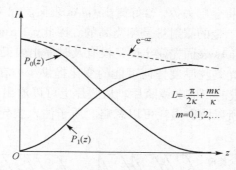

图 8.5　双通道定向耦合器功率分布的理论计算曲线。假设初始条件为：$P_0(0) = 1$，$P_1(0) = 0$

耦合系数 κ 紧密依赖于波导中模尾的形状。对限制得较好的模式来说，模尾重叠对基模形状所产生的微扰可以忽略，耦合效率可用下式表示：

$$\kappa = \frac{2h^2 q e^{-qs}}{\beta W(q^2 + h^2)} \tag{8.15}$$

式中，W 为通道宽度，s 是两个通道之间的间距，h 和 β 分别是 y 方向和 z 方向的传播常数，q 是 y 方向的消光系数。前面已经假设了两个波导中的这些参数是完全相同的。

在实际情况中，要制作两个完全一样的波导来构成耦合器是困难的。例如，如果两个波导的厚度和宽度不完全相同，这两个波导中的相速度也就不会相同，但这种差异并不一定会完全破坏耦合效果。如果位相常数的差别 $\Delta\beta$ 较小，根据参考文献[6]，两个波导内的功率分布为

$$P_0(z) = \cos^2(gz) e^{-\alpha z} + \left(\frac{\Delta\beta}{2}\right)^2 \frac{\sin^2(gz)}{g^2} e^{-\alpha z} \tag{8.16}$$

和

$$P_1(z) = \frac{\kappa^2}{g^2} \sin^2(gz) e^{-\alpha z} \tag{8.17}$$

其中，

$$g^2 \equiv \kappa^2 + \left(\frac{\Delta\beta}{2}\right)^2 \tag{8.18}$$

从式(8.16)～式(8.18)可以看出，若存在相位常数的差别 $\Delta\beta$，功率转移仍可发生。不过由于式(8.16)在任何 z 值处都不为零，所以能量的转移是不完全的。

可以使用上述三个方程，计算由略不相同的波导（即 $\Delta\beta \neq 0$）构成的双通道定向耦合器的预期性能。我们在第 9 章中讨论用电学方法控制 $\Delta\beta$ 来制作光调制器和开关时，再回溯和使用这三个方程。

8.2.3　双通道定向耦合器的制作方法

在 GaAs（或 GaP）衬底上制作双通道定向耦合器的相距很近的波导，最方便的方法之一是掩蔽质子轰击。质子轰击的步骤用图解表示在图 8.6 中。在衬底上气相沉积 1 μm 或 2 μm 厚的金掩模，以阻挡质子注入波导周围区域。在掩模条之间区域内，质子透入半导体而产生如第 4 章所述的载流子补偿型波导。1.5 μm 厚的金掩模层已足以阻挡 300 keV 质子的进入。

掩模制作方法是，首先在整个衬底沉积一层金，再用 4.1.2 节所述的标准薄膜沉积工艺在金层顶部旋涂上一层光刻胶。然后用标准的光刻工艺对光刻胶曝光、显影，使其露出金层，形成窄条脊形光刻胶图样。此光刻胶本身在离子束微加工过程被用来掩蔽金层[13]。可以很容易

地通过控制离子束溅射过程将金层去掉,恰好露出 GaAs 表面。如果采用的是 Ar⁺ 或 Kr⁺ 这类离子,与 GaAs 或光刻胶相比,金的溅射量是相当高的。因此,2 μm 厚的光刻胶掩模足以掩蔽 2 μm 厚的金层,并且即使 GaAs 表面先露出而又没有及时停止加工,除去的 GaAs 也是相当小的。这一事实很重要,它对光刻胶厚度任何可能的变化提供了内在的补偿。图 8.7 是用上述方法在 GaAs 衬底上形成掩模的扫描电镜照片。从照片上可以看出,金掩模与 GaAs 交接处的边缘变化约小于 0.05 μm,所以散射损耗可以忽略。质子注入波导的吸收损耗为 1 cm⁻¹ 的数量级[14]。

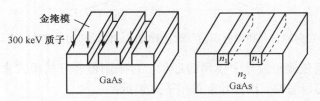

图 8.6　制作双通道耦合器的掩蔽质子注入法示意图。质子
能量为300keV时,GaAs中形成了3 μm厚的波导

图 8.7　制作图 8.6 所示耦合器所用的沉积金掩模的扫描电镜照片。掩模条
间距为3 μm(在金窄条上面还可以看到残余的光刻胶掩
模)。(照片由Hughes研究实验室提供,马利布,美国加利福尼亚)

当衬底上的金掩模制成后,就可以用第 4 章介绍的质子注入法来制作波导。用 300 keV H⁺ 轰击 GaAs 衬底,形成间距3.9 μm、宽2.5 μm 的两个波导,构成的定向耦合器的耦合系数 κ 等于 0.6 mm⁻¹[15]。这里,由质子轰击产生的波导内折射率增加量的计算值为 0.0058。耦合系数 κ 是 Δn 的强函数。例如,折射率变化量 Δn 比前述的值减小 10%,κ 就增加到 0.74 mm⁻¹。

除质子轰击法外,还可采用补偿掺杂原子扩散法制备这种波导[16,17]。当然,也可将第三种元素掩蔽扩散到一个二元化合物中形成通道波导。例如,Mamain 和 Hall[18] 用 SiO₂ 作为 ZnSe 的掩模,制成了宽度为 10 μm 的 Cd 扩散通道波导。在 LiNbO₃ 和 LiTiO₃ 中,金属原子的扩散可以用来制备所需的波导对。例如,Kondo 等人已将 Ti 扩散到 LiNbO₃ 中制成波导调制器[19]。在大多数情况下,扩散掺杂远不如离子注入掺杂那样具有确定的特性,掺杂的浓度分布往往会有很大的变化。因为耦合效率与波导折射率分布的关系很大,所以扩散掺杂就难以用于耦合器的制作。尽管如此,人们已经建立了两个内扩散型波导间倏逝耦合的数学模型[17,20]。

也可通过将衬底适当掩蔽后,在表面上沉积一些金属窄条,形成相距很近的条载波导对来构成双通道耦合器。Campbell 等人[21] 已用这种方法在 GaAs 上制成了双通道耦合器。具体方法是,先在重掺杂($N_d \sim 10^{18}$ cm⁻³)n 型 GaAs 衬底上外延生长载流子浓度减少型的平面波导,再使用标准的光刻胶掩蔽和刻蚀工艺以及气相沉积 Au、Ni 或 Pt,制成5~25 μm 宽的薄金属窄条。波导之间的间距在几微米的量级。由于金属载条也可当做电极来控制两个通道之间的相位匹配，所以这种类型的耦合器特别适用制作电光调制器和电光开关。第 9 章将对这种类型的器件给出详细讨论。

以上介绍的双通道耦合器的制作方法，所制备的都是在衬底表面以下的掩埋波导。当然，也可以先在衬底的表面形成平面波导，再用掩蔽和刻蚀方法去除多余的区域，制备成凸起狭窄的脊形通道波导。平面波导通常可用外延法生长，掩蔽采用标准的光刻胶，刻蚀方法既可以采用化学刻蚀也可采用离子束刻蚀。一般采用化学刻蚀难以控制获得光滑的侧壁。如果采用离子束加工，也要如前面介绍过的用复制在金属上的光刻胶图样作为掩模的质子轰击法那样，在波导层上复制出光刻胶图样。如图 8.8 所示，这种方法可以制得非常光滑的侧壁。从照片上可以看出，边缘的变化小于几百埃（Å）。然而，由于在侧壁交界面上的折射率相差很大，散射损耗对侧壁的光滑程度是特别敏感的，因而一定要注意减小边缘的变化，将其限制在最多约 500 Å 的范围。

用脊形通道波导构成的耦合器还存在另一个本身固有的问题：大的折射率差将模式很好地限制在各自的通道内，所以得不到足够大的耦合，为了增强耦合，如图 8.9 所示在两条通道之间可以去除一部分材料，这样，耦合强度就依赖于两条通道之间桥形波导的厚度[6]。此外，在两条脊形通道波导之间填入另一种折射率稍低的材料，也可以增强耦合。

图 8.8　离子束加工的 GaAs 脊形通道波导的扫描电镜照片。通道高 1.4 μm，宽 2.0 μm[6]

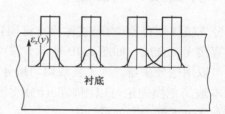

图 8.9　利用一个平面波导层的掩蔽刻蚀法制作双通道耦合器示意图。两通道间完全隔离和桥形隔离的电场分布分别如图的左侧和右侧所示

在如 LiNbO$_3$ 和玻璃这类难以制作成掩埋波导的材料中，脊形通道波导是非常有用的。例如，Kaminow 等人在 LiNbO$_3$ 中用离子束加工制得了 19 μm 宽的脊形波导[22]；Kawabe 等人用离子轰击增强刻蚀工艺，制成 LiNbO$_3$ 脊形波导定向耦合器[23]。该方法使用的原理为：由离子轰击损伤过的材料，一般比未轰击的材料具有更高的化学刻蚀速率。用掩蔽的 60 keV Ar$^+$ 轰击来限定波导图样，再在稀释的氢氟酸中用刻蚀法去除波导周围不需要的材料[24]。这种方法得到的边缘粗糙度小于 300 Å。

8.2.4　定向耦合器的应用

双通道定向耦合器是比较有用的集成光学器件之一，它可以用做功率分配器、输入或输出耦合器以及光学数据总线上的定向选择分接头。上面提到的这些定向耦合器都是无源应用的例子，每一种情况中耦合的功率都是恒定的。然而，双通道耦合器更重要的应用还是有源的调制器和开关，其中耦合功率是通过电学方式来控制的。在式（8.16）和式（8.17）中已经表明，耦合功率是两个波导相位失配的强函数。下一章将说明运用电场产生折射率改变的方法,并将介绍电光效应与双通道耦合器结合在一起,可得到非常有效的高速调制器。

8.3　端接耦合脊形波导

类似于第 7 章所描述的用于光纤波导耦合器的端接耦合技术,也可以用于两个脊形波导的耦合。再一次说明,其耦合效率取决于波导中模式的重叠积分。Koshiba 等人使用标量有限元法计算出了脊形波导导模的有效折射率、模场轮廓和远场图样,并确定出端接结构的两个单模脊形波导的耦合效率[25]。如果能够完美地对准并消除界面的反射,两个横截面完全相同的脊形波导的耦合效率理论上可以达到 100%。

耦合脊形波导的对准是一个关键问题。在实验室,这个问题可以通过压电测微计精确定位平台来完成,但从实地应用角度来说这不是一个令人满意的解决办法。在这种情况下,精确成形的凹槽经常被用来产生所需要的对准效果。例如,Booth[26]利用激光消融在波导和衬底上刻入微机械互锁槽来制作聚合物波导到波导的连接器。单模和多模耦合都已经实现,其中单模耦合损耗低于 0.2 dB,多模耦合损耗低于 0.5 dB。耦合损耗主要是由对接波导重叠部分的不匹配引起的。多层封装结构(典型厚度在 200 μm 量级或更厚)可以被用来增加槽型连接器的强度,从而实现连接/断开的循环。在损耗没有明显增加的情况下,已测得超过 100 次的循环。

8.4　分支波导耦合器

分支波导耦合器(有时被称为支流耦合器)是一个复合多支波导和一个单波导在分支连接点的直接无源合成。如图 8.10 所示,它可以用做合束器,或者当图中的传输方向倒过来时,它也可以用做分束器。为了实现均匀地分束或合束,波导的尺寸及折射率分布必须严格控制。耦合本地简正模理论可以用来设计分支波导耦合器。Burns 和 Milton[27]将这个理论应用在二分支和三分支耦合器的设计中。

分支波导耦合器可以通过任何一种常规的波导制作方法来制作。例如,Haruna 和 Koyama[28]将其制作在 Ti 扩散型 Z 切 LiNbO₃ 上,其输入和输出波导分支宽度为 4 μm,对于 6328 Å 波长的光只存在基阶导模。Beguin 等人通过玻璃中的离子交换制作了分支波导耦合器[29]。离子交换的过程分为两步。首先,铊离子 Tl⁺ 在蒸发的温度下扩散到玻璃中,引起了 Tl⁺ 离子与衬底的 Na⁺ 和 K⁺ 离子的交换,从而增大了折射率。接着,波导在电场作用下通过第二次离子交换被掩埋和对称化,以阻止 Tl⁺ 离子的外扩散。在用该方法制作的 1×2 耦合器中,测得分束均匀度为 0.1 dB,附加损耗小于 0.2 dB。在 1×16 耦合器中,分束均匀度为 ±0.3 dB,附加损耗小于 1.0 dB。

分支波导耦合器具有吸引力的关键因素在于它们可以大量制作在像玻璃这样的低成本衬底上,因此是相对廉价的。例如,已经有人建议在远程通信系统的用户环路中使用它们,而且这种系统中需要许多这样的器件[30]。

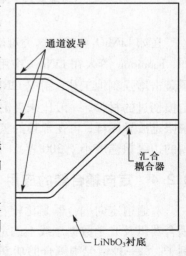

通道波导

汇合耦合器

LiNbO₃衬底

图 8.10　三分支波导耦合器

8.5　光纤耦合器和分束器

近距离矩形波导间通过倏逝模尾重叠的耦合现象也为光纤之间的耦合提供了一种途径。如图 8.11 所示,通过将一对单模光纤夹紧,加热直到它们软化并熔化到一起,然后拉伸形成预期长度的熔合区域,可以很方便地制作成双通道定向耦合器[31]。这种器件被称为熔融双锥形定向耦合器[32,33]。

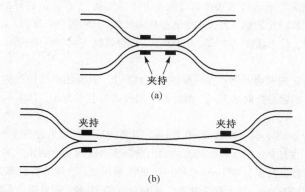

图 8.11　熔融双锥形定向耦合器的制作方法。(a)将光纤排列好并夹持使其彼此靠近;(b)加热并拉伸光纤[31]

耦合过程可以通过式(8.1)~式(8.14)描述,类似于用这些式子对矩形波导定向耦合器的描述。通过选择适当的耦合区域长度,功率比例可以被调整到所需的量,如制作一个 3 dB 或 100% 的耦合器。耦合系数 κ 的大小取决于在耦合区域中模尾的重叠程度。由于所需光能量的相位相干转移需要弱耦合,故光纤的纤芯不应该重叠。在光纤被拉伸后它们之间应该保持足够的包层材料,以保证两光纤中的模式只有弱耦合。因此在相干定向耦合的必要条件下,模式的形状不会被扭曲,并且将以同样的速度继续传输。

图 8.11 所示的方法也可以用来制作强耦合器件[34,35]。在这种情况下,光纤被熔融并拉伸到纤芯重叠和熔合的位置。由新波导中两个低阶模干涉引起的耦合作用在熔合区域形成。起始波导可以是单模或多模波导。在弱耦合情况下,耦合是不相干的。在强耦合情况下,允许模式混合。然而,仍然有可能制作具有不同分束比的分束器,其分束比取决于用于封装耦合器和熔融纤芯的包层材料的折射率。在强耦合情况下,两根以上的光纤可用于制作多通道的“星形”耦合器和分束器。

本章描述的双通道定向耦合器和分支波导耦合器为不具有控制开关特性的无源器件。然而,通过适当设置的控制电极,这些耦合器有可能变成电光开关和调制器。这一类型的装置将在第 9 章中进行介绍。

习题

8.1　一个双通道耦合器型的调制器被设计为满足

$$\kappa L = \frac{\pi}{2} + m\pi, \quad m = 0, 1, 2, \dots.$$

式中，κ 为耦合系数，L 为长度。因此，光能量可以完全从通道 1 转移到通道 2。如果加一电压以产生 $\Delta\beta = \beta_0 - \beta_1$，对于完全消除能量转移的条件为

$$gL = \pi + m\pi, \quad m = 0, 1, 2, \ldots.$$

式中

$$g^2 = \kappa^2 + \left(\frac{\Delta\beta}{2}\right)^2$$

推导完全消除能量转移所需要的 $\Delta\beta$ 的表达式(用长度 L 表示)。

8.2　为了获得能够完全消除能量转移的 $\Delta\beta$(如习题 8.1 中所描述)，所需的波导折射率变化(Δn_g)是多少? 请用一个表达式来回答这个问题，表达式中的参数为波矢(k)和耦合长度(L)。

8.3　使用习题 8.2 的结果，对于真空中波长 $\lambda_0 = 9000$ Å，耦合长度 $L = 1$ cm 的情况，要求的波导折射率变化(Δn_g)应为多少?

8.4　如果两个双通道波导定向耦合器制作在同样的衬底材料上，其通道的几何结构和间距等完全相同，唯一不同的是，耦合器 A 的通道折射率为 n_A，耦合器 B 的通道折射率为 n_B，如果 $n_A > n_B$，哪个耦合器的耦合系数 κ 更大?

8.5　一个双通道定向耦合器的 $\kappa = 4$ cm^{-1}，$\alpha = 0.6$ cm^{-1} 以及 $\Delta\beta = 0$。如果要产生 3 dB 的功率分配，其长度应该是多少? 如果长度加倍，那么各个通道的输出端功率占输入功率的比是多少?

8.6　一个双通道定向耦合器由面积为 400 nm × 400 nm 的波导构成，波导的折射率为 3.45，衬底的折射率为 3.35，波导间的距离为 500 nm。对于真空中波长为 900 nm 的 TE 模，如果耦合系数 $\kappa = 1.229 \times 10^{-5}$ nm^{-1}，要实现 3 dB 的耦合器，其长度应为多少(提示:解决这个问题不需要所有给出的信息)?

8.7　解释双通道耦合器中光功率从一个波导 100% 转移到另一个波导的同步耦合机理。

8.8　在低折射率衬底的表面形成平面波导，再通过掩蔽刻蚀方法制作脊形波导，从而制成双通道耦合器，用什么方法可以控制耦合系数的大小[包括制作中(in-fabrication)和制作后(post-fabrication)的方法]?

参考文献

1. W. K. Burns, A. F. Milton：Waveguide transitions and junctions, in *Guided-Wave Optoelectronics*, T. Tamir, (ed.), 2nd edn., Springer Ser. Electron. Photon., Vol. 26 (Springer, Berlin, Heidelberg 1990) pp. 89 – 144

2. G. A. Vawter, J. L. Merz, L. A. Coldren：IEEE J. **QE-25**, 154 (1989)

3. K. Utaka, Y. Suematsu, K. Kobayashi, H. Kawanishi：Room-temperature operation of GaInAsP/InP integrated twin-guide lasers with first-order distributed Bragg reflectors. OSA Topical Meeting on Integrated Optics, Incline Village, NV (1980)

4. R. Todt, T. Jacke, R. Meyer, J. Adler, R. Laroy, G. Morthier, M-C. Amann：Sampled grating tunable twin-guide laser diodes with over 40-nm electronic tuning range, IEEE Phot. Technol. Lett. **17**, 2514 (2005)

5. A. J. Baden Fuller：Microwaves (Pergamon, Oxford 1979) pp. 237 – 238

6. S. Somekh, E. Garmire, A. Yariv, R. G. Hunsperger：Appl. Opt. **13**, 327 (1974)

7. A. Jervenen, S. Horikanen, S. Najafi：Opt. Eng. **32**, 2083 (1993)

8. A. Yariv：IEEE J. **QE-9**, 919 (1975)

9. A. Yariv：Quantum Electronics, 3rd edn. (Wiley, New York 1989) pp. 623 – 631

10. R. G. Peall, R. R. A. Syms：IEEE J. **QE-7**, 540 (1989)

11. A. von Hippel：Dielectrics, in *Handbook of Physics*. E. U. Condon, H. Odishaw (eds.) 2nd edn., (McGraw-Hill, New York 1967) pp. 4.110 – 112

12. S. Somekh：Theory, fabrication and performance of some integrated optical devices. PhD Thesis, California Institute of Technology (University Microfilms, Ann Arbor, MI 1974) p. 46

13. H. Garvin, E. Garmire, S. Somekh, H. Stoll, A. Yariv: Appl. Opt. **12**, 455 (1973)

14. M. A. Mentzer, R. G. Hunsperger, S. Sriram, J. Bartko, M. S. Wlodowski, J. M. Zavada, H. A. Jenkinson: Appl. Eng. **24**, 225 (1985)

15. S. Somekh, E. Garmire, A. Yariv, H. Garvin, R. G. Hunsperger: Appl. Phys. Lett. **22**, 46 (1973)

16. E. Garmire, D. Lovelace, G. H. B. Thompson: Appl. Phys. Lett. **26**, 329 (1975)

17. N. Schulz, K. Bierwirth, F. Arndt: IEEE Trans. MTT-**38**, 722 (1990)

18. W. E. Martin, D. B. Hall: Appl. Phys. Lett. **21**, 325 (1972)

19. J. Kondo, K. Aoki, T. Ejiri, Y. Iwata, A. Hamajimal, O. Mitomi, M. Minakata: Ti-diffused optical waveguide with thin LiNbO$_3$ structure for high-speed and low-drive-voltage modulator, IEICE Trans. Commun. **E89-B**, 3428 (2006)

20. L. Riviere, A. Carenco, A. Yi-Yan, R. Guglielmi: Normalized diagrams for diffused waveguides optical properties: Applications to Ti:LiNbO$_3$ electrooptic directional coupler design, in *Integrated Optics*, H. P. Nolting, R. Ulrich (eds.), Springer Ser. Opt. Sci., Vol. 48 (Springer, Berlin, Heidelberg 1985) pp. 53–57

21. J. C. Campbell, F. A. Blum, D. W. Shaw, K. L. Lawley: Appl. Phys. Lett. **27**, 202 (1975)

22. I. P. Kaminov, V. Ramaswamy, R. V. Schmidt, H. Turner: Appl. Phys. Lett. **24**, 622 (1974)

23. M. Kawabe, S. Hirata, S. Namba: IEEE Trans. CAS-**26**, 1109 (1978)

24. M. Kawabe, M. Kubota, K. Masuda, S. Namba: J. Vac. Sci. Technol. **15**, 1096 (1978)

25. M. Koshiba, H. Saitoh, M. Eguch, K. Hirayama: IEE Part J. Optoelectron. **139**, 166 (1992)

26. B. L. Booth: Optical interconnection polymers, in *Polymers for Lightwave and Integrated Optics: Technology and Applications*, A. Hornak (ed.) (Dekker, New York 1992) p. 291

27. W. K. Burns, A. F. Milton: Waveguide transitions and junctions, in *Guided-Wave Optoelectronics*, T. Tamir, (ed.), 2nd edn., Springer Ser. Electron. Photon., Vol. 26 (Springer, Berlin, Heidelberg 1990) Chap. 3, in particular, pp. 102–125

28. M. Haruna, J. Koyama: IEEE J. LT-**1**, 223 (1983)

29. A. Beguin, T. Dumas, M. J. Hackert: IEEE J. LT-**6**, 1483 (1988)

30. P. B. Keck, A. J. Morrow, D. A. Nolan, D. A. Thompson: IEEE J. LT-**7**, 1623 (1989)

31. M. Donhowe: Optical fiber waveguides and couplers, in *Photonic Devices and Systems*, R. G. Hunsperger (ed.), (Marcel Dekker, New York, 1994)

32. R. B. Dyott, C. S. Peter, G. A. Clark: Process for optical waveguide coupler, U. S. Patent 3,579,316 9\, May 18,1971)

33. B. S. Kawasaki, K. O. Hill, R. G. Lamont: Biconical-taper single-mode fiber coupler, Opt. Lett. **6**, 327 (1981)

34. J. Bures, S. Lacroix, J. Lapierre: Analyse d'un coupleurbidirectional a fibres optiques monomode fusionnees, Appl. Opt. **22**, 1918 (1983)

35. F. P. Payne, C. D. Hussey, M. S. Yataki: Modelling fused single-mode fibre couplers Electron. Lett. **21**, 461 (1985)

第9章 电光调制器

本章着重讨论光信号的调制和开关。在许多情形中，根据输入和输出端口的安排以及光波与控制电信号之间相互作用的强度，同一个器件既可起调制器的作用，又可具有开关的功能。如果一个器件的主要功能是通过暂时改变光波的某一特性而将信息加载到光波上，就认为这种器件是调制器；另一方面，开关却是改变光线的空间位置，或者是将光导通或断开。在设计或评价调制器和开关这两类器件时，有许多相同的因素需要加以考虑，因而将它们合在一起加以讨论是顺理成章的。

9.1 调制器和开关的基本工作特性

9.1.1 调制深度

调制器和开关的一个重要特性是调制深度（或调制指数）η。在外加电信号减弱透射光强的强度调制中，η 由下式给出：

$$\eta = (I_0 - I)/I_0 \tag{9.1}$$

式中，I 是透射光强，I_0 是无外加电信号时的 I 值。如果外加电信号使透射光强增强，则 η 为

$$\eta = (I - I_0)/I_m \tag{9.2}$$

式中，I_m 是外加最大信号时的透射光强。最大调制深度或消光比为

$$\eta_{max} = (I_0 - I_m)/I_0, \qquad I_m \leqslant I_0 \tag{9.3}$$

或

$$\eta_{max} = (I_m - I_0)/I_m, \qquad I_m \geqslant I_0 \tag{9.4}$$

只要相位调制器的相位变化可以与等价的强度变化有某种函数关系，还可以定义相位调制器的调制深度。对于干涉型调制器，其调制深度为[1,2]

$$\eta = \sin^2(\Delta\varphi/2) \tag{9.5}$$

式中，$\Delta\varphi$ 是相位变化。

已经对强度调制器（以及间接地对相位调制器）做了调制深度的定义，然而一个模拟的品质因数，即频率调制器的最大偏离可表示为

$$D_{max} = |f_m - f_0|/f_0 \tag{9.6}$$

式中，f_0 是光载频，f_m 是施加最大电信号时光载频的偏移。

9.1.2 带宽

调制器和开关的另一个重要特性是带宽，或器件能工作的调制频率范围。按照惯例，调制带宽通常取为调制深度降到最大值的 50% 时上、下两个频率之差，对于开关通常可用开关速度或开关时间来表示频率响应。开关时间 T 与带宽 Δf 的关系由下式给出：

$$T = 2\pi/\Delta f \tag{9.7}$$

当使用大规模开关阵列将光波路由到所希望的通道上时，最重要的是使开关时间减至最小；与此类似，当将许多信息通道复用到同一光束上时，调制带宽就是一个关键参数。所以，本章将讨论的波导开关和调制器通常因开关速度快及带宽宽，在大容量远程通信系统中特别有用。

9.1.3　插入损耗

插入损耗是调制器和开关的另一个重要特性，在系统设计时一定要知道插入损耗。插入损耗一般用分贝值表示，当调制信号使透射光强减弱时，它可表示为

$$\mathcal{L}_i = 10\log(I_t/I_0) \tag{9.8}$$

式中，I_t 是无调制器时波导的透射光强，I_0 是有调制器但无外加信号时的透射光强。当调制信号使透射光强增强时，插入损耗可表示为

$$\mathcal{L}_i = 10\log(I_t/I_m) \tag{9.9}$$

式中，I_m 是施加最大信号时的透射光强。当然，插入损耗是光功率损耗；然而，因为插入损耗的存在，就必须使用更高功率的光源，所以最终增大了施加在系统上的电功率。

9.1.4　功率消耗

为驱动调制器或开关，还必须提供电功率。驱动调制器所需的电功率随着调制频率的增加而增大，因而有用的品质因数是每单位带宽的驱动功率 $P/\Delta f$，它通常用每兆赫兹的毫瓦数来表示。正如将在 9.7 节中讨论的，通道波导调制器的一个主要优点是，它的 $P/\Delta f$ 明显比体调制器的小。

工作在高时钟率（如许多不同信号的时分复用）的光开关所需要的功率，也能与调制器所用的相同方法来评价，因而光开关有用的品质因数仍是 $P/\Delta f$。但是，若采用相当低的速率开关，一个更为重要的量是将开关维持在某一给定状态所需的功率。一个理想的开关只有在改变状态时才消耗有效功率，而维持状态所消耗的功率是可以忽略不计的。为维持至少一个状态，电光开关需要有电场存在，所以在这方面它就不能称为理想的开关。但是，除了漏电流以外，在波导开关这么小的体积内维持电场所需的电功率还是很小的。

9.1.5　隔离度

调制器或开关的各个输入和输出端口之间的隔离度是设计考虑的主要方面之一。在调制器中，输入和输出端口间的隔离度只不过是如前面定义的最大调制指数，然而当用来说明隔离程度时，通常用分贝（dB）来表示。对于开关的情形，两端口（输入或输出）之间的隔离度由下式给出：

$$隔离度[dB] = 10 \log \frac{I_2}{I_1} \tag{9.10}$$

式中，I_1 是驱动端口中的光强，I_2 是开关使 1 和 2 两个端口处于断开状态时被驱动端口中的光强。因而，如果两个端口之间存在 1% 的信号泄漏或串扰，这个开关的隔离度便为 −20 dB。

9.2　电光效应

大多数电光调制器和开关的工作利用了外加电场产生折射率变化这一基本现象。对于最一般的情形，这种电光效应是各向异性的，包含线性（Pockels 效应）和非线性（Kerr 效应）两个

分量。在晶态固体内，线性电光效应产生的折射率改变可很方便地用光折射率矩阵[3]分量的改变来表征。有外电场存在时，折射率椭球方程为

$$\left(\frac{1}{n^2}\right)_1 x^2 + \left(\frac{1}{n^2}\right)_2 y^2 + \left(\frac{1}{n^2}\right)_3 z^2 + 2\left(\frac{1}{n^2}\right)_4 yz + 2\left(\frac{1}{n^2}\right)_5 xz + 2\left(\frac{1}{n^2}\right)_6 xy = 1 \qquad (9.11)$$

如果选择 x、y 和 z 轴使其分别平行于晶体的三个主介电轴，由于电场 E 的作用，这些系数的线性变化为

$$\Delta\left(\frac{1}{n^2}\right)_i = \sum_{j=1}^{3} r_{ij} E_j \qquad (9.12)$$

式中，$i = 1$、2、3、4、5、6，$j = 1$、2、3 分别对应于 x、y、z 轴。如果将式(9.12)写成矩阵形式，则此 $6 \times 3 [r_{ij}]$ 矩阵称为电光张量。可以证明，线性电光效应只存在于不具有反演对称性的晶体内[4,5]。对于大多数的对称类，即使是一些非中心对称的晶体，也只有几个电光张量元是非零的[3]，因而在设计一个电光调制器或开关时，一定要小心选择波导材料和它相对外电场的取向。尽管如此，还是有许多材料如砷化镓(GaAs)、磷化镓(GaP)、铌酸锂(LiNbO$_3$)、钽酸锂(LiTaO$_3$)和石英(SiO$_2$)等，都可以用来制作低损耗的波导，而且它们对某个取向还具有相当大的 Pockels 系数。因而，在集成光学应用中广泛地利用了线性电光效应。

在普遍使用的波导材料中，非线性(二次)Kerr 电光系数相当小。而且，折射率随电场的非线性变化会对调制信号引入不希望的调制叉积(畸变)。因此，在大多数集成光学应用中，非线性效应并不是特别有用。

9.3　单波导电光调制器

有几种不同类型的电光调制器和开关，它们能够制作在一个单波导结构上，该波导既可以是平面波导，也可以是通道波导。如图 9.1 所示的相当简单的平面波导，既可以起相位调制器的作用，也可以起幅度(强度)调制器的作用，还可以起光开关的作用。图 9.1 所示的波导是运用第 4 章介绍的异质外延生长技术在 Ga$_{(1-x)}$Al$_x$As 材料上形成的，但是，其他任何电光半导体(如 GaAs$_x$P$_{(1-x)}$、GaAs 或 GaP 等)也都可以使用，并且还可以通过减小载流子浓度来制作出波导。

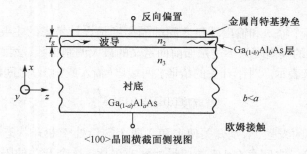

图 9.1　电光调制器的基本结构

9.3.1　相位调制

如图 9.1 所示的波导，空气和上表面金属的折射率都比 n_2 小得多，而 n_3 和 n_2 却非常接近，所以它是个非对称波导。波导与衬底之间总的折射率改变为

$$\Delta n_{23} = n_2 - n_3 = \Delta n_{\text{chemical}} + \Delta n_{\text{CCR}} + \Delta n_{\text{EO}} \qquad (9.13)$$

式中，$\Delta n_{\text{chemical}}$ 是因铝浓度 a 和 b 不同而引起的折射率改变；Δn_{CCR} 是波导内载流子浓度减小（如果存在的话）引起的折射率改变；Δn_{EO} 是电光效应引起的折射率改变。要制作一个相位调制器，就要选择波导的尺寸以及掺杂，使它对所要求波长的 $m = 0$ 模式高于截止点，而 $m = 1$ 模式低于截止点。因而根据第 3 章中的式(3.31)，则有

$$\frac{1}{32n_2} \left(\frac{\lambda_0}{t_g} \right)^2 < \Delta n_{\text{chemical}} + \Delta n_{\text{CCR}} < \frac{9}{32n_2} \left(\frac{\lambda_0}{t_g} \right)^2 \qquad (9.14)$$

如图 9.1 所示，当反向偏置电压 V 加在肖特基势垒二极管上时，波导就成为二极管耗尽层的一部分，电场使沿波导传输的光波产生了正比于 V 的相位变化。对如图 9.1 所示取向的晶体来说，电场导致 TE 波（沿 y 轴偏振）产生的折射率改变为[6]

$$\Delta n_{\text{EO}} = n_2^3 r_{41} \frac{V}{2t_g} \qquad (9.15)$$

而 TM 波（沿 x 方向偏振）没有场致折射率改变。定义

$$\Delta n = \Delta \beta / k = (\Delta \beta \lambda_0) / 2\pi \qquad (9.16)$$

因此，若将式(9.4)代入式(9.3)中，则电场产生的相位改变为

$$\Delta \varphi_{\text{EO}} = \Delta \beta L = \frac{\pi}{\lambda_0} n_2^3 r_{41} \frac{VL}{t_g} \qquad (9.17)$$

式中，L 是调制器在 z 方向的长度。以上关系式假设光场和电场都是均匀场，并且占据同样的体积。如果事实不是这样，就需要加入一个修正因子 Γ，以考虑到光场和电场的重叠积分小于 1。

人们已经实验并制作出了基本的单波导相位调制器的各种变化形式。例如，Hall 等人[7]在 GaAs 上制作出如图 9.1 所示的平面波导调制器结构，其中 $\Delta n_{\text{chemical}}$ 等于零，而在各层中掺杂浓度变化所产生的 Δn_{CCR} 已足以形成波导。Kaminow 等人[8]通过离子束刻蚀外扩散 LiNbO$_3$ 波导结构，制作出了一个 19 μm 宽的脊形通道波导调制器，所需要的调制功率仅为 20 μW/MHz/rad；波导的两侧都蒸镀了金属条形电极，通过这两个电极在波导内引入了电场，1.2 V 电压可产生 1 rad 的相位变化。对于 5 μm 宽的 Ti 扩散 LiNbO$_3$ 单通道波导调制器，所需要的功率进一步减小到 1.7 μW/MHz/rad[9]。

电光调制器还能够制作在聚合物材料上。Shuto 等人[10]报道了利用重氮染料置换的极性聚合物实现电光调制和二次谐波产生。极性二聚物取代重氮染料（3RDCVXY）薄膜在 0.633 μm 波长表现出 40 pm/V 的线性电光系数，在这一薄膜上制作的电光通道波导调制器，其半波电压为 5 V。

随着工艺技术的改进，电光调制器的研究和开发已经延伸到新材料领域，并向小型化发展。例如，Brosi 等人[11]设计了一种新颖的硅基电光调制器，其调制带宽为 78 GHz，驱动电压幅度为 1 V，长度仅为 80 μm。该器件的相互作用区由光子晶体波导中心处的一个窄聚合物填充槽组成。光子晶体的设计和制作将在第 22 章中介绍。

9.3.2　偏振调制

由于相位调制器需要使用相位相干探测系统，它的用途就受到了限制。为了避免这类复

杂问题,可以通过引入与 x 和 y 轴成45°线偏振的光束,以一种略微不同的方式使用图9.1中的简单调制器结构。由于只有沿 y 方向偏振的光才发生相位改变,而沿 x 方向偏振的光的相位不发生改变,所以当光沿 z 方向传输时,偏振矢量将发生旋转。用偏振敏感探测器或者将偏振选择滤波器(或称检偏器)置于探测器前面,就可以将偏振的这种变化检测出来。对于分立波导调制器,由于使用空气光束,所以传统的线栅偏振器或吸收性偏振滤波器都可以用做检偏器。光集成回路也可实现类似的系统,例如,光栅耦合器和棱镜耦合器都是偏振敏感的,所以都能用做检偏器。但是,制作有效的单片检偏器比较困难,这已限制了偏振调制器在光集成回路中的使用,并导致人们更偏爱强度调制器。

9.3.3　强度调制

与偏振调制和相位调制相比,强度调制更容易检测,所以图9.1中的器件常以强度调制的方式使用。为了制作强度调制器,一定要仔细调整波导与衬底界面处的折射率差,使无电场时波导对最低阶模式恰处在导波条件的截止点上。当通过对电极施加电压来产生电场时,此电场产生的折射率微小附加改变使波导"导通",此时总的折射率改变由式(9.13)给出。因此,这类强度调制器的零电场阈值条件为

$$\Delta n_{23} = \Delta n_{\text{chemical}} + \Delta n_{\text{CCR}} = \frac{1}{32n_2}\left(\frac{\lambda_0}{t_g}\right)^2 \tag{9.18}$$

式中,使用了第3章中的式(3.31)作为非对称波导的截止条件。Hall 等人[7]首次实现了这类强度调制器,他们用的是 GaAs 载流子浓度减少型平面波导,光波长为 1.15 μm。要使波导高于 TE$_0$ 模的截止点,需要施加 130 V 的电压。Campbell 等人[12]在 GaAs 上也制作出了这类通道波导调制器,其最大调制指数为95%,带宽为 150 MHz,功率要求小于 300 μW/MHz。Kawabe 等人[13]在 2.4 μm 宽的 Ti 扩散 LiNbO$_3$ 通道波导上制作出用于 6328 Å 波长光的强度调制器;施加 −10 V 电压(电场强度为 15 kV/cm)时 E_{11}^z 模显然是导引的,但施加 +10V 电压时该模式就被截止了,这两个极端之间的消光比为 −19 dB。显然,只要合理选择 $\Delta n_{\text{chemical}} + \Delta n_{\text{CCR}}$ 的大小,使波导恰好处在导波条件的截止点以下,而且所加电场 V/t_g 的值足够大,由式(9.13)给出的总折射率改变可使波导处在导波条件的截止点以上,则本节所介绍的这种强度调制器还能起到有效光开关的作用。

9.3.4　电吸收调制

到目前为止,所讨论的调制器的工作原理都是依靠线性电光效应,而电吸收调制器也应归于用电场产生强度调制的电光调制器这一类,但它并不是利用 Pockels 效应。这种电吸收调制器基于 Franz-Keldysh 效应[14]或量子限制 Stark 效应(QCSE),其中 QCSE 是一种量子阱特性,将在第18章中讨论。在本章下面的几节中,讨论将仅限于 Franz-Keldysh 型电吸收调制器。在强电场作用下,半导体的吸收边向长波偏移,图9.2所示是 GaAs 在 1.3×10^5 V/cm 电场下的情形。在直接带隙材料(如 GaAs)中,由于吸收边较陡,施加电场后,在能带边附近波长的吸收能产生非常大的变化。在图9.2所示的这一具体实例里,对于 9000 Å 波长的光,施加电场后可使吸收系数 α 从 25 cm^{-1} 增至 10^4 cm^{-1}。

可以参阅如图9.3所示的半导体能带图来直接说明 Franz-Keldysh 效应的机理。当存在强电场时,能带边发生弯曲。图的左侧界限表示半导体的表面,在此表面上形成肖特基势垒接触

或浅 p-n 结。作用在此整流结上的反向偏置电压,在半导体内形成电荷耗尽层并扩展到深度 x 处。耗尽层内出现了非均匀电场,它的最大值位于半导体的表面(关于耗尽层以及能带弯曲的详细讨论,可参见参考文献[15])。在存在电场的耗尽层的外面,能带是平坦的,如图 9.3 的右侧所示。在此区域中,只有当光子的能量大到足以激发电子越过带隙、发生跃迁(a)时,此光子才能被吸收。在接近半导体的表面处,它的能带已被电场弯曲了,光子的能量只能使电子越过部分带隙,发生跃迁(b);由于带隙中不存在允许的电子态,一般来说不可能发生这种跃迁。然而,由于电场已有效地加宽了导带的状态,所以在带隙中还是存在着发现电子的有限概率。当然,这就减小了有效带隙,从而将吸收边移向较长的波长。已经证明,带隙能量的有效改变量 ΔE 可由下式给出:[14,16]

$$\Delta E = \frac{3}{2}(m^*)^{-1/3}(q\hbar\varepsilon)^{2/3} \tag{9.19}$$

式中,m^* 是载流子的有效质量,q 是载流子电荷量,$\hbar$ 是普朗克常数除以 2π,ε 是电场强度。

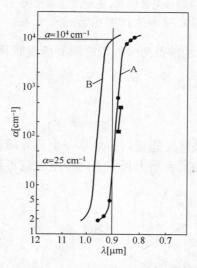

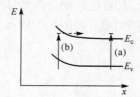

图 9.2　GaAs 吸收边的 Franz-Keldysh 偏移。曲线 A 是零电场时 GaAs 的吸收曲线(圆点表示载流子浓度 $n = 3 \times 10^{16}$ cm^{-3} 的 n 型材料的实验数据,方点表示载流子浓度 $n = 5.3 \times 10^6$ cm^{-3} 的实验数据);曲线 B 表示电场为 1.3×10^5 V/cm 时发生位移的吸收边

图 9.3　表明存在强电场时的 Franz-Keldysh 效应的半导体能带图。参数 x 表示离开半导体表面的距离,E 是电子能量,E_c 和 E_v 分别是导带边和价带边

　　由于 ΔE 取决于电场强度,而 α 又强烈依赖于 ΔE,因此对波长略小于带隙波长的光,可以制作出非常有效的电吸收调制器,如图 9.2 所示。电吸收调制器的基本结构如图 9.4 所示,其中的表面电极既可以是一个肖特基势垒接触,也可以是浅 p-n 结,在这两种情形中,电场都产生在耗尽层内。理想情况是,波导中的掺杂浓度 N_2 一定要足够小,以使耗尽层在 x 方向远远地扩展到整个波导。按照图 9.2 所示的吸收曲线,选择调制器长度及外加电压,以实现对某一给定波长所期望的最小插入损耗及最大调制指数。

　　虽然可以用任意类型的波导来制作电吸收调制器,但是使用图 9.4 所示的 GaAlAs 异质结波导,可以改善波导调制器的结构。对于这种情形,可以通过调节波导内的铝浓度实现对某一给定波长的最佳性能。例如, Reinhart 等人[17]制作了用于 9000 Å 波长光的这样的结构, 当施加 -8 V 偏压时, 光的透射改变了 100 倍, 实现 90% 调制所必需的功率在 0.1 mW/MHz 的数量级。利用四元化合物 GaInAsP 的多层波导结构, 能制作出工作在 1.3 μm 或 1.55 μm 波长的电吸收调制器[18,19]。

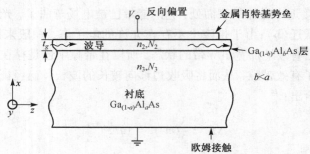

图 9.4　电吸收调制器的基本结构。应选择波导中铝的浓度 b 使吸收边波长恰好略小于导波波长, 即在 $V=0$ 时波导是透明的; 还应选择浓度使 $N_3 \gg N_2$, 这样在加上电压 V 后波导内能产生相当强的电场

本节讨论的属单波导电光调制器, 下一节将讨论涉及两个波导之间光能量转移的调制器。这样的器件不仅是调制器, 而且还是开关。

9.4　双通道波导电光调制器

由第 8 章可知, 两个靠得很近的通道波导能够将光能量同步地从一个波导转移到另一个波导中, 起着定向耦合器的作用。所以只要在这种耦合器上再加上两个电极就可制作出双通道电光调制器, 如图 9.5 所示。

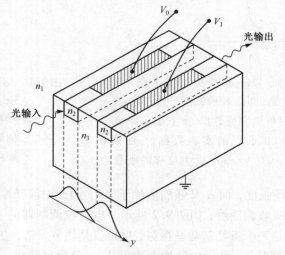

图 9.5　双通道调制器的基本结构

9.4.1　工作原理

如图 9.5 所示, 当将调制信号电压加到电极上时, 两个波导内就能产生折射率的微小差别, 从而产生传播常数的差别 $\Delta\beta$。再次按第 8 章所采用的耦合模理论方法[20], 可以证明耦合

方程为

$$\frac{\mathrm{d}A_0(z)}{\mathrm{d}z} = -\mathrm{i}\beta_0 A_0(z) - \mathrm{i}\kappa A_1(z) \tag{9.20}$$

和

$$\frac{\mathrm{d}A_1(z)}{\mathrm{d}z} = -\mathrm{i}\beta_1 A_1(z) - \mathrm{i}\kappa A_0(z) \tag{9.21}$$

式中，β_0 和 β_1 是两个波导中的传播常数，其他参数与前面的定义相同。根据以下边界条件：

$$A_0(0) = 1 \quad \text{和} \quad A_1(0) = 0 \tag{9.22}$$

解方程（9.20）和方程（9.21），可得到以下关于 $A_0(z)$ 和 $A_1(z)$ 的表达式：

$$A_0(z) = \left(\cos gz - \mathrm{i}\frac{\Delta\beta}{2g} \sin gz \right) \exp\left[-\mathrm{i}\left(\beta_0 - \frac{\Delta\beta}{2} \right) z \right] \tag{9.23}$$

和

$$A_1(z) = -\left(\frac{-\mathrm{i}k}{g} \sin gz \right) \exp\left[-\mathrm{i}\left(\beta_1 + \frac{\Delta\beta}{2} \right) z \right] \tag{9.24}$$

式中

$$\Delta\beta = \beta_0 - \beta_1$$

和

$$g^2 \equiv k^2 + \left(\frac{\Delta\beta}{2} \right)^2 \tag{9.25}$$

因此，在不完全相位匹配的条件下，两个波导内的功率流为

$$P_0(z) = A_0(z)A_0^*(z) = \cos^2(gz)\mathrm{e}^{-\alpha z} + \left(\frac{\Delta\beta}{2} \right)^2 \frac{\sin^2(gz)}{g^2}\mathrm{e}^{-\alpha z} \tag{9.26}$$

和

$$P_1(z) = A_1(z)A_1^*(z) = \frac{\kappa^2}{g^2} \sin^2(gz)\mathrm{e}^{-\alpha z} \tag{9.27}$$

式中，α 是波导内的指数损耗系数。注意，当 $\Delta\beta = 0$ 时，式（9.26）和式（9.27）与式（8.12）和式（8.13）完全相同，因而当所施加电场为零时，功率全部转移的条件仍可由式（8.14）给出，即

$$\kappa L = \frac{\pi}{2} + m\pi \tag{9.28}$$

式中，$m = 0，1，2，\cdots$。类似地，由式（9.26）和式（9.27）还可发现，当通过施加调制电压产生 $\Delta\beta$ 时，如果

$$gL = \pi + m\pi，\quad \text{其中} \quad m = 0, 1, 2, \ldots \tag{9.29}$$

则完全实现解耦合，即 $P_1(L) = 0$ 且 $P_0(L) = 1$。

由式（9.28）和式（9.29），可以证明实现 100% 调制所需的 $\Delta\beta$ 值为

$$(\Delta\beta)L = \sqrt{3}\pi \tag{9.30}$$

波导内的有效折射率为

$$n_g \equiv \frac{\beta}{k} \tag{9.31}$$

因而，实现 100% 调制所需的有效折射率改变为

$$\Delta n_g = \frac{\sqrt{3}\pi}{kL} \tag{9.32}$$

在典型的情况中,实现 100% 调制所需的 Δn_g 值小得令人吃惊。例如,对于如图 9.5 所示的长度为 1 cm 的 GaAlAs 3 μm × 3 μm 双通道波导调制器,由式(9.32)可知只要产生约为 1×10^{-4} 的 Δn_g,就可实现真空波长为 9000 Å 的光的完全开关。而由式(9.15)也能定出所需的电场强度的值约为 3×10^4 V/cm,相当于在 3 μm 厚的通道上施加 10 V 电压。

如图 9.5 所示的特殊的调制器结构,也许是可以设想的装置中最简单的一个,所以它可作为一个很好的例子来解释双通道调制器的工作原理。但是,也可采用许多其他形状的电极,而且有些电极在特定的应用中具有独特的优点。

9.4.2　双通道调制器的工作特性

早在 1969 年,Marcatili[21] 就提出了用双通道定向耦合器作为调制器的设想,但是主要因为难以将双通道结构制作到所需的精密容差,许多年后才实现了这个功能器件。例如,Somekh 等人[22,23] 在 GaAs 上制作出 100% 耦合的双通道定向耦合器,并从理论上分析了非零 $\Delta\beta$ 的情况;Taylor[24] 从理论上分析了如图 9.6 所示的带有三个电极的双通道耦合器的性能;Campbell 等人[25] 于 1975 年制作出这类调制器的第一个实用器件;几乎是在同时,Papuchon 等人[26,27] 报道了如图 9.5 所示的第一个双电极型调制器的成功运转。

Campbell 等人[23] 报道的三电极器件是制作在 GaAs 上的(如图 9.7 所示),金属电极本身构成了一对条形加载波导。对 Nd:YAG 激光器发射的 1.06 μm 波长的光,观察到了最大消光比为 13 dB 的 95% 的幅度开关性能。对于宽度为 6 μm、间距为 7 μm 的波导,施加 35 V 电压时出现最大开关条件。测得上升时间为 7 ns,这意味着 3 dB 带宽可达 100 MHz。经确定,功率-带宽比约为 180 μW/MHz。

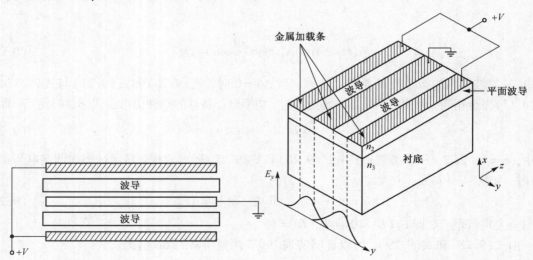

图 9.6　三电极双通道调制器的顶视图　　　图 9.7　具有条形加载波导特性的双通道调制器[23],三个加载条还起到调制器的肖特基势垒电极的作用。TE$_0$ 模的典型电场分布绘在调制器结构的下面

这类调制器和开关的频率响应，一般都受电极电容的限制。例如，Campbel 等人曾估算过，若将肖特基势垒接触的宽度从 100 μm 减至 10 μm，上面提到的 7 ns 上升时间就可下降一个数量级，从而可得到 1 GHz 的设计带宽。Papuchon 等人[26, 27]制作的双电极调制器省去了中央电极，因而具有低电容的潜在优点，该调制器被称为"commutateur optique binaire rapide"，并有时用缩写 COBRA 来表示双电极型双通道调制器。在 LiNbO₃ 中，由 2 μm 宽的 Ti 扩散条构成耦合器来导引 5145 Å 波长的光，当波导间距为 2 μm 时耦合长度的典型值为 500 μm，波导间距为 3 μm 时耦合长度的典型值为 1 mm。6 V 电压已足以切断零伏电压时存在的耦合了。TM 导波的效应要比 TE 导波的效应大约强三倍，这是因为电场和 LiNbO₃ 衬底的特殊取向以及电光张量的强各向异性的缘故。

上面讨论的双电极和三电极调制器都存在一个共同的问题，即为了在不施加偏置电压时能实现最大的耦合，一定要根据式(9.28)仔细地选择器件的长度，导通状态不可能通过电学手段来调节。Kogelnik 和 Schmidt[27] 已制作出一种如图 9.8 所示的双通道调制器，它的三个基本电极各被分裂成一半，每对半个电极上所施加的电压极性相反，于是产生

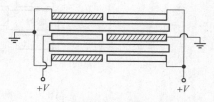

图 9.8　用分裂电极产生阶跃 $\Delta\beta$ 相反的双通道调制器的顶视图[27]

了 $\Delta\beta$ 值相等但符号相反的两个区域。这种阶跃 $\Delta\beta$ 相反的效应使这种器件的"关"和"开"两种状态，可以在相当宽的长度范围内用电学方法调节。这样显然能使消光比最大，而使串扰最小。例如，Kogelnik 和 Schmidt[27] 已证明，只要比值 L/l 大于 1（其中 L 为调制器总长度，l 为有效相互作用长度，定义为 $l = \pi/2\kappa$），双通道调制器中 $\Delta\beta$ 正负交替变化区域的存在，使通过电学方法调节"开"或"关"状态，从而将一个波导中的光完全转移到另一个波导中成为可能。通过阶跃 $\Delta\beta$ 相反，还能够改进双通道调制器的频率响应[28]。有关阶跃 $\Delta\beta$ 相反的调制器理论的详细讨论，可以参见 Alferness 的著作[29]。在阶跃 $\Delta\beta$ 相反的调制器出现后的数年里，通过采用更为复杂的器件结构，大大改进了它的性能。例如，Veselka 等人[30]制作出这种器件的 1 × 4 开关阵列（目的是用于时分复用），通过使用行波电极，该开关阵列的开关频率可以达到 4 GHz。行波电极在高频上的优势将在 9.8 节中讨论。

由于电光张量的各向异性，电光调制器对光波的偏振通常是敏感的。在许多应用中，由于总可选择适当的偏振使所要求的相互作用最大，这种偏振敏感性并不成为一个问题。但是，在将调制器用于与光纤波导的连接时，偏振敏感性就成为需要认真处理的一个重要问题。耦合到圆形单模光纤中的线偏振光将被转变为椭圆偏振光，这样它在光集成回路的矩形波导内就会同时激发出 TE 模和 TM 模。因此，为了获得最大的消光比和最小的串扰，一定要小心地设计开关和调制器，以使对 TE 模和 TM 模这两个偏振分量起同等的作用。Steinberg 和 Giallorenzila[31] 已证明，只要适当选取 LiNbO₃ 晶体的取向，在它上面制作的电光调制器大多都具有这种功能。Steinberg 等人[32]也已证明，使用如图 9.9 所示的特殊的电极结构，即在阶跃 $\Delta\beta$ 相反的图样上将波导间电极和波导上电极结合使用，就可以制作出偏振不敏感的调制器。由于波导间电极产生的电力线平行于衬底表面，而波导上电极产生的电力线垂直于衬底表面，这就提供了一个额外的设计自由度，可用来消除偏振敏感性。

到目前为止，在讨论双通道波导耦合器和调制器时，都是把它们处理成一个光波可控耦合器件，即光波以可控方式从一个波导耦合到另一个希望的波导中。但是，由于光集成回路已经

变得更加复杂,并且部件的封装也更加密集,两个相邻波导之间不希望发生的耦合已成为在设计阶段必须要考虑的一个问题。当波导间距很小以至于倏逝模尾出现重叠时,就会发生这种不希望的耦合或"串扰"。由于串扰消耗光波信号的能量,并且还将不希望的光波信号引入到相邻波导中,必须消除它或使之减至最小。Sikorski 等人[33]计算了单模矩形光波导之间的串扰,这种光波导可应用到平面光波回路设计中。

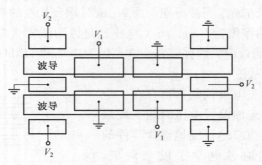

图 9.9　偏振不敏感调制器的电极结构[32]

9.5　Mach-Zehnder 型电光调制器

　　并非所有的双通道调制器都是利用重叠模尾之间能量的同步耦合,还有一类调制器是基于 Mach-Zehnder 型干涉仪的波导形式,在此干涉仪中两个相位相干的光波通过不同的光程长度后发生干涉。Mach-Zehnder 型调制器的基本结构如图 9.10 所示:光经由单模波导输入到调制器,分束器将光分成两相等的光束,分别沿波导 a

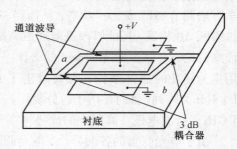

和 b 传输。通过对电极施加电压后,有效光程长度可以发生改变。在这类理想设计的调制器中,干涉仪两臂的光程长度及波导特性都完全相同,所以在没有施加电压时,分路光束在输出波导内重新复合,再次产生最低阶模式。如果施加了电压,以至两臂间产生π弧度的相移,这样光束重新复合就使输出波导中心处的光场为零,即相当于一阶($m=1$)模式。如果输出波导与输入波导完全一样,也是一个单模波导,则此一

图 9.10　Mach-Zehnder 型调制器

阶模式就会被截止,并且传输一段较短的距离后就通过衬底辐射很快消失了。因而,通过施加电压,此调制器就可以从一个透射态切换到一个非透射态。

　　如图 9.10 所示 Mach-Zehnder 型调制器基本结构的各种具体器件已被证明是有效的。Zernike[34]首先提出了这类集成光学调制器,它使用 3 dB 定向耦合器,而不是在普通分立元件的干涉仪中所使用的棱镜作为分束器及合束器。Martin[35]在 ZnSe 上制作的一个 Mach-Zehnder 型调制器,使用单模"Y"形分支扩散波导获得所要求的光束分路及合路。该器件工作在 0.63 μm 波长时,施加大约 25 V 电压后就可以从 60% 的透射态切换到 1% 的透射态。通过形成 Ti 扩散波导或质子交换波导[36],能在 LiNbO₃ 衬底上制作出 Mach-Zehnder 型调制器,这种调制器还能制作在旋涂聚合物材料上[37]。目前,所有 Mach-Zehnder 型调制器面临的一个共同问题是,即使制作参数的微小变化,也会使器件在零施加电压时不处在导通状态。因此,对于

导通和截止这两个状态，必须维持对所施加电压的小心控制。Ramaswamy 等人[38]更进了一步，他们利用电开关的双通道定向耦合器作为分束器和合束器，这一改进使干涉仪两臂的分束比和相位变化能通过电学方法调节。这样，可以通过电学方法选择导通和截止状态，以得到最佳的消光比。一旦调好了施加到定向耦合器上的偏压，只需通过改变干涉仪臂上的电压来控制开关作用。对于在 Ti 扩散 LiNbO₃ 波导上制作的 38 mm 长的这类器件，已观察到 22 dB 的开-关比。

9.6 使用反射或衍射的电光调制器

利用电光效应控制波导光的反射或衍射，已制作出许多不同的调制器和开关。衍射型调制器一般基于布拉格效应[39]，它包括与多个反射元件的分布相互作用，这些反射元件通常采用光栅的形式。

9.6.1 布拉格衍射型电光调制器

典型的布拉格衍射型电光调制器如图 9.11 所示，它由交错的梳状电极组成。施加在叉指表面电极上的电压使该电极下面的折射率受到扰动，于是在波导内形成一个有效光栅，此光栅改变了光束的传输方向。如果调节波导内光束的传输方向，使它以等于布拉格角 θ_B 的角度入射到光栅条上，光就会沿与入射光束成 $2\theta_B$ 角的方向以最大的效率衍射出来。可以证明[40]，θ_B 角由下式决定：

$$\sin\theta_B = \lambda_0/2\Lambda n_g \qquad (9.33)$$

式中，Λ 是光栅间距，n_g 是波导有效折射率 (β/k)。

式(9.33)的导出基于有效光栅是厚光栅的假设

$$2\pi\lambda_0 L \gg \Lambda^2 \qquad (9.34)$$

如果入射光束与光栅的夹角不等于布拉格角，在 $\Delta\theta_B$ 的一个有限范围内仍可发生衍射，不过效率降低了。当 θ_B 较小时，有 $\sin\theta_B \approx \theta_B$，衍射效率降低 50% 的角度范围 $\Delta\theta_B$ 可由下式给出：[36]

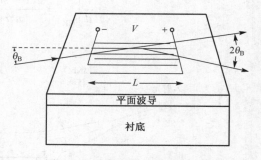

图 9.11　布拉格效应电光调制器

$$\Delta\theta_B = \frac{2\Lambda}{L} \qquad (9.35)$$

衍射光强与施加的电压有关，一般形式为[36]

$$\frac{I}{I_0} = \sin^2 VB \qquad (9.36)$$

式中，I 是施加电压为 V 时的衍射光强；I_0 是施加电压为零时的透射光强；B 是一个常数，与波导有效折射率及适用的电光张量元有关。

布拉格衍射型电光调制器首先是由 Hammer[41] 以及 Giarusso 和 Harris[42] 各自提出的。Hammer 等人在蓝宝石衬底上外延生长的 ZnO 波导中[43] 及 LiTaO₃ 衬底上的 LiNb$_x$Ta$_{1-x}$O₃ 波导中[44] 演示了有效的光栅调制；Lee 和 Wang[45]、Xin 和 Tsai[46] 发展了这类调制器的详细理论模型。

实验工作已经证明[45,46]，如果小心地控制光栅的几何形状和公差，就可以制作出非常有效的布拉格衍射型电光调制器。例如，Tangonan 等人[47]在 Ti 扩散 LiNbO₃ 波导上设计了高效率的多电极串联光栅结构的调制器。测量的结果为：1.06 μm 波长时消光比为 300∶1(24.7 dB)，衍射效率为98%；6328 Å 波长时消光比为 250∶1(24 dB)，衍射效率为98%。

9.6.2　反射型电光调制器

还可应用线性电光效应来减小波导层内的折射率，从而引起光束的全内反射(TIR)。由 Tsai 等人[48]提出的这类器件如图 9.12 所示：四个喇叭形锥形通道波导构成一个平面波导的输入端和输出端，此平面波导内有一个可通过施加电压而使折射率减小的波导区。如果不施加电压，从端口 1 入射的光束将遇到折射率无变化的交界面，而自由地通过端口 4。如果小心地设计和制作喇叭形锥形器，使散射和模式转换最小，这样在端口 3 内的串扰将非常小。然而，当施加适当极性的电压使两电极间的折射率减小时，在不同折射率的区域之间就产生了两个界面。如果在第一个界面上入射角大于临界角，就会发生全内反射，因而部分光束(也可能是全部)被切换到端口 3 中。由图 9.12 所示的结构，可以证明临界角为[48]

$$\theta_c = \sin^{-1}\left[1 - \frac{1}{2}n_1^2 r_{33}\left(\frac{V}{d}\right)\right] \tag{9.37}$$

式中，n_1 是电场区域外的有效折射率，d 是电极间距。利用切换以给定角 θ_i 入射的光束所需的电压，式(9.37)可写成

$$\left.\frac{V}{d}\right|_{TIR} = \frac{2(1 - \sin\theta_i)}{n_1^2 r_{33}} \approx \frac{1}{n_1^2 r_{33}}\left(\frac{\pi}{2} - \theta_i\right)^2 \tag{9.38}$$

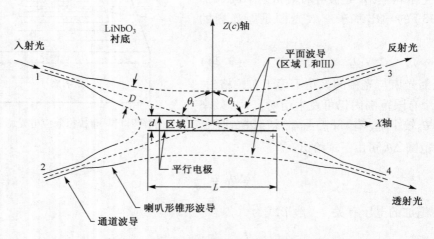

图 9.12　全内反射(TIR)电光调制器和开关[48]

Tsai 等人[48]已在 Ti 扩散 Y 切 LiNbO₃ 上制作出以上介绍的这类 TIR 型开关。输入和输出喇叭口长 4.7 mm，宽度从 4 μm 逐渐增大到 40 μm，电极对的长度为 $L = 3.4$ mm，$d = 4$ μm。当施加大约 50 V 的电压时，可以观察到 6328 Å 波长的光束完全被切换。没有施加电压时，在端口 3 中的串扰为 -15 dB。Sheem[49]发展了这类 TIR 型开关的详细理论模型。由于该器件的电容相当小，估计开关速度超过 6 GHz。Oh 等人[50]制作出了与图 9.12 所示类似的 TIR 型开

关, 其中可控反射界面是通过 p/n/p/n 电流阻断层提供的。该器件制作在 InP 衬底上的 InGaAsP 波导中, 工作电流非常低, 仅为 20 mA。

9.7　波导调制器与体电光调制器的比较

本章多处提到, 波导调制器所需的驱动功率相当低, 为了方便地定量比较波导调制器所需的功率与体电光调制器所需的功率, 要提出当调制器工作在最大频率(与它的带宽 Δf 相等)时, 所需的平均外加功率 P_e 的一个简单但又普遍的表达式。对于 100% 调制的情形, 此功率可表示为

$$P_e = (\Delta f)W \tag{9.39}$$

式中, W 是由外电源提供的使器件从断态(或通态)切换到通态(或断态)所需要的能量。对于理想的无欧姆损耗的电光调制器, 所有电能都存储在两电极间的电场中。因此, 可以取

$$W = \frac{1}{2} \int \varepsilon E_a^2 dv \tag{9.40}$$

式中, E_a 是外加电场的峰值振幅, ε 是介电常数, 积分在电场所占的整个体积内进行。为方便起见, 假设所有的电场都被限制在调制器体积内, 且 E_a 在此体积内也是均匀的, 则式(9.40)就变为

$$W = \frac{\varepsilon WtLE_a^2}{2} \tag{9.41}$$

式中, W 是调制器宽度, t 是调制器厚度, L 是调制器有源体积的长度。因而, 由式(9.39)可得外驱动功率为

$$P_e = \frac{(\Delta f)\varepsilon WtLE_a^2}{2} \tag{9.42}$$

式(9.42)的主要特征是, 所需的调制功率与有源体积成正比。因此, 如果将图 9.13(a)所示的体电光调制器与图 9.13(b)所示的平面波导调制器进行比较, 显然平面波导器件需要的功率要小得多。如图 9.13(c)所示, 用通道波导调制器还可以使功率进一步减小, 现考虑下面的例子。

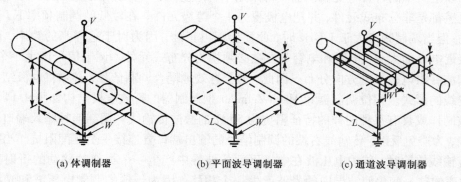

(a) 体调制器	(b) 平面波导调制器	(c) 通道波导调制器

图 9.13　电光调制器的基本结构

对于如图 9.1 所示取向的在 GaAs 上制作的电光调制器的特殊情形, 通过式(9.15)可以得出折射率改变与外加电场的关系为

$$E_a = \frac{2\Delta n}{n_2^3 r_{41}} \tag{9.43}$$

因而，联立式(9.43)和式(9.42)，可得

$$P_e = \frac{2(\Delta f)\varepsilon WtL}{n_2^6 r_{41}^2}\Delta n^2 \tag{9.44}$$

对于双通道 100% 调制器的这一特殊情形，式(9.32)已经表明

$$\Delta n = \frac{\sqrt{3}\pi}{kL} = \frac{\sqrt{3}\lambda_0}{2L} \tag{9.45}$$

将式(9.45)代入式(9.44)，可得到下面的表达式：

$$\frac{p_e}{(\Delta f)} = \frac{3\varepsilon Wt\lambda_0^2}{2n_2^6 r_{41}^2 L} \tag{9.46}$$

如果取 GaAs 的以下典型参数：$W = 6 \times 10^{-6}$ m，$t = 3 \times 10^{-6}$ m，$\lambda_0 = 0.9 \times 10^{-6}$ m，$n_2 = 3.6$，$r_{41} = 1.2 \times 10^{-12}$ m/V，$\varepsilon/\varepsilon_0 = 12$ 以及 $L = 0.5$ cm，则 $P_e/(\Delta f) = 0.148$ mW/MHz。由于平面波导调制器的 W 增大了，所以 $P_e/(\Delta f)$ 的可比值通常要大 10 倍，而体调制器的 W 和 t 都增大了，因而 $P_e/(\Delta f)$ 的可比值要大 100 ~ 1000 倍。需要指出的是，用式(9.44)计算的 $P_e/(\Delta f)$ 值是根据光场和电场都被均匀地限制在体积 WtL 之内这一假设而得到的。如果事实并非如此，可以使用下面的略加修正的关系式：

$$P_e = \frac{2(\Delta f)\varepsilon\left(\frac{W}{c_1}\right)\left(\frac{t}{c_2}\right)L}{n_2^6 r_{41}^2}\Delta n^2 \tag{9.47}$$

式中，c_1 和 c_2 是常数，数值均小于 1，这是考虑到电场和光场并不是完全被限制在相同的体积内。

9.8　行波电极结构

　　本章以上所示的各种电光调制器全部采用了"集总元件"电极，在这种结构中，假设电阻、电容和电感都是非分布式元件，并把电极视为一个等势元件。在较低的调制频率下，这一模型是正确的；但当调制频率大于 1 GHz 时，此模型不再正确，因为对于这样高的频率，调制信号的波长接近电极的大小，电阻和电容等参数必须视为分布式元件。调制信号产生一个电压波，其波峰和波谷沿电极长度方向分布。因此，为了有效地耦合调制信号，必须将电极结构设计成微波传输线的形式。相位调制器和 Mach-Zehnder 型调制器的行波电极结构如图 9.14 所示，其中电极被制作成具有某种图样的特征阻抗为 50 Ω 的微波传输线。调制信号输入端口位于传输线的左端，为避免反射，传输线右端的调制信号的输出端口要连接一个匹配阻抗。当微波调制信号沿传输线传输时，传输电压波在电极下面的波导中产生一个类似的移动的折射率变化图样，折射率的这一变化使波导中的光波产生一个相移。因为传输的调制电压波和光波之间发生了有效耦合，图 9.14 所示的调制器的 3 dB 带宽为 4 ~ 6 GHz，而利用传统电极制作的类似器件的 3 dB 带宽只有 2 ~ 3 GHz。

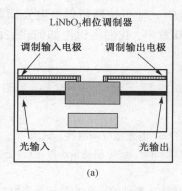

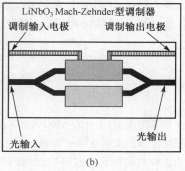

(a)   (b)

图 9.14 具有行波电极结构的 LiNbO₃ 波导调制器

行波电极的特征阻抗 z 为

$$\frac{1}{z} = \frac{c}{\sqrt{\varepsilon_{\text{eff}}}} \left(\frac{C}{L} \right) \tag{9.48}$$

式中，c 是真空中的光速，C/L 是每单位长度的电容，ε_{eff} 是有效微波介电常数（对 LiNbO₃ 此值为 35.8）[6]。关于行波电极设计和性能的全面讨论，可以参见参考文献[7]。

通过小心设计行波电极的结构，可能制作出工作频率很高的电光调制器。成功的关键一点是，波导中光波的速度必须与电极传输线上微波的速度相匹配。

例如，Jungerman 和 Dolfi[51] 报道的一种 Mach-Zehnder 型调制器采用了如图 9.15 所示的共面波导结构。波导是通过将 Ti 扩散到 LiNbO₃ 衬底中制成的，缓冲层与窄基平面和厚电极一同增大了微波速度，以与光信号的速度相匹配。对于 x 切和 z 切衬底，电极相对波导的位置不同，目的是使微波信号和光信号的电场均沿晶体的 z 轴方向，从而实现最大的电光调制。

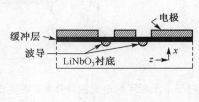

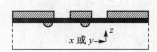

图 9.15 x-切（上图）和 z-切（下图）铌酸锂上的共面电极结构[51]

调制器的插入损耗小于 4 dB，实现完全开-关转换需要 10.4 V 的电压；3 dB 调制带宽为 50 GHz，可工作在 1300 nm 和 1550 nm 波长。

Teng[37] 利用聚合物制作了行波电极结构的 Mach-Zehnder 型调制器，其中信号电极采用微波带状线。由于聚合物相对低的折射率（1.65）与微波带状线的射频折射率（1.61）紧密匹配，3 dB 带宽为 40 GHz。Zhang 等人[52] 利用 InGaAsP 的 MOCVD 外延生长制作行波电极的电吸收调制器，电极构成了一条共面波导（CPW）传输线。当工作在 1.55 μm 波长时，为得到 20 dB 的消光比只需要 1.2 V 的驱动电压，调制带宽为 25 GHz。

Jaeger 和 Lee[53] 完整地发展了有关行波电极结构电光调制器工作的理论，证明可以制作出微波有效折射率为 3.5（与 GaAs/InP 基半导体的折射率匹配）的电极，其特征阻抗为 50 Ω 或 75 Ω。

电光调制器在各种应用中的使用是如此广泛，它们已成为很多公司的标准"现成"产品。工程搜索引擎（GlobalSpec.com）可以列出由 22 个供应商提供的 47 种不同的电光调制器产品。

本章讨论了许多不同类型的电光调制器，其中一种布拉格衍射型电光调制器利用了电光效应感应的光栅来改变光束的传输路径。在第 10 章中，我们将讨论如何将表面声波用于同样的目的。

习题

9.1　希望设计一台(如下图所示)工作在 6300 Å 波长的 GaP 电光相位调制器。试问

　　　(a)如果载流子浓度 $N_2 = 1 \times 10^{15}\,\mathrm{cm}^{-3}$，$N_3 = 3 \times 10^{18}\,\mathrm{cm}^{-3}$，波导层的最小厚度($t$)是多少？

　　　(b)在不产生电击穿的前提下，电压(V)能加到多少？

　　　(c)如果加上此电压，要使透射光波产生 π 弧度的相移，器件的长度(L)应是多少？假设入射光是在 Y 方向偏振的，并且 GaP 的参数如下：

　　　　　E_c(临界击穿电场):5×10^5 V/cm；

　　　　　r_{41}(上述取向的电光系数):5×10^{-11} cm/V；

　　　　　m^*(有效质量):$0.013 m_0$；

　　　　　$n = 3.2$。

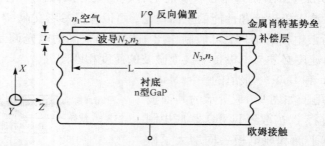

9.2　对于下图所示的电光波导开关，要使波导导通，即波导的折射率要增加到足以使最低阶导模处于截止条件以上，问加在电极上的电压(V)应是多少？

　　　假设：

　　　(1)空气中的光波长 $\lambda_0 = 1.0\ \mu\mathrm{m}$；

　　　(2)电子有效质量 $m^* = 0.08 m_e$；

　　　(3)所有电压都降落在波导上，衬底上没有电压降；

　　　(4)选择晶体的取向使适用的电光张量元只是 r_{41}，并且正电压(V)导致折射率增加。

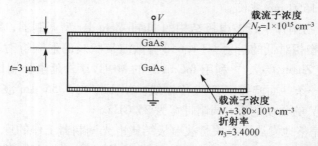

9.3　(a)肖特基势垒型电光调制器可以用来产生下述哪一类光调制？相位、偏振、频率、强度还是脉冲编码？

　　　(b)描述 Franz-Keldysh 效应。

9.4　光波的偏振通常对电光调制器的调制深度有重要影响吗？为什么？

9.5　若使两个不同波导中的光学模式通过同步耦合或"光学隧道"相互耦合，那么必须满足的两个基本条件是什么？

9.6　如图 9.5 所示的双通道 GaAs 波导调制器，波导横截面为 $5\ \mu m \times 5\ \mu m$，用它调制波长（空气中）$\lambda_0 = 1.06\ \mu m$ 的光。当施加到场板上的电压为零时，光能量从一个通道耦合到另一个通道的耦合系数 $\kappa = 1\ cm^{-1}$（假设吸收损耗忽略不计）。

　　(a) 为使光从通道 0 完全耦合到通道 1，器件的长度 L 应为多少（假设最低阶模的无损耗传输）？

　　(b) 若 $V_0 = 0$ 且有效电光系数为 $r = 1 \times 10^{-12}$ m/V，为使通道 1 输出的光变为零，则施加的最小电压 V_1 应为多少？假设衬底电导率很大，全部电场被限制到波导通道。

9.7　有一波导调制器，其结构和参数均与习题 9.1 中的相同。

　　(a) 由于载流子浓度的差别，层 2 和层 3 之间界面处的折射率差是多少？

　　(b) 由电光效应产生同样大小的 Δn，施加的电压应是多少［假设最小波导厚度与习题 9.1（a）中的计算结果相同］？

　　(c) 对于 $N_2 = N_3 = 1 \times 10^{15}\ cm^{-3}$ 的特殊情形（即肖特基势垒直接在均匀掺杂衬底上形成），答案是否与 (b) 中的相同？

9.8　(a) 画出习题 9.1 和习题 9.7(c) 的波导调制器结构的电场分布与深度的关系略图，假设所施加的电压已经调整到对每种情形可产生相等的波导厚度。

　　(b) 在一个轻掺杂或重掺杂的半导体衬底中，这两个场分布的差别对 Δn 随深度变化的曲线有显著影响吗？

9.9　若电光调制器的最大调制带宽为

$$\Delta f = (2\pi R_L C)^{-1}$$

式中，R_L 是电路的负载电阻，C 是器件电容。证明，为产生一个给定的相位变化 $\Delta\phi_{EO}$，功率 P 应为

$$P = \frac{(\Delta\phi_{EO})^2 \lambda_0^2 \varepsilon A (\Delta f) t_g}{\pi L^2 n^6 r^2}$$

式中，λ_0 是空气中的波长，ε 是材料的介电常数，A 是横截面积，L 是调制器中的光程长度，n 是材料的折射率，r 是适当的电光张量元，t_g 为波导厚度。

9.10　要制作一个用于波长 $\lambda_0 = 1.15\ \mu m$ 光的 Franz-Keldysh 型电吸收调制器，所选半导体的带隙应为多少？

9.11　一电吸收调制器在没有施加电压时的吸收系数为 $\alpha = 0.2\ cm^{-1}$，施加 5 V 电压时吸收系数为 $\alpha = 4\ cm^{-1}$。该调制器长度为 2 cm，并将其插入到最初传输 500 mW 光功率的波导中。

　　(a) 插入损耗是多少 dB？

　　(b) 消光比（最大调制深度）是多少 dB？

　　假设输入和输出的耦合损耗可以忽略。提示：根据处理问题的方法，可以不用 500 mW 这个条件。

参考文献

1. D. A. Pinnow：IEEE J. **QE-6**, 223（1970）

2. J. M. Hammer：Modulation and switching of light in dielectric waveguides, in *Integrated Optics*, T. Tamir, (ed.), 2nd edn., Topics Appl. Phys., Vol. 7（Springer, Berlin, Heidelberg 1979）p. 142

3. A. Yariv：*Quantum Electronics*, 3rd edn.（Wiley, New York 1989）pp. 298 – 307

4. J. F. Nye：*Physical Properties of Crystals*（Oxford University Press, New York 1957）p. 123

5. L. A. Shuvalov（ed.）：*Modern Crystallography IV*, Springer Ser. Solid-State Sci., Vol. 37（Springer, Berlin, Heidelberg 1988）

6. R. C. Alferness：Titanium-diffused lithium niobate waveguide devices, in *Guided-Wave Optoelectronics*, T. Tamir (ed.), 2nd edn., Springer Ser. Electron. Photon., Vol. 26（Springer, Berlin, Heidelberg 1990）Chap. 4, in particular, pp. 155 – 157

7. D. Hall, A. Yariv, E. Garmire：Appl. Phys. Lett. **17**, 127（1970）

8. I. P. Kaminov, V. Ramaswamy, R. V. Schmidt, F. H. Turner: Appl. Phys. Lett. **27**, 555 (1975)

9. I. P. Kaminov, L. W. Stultz, E. H. Turner: Appl. Phys. Lett. **27**, 555 (1975)

10. Y. Shuto, M. Amano, T. Kaino: IEEE Photon. Tech. Lett. **3**, 1003 (1991)

11. J.-M. Brosi, C. Koos, L. C. Andreani, M. Waldow, J. Leuthold, W. Freude: High-speed low-voltage electro-optic modulator with a polymer-infiltrated silicon photonic crystal waveguide, Opt. Express **16**, 4177 (2008)

12. J. C. Campbell, F. A. Blum, D. W. Shaw: Appl. Phys. Lett. **26**, 640 (1975)

13. M. Kawabe, S. Hirata, S. Namba: IEEE Trans. CAS-**26**, 1109 (1979)

14. J. I. Pamkove: *Optical Processes in Semiconductors* (Prentice Hall, Englewood Cliffs, NJ 1971) p. 29

15. B. G. Streetman: *Solid State Electronic Devices*, 4th edn. (Prentice Hall, Englewood Cliffs, NJ 1995) pp. 301 – 307

16. V. S. Vavilov: Sov. Phys. – Uspekhi **4**, 761 (1962)

17. F. K. Reinhart: Appl. Phys. Lett. **22**, 372 (1973)

18. Y. Node: IEEE J. **LT-4**, 1445 (1986)

19. H. Soda, K. Nakai, H. Ishikawa: High-speed and low-chirp GaInAsP/InP optical intensity modulator. *Integrated and Guided Wave Optics*, 1988 Techn. Digest Ser., Vol. 5 (Opt. Soc. Am., Washington, DC 1988) p. 28

20. A. Yariv: IEEE J. **QE-9**, 919 (1975)

21. E. A. J. Marcatili: Bell Syst. Techn. J. **48**, 2130 (1969)

22. S. Somekh, E. Garmire, A. Yariv, H. L. Garvin, R. G. Hunsperger: Appl. Phys. Lett. **22**, 46 (1973)

23. S. Somekh, E. Garmire. A. Yariv, H. L. Garvin, R. G. Hunsperger: Appl. Opt. **13**, 327 (1974)

24. H. F. Taylor: J. Appl. Phys. **44**, 3257 (1973)

25. J. C. Campbell, F. A. Blum, D. W. Shaw, K. I. Lawley: Appl. Phys. Lett. **27**, 202 (1975)

26. M. Papuchon, Y. Combernale, X. Mathieu, D. B. Ostrowsky, L. Reiber, A. M. Roy, B. Sejourne, M. Werner: Appl. Phys. Lett. **27**, 289 (1975)

27. H. Kogelnik, R. V. Schmidt: IEEE J. **QE-12**, 396 (1976)

28. Y. Zhou, W. Qiu, Y. Chen: Optica Sinica **14**, 264 (1994)

29. R. C. Alferness: Titanium diffused lithium niobate devices, in *Guided-Wave Optoelectronics*, T. Tamir (ed.), 2nd edn., Springer Ser. Electron. Photon., Vol. 26 (Springer, Berlin, Heidelberg 1990) Chap. 4, in particular, ps. 179, 180

30. J. J. Veselka, D. A. Herr, T. O. Murphy, L. L. Buhl, S. K. Korotky: IEEE J. **LT-7**, 908 (1989)

31. R. A. Steinberg, T. G. Giallorenzi: IEEE J. **QE-13**, 122 (1977)

32. R. A. Steinberg, T. G. Giallorenzi, R. G. Priest: Appl. Opt. **16**, 2166 (1977)

33. Y. Sikorski, R. T. Deck, A. L. Sala, B. G. Bagley: Analysis of crosstalk between single-mode rectangular optical waveguides. Opt. Eng. **39**, 2015 (2000)

34. F. Zernike: Integrated optic switch. OSA Topical Meeting on Integrated Optics, New Orleans, LA (1974)

35. W. E. Martin: Appl. Phys. Lett. **26**, 562 (1975)

36. R. A. Becker: Appl. Phys. Lett. **43**, 131 (1983)

37. C. C. Teng: Traveling-wave polymeric optical intensity modulator with more than 40 GHz of 3-dB electrical bandwidth. Appl. Phys. Lett. **60**, 1538 (1992)

38. V. Ramaswami, M. D. Divino, R. D. Standley: Appl. Phys. Lett. **32**, 644 (1978)

39. K. Izuka: *Engineering Optics*, 2nd edn., Springer Ser. Opt. Sci., Vol. 35 (Springer, Berlin, Heidelberg 1985) p. 395

40. J. M. Hammer: Modulation and switching of light in dielectric waveguides, in *Integrated Optics*, T. Tamir (ed.) 2nd edn., (Springer, Berlin, Heidelberg 1979) p. 182

41. J. M. Hammer: Appl. Phys. Lett. **18**, 147 (1971)

42. D. P. Giarusso, J. H. Harris: Appl. Opt. **10**, 27861 (1971)

43. J. M. Hammer, D. J. Channin, M. T. Duffy: Appl. Phys. Lett. **23**, 176 (1973)

44. J. M. Hammer, W. Phillips: Appl. Phys. Lett. **24**, 545 (1974)

45. Y. Lee, S. Wang: Appl. Opt. **15**, 1565 (1976)

46. C. Xin, C. S. Tsai: Electrooptic Bragg-diffraction modulators in GaAs/AlGaAs heterostructure waveguides, IEEE J. Lightwave Technol. **6**, 809 (1988)

47. G. L. Tangonan, L. Persechini, J. F. Lotspeich, M. K. Barnoski: Appl. Opt. **17**, 3259 (1978)

48. C. S. Tsai, B. Kim, F. R. El-Akkari: IEEE **J. QE-14**, 513 (1978)

49. S. K. Sheem: Appl. Opt. **17**, 3679 (1978)

50. K. Oh, K. Park, D. Oh, H. Kim, H. Park, K. Lee: IEEE Photon. Tech. Lett. **6**, 65 (1994)

51. R. L. Jungerman, D. W. Dolfi: Lithium Niobate traveling-wave optical modulators to 50 GHz. IEEE/LEOS Topical Meeting on Optical-Microwave Interactions, Santa Barbara, CA, July 1993

52. S. Zhang, Y. Chiu, P. Abraham, J. Bowers: Traveling-wave Electroabsorption Modulator. IEEE Phot. Technol. Lett. **11**, 191 (1999)

53. N. A. F. Jaeger, Z. K. F. Lee: Slow-wave electrode for use in compound semiconductor electrooptic modulators, IEEE J. Quant. Electron. **28**, 1778 (1992)

第 10 章　声光调制器

上一章介绍了利用电光效应在波导内产生光栅状的折射率改变,从而能够制作出调制器或开关。此光栅结构引起传导光波的衍射,从而导致调制或开关功能。

还可以用声波产生所需的折射率分布的光栅图样。声光效应是由于声波通过介质传输时,使介质产生机械应变,从而引起介质折射率的改变,而且所产生的这种折射率改变是周期性的,其周期等于声波的波长。本章主要讨论两类基本的声光调制器——布拉格(Bragg)型调制器和拉曼-奈斯(Raman-Nath)型调制器,两者的主要差别在于声波和光波的相互作用长度不同。

10.1　声光效应的基本原理

固体内的机械应变引起介质折射率的改变,进而影响在应变介质中传输光波的相位。这种所谓的弹光(或光弹)效应,可以用一个把应变张量和折射率椭球联系起来的四阶张量(应变光张量或弹光张量)来表征,就像用电光张量来表征电场引起的折射率椭球改变一样。对应变光张量的详细讨论,可参见 Izuka[1] 的著作。

在声光效应中,介质中的机械应变是由声波的传输引起的,因而通过弹光效应,应变就产生了折射率的改变。Pinnow[2] 证明,折射率改变 Δn 与声功率 P_a 的关系为

$$\Delta n = \sqrt{n^6 p^2 10^7 P_a / (2 \rho v_a^3 A)} \tag{10.1}$$

式中,n 是无应变介质的折射率,p 是可适用的弹光张量元,P_a 是以 W 为单位的总声功率,ρ 是介质的质量密度,v_a 是声速,A 是波传输路径的横截面积。式(10.1)中的各个量,除了 P_a 外用的都是 CGS 单位制(厘米克秒单位制)。如用普遍采用的声光优值(品质因数)M_2 来表示的话,式(10.1)可改写为

$$\Delta n = \sqrt{M_2 10^7 P_a / (2A)} \tag{10.2}$$

式中,M_2 定义为

$$M_2 \equiv n^6 p^2 / \rho v_a^3 \tag{10.3}$$

晶态固体是光集成回路中最常用的衬底材料,它的声光效应明显依赖于取向,即依赖于 p 值。然而,即使选取了最好的材料及最佳的取向,声光效应还是相当小的。例如,在 6328 Å 波长处,熔石英的 M_2 为 $1.51 \times 10^{-18} \text{s}^3/\text{g}$,$LiNbO_3$ 的 M_2 为 $6.9 \times 10^{-18} \text{s}^3/\text{g}$[2]。因而,在这些材料中即使声功率密度为 100 W/cm^2,由式(10.2)给出的 Δn 仍只有 10^{-4} 的数量级。尽管声波可能产生的 Δn 值很小,但对光束的总影响可以是相当明显的,这是因为声波的应变峰值产生的每个小 Δn 会导致光相互作用,如果实现适当的相位匹配,这些光通过相互作用能够相长(或相消)累加,因而产生明显的衍射效应。

　　光集成回路中采用的声光调制器和开关,一般都使用声行波,因而,由光折射率分布引起的光栅结构,实际上相对于光束是运动的。然而,这种运动对大多数器件的工作无显著影响。运动光栅结构的平均效应,除了第 m 级衍射光线的频移等于 $\pm m f_0$(f_0 为声波频率)外,与静止的光栅结构完全相同。由于声频比光频要小多个数量级,所以这种效应在声光相位调制器(或强度调制器)和声光偏转器中一般都是可以忽略不计的。但是,这种效应已用于信号的光频分复用[3]。

　　光波衍射既可以通过与在体介质中传输的体声波相互作用产生,也可以通过与在光波导表面大致一个声波长的范围内传输的表面声波(SAW)相互作用产生[4]。由于光波导一般只有几微米厚,所以 SAW 调制器和开关与大多数光集成回路应用是兼容的。

　　无论是使用体声波还是表面声波,都可能存在两种基本的不同调制类型。在拉曼-奈斯型调制器中,光束横向入射到声束上,光通道的相互作用长度(即声束宽度)相当短,以至光波只受到简单相位光栅的衍射,在远场图样上产生一组多个干涉峰。如果声束非常宽,以至光波在离开声场前就受到多重衍射,由此产生的衍射图样就大不相同,这种衍射类似于 X 射线受到晶体内多层原子平面的体衍射,它是由布拉格首先观察到的。在布拉格型声光调制器中,光束以某个特定的角度(布拉格角)入射到由声波产生的折射率光栅的栅条上,在远场图样上只观察到一个衍射光斑。拉曼-奈斯型和布拉格型调制器及开关将分别在 10.2 节和 10.3 节中详细介绍。

10.2　拉曼-奈斯型调制器

　　拉曼-奈斯型调制器的基本结构如图 10.1 所示。光线通过此调制器后在 z 方向获得的相移为[5]

$$\Delta\varphi = \frac{\Delta n 2\pi l}{\lambda_0} \sin\left(\frac{2\pi y}{\Lambda}\right) \qquad (10.4)$$

式中,Δn 是由声波产生的折射率改变,l 是相互作用长度,Λ 是声波长。y 轴的零点取在入射光束的中心。联立式(10.4)和式(10.2),可得到以下的表达式

$$\Delta\varphi = \frac{2\pi}{\lambda_0}\sqrt{M_2 10^7 P_a l/2a} \sin\left(\frac{2\pi y}{\Lambda}\right) \quad (10.5)$$

上式利用了面积 A 等于 l 乘以声束厚度 a 这一条件。

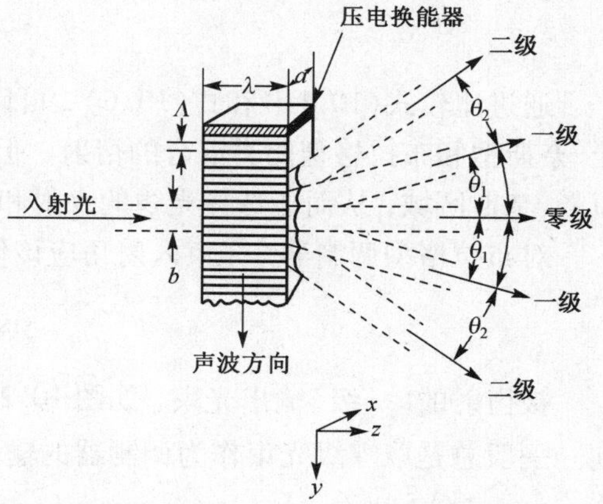

图 10.1　拉曼-奈斯型声光调制器的基本结构[5]

　　要满足拉曼-奈斯型衍射,相互作用长度一定要短到不会产生多重衍射,即满足以下条件:

$$l \ll \frac{\Lambda^2}{\lambda} \qquad (10.6)$$

式中,λ 是光在调制器材料中的波长。入射光线被衍射成满足以下角度的一组不同级次的衍射光线:

$$\sin\theta = \frac{m\lambda_0}{\Lambda}, \quad m = 0, \pm 1, \pm 2, \cdots \qquad (10.7)$$

这些级次的衍射光强由以下关系给出:[5]

$$I/I_0 = \begin{cases} [J_{\mathrm{m}}(\Delta\varphi')]^2/2, & |m| > 0 \\ [J_0(\Delta\varphi')]^2, & m = 0 \end{cases} \tag{10.8}$$

式中,J是一类贝塞尔函数,I_0是无声波时的透射光强,$\Delta\varphi'$是由式(10.4)给出的$\Delta\varphi$的最大值,即

$$\Delta\varphi' = \frac{2\pi l \Delta n}{\lambda_0} = \frac{2\pi}{\lambda_0}\sqrt{M_2 10^7 P_{\mathrm{a}} l/2a} \tag{10.9}$$

拉曼-奈斯型调制器的输出通道通常取零阶模式,在这种情形下,调制指数等于衍射出零级以外的光所占比例,即

$$\eta_{\mathrm{RN}} = \frac{[I_0 - I(m=0)]}{I_0} = 1 - [J_0(\Delta\varphi')]^2 \tag{10.10}$$

拉曼-奈斯型调制器的调制指数一般要比布拉格型调制器的小,而且由于衍射光被分配到不同角度的许多级次上,拉曼-奈斯型调制器也不能方便地用做光开关。由于这些缺点,除了在理论方面感兴趣外,拉曼-奈斯型调制器并不常用在光集成回路的应用中。反之,布拉格型调制器已被广泛用做强度调制器、光束偏转器和光开关。

10.3　布拉格型调制器

要产生布拉格型衍射,光束与声束之间的相互作用长度一定要相当长,以发生多重衍射。表达此条件的定量关系为

$$l \gg \frac{\Lambda^2}{\lambda} \tag{10.11}$$

通过比较式(10.11)和式(10.6),可以看到存在一个$l\lambda$的过渡区域,在该区域内发生拉曼-奈斯型和布拉格型两类混合的衍射。但是,一般都希望调制器能明显工作在布拉格区域或拉曼-奈斯区域,从而能选择光线的入射和出射角度以达到最大的效率。

对布拉格型调制器,光束入射角应该优化为下式给出的布拉格角:

$$\sin\theta_{\mathrm{B}} = \frac{\lambda}{2\Lambda} \tag{10.12}$$

被衍射的(一级)输出光束,如图10.2所示那样出现在与非衍射(零级)光束成$2\theta_{\mathrm{B}}$角的方向。一般总是取零级光束作为调制器的输出,也就是说,调制深度由下式给出:[5]

$$\frac{I_0 - I}{I_0} = \sin^2\left(\frac{\Delta\varphi'}{2}\right) \tag{10.13}$$

式中,I_0是无声束时的透射光强,I是有声束时的零级光强。联立式(10.13)和式(10.9),可以得到最大调制深度或调制指数为

$$\eta_{\mathrm{B}} = \frac{I_0 - I}{I_0}\sin^2\left[(\pi/\lambda_0)\sqrt{10^7 M_2 P_{\mathrm{a}} l/2a}\right] \tag{10.14}$$

根据厚度a与光在材料中的波长λ之比,图10.1和图10.2所示的那种基本调制器结构,既可以是体调制器也可以是波导调制器。例如,当a/λ的值远大于1时,它就是体调制器。实际上,在集成光学出现以前,体声光调制器就已得到广泛使用,而且至今仍在继续使用。关于

它的应用可参见 Alder[6]、Dixon[7] 和 Wade[8] 的论文或著作。诸如用在光集成回路中的波导声光调制器,其功能与体声光调制器基本相同。但是,由于光波和声波都被限制在一个相同的小体积内,波导声光调制器具有驱动功率低的优点。

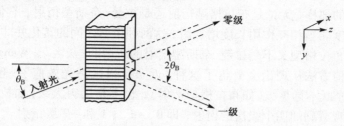

图 10.2　布拉格型声光调制器的基本结构[5]

无论是体调制器还是波导调制器,都可以通过式(10.8)和式(10.13)的计算来预测它们的性能。但是,由于波导调制器中的光场和声场在有源体积内一般是非均匀的,因而相移 $\Delta\varphi$ 的计算相当复杂。对于非均匀场就不能用式(10.9)精确地确定相移,而一定要计算重叠积分[9,10]。但是,如果只需要近似的结果,式(10.9)还是适用的。

Kuhn 等人[9] 首次报道了波导声光调制器,它是一种混合集成器件,其基本几何结构如图 10.3 所示。由于石英晶体具有相当大的压电系数,故采用了 y 切 α 石英($n = 1.54$)作为衬底,并通过在它上面溅射沉积 0.8 μm 厚的高折射率玻璃薄膜($n = 1.73$)形成光波导。用叉指形的金属薄膜电极作为换能器,在 y 方向上激发表面声波。通过机械接触,由表面声波在衬底表面产生的应变图样就能耦合到光波导玻璃薄膜内。用光栅耦合器以布拉格角引入传导光束($\lambda_0 = 6328$ Å),并在 $2\theta_B$ 角方向观察到衍射光束。对于频率 $f_a = 191$ MHz、波长 $\Lambda = 16$ μm 的表面声波,所测量到的调制指数为 $\eta_B = 70\%$。

Kuhn 等人[9] 选择混合集成方式,是为了利用 α 石英的强压电效应来激发声波。Wille 和 Hamilton[11] 也使用这种方法,在 α 石英衬底上溅射沉积了 Ta_2O_5 波导,并用功率为 175 mW、频率 $f_a = 290$ MHz 的声波驱动,结果对 6328 Å 波长的光,布拉格调制指数可达到 93%。Omachi[12] 在以 $LiNbO_3$ 为衬底的 As_2S_3 波导上也获得了类似的结果:对 1.15 μm 波长的光,用功率为 27 mW、频率 $f_a = 200$ MHz 的声波,观察到的布拉格调制指数为 93%。最近,已经将声光调制器设计成用压电薄膜覆盖一个多量子阱结构的形式,这样可以充分利用量子限制 Stark 效应[13](见第 18 章的相关讨论)。

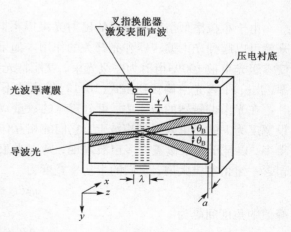

图 10.3　波导声光布拉格调制器的结构[9]

虽然混合集成是一种获得高效声光调制器的有效方法,但是并非在各类应用中都要用这种方法。在单片光集成回路中,也可以在波导材料上直接激发声波。例如,Chubachi 等人[14] 演示了一个布拉格型声光调制器,他们用在熔石英衬底上溅射生长的 ZnO 薄膜作为波导,并在 ZnO 上直接激发表面声波,所得的调制器的调制指数大于 90%。Schmidt 等人[15] 在外扩散 $LiNbO_3$ 波导上制作了一个拉曼-奈斯型声光调制器。他们同时指出,要完全消除零级透射光束,需要 25 mW/MHz 的声功率。Tasi[16]对这类波导声光布拉格型调制器进行了综述,讨论了处理布拉格型声光调制器所需要的解析和数值方法,以及宽带布拉格型调制器和偏转器的设计参数和设计步骤。

正如前面提到的那样,无论是布拉格型衍射还是拉曼-奈斯型衍射,它们都依赖于光波和声波的相互作用长度。当相互作用长度增加时,这两种衍射之间的转化并非是突然发生的,而是存在一个既不是布拉格型又不是拉曼-奈斯型衍射的所谓的"灰区"。Wang 和 Tarn[17]利用空间傅里叶变换和数值方法从理论上分析了这种"近布拉格区声光效应"。理论和实验结果表明,被明显衍射的光既不是零级(如布拉格型衍射),也不是无穷大级(如拉曼-奈斯型衍射),而是在近布拉格区观察到的四个级次的衍射,即 0、+1、-1 和 +2 级衍射。

在结束有关声光调制器的基本类型的讨论之前,必须指出,除了布拉格型和拉曼-奈斯型衍射方法外,还可用其他方法实现声光调制。其中一些方法包括用声波感应波导内不同导模之间的耦合,或者感应导模与辐射模之间的耦合。Chu 和 Tamir[18]运用耦合模方法发展了声光相互作用的详细理论,展示了使用模间耦合的许多不同的调制器[19,20]。另外一种方法则利用了声波感应的材料对光透射的改变,这样就形成一个强度调制器。Karapinar 和 Gunduz[21]已在一个垂直取向的向列型液晶中实现了这一设想。Cryba 和 Lefebvre[22]利用量子阱中的电吸收效应和表面声波感应的电场制作调制器(见第 18 章关于量子阱吸收的更详细的讨论)。Liu 等人[23]通过声波控制光纤布拉格光栅(FBG),在光纤内制作出声光布拉格型调制器。FBG 是一类分布式布拉格反射器,它是通过在光纤内引入折射率的周期性变化形成的。FBG 反射特定波长的光,并透射其他所有波长的光(分布式布拉格反射器将在第 15 章中讨论)。

10.4　布拉格型光束偏转器和光开关

由于布拉格型衍射调制器的出射光束以不同于入射光束的角度射出,所以这种调制器本来就可以起到光束偏转器和光开关的作用。如果声波的频率不变,通过施加足够强的声功率,使零级光束被 100% 衍射为一级光束,就能将光束切换 $2\theta_B$ 角。另外,还可通过改变声波的频率(波长),将光束偏转到由式(10.12)给出的不同角度的方向上。

在光束偏转器的应用中,可分辨点的数量 N 是一个重要的参数,其理论表述可推导如下。设宽度为 b 的光束入射到声波上,它们的相互作用长度为 l(如图 10.4 所示),如果 b 比 Λ 大得多,以至于光束覆盖许多声波周期,则由光束入射到光栅上的基本理论[24]可知,远场图样包含一组衍射极大值,它们的半功率宽度为

$$\Delta\theta_1 = \lambda/b \tag{10.15}$$

峰值的角度间隔为

$$\Delta\theta_2 = \lambda/\Lambda \tag{10.16}$$

当光束以布拉格角入射时,在衍射图样中仅有第一级光斑是有效的,而其他较高级次的强度都可忽略,因而衍射光束集中在这个峰内,且强度最大。如果改变声波的频率(波长),使之偏离严格满足布拉格条件所要求的频率(波长),则衍射光束会随声波频率的变化沿角度扫描,但光强下降。可以证明,衍射光强呈钟形图样分布,其半功率宽度为[25]

$$\Delta\theta_3 = \frac{2\Lambda}{l} \tag{10.17}$$

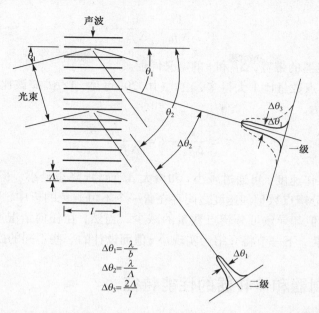

图 10.4　光束入射到声波光栅上的衍射图样，在 $\theta_1 = \theta_B$ 时，二级（或更高级）光斑消失

包络宽度 $\Delta\theta_3$ 与点宽度 $\Delta\theta_1$ 的比即为可分辨点的数量，因而，由式（10.17）和式（10.15）可得

$$N = \frac{\Delta\theta_3}{\Delta\theta_1} = \frac{2\Lambda b}{\lambda l} \tag{10.18}$$

关于式（10.15）~ 式（10.18）还值得一提的是，角度差 $\Delta\theta_i$（$i = 1, 2, 3$）以及波长 Λ 和 λ 都是在制作调制器的介质内测得的数值，并且假设介质是各向同性的。

但是式（10.17）与第 9 章中的式（9.35）是等价的。式（10.17）给出的是声频改变 Δf（足以使光强减小 50%）时，衍射光束相对布拉格角的角度偏离值；而式（9.35）给出的是使衍射光强减弱 50% 所需的入射光束相对布拉格角的角度偏离值。

布拉格型光束扫描器的另一个重要工作特性是可用声信号带宽。与上述相对布拉格条件的角度偏离相联系的衍射光强的下降，隐含了这个带宽的上限。可以证明，与强度半功率点对应的 Δf 最大值由下式给出：[25]

$$\Delta f_0 \approx \frac{2v_a\Lambda}{\lambda l} \tag{10.19}$$

式中，v_a 是声速。利用这一带宽，通过式 10.18）和式（10.19）可以证明，可分辨点数量由下式给出：

$$N = (\Delta f_0)t \tag{10.20}$$

式中，t 是声波通过光束宽度的渡越时间，为

$$t = b/v_a \tag{10.21}$$

由式（10.19）~ 式（10.21）给出的一些光学因素对带宽的限制，还不是必须考虑的唯一影响。用来激发声波的压电换能器的响应时间，也常常有效地将带宽限制在较低的频率。声光偏转器的总响应时间 τ 为

$$\tau = \frac{1}{\Delta f_0} + \frac{1}{\Delta f_a} + t \tag{10.22}$$

式中，Δf_a 是声光换能器的带宽，Δf_0 和 t 的定义同前。

如果要求可分辨点数量比 1 大得多，由式(10.20)可见，$1/\Delta f_0$ 应该比 t 小得多，这种情况下式(10.22)可简化为

$$\tau \approx \frac{1}{\Delta f_a} + t = \frac{1}{\Delta f_a} + \frac{b}{v_a} \tag{10.23}$$

为得到最快的工作速度，可通过减小 t 和增大 Δf_a 而将 τ 降至最小。但是，注意式(10.23)和式(10.20)，在可分辨点数量和速度之间存在着一个不可避免的折中，这是因为较小的 b 值虽可减小渡越时间，但却导致可分辨点数量的减少。当然，在任何情况下声光换能器的带宽 Δf_a 总是一个限制因素。下一节将介绍为实现小 τ 值而设计的一些不同的换能器结构。

10.5　声光调制器和偏转器的性能特征

适用于波导调制器的最简单的声光换能器，由图 10.5 所示的直接沉积在波导表面的叉指形金属指条的单周期图样构成。这种换能器在垂直于指条的方向上激发表面声波。用第 4 章介绍的标准光刻技术，可以制作出适合于高至 1 GHz 频率的图样，而频率更高的叉指结构可采用电子束刻蚀的方法[26,27]。但是这种相对简单的换能器的带宽，与较复杂结构的换能器所能得到的带宽相比是相当小的。例如，Tsai[28] 研究了由 y 切 LiNbO$_3$ 上的 2 μm 厚 Ti 扩散 LiNbO$_3$ 波导构成的声光调制器，用来调制 6328 Å 波长的光。换能器如图 10.5 所示，它的中心频率为 700 MHz，相互作用长度(声孔径)$l = 3$ mm。此时调制器的 3 dB 带宽仅为 34 MHz，这主要是受 3 mm 的声孔径 l 的影响，如果减小 l 即可获得更大的带宽。例如，仍是上面这种换能器，但如果波导厚度变为 1 μm，表面声波的中心频率变为 1 GHz，声孔径变为 0.2 mm，则带宽就可达到 380 MHz[28]。然而，根据式(10.14)，通过减小 l 值而使带宽增加是以牺牲衍射效率为代价的。当然，衍射效率下降就意味着工作时需要更大的声驱动功率。

如果同时要求宽带宽和高衍射效率，就要使用更复杂的换能器结构。其中一种这样的结构是如图 10.6[29,30] 所示的非周期的或啁啾换能器，它的叉指间隙沿声波传输的换能器长度方向是渐变的。因为当换能器叉指间隙等于半个波长时，就能非常有效地激发声波[28]，所以沿换能器指条的不同位置就能理想地激发不同波长的声波，从而增加了带宽。

与其用单个啁啾换能器来获得宽带宽，还不如采用如图 10.7 所示的倾斜阵列多周期换能器[31]。在图 10.7 中，各个换能器按周期(中心频率)错开，并且相对于光束都是倾斜的；每一对相邻换能器之间的倾角恰好等于它们的中心频率所对应的布拉格角之差。这样，由这种换能器所激发的各频率成分的表面声波在成倍的频率范围内都可满足布拉格条件，因此带宽就要比单个换能器的宽。电功率一定要通过适当的匹配网络再耦合到单个耦合器中，而总的换能器却是由功率分配器并联驱动的。

Lee 等人[32] 在 y 切 Ti 扩散 LiNbO$_3$ 波导上制作出多个倾斜换能器，它们的中心频率分别为 380 MHz、520 MHz、703 MHz 和 950 MHz，在 0.8 W 的总射频驱动功率下，由 6328 Å 波长的氦氖激光器产生的 TE$_0$ 模受到调制，衍射效率为 8%，带宽为 680 MHz。即使换能器在

950 MHz 时的转换效率非常差(- 15 dB)，1. 17 mW/MHz 的总驱动功率还是相当低的。Tsai[28] 预测，当制作了更有效的高频换能器后，这类调制器在 l mW/MHz 的电驱动功率下可实现的衍射效率为 50%，带宽为 1 GHz。

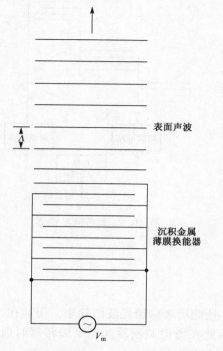

图 10.5　单周期叉指换能器。调制电压 V_m 通过压电效应感应出表面声波

图 10.6　多周期啁啾叉指换能器

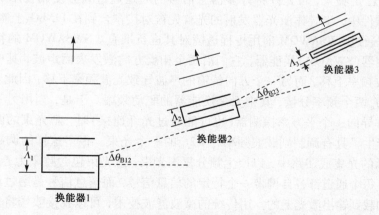

图 10.7　为增加带宽而设计的多周期倾斜换能器阵列

因为多个倾斜的换能器允许在较大的声孔径范围和较宽的频率范围内满足布拉格条件，所以它是非常有效的。能够实现同一目的的另一种方法是使用如图 10.8 所示的相控阵换能器组[33]，这就是说，每个换能器组元具有同样的中心频率和平行的传输轴，但是它们按照阶梯结构排列。于是当表面声波的频率变化时，相邻表面声波之间就产生了可变的相移。由于这种相移以及由此产生的波的干涉，以与相控阵天线产生的扫描雷达束相同的方式，产生扫描声

波前。声波前的扫描产生宽孔径的声束,它能在较大的频率范围内跟踪布拉格条件。Nguyen 和 Tsai[33] 在 7 μm 厚的外扩散 LiNbO₃ 波导上制作了这类调制器。构成相控阵换能器组的 6 个单元的中心频率均为 325 MHz,总声孔径为 10.44 mm,要在 112 MHz 的带宽范围内衍射 50% 的光需要3.5 mW 的声驱动功率(68 mW 电功率)。与已介绍的其他多元宽带声光调制器一样,Δf 受换能器带宽的限制而不受光学现象的限制。

声光调制器和光束偏转器都是更加先进的集成光学器件,不仅在实验室中已经发展得相当完善,而且也在许多实际应用中得到使用,如将在第 20 章中介绍的射频频谱分析仪[34],以及使用多通道声光调制器的 DOC Ⅱ 32 位数字光学计算机等[35]。

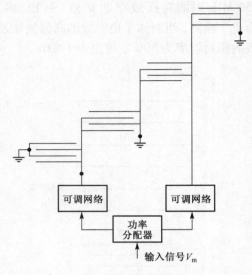

图 10.8　相控阵换能器[33]

10.6　声光移频器

声光器件除了用在调制器和光束偏转器中外,还能用来移动光波的频率。正如在 10.1 节中提到的,由于声光调制器的频移效应非常小,因此在考虑调制器和光束偏转器时通常忽略它。但是,在某些应用中,即使这样小的频移就已经足够了。

例如,如图 10.9 所示的驻波表面声波光调制器(SWSAWOM)能够用来产生光载波的频移,由于频移量已足够大,可允许将许多信息信号的通道通过频分复用技术加载到同一光束上[3]。在这种器件中,半导体激光器发射的光首先被对接耦合到在 LiNbO₃ 上制作的 Ti 扩散波导之中,然后在通过 SWSAWOM 前用短程透镜对其进行准直。SWSAWOM 的特征是有两个表面声波声光调制器(SWAOM)换能器,它们沿两个相反方向激发表面声波,其中一个方向传输的声波导致光波频率上移,而另一个方向传输的声波导致光波频率下移,因此新出现的光束就有 $f_0 + f_m$ 和 $f_0 - f_m$ 两个频率分量,其中 f_m 是换能器的驱动频率。于是,当用另一个短程透镜对新光束再聚焦并导向一个平方率探测器(也可能通过光纤连接)时,新光束的两个频率分量由于拍频效应,产生了具有调制副载波频率 $f_c = 2f_m$ 的一个光束。很多这样的调制器可以组合到如图 10.10 所示的光集成回路中,以产生频分复用光束,该光束包含频率为 f_{c1}、f_{c2}、f_{c3} … 的许多副载波通道,每个通道都各自携带一个特定的信息信号,而信息信号是通过调制激光二极管的驱动电流而加载到输出激光上的。用传统的微波滤波技术,可以在接收端将这些信号挑选出来。如图 10.9 所示的这种类型的 SWSAWOM 已经制作出来[36],其副载波频率 $f_c = 600$ MHz,换能器的驱动频率为 300 MHz。

声光调制器的移频(或移相)能力的另一个应用是 Mach-Zehnder 型干涉仪,这是由 Bonnotte 等人[37] 提出的,干涉仪用来测量两臂中光波的相位差。在如图 10.11 所示的这种器件中,表面声波通过 Mach-Zehnder 型干涉仪的参考臂,导致参考臂中的光波相对测量臂中的光波有一个相移调制。声吸收体可以阻止声波到达测量臂。

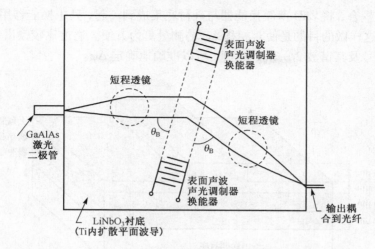

图 10.9　用于光频率偏移的驻波表面声波光调制器

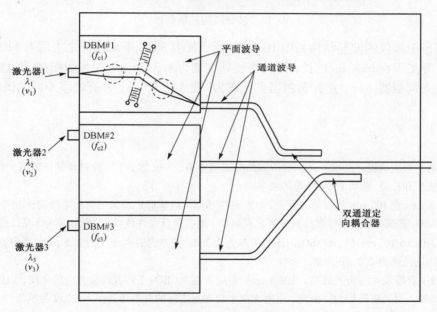

图 10.10　光频分复用器

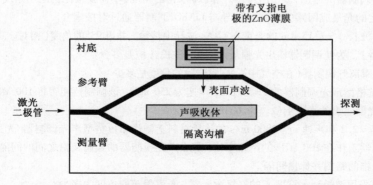

图 10.11　带有相位调制器的集成 Mach-Zehnder 型干涉仪[37]

为改进压电耦合，将 ZnO 薄膜换能器与硅衬底集成到一起，其中换能器用 48 MHz 的正弦调制信号驱动，这样做的目的是使对相移 $\Delta\varphi$ 的测量更为方便。通过比较频谱仪上观察到的频率为 f_0 的调制信号及其谐波 $2f_0$、$3f_0$ 的幅度，可以准确地确定 $\Delta\varphi$。

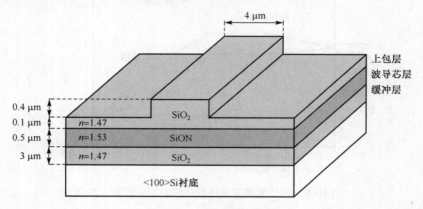

图 10.12　波导结构的横截面[37]

用来制作干涉仪的波导结构如图 10.12 所示，其中 SiON 平面波导之上置有 SiO_2 脊。这种加载条形波导工作在 633 nm 波长，而且当波导宽度为 4.5 ~ 5 μm 时导引单模 TE_{00} 模。

如同电光调制器一样，声光调制器也已成为"现成的"产品，并有许多不同的供应商。

习题

10.1　试说明一台正确设计的波导调制器所需的电驱动功率，一般总小于同种材料制作的同类体调制器（如布拉格型和拉曼-奈斯型等）所需的功率。

10.2　在厚 3 μm、宽 100 μm 的石英波导上，1 W 的声功率可以感应出多大的折射率改变？

10.3　在 $LiNbO_3$ 平面波导上制作布拉格型声光调制器，此波导只允许传输 6328 Å（真空）波长的最低阶模式（$\beta = 2.085 \times 10^5 \ cm^{-1}$），$LiNbO_3$ 的体折射率为 2.295，波导内的声波长为 2.5 μm，光束宽为 4.0 mm，相互作用长度为 2.0 mm。求

（a）为了获得最大的衍射效率，光束的入射角应为多大（相对于声波传输方向的角度，以度为单位）？

（b）如果入射光束是均匀平面波，衍射光束半功率点之间的发散角是多大（以度为单位）？衍射光束离开调制器的角度是多大？

（c）画出此调制器的略图，标出上面（a）和（b）求得的角度（不需要按比例绘出角度）。

10.4　在一个给定的光集成回路中，GaAs 波导与 $LiNbO_3$ 调制器通过对接耦合。

（a）若真空波长 $\lambda_0 = 1.15$ μm 的光束在 GaAs 波导中传输，并以 93° 的角度（相对于声波的传输方向）入射到调制器上，为使调制器输出光强最大，声波波长 Λ 应是多少？

（b）一旦光束离开调制器（在空气中），则它传输的角度是多少？

10.5　假设一布拉格型声光调制器的 $l = 50$ μm，声速为 250 m/s，该调制器能否将 100 MHz 带宽的信号加载到氦氖激光器输出的光束上（$\lambda_0 = 0.6328$ μm）？

10.6　在折射率 $n = 2.2$ 和声速 $v_a = 2800$ m/s 的波导材料上制作布拉格型声光调制器/光束偏转器。

（a）若调制器工作在 100 MHz 的声频率处，那么声光换能器的金属叉指之间的间隔应为多少？画出换能器叉指的略图并标出间隔。

（b）若光源采用波长 $\lambda_0 = 6328$ Å 的氦氖激光器，光束偏转的角度为多少？

10.7　在晶体材料上制作布拉格型声光光束偏转器，其中晶体折射率 $n = 1.6$，声速为 2500 m/s。

（a）为将氦氖激光器输出的在 $1°$ 布拉格角的光束（$\lambda_0 = 6328$ Å）偏转，需要的声波长为多少？

（b）对应的声频率为多少？

（c）画出能沉积到晶体表面上的叉指形金属指条换能器的略图，该换能器能发射具有问题（a）计算波长的表面声波；说明如何将电压加到金属指条上，并在适当的金属指条之间用箭头标出声波长。

10.8　在折射率 $n = 2.0$ 的 $LiNbO_3$ 平面波导上制作一声光布拉格偏转型射频频谱分析仪，用调制频率为 $50 \sim 500$ MHz 的信号驱动声光换能器，在 $LiNbO_3$ 波导中激发速度 $v_a = 3000$ m/s 的声行波。光束宽 $b = 1$ mm，空气中的光波长 $\lambda_0 = 6328$ Å，相互作用长度 $l = 5$ mm。

（a）当调制频率为 500 MHz 时，偏转角度是多少（以度为单位）？

（b）在 500 MHz 调制频率下，可分辨点的数量（包络宽度与点宽度的比）是多少？

10.9　当调制频率为 100 MHz 时，重复习题 10.8 的问题。

10.10　在熔石英上制作布拉格型调制器，用来调制 6328 Å 波长的光。没有声波时透射光强为 200 mW/cm^2，有声波时零级光强为 170 mW/cm^2。在平行于光束的方向，调制器长度为 1 cm，调制器厚度为 1 mm。若声波的功率为 500 mW，求最大调制深度是多少？

参考文献

1. K. Izuka：*Engineering Optics*，3rd edn.，Springer Ser. Opt. Sci.，Vol. 35（Springer，Berlin，Heidelberg 2008）

2. D. Pinnow：IEEE J. **QE-6**，223（1970）

3. C. S. Ih，R. G. Hunsperger，J. J. Kramer，R. Tian，X. Wang，K. Kissa，J. Butler：SPIE Proc. **876**，30（1988）

4. K-Y. Hashimoto：*Surface Acoustic Wave Devices in Telecommunications：Modelling and Simulation*（Springer，Berlin，Heidelberg，2000）

5. J. M. Hammer：Modulation and switching of light in dielectric waveguides，in *Integrated Optics*，T. Tamir（ed.），2nd edn.，Topics Appl. Phys.，Vol. 7（Springer，Berlin，Heidelberg 1982）p. 155

6. R. Adler：IEEE Spectrum **4**，42（May 1967）

7. R. W. Dixon：J. Appl. Phys. **38**，5149（1967）

8. G. Wade：Bulk-wave acousto-optic Bragg diffraction，in *Guided-wave Acousto-Optic Interactions*，*Devices and Applications*，C. Tsai（ed.），Springer Ser. Electron. Photon.，Vol. 23（Springer，Berlin，Heidelberg 1990）Chap. 2

9. L. Kuhn，M. L. Dakss，P. F. Heidrich，B. A. Scott：Appl. Phys. Lett. **17**，265（1970）

10. T. G. Gialorenzi，A. F. Milton：J. Appl. Phys. **45**，1762（1974）

11. D. A. Wille，M. C. Hamilton：Appl. Phys. Lett. **24**，159（1974）

12. Y. Omachi：J. Appl. Phys. **44**，3928（1973）

13. T. Gryba，J. Lefebvre，J. Gazalen：*Proc. Ultrasonics Int'l Conf.* 1993（Butterworth-Heinemann，London 1993）pp. 73 – 76

14. N. Chubachi，J. Kushibiki，Y. Kikuchi：Electron. Lett. **9**，193（1973）

15. R. V. Schmidt，I. P. Kaminow，J. R. Carruthers：Appl. Phys. Lett. **23**，417（1973）

16. C. Tsai：Guided-wave acousto-optic Bragg modulators for wide-band integrated optic communications and signal processing，IEEE Trans. Circ. Syst. **26**，1072（1979）

17. C. C. Wang，C. W. Tarn：Theoretical and experimental analysis of the near-Bragg acousto-optic effect，Opt. Eng. **37**，208（1998）

18. R. S. Chu，T. Tamir：IEEE Trans. **MTT-18**，486（1970）

19. L. Kuhn，P. Heidrich，E. Lean：Appl. Phys. Lett. **19**，428（1971）

20. M. L. Shah: Appl. Phys. Lett. **23**, 75 (1973)

21. R. Karapinar, E. Gunduz: Opt. Commun. **105**, 29 (1994)

22. T. Gryba, J. Lefebvre: IEE Proc. Optoelectronics **141**, 62 (1994)

23. W. F. Liu, P. S. J. Russell, L. Dong: Acousto-optic superlattice modulator using a fiber Bragg grating, Opt. Lett. **22**, 1515 (1997)

24. A. Nussbaum, R. A. Phillips: *Contemporary Optics for Scientists and Engineers* (Prentice Hall, Englewood Cliffs, NJ 1976) pp. 248 - 255

25. E. G. H. Lean: Acousto-optical interactions, in *Introduction to Integrated Optics*, M. K. Barnoski (ed.) (Plenum, New York 1974) p. 458

26. S. A. Campbell: *Fabrication Engineering at the Micro- and Nanoscale*, 3rd edn. (Oxford, New York, 2008) pp. 227 - 234

27. S. M. Sze: *VLSI Technology*, 2nd edn. (McGraw-Hill, New York 1988) pp. 450 - 457

28. C. S. Tsai: IEEE Trans. **CAS-26**, 1072 (1979)

29. R. H. Tancrell, M. G. Holland: IEEE Proc. **59**, 393 (1971)

30. W. R. Smith, H. M. Gerard, W. R. Jones: IEEE Trans. **MTT-20**, 458 (1972)

31. C. S. Tsai, M. A. Alhaider, Le T. Nguyen, B. Kim: IEEE Proc. **64**, 318 (1976)

32. C. C. Lee, B. Kim, C. S. Tsai: IEEE J. **QE-15**, 1166 (1979)

33. L. T. Nguyen, C. S. Tsai: Appl. Opt. **16**, 1297 (1977)

34. D. Mergerian, E. G. Malarkey: Microwave J. **23**, 37 (1980)

35. R. Stone, F. Zoise, P. Guifoyle: SPIE Proc. **1563**, 267 (1990)

36. K. Kissa, X. Wang, C. S. Ih, R. G. Hunsperger: Novel integrated-optic modulator for optical communications. OSA Opticon'88 (Santa Clara, CA 1988) Paper MK3

37. E. Bonnotte, C. Gorecki, H. Toshiyoshi, H. Kawakatsu, H. Fujita, K. Worhoff, K. Hashimoto: Guided-Wave Acoustoopic Interaction with Phase Modulation in a ZnO Thin-Film Transducer on a Si-Based Integrated Mach-Zehnder Interferometer. IEEE J. Lightwave Tech. **17**, 35 (1999)

第11章 半导体光发射的基本原理

从本章起连续五章介绍集成光学应用中最常用的光源。气体激光器由于使用方便，常用于实验室中波导或其他光集成器件的测试；然而，半导体激光二极管（或称为半导体激光器）和发光二极管因体积小，并适合单片（或混合）集成，是唯一适合用于光集成回路中的实用性光源。由于发光二极管和激光二极管能在高频下调制，并能有效地与微米数量级的光纤纤芯相耦合，故被广泛应用于光纤系统。

半导体激光二极管自 20 世纪 60 年代初发明以来，已发展成为高度成熟的有效光源。为了解其工作原理以及在一定的应用场合下如何最合理的使用，必须熟悉固体中光的产生和吸收的若干基本原理。当然，也不必全面了解辐射与物质相互作用的量子力学理论。因此，为避免大量烦琐的数学表述，本章采用简化了的模型来论述半导体中光的产生和吸收。尽管如此，利用该模型还是能很好地说明所涉及现象的根本特性。在这一模型中，用电子（或空穴）和光子在晶体材料中的能量、质量和动量来描述它们，并考虑到晶格原子对这些量的影响。这样处理，可以方便地理解光学过程（如光吸收和光发射）所遵循的能量和动量守恒定律。

11.1 晶体中光产生和吸收的微观模型

11.1.1 基本定义

当考虑光与半导体内电子的相互作用时，微观（与宏观相对应）晶体动量模型是一个比较方便的模型[1]，该模型认为电子具有晶体动量，定义为

$$p = \hbar k \tag{11.1}$$

式中，k 是电子态的波矢（普朗克常数 $h = 6.624 \times 10^{-27}$ 尔格·秒，$\hbar = h/2\pi$）。矢量 p 不是自由电子的经典动量 mv（其中 m 表示质量，v 表示速度），晶体动量 p 包含了晶体原子对电子的影响，一般与电子的能量和速度有相当复杂的关系。晶体中电子的运动方程可从真空中自由电子运动的经典方程类推，其中 p 起着动量的作用，而有效质量 m^* 起着质量的作用。对价带中的空穴，也能像导带中的电子那样定义晶体动量和有效质量。然而，一般材料中电子的 p 和 m^* 不同于空穴的 p 和 m^*。

光子能够与半导体中的电子和空穴相互作用。这些分立的量子，即光能量相对集中的单元，在整个光的发射、传输、反射、衍射、吸收等过程中保持一致。在微观模型中所描述的光子是这样定义其质量和动量的。首先，考虑真空中的光子，其能量 E 为

$$E = h\nu \tag{11.2}$$

式中，ν 是辐射的频率 $[\text{s}^{-1}]$。把式(11.2)与熟悉的下列关系式相结合：

$$c = \nu\lambda_0 \tag{11.3}$$

可给出光子的能量为

$$E = \frac{hc}{\lambda_0} \tag{11.4}$$

式中，c 和 λ_0 分别是真空中的光速和波长。通常能方便地把式(11.4)改写为

$$E = \frac{1.24}{\lambda_0} \qquad (11.5)$$

在常用的单位制中，E 用电子伏(eV)表示，波长用微米(μm)表示。

　　从给出光子能量的基本公式(11.4)中，能指定光子的质量和动量。由相对论可知，一般粒子的能量和它的静止质量的关系为[2]

$$E = mc^2 \qquad (11.6)$$

联立式(11.4)和式(11.6)可得

$$E = mc^2 = \frac{hc}{\lambda_0} \qquad (11.7)$$

　　尽管光子的静止质量为零，仍能将它的质量表示为

$$m = \frac{h}{c\lambda_0} \qquad (11.8)$$

　　由于经典动量 $\boldsymbol{p}$ 等于质量与速度的乘积，类似地可给出光子的动量为

$$\boldsymbol{p} = mc\boldsymbol{u} \qquad (11.9)$$

式中，$\boldsymbol{u}$ 是光子传输方向的单位矢量。联立式(11.9)和式(11.8)，也可将动量写为

$$\boldsymbol{p} = \frac{h}{\lambda_0}\boldsymbol{u} = \hbar\boldsymbol{k} \qquad (11.10)$$

式中，$\boldsymbol{k} = (2\pi/\lambda_0)\boldsymbol{u}$ 是波矢。

　　从式(11.2)~式(11.10)可看出，在这个微观模型中，光子可以等效地由其能量、波长、频率、质量或动量的任一量来描述。为了完整地描述光子，在采用前四个量时，又必须规定传输方向。在包含相干辐射的情况下，光子的相位也是重要的，这将在本章下一节中讨论。式(11.2)~式(11.10)是对真空中的光子推导得到的，当用来描述固体中的光子时，只需以材料中的光速 v 和波长 λ 分别代替真空中的光速 c 和波长 λ_0。

　　采用前面提出的定义，可以把辐射光子与半导体中电子和空穴的相互作用看做粒子的相互作用，这样，光学过程就受常用的能量和动量守恒定律的支配。

11.1.2　能量和动量守恒

　　光吸收现象能方便地说明能量和动量守恒效应。在第 6 章中，曾从宏观角度考虑吸收损耗，并用吸收系数 α 来表征。下面采用 11.1.1 节的微观模型，进一步详细解释吸收过程。当半导体中一定能级上的电子吸收光子并跃迁到较高能级时，这种电子的激发使半导体出现最强的吸收。电子跃迁遵循一定的选择定则，最基本的一条是，电子和光子的能量和动量必须守恒(从理论的角度，波矢 $\boldsymbol{k}$ 的守恒源于晶格的周期性，而 $\boldsymbol{k}$ 的守恒又导致定义为 $\hbar\boldsymbol{k}$ 的动量守恒)。若仅考虑光子和电子，有

$$E_{\mathrm{i}} + h\nu_{\mathrm{phot}} = E_{\mathrm{f}} \qquad (11.11)$$

和

$$\boldsymbol{p}_{\mathrm{i}} + \boldsymbol{p}_{\mathrm{phot}} = \boldsymbol{p}_{\mathrm{f}} \text{ 或 } \boldsymbol{k}_{\mathrm{i}} + \frac{2\pi}{\lambda_{\mathrm{phot}}}\boldsymbol{u} = \boldsymbol{k}_{\mathrm{f}} \qquad (11.12)$$

式中，下标 i 和 f 分别指电子的初态和终态，在可见光或红外光谱范围内，光子的动量比热激发电子的动量小得多，因此动量选择定则近似为 $k_i = k_f$，电子的动量实际上没有变化。这类仅包含电子和光子的跃迁称为直接跃迁，在 E-k 图上表现为垂直跃迁，如图 11.1 所示。一般导带的最小值和价带的最大值不一定都必须在 k 空间的同一点出现，如果在同一点出现，则称材料是直接带隙材料；如果不在同一点出现，则称材料是间接带隙材料。

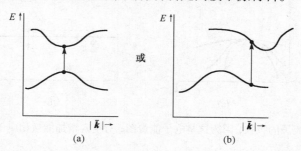

图 11.1　电子的直接吸收跃迁。(a)在直接带隙材料中；(b)在间接带隙材料中

即使光子不能把有效的动量转移给电子，也可能发生 k 变化的电子跃迁。在这种跃迁过程中有声子参与，换句话说，动量转移给晶格原子，或被晶格原子吸收。晶格原子的振动能量是量子化的（如同光能量那样），用能量为 $\hbar\omega$ 的声子表示，这里 ω 为角频率，单位为 rad/s；声子用波矢 q 表征。一个含有光子、电子和声子的吸收跃迁受到的限制条件为

$$k_i \pm q = k_f \tag{11.13}$$

和

$$E_i + h\nu_{\text{phot}} \pm \hbar\omega_{\text{phon}} = E_f \tag{11.14}$$

这里，式(11.13)中略去了光子的波矢 $k = (2\pi/\lambda_0)u$。跃迁过程 E 与 k 的关系如图 11.2 所示。电子吸收光子，并同时吸收或发射声子，这样的跃迁称为间接跃迁，在 E-k 图上表现为对角跃迁，如图 11.2 所示。因为间接跃迁需要光子和声子两者的参与，而直接跃迁仅需要光子参加，所以直接带隙半导体比间接带隙半导体在光学上更为有效。这一性质对光发射特别重要，这将在本章的后面部分讲到。

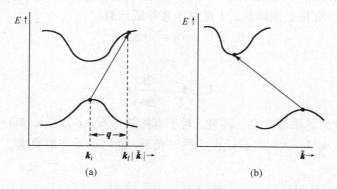

图 11.2　电子的间接吸收跃迁。(a)在直接带隙材料中；(b)在间接带隙材料中

图 11.1 和图 11.2 表示的只是价带与导带之间的带间跃迁，而直接和间接跃迁也能发生在能带的内部（带内）或由掺杂原子和(或)缺陷引入的能态之间。在所有情况下，能量和动量（波矢）守恒原理均适用。这些类型的吸收跃迁如图 11.3 所示。带内吸收或由导带中的电子

产生,或由价带中的空穴产生,因而称为自由载流子吸收,如前面第 6 章所述。通常认为,自由载流子吸收包括电子从施主态到导带的跃迁,以及空穴从受主态到价带的跃迁。

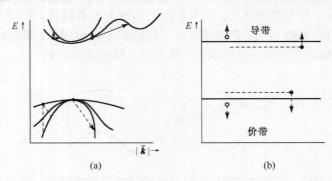

图 11.3　自由载流子的吸收,因为这是电子能量图,对空穴增加能量相应于在图中向下移动

在光吸收过程中阐述的能量和动量守恒定律,同样适用于半导体中光子的产生。实际上,这样的考虑对光发射的情形更为重要,相关内容将在下一节更详细地介绍。

11.2　半导体中的光发射

半导体中光子的产生通常起因于载流子的复合。产生过程可分为两种类型:一种是自发辐射,即电子和空穴随机复合;另一种是受激辐射,即由已存在的光子激发电子和空穴复合。

11.2.1　自发辐射

光吸收是电子吸收光子,从较低能态跃迁到较高能态的过程,而光发射的情况正好相反。电子从较高能态跃迁到较低能态的过程中随着光子的发射而损失能量。半导体中重要的光辐射跃迁是带间跃迁,它发生在导带与价带和(或)由掺杂或缺陷在带隙内形成的某些能态之间。因为半导体带隙的典型值为十分之几到几电子伏,因此发射波长通常在红外光谱区,大致相应于半导体的吸收边波长。和吸收的情形一样,也有一定的选择定则限制了可能的辐射跃迁。能量和动量(或波矢)守恒必须满足,于是对于直接跃迁有

$$E_i - E_f = h\nu_{phot} \tag{11.15}$$

和

$$k_i - k_f = \frac{2\pi}{\lambda_{phot}} u \tag{11.16}$$

式中,u 仅是指定方向的单位矢量。注意,对于直接跃迁有 $2\pi/\lambda_{光子} \ll |k_i|$ 和 $|k_f|$,因此对直接吸收跃迁而言,$|k_i| \approx |k_f|$。间接跃迁也能发射光子,此时动量守恒要求

$$k_i - k_f \pm q = \frac{2\pi}{\lambda_{phot}} u \tag{11.17}$$

式中,q 是吸收或发射声子的波矢。和在吸收中的情形一样,间接跃迁必须有声子参与,这就大大减小了跃迁概率,并因此减小了光子产生的概率。

对辐射跃迁的第三个要求是,必须有满的上能态(初能态)和相应空的下能态(终能态),

它们之间的能量差等于所发射光子的能量。这个要求对吸收而言显然意义不大，也不起什么作用。因为吸收材料通常接近热平衡，较低能态总是满的，而较高能态总是空的（除非是小于带隙的辐射，由于没有有效的上能态，不能实现吸收）。对发射而言，上述准则更为重要。例如，热平衡下的本征半导体在室温和低于室温时，价带上的空穴相当少，导带上的电子也相当少。n 型掺杂半导体在导带上有许多电子，但在价带上空穴非常少（由于 np 的乘积为定值）。对于 p 型半导体，情况正好相反。因此在热平衡下因辐射复合而产生的光子非常少，这些少数光子在离开晶体前又会被再吸收。为了得到半导体的有效光发射，必须设法偏离热平衡条件，使导带产生更多的电子，价带产生更多的空穴。

可采取几种不同的方法增加电子和空穴的浓度，通常称这些方法为"泵浦"。例如，用大于带隙的高强度光照射半导体，可发生带间吸收，并产生许多电子-空穴对。这些电子和空穴起初是"热"载流子，但很快会达到"热化"，即通过与晶格的相互作用，电子下降到导带底，而空穴上升到价带顶，如图 11.4 所示。"热化"通常是非常快的，时间在 10^{-14} s 的数量级。"热化"以后，电子和空穴复合，这种复合能够产生辐射，发射能量约等于带隙能量的光子。在被泵浦的半导体（具有直接带隙）中，电子-空穴对自产生到复合平均所需时间（即寿命）通常为 10^{-11} s 左右。在间接带隙半导体中，"热化"使电子和空穴回到波矢大不相同的能态（见图 11.4），这意味着电子和空穴的复合需要声子参与，因此这是一个概率较小的过程。间接跃迁复合的寿命通常长达 0.25 s，在达到这一时间以前，一般电子和空穴可能已通过某些无辐射过程而发生复合，并将能量转移给晶格或缺陷，因此间跃迁复合的辐射效率很低。直接带隙材料的量子效率能够接近于 1，但对间接带隙材料，此值一般为 0.0001 或更小。然而，间接跃迁确实能发生辐射，并在某些间接带隙材料（如 GaP）中的确产生了可测量的和很有效的光发射。尽管如此，用间接带隙材料来制作激光器是很困难的。

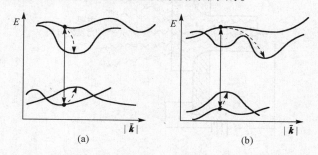

图 11.4　高能载流子的热化，电子和空穴激发到高能态后，回到各
自的带边态。（a）直接带隙材料；（b）间接带隙材料

用上述光泵浦的方法来产生所需电子和空穴浓度的增加是不太实用的，因为需要高强度的光源；泵浦效率也很低，并产生大量的热量。此外，必须通过光学滤波器对输出光滤波，才能从反射的泵浦光中分离出半导体的发射光。

另外一种有效而又非常简单的泵浦方法是利用 p-n 结的特性。图 11.5 所示为 p-n 结光发射器的能带图。在零偏置条件下，p-n 结 n 区的导带有许多电子，而 p 区的价带有许多空穴，但它们很少能越过势垒和进入结区。当施加正向偏置电压 V_0 时，势垒降低，许多电子和空穴注入结区，并通过复合产生光子。用电池泵浦的光发射称为"电致发光"，而用较短波长光源泵浦的光发射称为"光致发光"。典型的电致发光二极管或发光二极管（LED）如图 11.6 所示，光在 p-n 结中产生，并穿过结区外的体材料而射出。因为大部分光在射出之前再次被吸收，于

是定义外量子效率为

$$\eta_{\text{ext}} = \frac{\text{所要求方向上发射的光子数}}{\text{注入的电子-空穴对数}} \tag{11.18}$$

而内量子效率为

$$\eta_{\text{int}} = \frac{\text{产生的光子数}}{\text{注入的电子-空穴对数}} \tag{11.19}$$

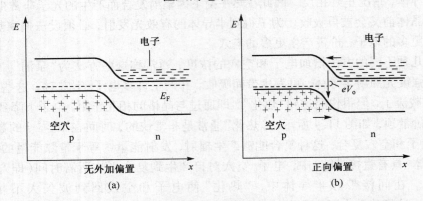

图 11.5　p-n 结光发射器的能带图。(a)无外加偏置电压;(b)外加正向偏置电压 V_0

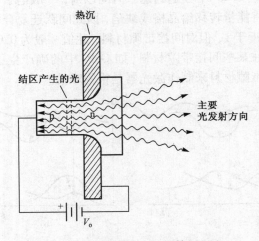

图 11.6　p-n 结发光二极管(LED)

　　在设计光发射器时,必须把结和表面之间的材料层做得很薄,并尽可能选取具有很小吸收系数的材料,使再吸收减至最小。这种发光二极管由于体积小、价格低,比白炽器件更为可靠,且容易组装到集成电路阵列中,所以已广泛应用于面板指示器和显示器件,此外还广泛用做光纤通信光源,因为它能在高频下(虽然不如激光器那样高)调制,并能方便地与多模光纤的纤芯相耦合。

　　不管所用的泵浦方法如何,半导体光发射器的光谱是相当简单的,而气体放电光源的光谱却包含许多谱线或发射峰。缺陷或杂质含量较低的、好的半导体光发射器只有单一的发射峰,且峰值约在能带边的波长处,对应于带隙。此发射峰的半宽度一般为 200 ~ 300 Å,比气体发光源的谱线要宽得多。带隙内附加的杂质和缺陷能态提供的辐射跃迁,会在其他波长处产生次级发射峰。这些次级峰表明,某些注入的电子-空穴对复合产生的光子与能带边对应的主峰不同，这就减小了所希望波长的量子效率。对半导体光发射器的完整讨论超出了本书的范围，但对通常使用的大多数半导体而言，可在有关文献[5]中查到相当完整的数据。

即使采用相当纯的无缺陷材料制取半导体光发射器，使其发射光的波长几乎全部位于能带边波长处，但峰值波长仍然与温度和掺杂有关，因为带隙随温度变化，而掺杂又改变了施主态和受主态之间允许辐射跃迁的有效带隙。因此，可采用适当掺杂的办法，使半导体光发射器的发射波长在有限范围内略微变化。例如，当在 GaAs 中掺入 n 型掺杂剂 Te、Se 或 Sn 后，其发射峰的中心波长如图 11.7 所示那样变化。若掺杂浓度相当低，复合发生在低于导带边 6 meV 且充满电子的施主态和价带顶的空态之间。随着掺杂浓度增加到 5×10^{17} cm^{-3} 以上，施主能带并入导带，复合发生在接近准费米能级的、满的导带态和空的价带态之间。p 型掺杂剂 Cd 和 Zn 也会引起峰值发射波长的移动，如图 11.8 所示。若 p 型掺杂浓度较低，复合发生在导带底的满态和位于价带边之上 30 meV 的空受主态之间。随着掺杂浓度增加到 10^{18} cm^{-3} 以上，受主态扩展为能带，如图 11.9 所示，复合发生在导带底的满态和受主能带顶的空态之间。因此，对于 p 型掺杂，发射峰的能量减小，相反对 n 型掺杂它将增大。随着 p 型掺杂浓度增加到大约 2×10^{18} cm^{-3} 以上，受主能带并入价带，辐射复合即使实际上是从导带态到受主态，也可以按照能带与能带之间的复合来描述。只有分别在导带和价带内且能量完全相同的态之间不发生复合，而一定能量范围内的扩展态之间可以发生复合，因此发射的不是单一波长的光，而是有一定线宽，其数量级为数百埃(Å)。随着掺杂浓度的增加，无论是 n 型还是 p 型 GaAs，发射线宽都要增加，一般从轻掺杂材料的 100 Å 到重掺杂材料的数百埃(Å)。线宽的这种增加归因于杂质能带，它在一定能量范围内形成满态和空态对以产生复合。

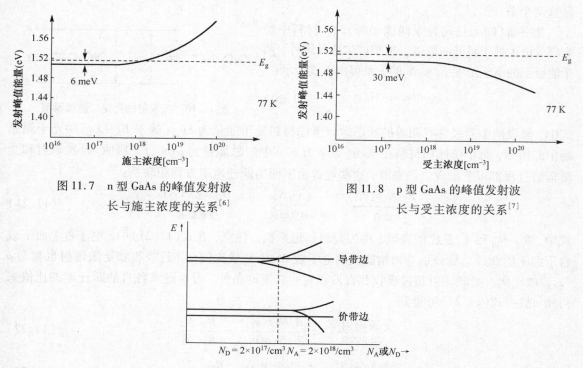

图 11.7　n 型 GaAs 的峰值发射波
长与施主浓度的关系[6]

图 11.8　p 型 GaAs 的峰值发射波
长与受主浓度的关系[7]

图 11.9　GaAs 中施主和受主能级(能带)与掺杂浓度的关系[8]

总之，通过半导体中电子和空穴的自发复合所发射光的主要特性是，光子的波长分布在数百埃范围内,其峰值波长大致对应于能带边,但还与掺杂浓度和掺杂类型有关。发射的光子几乎是各向同性的,除非光发射器的形状造成影响,而且光子之间没有固定的相位关系。每一个光子的产生都是自发的,完全与任何其他光子无关。通过受激辐射产生的光的特性与自发辐射产生的光的特性完全不同。

11.2.2　受激辐射

自发辐射光子当然能够被前面讨论过的任何吸收过程再吸收。然而另一方面,若自发辐射光子恰好遇到具有适当能量间隔的电子-空穴对,它就能激发两者复合,从而产生一个新的光子,新光子完全复制了激发复合过程的那个光子,即它们具有完全相同的能量(频率)、传输方向、相位和偏振。这就是除了自发辐射外所产生的受激辐射。因此,当存在外辐射时所产生的辐射强度,一般由两部分组成:一部分与外辐射无关(即自发辐射);另一部分与外辐射成比例,其频率、相位、传输方向和偏振与外辐射的完全相同(即受激辐射)。注意,此处所谓的"外辐射"可以通过样品内其他的自发辐射和(或)受激辐射产生,而不一定是真正的"外"场。

除非在非常特殊的条件下,一般来说受激辐射比自发辐射的概率要小,因此正常的光发射器大多产生自发辐射。为得到大量的受激辐射,必须采取特殊措施。首先,在发光区内电子和空穴的浓度必须非常大,以至导带底附近的大多数态是满态,而价带顶附近的大多数态是空态。这样,与电子吸收光子从价带跃迁到导带中空态的过程相比,光子更可能引起电子从导带到价带的跃迁,从而产生一个复制的光子。其次,为了使受激辐射超过自发辐射,必须有一个能量适当的强光子场。采用如图 11.10 所示的简化的二能级模型[9],可从数学上证明必须满足这两个条件。

热平衡(即无任何外泵浦能量源)时,材料中的大部分电子处于较低的能级。按照玻尔兹曼统计,两个能级上的电子浓度 N_1 和 N_2 的关系可由下式表示:

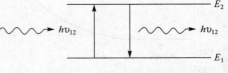

图 11.10　光发射的简化二能级模型

$$\frac{N_2}{N_1} = e^{-(E_2-E_1)/kT} \qquad (11.20)$$

式中,假设两个能级含有相等的状态数。考虑材料处于能量为 $h\nu_{12}$(等于 E_2-E_1)的光子辐照场中的情形,每单位体积材料在该场(频率为 ν_{12})中的总能量为 $\rho(\nu_{12})$。吸收、自发辐射和受激辐射过程都可能出现。稳态时,这些过程由下面的跃迁速率方程相联系:[9]

$$\underbrace{B_{12}N_1\rho(\nu_{12})}_{\text{吸收}} = \underbrace{A_{21}N_2}_{\text{自发辐射}} + \underbrace{B_{21}N_2\rho(\nu_{12})}_{\text{受激辐射}} \qquad (11.21)$$

式中,B_{12}、B_{21} 和 A_{21} 是比例常数,称为爱因斯坦系数。注意,在式(11.21)中,电子自上而下或自下而上的跃迁总是分别与初始能级的电子数 N_1 或 N_2 成比例,并且吸收和受激辐射也都与 $\rho(\nu_{12})$ 成比例。受激辐射超过吸收和自发辐射所必需的条件,可通过求各自的跃迁率的比值来得到,故由式(11.21)可得到

$$\frac{\text{受激辐射率}}{\text{吸收率}} = \frac{B_2 N_2\rho(\nu_{12})}{B_{12}N_2\rho(\nu_{12})} = \frac{B_{21}}{B_{12}}\frac{N_2}{N_1} \qquad (11.22)$$

$$\frac{\text{受激辐射率}}{\text{自发辐射率}} = \frac{B_{21}N_2\rho(\nu_{12})}{A_{21}N_2} = \frac{B_{21}}{A_{21}}\rho(\nu_{12}) \qquad (11.23)$$

由式(11.20)可见,对于 (E_2-E_1) 远大于 kT 的一般情况,热平衡时 N_2 比 N_1 少得多。因

此，要使受激辐射超过吸收，必须如 11.2.1 节中所述，引入泵浦能源，使式（11.22）中 N_2/N_1 的值大大增加。N_2 大于 N_1 的条件称为粒子数反转，由式（11.23）可见，为了使受激辐射大大超过自发辐射，需要一个具有适当能量的强光场，也就是大的能量密度 $\rho(\nu_{12})$。通常可用镜面或其他反射器引入正的光反馈，以得到这样的光子密度。

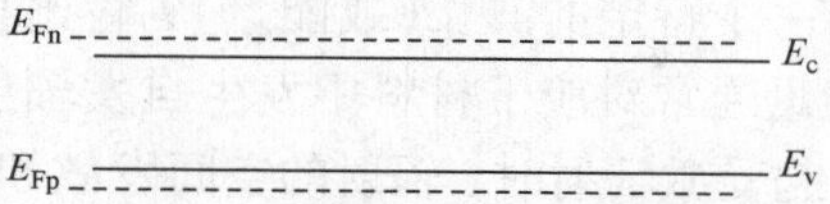

E_{Fn} --- E_c

E_{Fp} --- E_v

图 11.11　具有外部能量输入的半导体的能带图，E_{Fn} 和 E_{Fp} 分别是电子和空穴的准费米能级

所有类型的激光器都要求粒子数反转和一个能量适当的强光场这两个条件。前面用来说明这些原理的简化的二能级模型，显然对于气体激光器要比半导体激光器更合适。因为半导体中的电子和空穴分布在能带上，而不是占据两个分立的能级。然而，对于半导体激光器仍可应用同样的原理。处于泵浦状态的半导体，电子填充导带底的状态大致能上升到能级 E_{Fn}，而空穴填充价带顶的状态大致能下降到能级 E_{Fp}，如图 11.11 所示。严格地讲，仅在热平衡情况下才能定义费米能级，因此把能级 E_{Fn} 和 E_{Fp} 分别称为电子和空穴的准费米能级。对于有外界能量输入的非平衡情况，必须单独定义电子和空穴的准费米能级。由图 11.11 可见，当光子能量满足下面的条件时

$$E_{Fn} - E_{Fp} > h\nu_{phot} \tag{11.24}$$

才能实现粒子数反转。当然，实现粒子数反转的最小能量条件为

$$E_{Fn} - E_{Fp} = E_c - E_v = E_g \tag{11.25}$$

式中，E_g 是带隙能量。因此，要使被泵浦的半导体实现粒子数反转，进而使受激辐射超过吸收，所要求光子能量的范围为

$$E_g \leqslant h\nu_{phot} \leqslant (E_{Fn} - E_{Fp}) \tag{11.26}$$

11.3　激光

当满足粒子数反转和高光子密度这两个条件时，将发生改变辐射特性的选择过程，并产生大量的受激辐射。若提供适当的光学谐振腔结构，即能实现激光发射。

11.3.1　半导体激光器的结构

图 11.12 表示分立式半导体激光器的常用结构。它是一个矩形的平行六面体，由沿垂直于发光层的晶格面解理晶体而制得。例如，很容易把 GaAs 的（100）晶圆沿四个垂直的（110）面解理而制得这种结构。长度 L 和宽度 W 的典型尺寸分别为 300 μm 和 50 μm，正如将在第 12 章中详细讨论的，这两个数值也可以有较大改变。宽度为 W 的两个端面形成反射式光学谐振腔结构，称为法布里-珀罗标准具，采用这样的结构，当泵浦功率增加到超过某一阈值功率时，就会产生激光。

11.3.2　激光阈值

从零起增大泵浦功率，自发辐射的光子数逐渐增加。起初，即使当泵浦功率超过粒子数反

转所需的功率时，光发射主要仍由自发辐射产生的光子组成。自发辐射产生的光子在各个方向上几乎是相等的，如图 11.12 所示。这些光子中的大多数沿各个方向发出，并很快被带出受激辐射占优势的粒子数反转区，于是它们不能被放大。偶尔在粒子数反转区平面内传输的少数光子，由于受激辐射的作用，使自身放大许多倍，此时尚未形成激光。另外，对于任意给定的带隙及电子和空穴分布都有一个特定的波长(或能量)，它比其他波长(或能量)优先，即更可能发生跃迁。这一波长或能量通常对应于材料中发生自发辐射的一级峰的波长。由于这个优先的能量及其方向，当建立起受激辐射时，辐射的空间发散和线宽都将变窄(线宽将从数百埃减小到 25 Å)。随着受激辐射的建立，每秒钟将消耗更多的电子-空穴对。于是，对任意给定的输入电子-空穴对产生率，自发辐射受到抑制，因为受激辐射使产生的电子-空穴对在能够自发复合之前就被消耗掉了。上述这种受激辐射占优势的发射称为超辐射发射，它仍不是由激光产生的相干光。超辐射是放大的自发辐射，此时，光子不是严格地按同一方向传输。它们可以具有略微不同的能量，相位也不相同。换句话说，超辐射发射是非相干的。

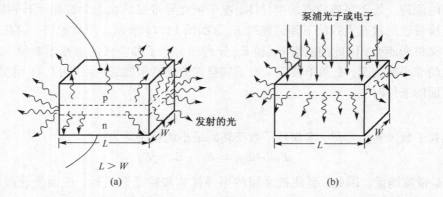

图 11.12　半导体激光器的结构。(a)p-n 结泵浦(激光二极管)；(b)电子或光子束泵浦。泵浦水平低于激光阈值时的光发射示于图中，虚线标出了泵浦区域的极端位置

若发光区被限制在两个平行的反射面内(见图 11.12)，则在表面处会发生一定的反射，而且由于辐射来回通过粒子数反转区而进一步被放大。为了使反射在狭窄的粒子数反转层中来回进行，光子必须严格位于粒子数反转层的平面内，并且严格地垂直于法布里-珀罗面。辐射的频率和相位也必须相同，以避免相消干涉，因为法布里-珀罗反射器构成了谐振腔，在腔中能建立光学模式。于是，只有一小部分超辐射能满足所有这些要求而继续保存下来[11]，并成为所产生的一类主要辐射。这种辐射是相干辐射，波长、相位、传输方向和偏振均相同。这样的器件称为激光器。

超辐射输出与激光输出之间的转变状态，发生在受激辐射择优模的放大大于吸收和所有其他光子损耗时，这样辐射在法布里-珀罗面之间来回反射，随着每一次反射，辐射强度将增大(即开始振荡)。当然，辐射强度不能无限增大，因为随着辐射强度的增大，会造成更多的电子和空穴复合，直到电子和空穴的复合率与泵浦源产生电子和空穴的速率相同，从而建立起动态平衡。在这种稳态条件下，激光器以单峰值波长(或可能相应于不同纵模的几个分立波长)振荡，具有很高的单色性(线宽约 1 Å)。若某个模式在法布里-珀罗面之间满足半波长的整倍数，晶体内将产生驻波。如前所述，由于反射端面有方向选择性，发射激光模式的光子主要在垂直于端面的方向，如图 11.13 所示。从这种谐振腔结构发射的光波(光子)是同相位的，而且最容易传输的波是电矢量垂直于粒子数反转层平面的波，因此，那是发射光通常的偏振方式。

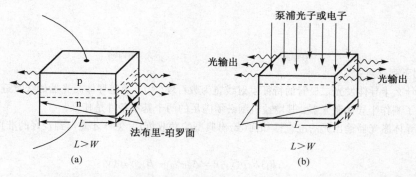

图 11.13　工作在激光阈值以上的半导体激光器。(a)p-n 结泵浦;(b)电子或光子束泵浦

随着泵浦功率的增大,自发辐射、超辐射发射和受激辐射之间是突变的。虽然为了教学需要,已详细描述了超辐射和激光之间的转变,但事实上,在通常的激光器中,这种转变非常突然,以至不能观察到超辐射发射。随着泵浦功率超过阈值点,光发射特性突然变成激射型,线宽从数百埃(Å)减小到 1 Å,并可观察到相位相干。当受激辐射占优势但没有相位相干(即超辐射发射)时,会导致线宽变窄的中间阶段,但由于这一阶段很快就会过去,以至不能被观察到。只有当激光二极管结构中的法布里-珀罗反射面有损伤,从而抑制了激光发射时,才能观察到超辐射发射。

11.3.3　光发射效率

到目前为止,尚未讨论的半导体激光器光发射的一个重要特性是:电能转化为光能的效率。工作在阈值以上的激光二极管要比同样材料制作的发光二极管的效率高 100 倍,这种效率的提高来自于几个方面。

如前所述,在没有达到粒子数反转条件时,受激辐射产生光子的概率比自发辐射低,如在发光二极管中出现的那样。然而,当粒子数发生反转时,如在激光器中,受激辐射的概率变得很大,甚至大于自发辐射或电子-空穴对的无辐射复合概率。于是,激光二极管的内量子效率约是发光二极管的 10 倍。事实上,若把激光二极管冷却到 77 K,以减小电子和空穴能量的热耗散,内量子效率能接近 100%。

光子一旦产生,它们在激光二极管中受到的损耗也比在发光二极管中的小。激光模式的光子大部分在粒子数反转区中传输,在该区中由于价带边缺少电子,而导带边缺少空穴,从而抑制了带间吸收。发光二极管中的光子大多数在非粒子数反转的体材料内传输,因此激光二极管对产生光子的内部再吸收要少得多。此外,激光二极管发射的光子要比发光二极管发射的光子的光束发散角更小,更可能在所要求的位置收集(或耦合)更多的输出光。由于激光二极管内部再吸收的降低,光束准直性较好,以及内量子效率的增加,这三者共同作用使它的外量子效率约比相应的发光二极管的高 100 倍。因为激光二极管和发光二极管两者工作在近似相同的电压下,外量子效率的增加意味着总的功率效率成比例地增加。

以上讨论了有关半导体激光二极管和发光二极管光发射的基本原理,并比较了它们的发光特性。在第 12 章中,将更详细地介绍激光二极管,以及用于评价它的一些重要特性(如模间隔、阈值电流密度和效率等)的定量关系。另外,还将讨论半导体激光器的其他一些基本类型。

习题

11.1 试说明下列几点：

(a)为什么半导体发光二极管的特征发射线宽为数百埃(Å)，而半导体激光器的线宽近似为 1 Å?

(b)为了制作半导体激光器，其增益机制必须满足的两个基本条件是什么?

(c)半导体激光器输出光的准直性如何(给出典型的发散角)? 怎样才能得到较好的准直性?

11.2 已知

$$B_{12} N_1 \rho(\nu_{12}) = A_{21} N_2 + B_{21} N_2 \rho(\nu_{12})$$

试证明，对于非常大的光子密度 $\rho(\nu_{12}) \to \infty$，满足 $B_{12} = B_{21}$。

11.3 若吸收一个光子，使电子从波矢为 $|k| = 1.00 \times 10^7 \text{cm}^{-1}$ 的态直接跃迁(不涉及声子)到同方向的波矢为 $|k| = 1.01 \times 10^7 \text{cm}^{-1}$ 的态，求该光子的波长是多少?

11.4 为什么半导体激光器比半导体发光二极管具有更高的效率?

11.5 简要画出典型激光二极管的发射谱，说明在(a)阈值以下、(b)等于阈值和(c)阈值以上时输出光强随波长的变化关系。

11.6 (a)画出正向偏置下 p-n 结激光器的能带图，并在图中标出粒子数反转区，以及 E_{Fn}、E_{Fp}、E_c、E_v 和 E_g。

(b)是什么能量确定了激光器发射光谱的长波长和短波长极限?

11.7 为什么半导体激光器能比气体激光器产生更高的光功率密度(以 W/cm^2 为单位)?

11.8 用外部能量泵浦半导体激光器时，为什么此时的费米能级被称为"准费米能级"?

11.9 比较半导体激光二极管和半导体发光二极管的发光特性。

11.10 在 GaAs 材料中，若电子从导带边以上 20 meV 的态直接辐射跃迁到价带边以下 35 meV 的态，发射光子的波长是多少?

参考文献

1. O. Madelung：*Introduction to Solid-State Theory*, Springer Ser. Solid-State Sci. , Vol. 2(Springer, Berlin, Heidelberg third printing 1996) p. 57

2. E. L. Hill：The theory of relativity, in *Handbook of Physics*, E. U. Condon, H. Odishaw (eds.)(McGraw-Hill, New York 1967) pp. 2–44

3. E. W. Williams, H. B. Bebb：Gallium arsenide photoluminescence, in *Transport and OpticalPhenomena*, (eds.) R. K. Williardson, A. C. Beer (eds.), Semiconductor and Semimetals. Vol. 8(Academic, New York 1972) Chap. 5

4. J. I. Pankove (ed.)：*Electroluminescence*, Topics Appl. Phys. Phys. , Vol. 17 (Springer, Berlin,Heidelberg 1977) Chap. 3

5. J. I. Pankove (ed.)：*Display Devices*, Topics Appl. Phys. , Vol. 40 (Springer, Berlin, Heidelberg1980) Chap. 2

6. D. A. Cusano：Solid State Commun. **2**, 353 (1964)

7. D. A. Cusano：Appl. Phys. Lett. **7**, 151 (1964)

8. G. Lucovsky, A. Varga：J. Appl. Phys. **35**, 3419 (1964)

9. B. G. Streetman：*Solid State Electronics*, 4th edn. (Prentice-Hall, Englewood Cliffs, NJ 1995)pp. 377–380

10. M. Shur：*Physics of Semiconductor Devices* (Prentice-Hall, Englewood Cliffs, NJ 1990)pp. 92–102

11. R. Bonifacio (ed.)：*Dissipative Systems in Quantum Optics*, Topics Curr. Phys. , Vol. 27 (Springer, Berlin, Heidelberg 1982)

第 12 章　半导体激光器

在上一章里，我们讨论了半导体中光发射的基本原理。这种光发射最有意义的特征是，利用它可设计一种使光子的受激辐射超过自发辐射和吸收的光源。若提供共振的反射结构，如一对平行的端面，则可建立激光模式并产生相干光发射。本章将讨论半导体激光器的几种基本结构，并阐明计算其预期的性能特性所必需的定量理论。

12.1　激光二极管

半导体激光二极管自 1962 年出现以来[1~4]，已从实验室中的新鲜事物发展成为一种可靠的市场销售产品，它作为光源获得了广泛的应用。本节将着重介绍分立的激光二极管的基本结构和性能，至于光集成回路中的单片集成激光二极管，则将在第 14 章和第 15 章中讨论。

12.1.1　基本结构

由于 p-n 结激光二极管体积小、结构简单和性能可靠，在光集成回路和光纤信号传输应用中是一种极好的光源。至今，大多数激光二极管用的是 GaAs、$Ga_{(1-x)}Al_xAs$ 或 $Ga_xIn_{(1-x)}As_{(1-y)}P_y$ 材料，但为了获得不同的发射波长，在其他材料(如 GaN 和 SiGe)上制作激光器的技术也得到了发展，这些相对新的激光器将在 12.4 节中介绍。p-n 结激光二极管的基本结构如图 12.1 所示，其中 p-n 结通常是在 n 型衬底上外延生长 p 型层形成的。在 p 区和 n 区都制作有欧姆接触，使泵浦电流能够通过，该电流使邻近结区的有源区内产生粒子数反转。还须制作出两个平行的端面(起镜面作用)，为激光模式的建立提供必要的光反馈。如图 12.1 所示的器件是分立的二极管结构，它可以与光纤传输线相连。在后面的章节中，我们将讨论更精密的、能提

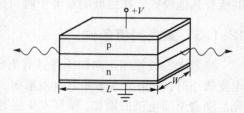

图 12.1　p-n 结激光器的基本结构

供更复杂的光反馈的多层结构，这种结构能更好地将激光器单片集成到光集成回路中。但是，利用这一基本结构可以方便地从理论上描述激光器的性能，而且同样适用于更复杂的器件。

12.1.2　光学模式

激光二极管的部分反射端面为单个或多个纵光学模式的建立提供了光反馈。由于激光器的端面类似于法布里-珀罗干涉仪的平行镜面[5]，因此也常称为法布里-珀罗面。如第 11 章所述，当电流通过激光二极管时，光将通过光子的自发辐射和受激辐射在粒子数反转层产生。由于法布里-珀罗面的反射，部分光子多次来回通过粒子数反转层，并通过受激辐射而优先倍增。在严格垂直于法布里-珀罗面的粒子数反转层平面内传输的光子，留在粒子数反转层中的概率最大，它们由于受激辐射而优先倍增。在给定电流下，当达到稳态时，就会建立起一个或多个

光学模式。相应于光子从激光器的侧面反射的其他模式也有可能出现,它们沿 Z 字形路径传输;但在实际器件中,可以使侧面变粗糙或用其他等效的方法,将这些不希望产生的模式衰减掉。激光模式的辐射还要求光子必须具有同一频率和相位,以避免相消干涉。结果,当平行端面之间的距离为半波长的整倍数时,就会在激光二极管内形成驻波。

模式数 m 可通过半波长数给出,于是

$$m = \frac{2Ln}{\lambda_0} \qquad (12.1)$$

式中,L 是端面之间的距离,n 是激光材料的折射率,λ_0 是发射光在真空中的波长。模式间隔由 $\mathrm{d}m/\mathrm{d}\lambda_0$ 确定。考虑到半导体激光器总是工作在带隙波长附近,n 和波长密切相关,因此

$$\frac{\mathrm{d}m}{\mathrm{d}\lambda_0} = -\frac{2Ln}{\lambda_0^2} + \frac{2L}{\lambda_0}\frac{\mathrm{d}n}{\mathrm{d}\lambda_0} \qquad (12.2)$$

对于 $\mathrm{d}m = -1$,模式间隔 $\mathrm{d}\lambda_0$ 为

$$\mathrm{d}\lambda_0 = \frac{\lambda_0^2}{2L\left(n - \lambda_0\frac{\mathrm{d}n}{\mathrm{d}\lambda_0}\right)} \qquad (12.3)$$

取 $\mathrm{d}m = -1$ 是因为 m 值减少 1 相应于法布里-珀罗端面之间少半个波长,即波长 λ_0 增加。

激光二极管典型的模式频谱如图 12.2 所示。通常同时存在几个纵模,其波长接近于自发辐射的峰值波长。GaAs 激光器模式间隔的典型值为 $\mathrm{d}\lambda_0 \approx 3$ Å。为了实现单模运转,必须改进激光器的结构,以抑制除择优模式(主模)以外的所有其他模式。在后面的章节中将讨论这些专门器件。

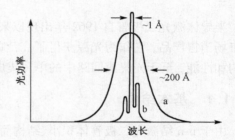

图 12.2　激光二极管的发射谱。(a)阈值以下的自发辐射;(b)阈值以上的激光模式结构

12.1.3　激光阈值条件

当激光二极管加正向偏压并且有电流开始流过时,器件不会立刻出现激光振荡。当泵浦电流较小时,发射光大多来自自发辐射,其特征光谱线宽在数百埃(Å)的数量级,这是非相干光。随着泵浦电流的增加,结区发生显著粒子数反转,将发射更多的光子。自发辐射的光子在各个方向几乎是均匀的,其中大多数光子很快从能发生净受激辐射的粒子数反转区逸出,于是不能得到放大。然而,其中的少数光子恰能严格地在垂直于反射端面的结平面内传输,在从激光器中出射之前,能通过多次反射得到放大。此外,对于任意给定的带隙和电子、空穴的分布,存在一个特定的比其他波长(或能量)优先的波长(或能量),该波长通常对应于材料中发生自发辐射的峰值波长。随着泵浦电流的增加而建立受激辐射,光子的这一优先能量及其取向使辐射谱线宽度变窄,发散角变小。随着受激辐射的建立,光学模式的光子密度(强度)增大,导致受激辐射进一步增强,由此每秒内将消耗更多的电子-空穴对。由于输入产生的电子-空穴对在能进行自发复合之前就因受激辐射而耗尽,因此,对任意给定的输入电子-空穴对产生率,自发辐射受到抑制。按照式(12.1)给出的相位条件,在光学共振结构(如激光二极管)中由受激辐射产生的光是相干的,这时称器件进入激光振荡模式。

当泵浦电流超过阈值电流时,会出现从非激光辐射到激光辐射的突变。实验上能够观察到超过阈值电流时激光的突然产生。此外还要注意光功率-泵浦电流曲线斜率的突变(见

图 12.3），这是由于激光过程本身具有较高量子效率的缘故（如第 11 章 11.3.3 节所述）。发射光的谱线形状从原来较宽的自发辐射曲线突变到包含多个窄的光学模式的受激辐射曲线，如图 12.2 所示。定量地讲，激光阈值对应于由受激辐射所增加的激光模式光子数（每秒）正好等于由散射、吸收或激光发射所损耗的光子数（每秒）。用描述振荡器的传统术语来说，器件闭合回路的增益等于 1。据此，可导出作为各种材料和结构参数的函数的激光阈值电流的一个表达式。

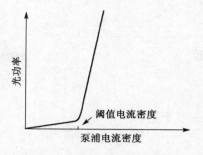

图 12.3　激光二极管的光输出与输入泵浦电流的关系

　　下面将根据图 12.1 所示的 p-n 结激光器结构及 Wade 等人[6] 所采用的方法进行讨论。激光器优先在垂直于法布里-珀罗面的方向发射光，光波能量（光子密度）的横向空间分布如图 12.4 所示。光子分布扩展或延伸到结两边的无源（非反转）区，这主要是由于衍射造成的。于是，发光层的厚度 D 大于有源层或粒子数反转层的厚度 d。例如，GaAs 二极管的 $d \approx 1\ \mu m$，$D \approx 10\ \mu m$。从理想的能量空间分布图可见，在任一给定时刻，激光模式中存在的总光子数只有 d/D 的那部分处于有源区内，并可通过受激辐射产生额外的光子。因此，该效应降低了器件的可用增益。

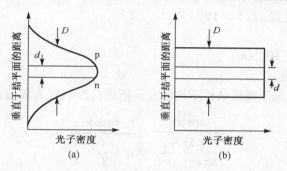

图 12.4　激光二极管中光能量的横向空间分布。(a)实际的;(b)理想的（调节理想曲线下的面积，使 d/D 保持不变）

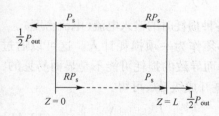

图 12.5　激光二极管的功率流程图

　　为了导出产生激光所需电流密度的定量表达式，考虑激光光波（光子通量）从一个法布里-珀罗面到另一个面的一个单程行为。功率流程图可用图 12.5 表示，其中 P_s 是从内部入射到每个端面的光功率，R 是功率反射系数。在振荡（激光）条件下，RP_s 随距离呈指数增长，当通过一个单程到达另一个法布里-珀罗面时，其值达到 P_s。受激辐射的激光增益抵偿了各种损耗，在每个法布里-珀罗面

处，出射功率为 $P_{out}/2 = (1-R)P_s$。如果 α 是行波的损耗系数（cm^{-1}）（包括所有类型的光损耗），而 g 是增益系数（cm^{-1}），则功率作为距离的函数可表示为

$$P = RP_s \exp\left(g\frac{d}{D} - \alpha\right)Z \tag{12.4}$$

　　考虑到增益仅发生在粒子数反转区，因此 g 必须乘以 d/D;而损耗发生在光场到达的任何地方，故 α 不用乘以任何值。对于振荡（闭合回路增益等于 1），应有

$$P_s = RP_s \exp\left(g\frac{d}{D} - \alpha\right)L \tag{12.5}$$

或

$$\ln\frac{1}{R} = \left(g\frac{d}{D} - \alpha\right)L \tag{12.6}$$

于是

$$g\frac{d}{D} = \alpha + \frac{1}{L}\ln\frac{1}{R} \tag{12.7}$$

增益系数 g 与电子和空穴的注入电流密度有关,其关系式为[7]

$$g = \frac{\eta_q \lambda_0^2 J}{8\pi e n^2 d\Delta\nu} \tag{12.8}$$

例如,GaAs 在 300 K 时的各参数如下:

η_q 代表内量子效率,0.7;

λ_0 代表发射光的真空波长,9.0×10^{-5} cm;

n 代表波长为λ_0时的折射率,3.34;

$\Delta\nu$ 代表自发辐射线宽,$1.5\times10^{13}\,\text{s}^{-1}$;

e 代表电子电荷;

d 代表有源区厚度,10^{-4} cm;

J 代表注入电流密度。

式(12.8)在高于或低于阈值条件下均成立。把式(12.8)代入阈值条件式(12.7),可得

$$\underbrace{\frac{\eta_q \lambda_0^2 J_{TH}}{8\pi e n^2 \Delta\nu D}}_{\substack{\text{单程}\\\text{有效增益}}} = \underbrace{\alpha + \frac{1}{L}\ln\frac{1}{R}}_{\text{单程损耗}} \tag{12.9}$$

或

$$J_{TH} = \frac{8\pi e n^2 \Delta\nu D}{\eta_q \lambda_0^2}\left(\alpha + \frac{1}{L}\ln\frac{1}{R}\right) \tag{12.10}$$

因此,阈值电流(电流密度)指的是产生的增益恰足以克服各种损耗时的输入电流(电流密度)。

要注意,从阈值的角度,激光器在端面处的光输出必须作为一项损耗计入。这可以通过 $(1/L)\ln(1/R)$ 项来说明,用这一项来表示因端面发射功率而导致的损耗可能不是显而易见的,但如果把透射系数 $T = (1-R)$ 代入,并把 $\ln[1/(1-T)]$ 展开成级数,可得

$$\frac{1}{L}\ln\left(\frac{1}{R}\right) = \frac{1}{L}\ln\left(\frac{1}{1-T}\right) = \frac{1}{L}\left(T - \frac{T^2}{2} + \frac{T^3}{3} - \frac{T^4}{4} + \cdots\right) \tag{12.11}$$

忽略 T 的高次项,可得

$$\frac{1}{L}\ln\left(\frac{1}{R}\right) \approx \frac{T}{L} \tag{12.12}$$

式中,T/L 表示端面损耗系数(即透射系数),是 T 在整个长度 L 上取平均值而得到的损耗系数(cm^{-1})。因为 T 的典型值为 0.6(对于 GaAs),忽略 T^2 项和更高次项不能得到精确的结果,这在定量计算中是不可取的。然而,这个例子的目的是定性地说明 $(1/L)\ln(1/R)$ 项的意义,它是由于光子从激光器透射出去而引起的每单位长度的平均损耗系数。

由理论上导出的式(12.10)可见,光子(光场)从粒子数反转区向外扩展到周围的无源区,引起阈值电流密度显著增加。这个事实表明,应设计使比值 $D/d = 1$ 的激光二极管,以获得最佳的性能。在 12.2 节和第 14 章中,将讨论制作这种"限制场"激光器的方法。

12.1.4　输出功率和效率

激光二极管总的功率效率和输出功率的表达式可推导如下:首先,考虑在一个小的(增量)距离 ΔZ 内的损耗。取一阶近似,这一距离内的功率损耗为

$$
\begin{aligned}
P_{\text{loss}} &= P - P e^{-\alpha \Delta Z} = P \left(1 - e^{-\alpha \Delta Z}\right) \\
&\approx P \left[1 - (1 - \alpha \Delta Z)\right] = \alpha P \Delta Z
\end{aligned}
\tag{12.13}
$$

或

$$
\mathrm{d}P_{\text{loss}} = \alpha P \mathrm{d}Z
\tag{12.14}
$$

则在长度 L 内吸收的功率为

$$
P_{\text{loss}} = \int_{Z=0}^{Z=L} \mathrm{d}P_{\text{loss}} = \alpha \int_0^L P \mathrm{d}Z
\tag{12.15}
$$

类似地,每个单程产生的功率为

$$
P_{\text{gen}} = \int_{Z=0}^{Z=L} \mathrm{d}P_{\text{gen}} = g \frac{d}{D} \int_0^L P \mathrm{d}Z
\tag{12.16}
$$

于是内功率效率 η 为

$$
\eta \equiv \frac{P_{\text{gen}} - P_{\text{loss}}}{P_{\text{gen}}} = \frac{g \frac{d}{D} - \alpha}{g \frac{d}{D}}
\tag{12.17}
$$

把式(12.7)代入上式,可得

$$
\eta = \frac{\frac{1}{L} \ln \frac{1}{R}}{\alpha + \frac{1}{L} \ln \frac{1}{R}}
\tag{12.18}
$$

再次提醒注意, α 是包括带间吸收、自由载流子吸收以及各种散射损耗的总损耗系数,于是输出功率为

$$
P_{\text{out}} = \eta P_{\text{in}} = \eta \left[\frac{J}{e} \eta_{\text{q}} (L \times W) h\nu \right]
\tag{12.19}
$$

式中, P_{in} 是激光器内部产生的光功率, L 是长度, W 是宽度, ν 是激光频率。将式(12.18)代入上式,可得

$$
P_{\text{out}} = \frac{\frac{1}{L} \ln \frac{1}{R}}{\alpha + \frac{1}{L} \ln \frac{1}{R}} \frac{J \eta_{\text{q}}}{e} (L \times W) h\nu
\tag{12.20}
$$

式中, P_{out} 是指两个端面的输出功率。于是,包括串联电阻效应在内的器件总功率效率为

$$
\eta_{\text{tot}} = \frac{P_{\text{out}}}{P_{\text{in,tot}}} = \frac{\dfrac{\frac{1}{L} \ln \frac{1}{R}}{\alpha + \frac{1}{L} \ln \frac{1}{R}} \dfrac{J \eta_{\text{q}}}{e} (L \times W) h\nu}{\dfrac{J}{e} (L \times W) h\nu + \underbrace{[J (L \times W)]^2 R_{\text{series}}}_{I^2 R \text{ loss}}}
\tag{12.21}
$$

对于二极管的串联电阻能忽略的情形,则上式可简化为

$$\eta_{tot} = \frac{\frac{1}{L}\ln\frac{1}{R}}{\alpha + \frac{1}{L}\ln\frac{1}{R}}\eta_q \tag{12.22}$$

注意，这些功率和效率的表达式在达到阈值和阈值以上时才成立。若电流密度低于阈值（即振荡开始以前），$g(d/D) = \alpha + (1/L)\ln(1/R)$ 不能成立，表达式只能用 g、D、d 和 α 表示，而不能用 L、R 和 α 表示。

半导体激光器的效率随着温度的上升而下降，这是因为存在以下两个效应：第一，吸收增加［导致式(12.18)中的 α 变大］；第二，量子效率(η_q)下降。产生后一种效应是因为当温度升高时，热激发使电子和空穴的能量分布扩展到较宽范围，于是对于给定的任一注入输入电流，具有适当能量间隔的对受激辐射起作用的电子-空穴对就较少。同样是这两个效应，将造成产生激光所需阈值电流密度的增大［见式(12.10)］。显然，若输入电流密度给定，由于这两个效应，输出功率也将随着温度的上升而下降。因为上述有害的热效应，p-n 结激光器通常以脉冲方式运转。由于二极管的导通时间和衰减时间非常短（约 10^{-10} s 或更短），很容易产生很好的100 ns 宽的方波脉冲。总功率效率通常较低（约为百分之几），峰值输出功率一般可达10 W 左右。要使半导体 p-n 结激光器能在室温（或更高温度）下连续运转，除了必须供给足够的泵浦电流以达到阈值外，还要保证这个大电流导致的热效应不毁坏激光器。图 12.1 所示的那种基本的半导体 p-n 结激光器，其典型的阈值电流密度在 10^4 A/cm^2 的数量级，但由于面积仅约为 10^{-3} cm^2，故典型的峰值电流在 10 A 的数量级。然而，半导体激光器的效率和输出功率与材料特性和器件结构密切相关。在后面的章节中将介绍阈值电流小于 20 mA 的能连续运转的先进结构激光二极管。

12.2　隧道注入式激光器

在本章列为半导体激光器基本类型的隧道注入式激光器是 Wade 等人[6,8]早在 1964 年提出的，顾名思义，这种激光器件是通过由隧道穿透势垒而到达有源区的电子或空穴电流泵浦的。隧道注入式激光器是最早提出的限制场型激光器的一种[8~10]，以这一简单的模型为基础，可解释异质结激光器[11~13]中的场限制是如何大大减小阈值电流密度和提高激光器效率的。将在第 14 章中讨论的现代异质结激光器已经达到较高的水平，可在室温下实现单模连续运转。

12.2.1　基本结构

原理上，在单一类型半导体材料（不要求形成结）上制作的隧道注入式激光器结合了 p-n 结激光器的最好特性（体积小、简单、低压电源），其基本结构如图 12.6 所示。这种激光器用的是没有结的均匀掺杂半导体单晶材料，通过隧道效应或扩散将电子-空穴对注入半导体。若用的是 p 型半导体，电子通过隧道效应穿过绝缘层而注入，而空穴在第一种金属（No.1，金属 1）的接触处扩散入半导体；若用的是 n 型半导体，空穴由隧道效应穿过绝缘层，而电子在第一种金属（No.1，金属 1）的接触处注入。

为更好地理解隧道过程，可参考图 12.7 所示的能带图。图中表示施加了所需偏置电压的能带图，费米能级也移到新的位置。考虑到大部分电压降落在绝缘体上，因此这一区域内存在强电场。从图中可见，由于第二种金属（No.2，金属 2）中的空穴没有足够的能量克服绝缘体势垒，按照经典理论，空穴是不能穿过绝缘体的；然而，按量子理论，空穴有小的概率穿过绝缘体而进入半导体。为使能够有大量空穴能通过隧道效应而穿透绝缘体,绝缘体必须很薄,或施加的电压必须很高,因为隧道电流密度为[14, 15]

$$J_t = J_0 \left(\frac{E}{E_0} \right)^2 e^{-E_0/E}$$ (12.23)

式中, E 是绝缘体中的电场强度, J_0 和 E_0 是常数,并分别由以下两式给出:

$$E_0 = \frac{4\varphi^{3/2}(2m^*)^{1/2}}{3hq}$$ (12.24)

和

$$J_0 = \frac{2q\varphi^2 m^*}{9h\pi^2}$$ (12.25)

式中, φ 是势垒高度,其他量同前面的定义。计算表明,为了得到激光阈值所必需的电流密度(约 100 A/cm²),要求电场强度约为 10^7 V/cm。若电源提供的电压为 10 V,则要求绝缘体的厚度为 10^{-6} cm 或 0.01 μm。

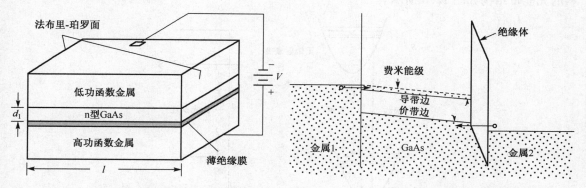

图 12.6　隧道注入式激光器的基本结构　　　　图 12.7　正向偏置隧道注入式激光器的能带图

12.2.2　激光阈值条件

要推导隧道注入式激光器的阈值电流公式,可完全按式(12.4)～式(12.10)的步骤,只是隧道注入式激光器中发光层的厚度 D 等于粒子数反转区的厚度 d,因为光场(或光子)受到有源层上下金属层反射的限制。因此,GaAs 隧道注入式激光器与激光二极管相比,式(12.10)中的 D 值约减小到 1/10。此外,隧道注入式激光器的损耗系数 α 较小,因为有源区中的带间吸收被反转粒子抑制。

作为数值计算的一个实例,把常规 GaAs 激光二极管($D = 10$ μm、 $d = 1$ μm、 $\alpha = 35$ cm⁻¹)与 GaAs 隧道注入式激光器($d = D = 1$ μm、 $\alpha = 3$ cm⁻¹)进行对比。令两者的 $R = 0.34$ 、 $L = 1$ mm、 $\eta_q = 0.7$ 、 $\lambda_0 = 9 \times 10^{-5}$ cm、 $n = 3.34$ 、 $\Delta\nu = 1.5 \times 10^{13}$ s⁻¹,然后由式(12.10)可以计算出

$$J_{th}(二极管) = 5.43 \times 10^3 \text{A/cm}^2 。$$

$$J_{th}(隧道) = 1.64 \times 10^2 \text{A/cm}^2 。$$

并由式(12.18),可得

$$\eta(二极管) = 24\%$$

$$\eta(隧道) = 78\%$$

为使隧道电流超过阈值电流而产生激光,需要非常薄的氧化层,因此隧道注入式激光器的制作相当困难,在大多数应用中使用异质结激光二极管(将在下一章中详细讨论)。但是,隧道注入在氧化物限制型垂直腔表面发光激光器中特别有用[16, 17],这点已得到证明。随着半导体制作工艺的提高,有关在 AlGaAs[18]、GaInAsSb[19, 20]、InGaAlAs[21] 和 GaInAs[22] 上生长隧道注入式激光器的工作不断取得进展,隧道注入式量子点激光器也已经制作出来(关于量子点结构的讨论参见第 22 章)[23]。

12.3　聚合物激光器

聚合物激光器这一课题已在第 5 章中讨论过,但现在仍值得重新考虑聚合物中激光产生机制的细节。前面已经介绍了半导体中的激光产生机制,即通过电子从导带底附近的态到价带顶附近的态的跃迁产生受激辐射和激光。已经发现,聚合物具有和半导体极为相似的有效光能带结构。例如,Schulzgen[24]研究了聚合物材料 BEH:PPV 并在其上面制作了激光器,该材料的光能带结构如图 12.8 所示。

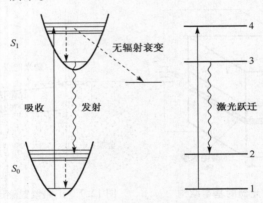

图 12.8　聚合物材料的能带图[24]

光泵浦使电子从能级 1 处的 S_0 态向上跃迁到能级 4 处的 S_1 态,然后通过直接无辐射跃迁衰变到能级 3;通过间接无辐射跃迁也能损失一部分光子能量。激光跃迁发生在能级 3 和能级 2 之间,电子通过直接无辐射跃迁从能级 2 返回到基态能级 1,从而使能级 2 的粒子数减少。激光发射的峰值波长位于630 nm,阈值泵浦水平是 40 $\mu J/cm^2$,如图 5.10 所示。

12.4　用于发射新波长的新型半导体材料

上面讨论的所有半导体激光器发射 800～1600 nm 的近红外波长。但是,近年来随着制作技术的改进,已经能将半导体激光器发射波长的范围向更短波长和更长波长扩展。

12.4.1　氮化镓激光器

工程师们对蓝光激光器渴望已久,这种激光器可以用于数据记录(因为短波长允许更高的数据密度)和多色显示中。因为氮化镓(GaN)的带隙较宽(3.5 eV),将其用于制作蓝光激光器是合乎情理的选择。最早的蓝光激光器是 Nakamura 等人[25, 26]于 1996 年实现的。在制作 GaN

激光器的更早尝试中，是在蓝宝石衬底上生长出 GaN 外延层的。用这种技术制作出沿六方晶系的 c 平面取向的 GaN 晶体层，遗憾的是，沿 c 平面的强极化场和压电效应使电子和空穴分开，并阻止它们发生有效的复合。Nakamura 等人从 GaN 衬底出发，沿矩形 m 平面生长外延层，因为沿该平面的极化场和压电效应要弱得多。最初的用这种"无极性"GaN 激光二极管结构制作的激光器，在室温下以脉冲模式运转，阈值电流密度大约为 $7.5\ kA/cm^2$；最近，室温下运转在连续模式下的"无极性"GaN 激光器已有报道[27]，其发射波长为 459 nm，阈值电流密度为 $5.0\ kA/cm^2$，阈值电流为 40 mA。

12.4.2　硅激光器

由于硅是间接带隙材料，长期以来认为它不是制作高效的激光器的材料。但是，随着硅基集成电路商业市场的发展成熟，人们对硅基光电集成回路或光集成回路已抱有梦想，于是努力尝试在硅上制作激光器。Xu 和 Cloutier[28, 29] 利用晶体硅结构，在直接光泵浦条件下观察到 1.28 μm 的激光。硅中的激光发射是通过将纳米结构加入到发光区中实现的(纳米结构将在第 22 章介绍)。在硅中产生激光是一个有希望的新生事物，但是，在很多应用中，光泵浦是不切实际的，而且这种硅激光器的制作涉及到复杂的纳米结构自组装生长技术，尚不适合在线生产。

工程师们还努力探索利用拉曼效应在硅上制作激光器的可行性，Rong 等人[30] 报道了连续运转的硅拉曼激光器。在拉曼激光器中，光泵浦源增加了材料原子的振动能，光子与这些原子的相互作用引起光子能量的损失，结果导致更长波长的次生光子流的产生。通过合理选择激光器镜面和泵浦波长，能够产生次生光子的相干光束。在这种情形中，激光器用低损耗的 SOI 脊形波导管芯构建，端面镀有多层介质膜镜。一个 p-i-n 二极管镶嵌在波导中，并通过反向偏置来降低双光子吸收(TPA)感应的自由载流子吸收(FCA)。TPA 感应的 FCA 降低了拉曼激光器的增益。拉曼激光器的发射波长为 1686 nm，泵浦波长为 1550 nm。当施加 25 V 的偏置电压时，单端输出的斜率效率为 4.3%；当偏置电压为 5 V 时此值变为 3%。在 25 V 偏置电压下，输出功率随输入功率是线性变化的，一直到输出功率为 7 mW。

习题

12.1　欲设计用做测距机中的发射机的 p-n 结激光器，以脉冲模式输出，每端的输出峰值功率为 10 W(仅用一端输出)，脉冲宽度为 100 ns，波长为 9000 Å，要求室温运转。已测定或确定的一些适当参数为：

(1) 室温下测定材料自发辐射发射峰的半功率点为 9200 Å 和 8800 Å；

(2) 折射率为 3.3；

(3) 发光层厚度为 10 μm；

(4) 有源层(粒子数反转层)厚度为 1 μm；

(5) 内量子效率为 0.7；

(6) 平均吸收系数为 30 cm^{-1}；

(7) $W = 300$ μm；

(8) 法布里-珀罗面的反射率为 0.4。

试问：

(a) 欲得到 $3 \times 10^4\ A/cm^2$ 的峰值脉冲电流密度，法布里-珀罗面之间的间距应为多少？

(b) 阈值电流密度为多大？

12.2   在上题的激光器中,设热沉在室温下能耗散 1 W 的功率,欲不引起激光器晶体发热高于室温(忽略 I^2R 的损耗),那么能应用的最大脉冲重复频率为多少?

12.3   在习题 12.2 的激光器中,假设发射机和探测器基本上位于同一点,且脉冲通过空气传输,则发射脉冲和目标反射的脉冲最终在探测器处不发生重叠的最小距离是多少?

12.4   (a)若光发射器没有镜面或任何其他光反馈部件,它能够由受激辐射产生光吗?这些光是相干的吗?

(b)解释激光器中阈值现象的意义。

(c)为什么限制场型激光器具有较低的阈值电流和较高的效率?

(d)为什么半导体激光器中发射光束的发散角比气体激光器中的要大得多?

12.5   若用直接带隙材料制作半导体激光器,其发射波长为 1.2 μm,外量子效率为 15%。试问:

(a)材料的带隙能量约为多少?

(b)若输出功率为 20 mW,试近似估算输入电流的值。

12.6   一设计适当的限制场型激光器,带间跃迁的吸收损耗可忽略($\alpha_{IB}\approx0$),自由载流子吸收损耗和散射损耗分别为 $\alpha_{FC}=5\ cm^{-1}$ 和 $\alpha_s=0.5\ cm^{-1}$。若激光器的长度增大到 2 倍,那么阈值电流密度将改变多少倍(假设端面的反射率为 65%)?

12.7   注入式激光器的一个端面镀有一层全反膜($R=1$),试推导该激光器阈值电流密度 J_{th} 的表达式。假设输入电流密度 J(单位为 A/cm²)和增益系数 g(单位为 cm⁻¹)的关系为 $J=Kg$,这里 K 是一个常数;同时假设部分透射端面的反射率为 R_0,L、α、D 和 d 如前面的定义。

12.8   已知一个半导体激光器的以下参数:

发射波长 $\lambda_0=0.850$ μm;

激光阈值电流 $I_{th}=12$ A;

阈值以下的外量子效率为 1%;

阈值以上的外量子效率为 10%。

(a)画出该激光器的输出光功率(W)随输入电流(A)的变化曲线,其中电流从 0 变化到 20 A;标出阈值点的输出功率。

(b)当输入电流为 18 A 时,输出功率为多少?

12.9   一个多模 GaAs 激光二极管的发射波长大约在 0.9 μm,在该波长处 GaAs 的折射率为 3.6,色散为 0.5 μm⁻¹,激光器腔长为 300 μm。计算 0.9 μm 附近相邻模式的波长间隔。

12.10   一个发射波长为 0.9 μm 的 GaAs 激光二极管的外微分量子效率为 30%,所加偏置电压为 2.5 V,计算该器件的外功率效率。

12.11   一个半导体 p-n 结激光器在所要求的偏置下,其增益系数 $g=70\ cm^{-1}$,损耗系数 $\alpha=5\ cm^{-1}$,法布里-珀罗端面之间的长度 $L=300$ μm。现想要在这两个端面上镀增透膜,则在不使腔内功率降至激光阈值以下的前提下,最小的端面反射率 R 是多大?假设两个端面的反射率相同,并且限制因子 $d/D=1$。

12.12   一个 p-n 结法布里-珀罗型激光器的腔长为 L,腔镜反射率为 R。现重新设计该激光器,使腔长加倍但保持阈值电流密度不变,并假设其他所有结参数和材料参数保持不变。

(a)新腔镜的反射率是多少?

(b)新阈值电流与原阈值电流的比值是多少?

12.13   在一个隧道注入式激光器中,绝缘体上 4×10^4 V/m 的电场产生了 1500 A/cm² 的电流密度。若绝缘体的厚度减半,则电流密度将增加多少倍?

参考文献

1. B. N. Hall, G. E. Fenner, J. D. Kingsley, T. J. Soltys, R. O. Carlson: Phys. Rev. Lett. **9**, 366 (1962)

2. M. I. Nathan, W. P. Dumke, G. Burns, F. H. Dill Jr., G. Lasher: Appl. Phys. Lett. **1**, 62 (1962)

3. T. M. Quist, R. H. Rediker, R. J. Keyes, W. E. Krag, B. Lax, A. L. McWhorter, H. J. Zeiger: Appl. Phys. Lett. **1**, 91 (1962)

4. N. Holonyak Jr. S. F. Bevacqua: Appl. Phys. Lett. **1**, 82 (1962)

5. A. Yariv: *Optical Electronics*, 4th edn. (Holt, Rinehart and Winston, New York 1991) p. 116

6. G. Wade, C. A. Wheeler, R. G. Hunsperger, T. O. Caroll: A tunnel injection laser. 5th Int'l Cong. on Microwave Tubes, Paris, France (1964)

7. J. Lasher: IBM J. **7**, 58 (1963)

8. G. Wade, C. A. Wheeler, R. G. Hunsperger: IEEE Proc. **53**, 98 (1965)

9. G. Diemer. B. Bölger: Physica **29**, 600 (1963)

10. T. Pecany: Phys. Stat. Sol. **6**, 651 (1964)

11. H. Kroemer: IEEE Proc. **51**, 1782 (1963)

12. Zh. I. Alferov: Sov. Phys. -Solid State **7**, 1919 (1966)

13. H. Kressel, N. Nelson: RCA Rev. **30**, 106 (1969)

14. R. H. Fowler, L. Nordheim: Proc. Roy. Soc. (London) **A 119**, 173 (1928)

15. A. G. Chynoweth: Progr. Semiconduct. **4**, 97 (1960)

16. D. L. Huffaker, D. G. Deppe: Improved performance of oxide-confined vertical-cavity surface emitting lasers using a tunnel injection active region, Appl. Phys. Lett. **71**, 1449 (1997)

17. D. L. Huffaker, D. G. Deppe: Intractivity Contacts for Low-Threshold Oxide-Confined Vertical-Cavity Surface-Emitting Lasers, IEEE Phot. Tech. Lett. **11**, 934 (1999)

18. B. A. Vojak, N. Holonyak, Jr., R. Chin, E. A. Rezek, R. D. Dupuis, P. D. Dapkus: Tunnel injection and phonon assisted recombination in multiple quantum-well AlGaAs-GaAs p-n heterostructure lasers grown by metalorganic chemical vapor deposition, Appl. Phys. **50**, 5835 (1979)

19. Yu. P. Yakovlev, K. D. Moiseev, M. P. Mikhailova, O. G. Ershov, G. G. Zegrya: Advanced tunnelinjection laser based on the type II broken-gap GaInAsSb/lnAs heterojunction for the spectral range 3-3.5 μm, Digest of Conference on Lasers and Electro-Optics, CLEO 96. (Anaheim, CA, June 2-7, 1996)

20. K. D. Moiseev, M. P. Mikhailova, O. G. Ershov, Yu. P. Yakovlev: Tunnel-injection laser based on a single p-GaInAsSb/p-InAs type-II broken-gap heterojunction, Semiconductors, **30**, 223 (1996)

21. P. Podemski, R. Kudrawiec, J. Misiewicz, A. Somers, J. P. Reithmaier, A. Forchel: On the tunnel injection of excitons and free carriers from $In_{0.53}Ga_{0.47}As/In_{0.53}Ga_{0.23}Al_{0.24}As$ quantum well to InAs/$In_{0.53}Ga_{0.23}Al_{0.24}As$ quantum dashes, Appl. Phys. Lett. **89**, 061902(2006)

22. M. Ohta, T. Furuhata, T. Iwasaki, T. Matsuura, Y. Kashihara, T. Miyamoto, F. Koyama: Structure-dependent lasing characteristics of tunnel injection GaInAs/AlGaAs singlequantum-well lasers, Jpn. J. Appl. Phys. **45**, L162 (2006)

23. Yu. M. Shernyakov, A. Yu. Egorov, A. E. Zhukov, S. V. Zaitsev, A. R. Kovsh, I. L. Krestnikov, A. V. Lunev, N. N. Ledentsov, M. V. Maksimov, A. V. Sakharov, V. M. Ustinov, C. Chen, P. S. Kop'ev, Zh. I. Alferov, D. Bimberg: Quantum-dot cw heterojunction injection laser operating at room temperature with an output power of 1 W, Tech. Phys. Lett. **23**, 149 (1997)

24. A. Schulzgen, C. Spiegelberg, S. B. Mendes, P. M. Allemand, Y. Kawabe, M. Kuwata-Gonokami, S. Honkanen, M. Fallahi, B. N. Kippelen, N. Peyghambarian: Light amplification and laser emission in conjugated polymers. Opt. Eng. **37**, 1149 (1998)

25. S. Nakamura, G. Fasol: *The Blue Laser Diode-GaN based Light Emitters and Lasers* (Springer, Heidelberg, 1997)

26. S. Nakamura, S. Pearton, G. Fasol: *The Blue Laser Diode-The Complete Story* 2nd updated and extended ed. (Springer, Heidelberg, 2000)

27. M. Kubota, K. Okamoto, T. Tanaka, H. Ohta: Continuous-wave operation of blue laser diodes based on nonpolar m-plane gallium nitride, Appl. Phy. Express **1**, 011102 (2008)

28. J. Xu: Directly pumped crystalline silicon aser-an impossible possibility?, Digest 3rd IEEE International Conference on Group IV Photonics 2006, 213 (2006)

29. S. G. Cloutier, J. M. Xu: All-silicon laser, Condensed Matter Archives, Arxiv cond-mat 0412376 (2004)

30. H. Rong, R. Jones, A. Liu, O. Cohen, D. Hak, A. Fang, M. Paniccia: A continuous-wave Raman silicon laser, Nature **433**, 725 (2005)

有关半导体激光器基本原理的补充阅读资料

N. W. Carlson: *Monolithic Diode-Laser Arrays*, Springer Ser. Electron. Photon., Vol. 33 (Springer, Berlin, Heidelberg 1994)

W. W. Chow, S. W. Koch, M. Sargent III: *Semiconductor-Laser Physics* (Springer, Berlin, Heidelberg 1994)

C. F. Klingshirn: Semiconductor Optics (Springer, Berlin, Heidelberg 1995)

H. Kressel, M. Ettenberg, J. P. Wittke, I. Ladany: Laser diodes and LEDs for fiber optical communications, in *Semiconductor Devices for Optical Communications*, H. Kressel 2nd edn., (ed.)(Springer, Berlin, Heidelberg 1982) pp. 9 – 62

J. Pankove: *Optical Processes in Semiconductors* (Printice-Hall, Reading, MA 1971) Chap. 10

A. Yariv: Quantum Electronics, 3rd edn. (Wiley, New York 1989) pp. 232 – 263

P. Yu, M. Cardona: *Fundamentals of Semiconductors: Physics and Material Properties* (Springer, Berlin, Heidelberg 1995)

第13章 光放大器

正如有线通信系统一样，在光波通信系统中，每隔一定间距就需要用中继器来放大信号，以补偿信号的损耗。在早期的光波系统中，这一功能是这样实现的：首先用光探测器将光信号转变为电信号，然后对其进行电放大，最后用激光器或高速发光二极管（LED）将电信号转变回光信号。这种方法需要用到额外的部件，从而不可避免地降低了系统的总体可靠性，因为每个部件都有一定的概率被过早损坏。另外，电放大还限制了光波系统的总带宽。为了克服这些难题，研究人员研究并开发了一些不同类型的光放大器。利用光放大器可以直接放大光信号，而无须将它们转变成电信号。最常用的光放大器是掺铒光纤放大器（EDFA）、半导体光放大器（SOA）和光纤拉曼放大器（FRA），这些器件都将在本章中进行讨论。

13.1 光纤放大器

研究发现，在模拟通信和数据通信系统中用做光波导的玻璃光纤，如果用光激活离子（如铒离子）掺杂，则它们还能作为光放大器使用。这些掺杂离子进入基质玻璃结构中后，其能级将发生分裂。当在适当的波长处用光泵浦系统并用光波信号激发时，就会产生光子的受激辐射。通过受激辐射产生的光子数正比于激发光波信号中的光子数，因此放大光波的幅度调制（信息信号）能够保持。因为光纤放大器的效率和可靠性相对较高，它们已经成为长途光波通信和数据通信系统中主要的放大器。

13.1.1 掺铒光纤放大器

掺铒光纤放大器（EDFA）是一种广泛使用的光放大器，因为玻璃基质中的 Er^{3+} 离子能级提供了 $1.54~\mu m$ 中心波长的受激辐射，该波长对应第三个"通信窗口"，而且可以用中心波长为 $0.94~\mu m$ 的光方便地泵浦。玻璃光纤有三个低损耗的波长区，分别位于 $0.8~\mu m$、$1.3~\mu m$ 和 $1.55~\mu m$，它们分别对应第一个、第二个和第三个"通信窗口"。发射波长在 810 nm 和 980 nm 的商用半导体激光器通常用做泵浦光源。但是，由于存在一个中心位于 $1.5~\mu m$ 附近的强吸收带，允许用波长为 $1.48~\mu m$ 的半导体激光器泵浦。石英基质中 Er^{3+} 离子的吸收特性如图 13.1 所示。

与 EDFA 的受激辐射有关的跃迁如图 13.2 所示。经常采用 980 nm 的泵浦波长将 Er^{3+} 离子激发到高能级的激发态上，由于激发态的寿命相当短（$1~\mu s$ 的数量级），离子衰变到具有相对长寿命（约 10 ms）的亚稳态上。亚稳态上的离子寿命较长，因此亚稳态就相对于基态实现了粒子数反转。当光波信号的光子通过时，就能通过受激辐射过程得到放大。亚稳态和基态不是单一能级，而是一个能带，这点对 EDFA 的工作非常重要，因为这使放大器能在大约 1520 ~ 1600 nm 的波长范围内提供有用的增益。

EDFA 在物理上的实现特别方便。如图 13.3 所示，将掺铒光纤以最小的耦合损耗直接插入到光波通信线路中，泵浦光子通常是用半导体激光二极管提供的。

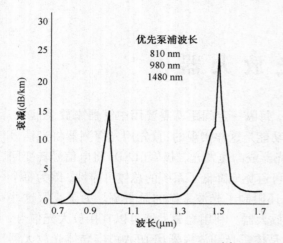

图 13.1 掺铒石英光纤的吸收谱[1]

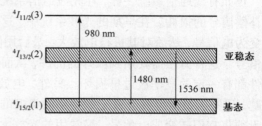

图 13.2 掺铒光纤放大器(EDFA)的能级和跃迁[1]

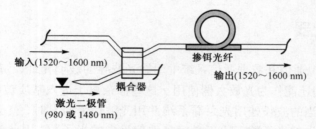

图 13.3 掺铒光纤放大器(EDFA)的物理构造

光纤放大器的增益与粒子数反转度成比例,可以表示为

$$G_{opt} = C(N_2 - N_1) \tag{13.1}$$

式中,N_2是增益跃迁上能级中的粒子数,N_1是下能级中的粒子数,C是表示跃迁概率的常数。量CN_1代表向上跃迁(或吸收跃迁)的可能性。为获得总体增益,必须对系统泵浦,以使N_2明显大于N_1。受激辐射产生的光功率为

$$P_{stim} = P'_{21}N_2I_p \tag{13.2}$$

式中,P'_{21}是向下受激跃迁的概率,I_p是具有"合适"能量(对应上下能级的能量差)的光子的强度或光子密度(光子/秒)。遗憾的是,我们还不得不考虑放大自发辐射(ASE)产生的功率,这部分功率是噪声,不是想得到的放大信号的功率。

$$P_{ase} = P_{21}N_2 \tag{13.3}$$

式中,P_{21}是向下自发跃迁的概率。一般而言,还要考虑因为吸收导致的功率损失P_{abs},P_{abs}可表示为

$$P_{abs} = P_{12}N_1 \tag{13.4}$$

式中,P_{12}是向上跃迁(吸收跃迁)的概率。因此,光增益可以表示为

$$G_{opt} = (P_{out} - P_{ase})/P_{sig} = (P_{stim} - P_{abs} - P_{ase})/P_{sig} \tag{13.5}$$

式中,P_{sig}是将被放大的输入光信号功率。但是,对于$N_2 \gg N_1$的粒子数反转,吸收可以忽略不计。于是,光增益的表达式简化为

$$G_{opt} = (P_{stim} - P_{ase})/P_{sig} \qquad (13.6)$$

增益经常用分贝（dB）单位表示为

$$G_{opt} = 10 \log [(P_{stim} - P_{ase})/P_{sig}] \qquad (13.7)$$

在 EDFA 中，在 980 nm 波长处仅用几毫瓦的泵浦功率 P_{pump} 就容易得到 30 dB（10^3）的增益。用 980 nm 波长泵浦要比用 1480 nm 波长泵浦更加有效。对于 980 nm 波长泵浦，增益效率（G_{opt}/P_{pump}）通常为 8 ~ 10 dB/mW。

EDFA 对周围环境条件非常稳定。Liu 等人[2]曾报道，当用 980 nm 波长泵浦时，在 25 ℃到 95 ℃ 的温度范围内 EDFA 增益的温度系数为 0.023 dB/℃；Yamada 等人[3]发现，在类似的泵浦条件下，当光纤短于 12 m 时，在 –40 ℃到 +50 ℃ 温度范围内增益的的温度系数（忽略损耗）小于 0.013 dB/℃。当电场强度小于 3 kV/m 时，发现电场对 Er^{3+} 离子能带的 Stark 分裂效应的影响可以忽略[2]。据报道，磁场的影响也非常小，200 G 的大小仅使增益稍有增加[2]。由于 EDFA 对放大波长位于第三个"通信窗口"内的光信号非常有效，加之稳定耐用，它已成为使用最为广泛的光纤放大器。但是，为了扩展密集波分复用（DWDM）系统的可用波长范围，其他光纤放大器也得到了发展。

13.1.2　光纤拉曼放大器

EDFA 的可用波长范围相对有限，仅在 1525 ~ 1575 nm 的波长范围（此范围内玻璃光纤的损耗最小）才比较有效。虽然 EDFA 在长波长端的增益可以延伸到 1600 nm（此时增益较小且损耗变大），但在短波长端没有明显增益。这促使研究人员发展新型的光纤放大器，以充分利用仍位于第三个"通信窗口"内的较短的光波长。Islam 和 Nietubyc 总结了现有玻璃光纤在这一波长范围的吸收特性，结果如图 13.4 所示[4]。

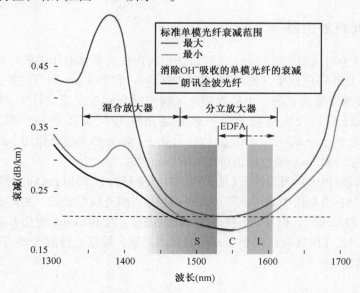

图 13.4　玻璃光纤波导的吸收特性[4]

图 13.4 中给出了标准单模光纤（SSMF）和朗讯全波（Lucent Allwave）单模光纤（OH^- 浓度减小）的衰减曲线。现代低 OH^- 浓度的石英光纤在 1300 nm 到 1600 nm 波长范围的损耗已小

于0.35 dB/km，只要有用做必需的中继器的合适的放大器，这种光纤就可以用在可覆盖整个 S、C 和 L 光通信波段的 DWDM 系统中。

    光纤拉曼放大器(FRA)可以将可用的波长范围扩展到 S 波段。因为 FRA 利用了标准的受激辐射过程，能量守恒仍是必须的，但在拉曼放大过程中额外的能量是由声子提供的。泵浦光子与声子相互作用，将功率转移到频率比泵浦光频率低的信号光中，在此过程中能量和动量均是守恒的。当用波长为 1500 nm 的激光光源泵浦时，石英光纤的拉曼增益谱超过 40 THz 宽，如图 13.5 所示。

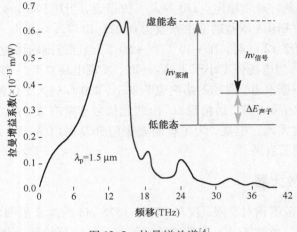

图 13.5   拉曼增益谱[4]

    拉曼增益谱在 +13.2 THz 附近(大约 100 nm 的波长偏离)有一个主峰。S 波段的输出峰值波长在 1480 nm。FRA 能够用激光二极管泵浦，但泵浦光和信号光必须有相同的偏振态。

13.1.3   其他光纤放大器

    通过用其他原子对玻璃光纤掺杂，已经制作出对短波长放大有用的光纤放大器。例如，掺铥光纤放大器[4](TDFA)已用于 S 波段(1480~1520 nm)和 1.3 μm 附近的放大。TDFA 是一个三能级系统，需要两个泵浦光源。上转换激光从前向耦合到放大器光纤中，将 Tm^{3+} 离子从基态泵浦到中间能级(E_2)；反向传输的另一束泵浦光将 Tm^{3+} 离子进一步泵浦到更高的能级(E_3)。对于能量为 $E_{signal} = E_3 - E_2 = h\nu_{signal}$ 的信号光子，就会产生放大作用，其中增益范围大约从 1430 nm 延伸到 1500 nm，增益峰值位于 1460 nm。

    掺镨光纤放大器(PDFA)具有较宽(从大约 1260 nm 延伸到 1340 nm)的增益曲线[1]，峰值增益位于 1300 nm，但石英基质中 Pr^{3+} 离子的寿命相当短，因此效率较低。为解决这一难题，使用了氟化物光纤(如 ZIBLAN)。但是，为获得 30 dB 的增益，在 1010 nm 波长需要 400~600 mW 的泵浦功率。作为比较，EDFA 仅仅需要 3 mW 的泵浦功率。掺镨光纤激光器可以用 Nd：YLF 激光器在 1010 nm 处泵浦。

13.2   非光纤离子掺杂光放大器

    在第 5 章中我们曾讨论通过对聚合物材料掺杂来制作光发射器甚至激光器(例如，可以参见图 5.10 中的掺杂聚合物激光器的输入和输出曲线)，因此通过在介质材料和玻璃光纤的波导层中掺入激活离子来制作光放大器就不令人感到意外了。这样的平面光放大器在光集成回路中特别有用，已经由很多不同的研究人员制作出来[5~11]。例如，Jiang 等人[5] 在一种被命名为 MM-1 的新型稀土磷酸盐玻璃中制作的掺铒放大器，其波导是离子交换型的，通过在 365 ℃ 的温度下将玻璃衬底浸入到 $KNO_3 + AgNO_3$ 溶液中 120 分钟制成。得到的波导在 1.54 μm 波长是单模的，而在 632.8 nm 波长支持三个模式。这种玻璃基质材料中的 Er^{3+} 离子在 1480 nm 有一个很宽的吸收峰，可以用来泵浦，发射（增益）曲线从 1500 nm 延伸到 1575 nm，峰值位于 1530 nm。

13.3　半导体光放大器

用于半导体激光器中的双异质结结构的 p-n 结二极管还能作为光放大器使用。在这种光放大器工作模式下，器件增加从它的一个端面进入的光功率，并在另一个端面产生更高的功率输出。由于强度调制变化得到保持和放大，因此二极管能用做光通信系统中的中继器。放大的基本机制是受激辐射，这恰好与激光器相同。但是，在放大器中二极管经常偏置在激光阈值以下，因此不会发生激光振荡。

半导体光放大器有三种类型，即行波型、法布里-珀罗型和注入锁定型。在行波型光放大器中，端面镀有增透膜，因此光波仅一次通过二极管的粒子数反转区。在 GaAs 或相关的三元或四元化合物中，解理面的反射率大约为 33%。但是，通过使用适当设计的多层介质增透膜，可以将反射率降至只有 1% 或 2% 的大小。在法布里-珀罗型光放大器中，端面是未镀膜的，于是入射光在两个端面之间连续多次通过时会被放大，最后以较高的功率出射。注入锁定型光放大器与以上两种不同，因为它被偏置在阈值以上，实际上是一个激光器。但是，从一个端面注入的强度调制的光信号将导致通过激光行为产生的光波与输入光波的"锁定"，前者与输入光波有相同的强度和相位变化，只是光功率更高。当然，在以上所有三种半导体光放大器中，所增加的功率都源于偏置电路提供的电功率。半导体光放大器的优点包括它的快速开关特性、能覆盖 800 ~ 1600 nm 的全部波长范围、尺寸小以及能够方便地封装（如图 13.6 所示）等。

半导体法布里-珀罗型光放大器和行波型光放大器的单通增益为[12]

$$G_s = \exp\left[(\Gamma g(N) - \alpha)L\right] \qquad (13.8)$$

式中，Γ 是限制因子，α 是内损耗系数，L 是腔长。增益函数 $g(N)$ 与载流子浓度 N 满足线性关系，于是

$$g(N) = aN - b \qquad (13.9)$$

式中，a 和 b 是常数。

注入电流为

$$I = NeV/\tau_s\eta_i \qquad (13.10)$$

图 13.6　封装好的半导体光放大器

式中，e 是电子电荷，V 是有源体积（不是电压），τ_s 是载流子寿命，η_i 是内量子效率。

对于一个理想的行波型光放大器，总增益恰好等于式（13.8）中的单通增益 G_s。而对于一个法布里-珀罗型光放大器，增益因为多次反射而增强，因此总增益为[13]

$$G = (1 - R_1)(1 - R_2)G_s \big/ \big(1 - (R_1R_2)^{1/2}G_s\big)^2 \qquad (13.11)$$

式中，R_1 和 R_2 是端面反射率。看起来法布里-珀罗型光放大器比行波型光放大器能提供更高的增益，但是必须记住，行波型光放大器增益 G_s 的最大值(对应于激光阈值点)要大得多，因为端面反射被大大减小。行波型和法布里-珀罗型光放大器的增益都受限于这样一个事实，即它们不能工作在阈值以上。但是，由于行波器件的腔镜反射较小，其阈值要高得多。

噪声也限制了这三种光放大器的有用增益。主要噪声源是 p-n 结中通过自发辐射产生的背景光[13]，这些自发辐射光与信号一起被放大，从而降低了信噪比。在法布里-珀罗型光放大器中，腔共振条件决定了只有满足腔长为半波长整数倍的那些光才能得到增强和放大，因此光放大器的辐射谱中包含一个中央纵模、放大信号和相距纳米量级的边带，其中边带对应腔内其他纵模的共振波长。当随后用光电二极管探测放大输出时，不同的模式之间将产生所谓的"拍"噪声。这种噪声与前面提到的放大自发辐射噪声相叠加，噪声谱通常扩展到一个比放大信号更宽的波长范围上，因此可以通过在输出端插入窄带滤波器来改善这些器件的信噪比。

法布里-珀罗型光放大器只适合于低增益应用，因为其最大增益受限于在相对低的阈值功率下激光振荡的发生。为得到最大增益和信噪比，输入信号的频率必须与主法布里-珀罗模式的频率精确匹配，因此它的带宽受到限制。注入锁定型光放大器的带宽也是有限的，因为若发生锁定，输入光波的频率必须接近激光振荡频率。行波型光放大器相对其他两种光放大器的优点是它的高增益、宽带宽和对温度及驱动电流变化不敏感。例如，Zhang 等人[14]报道了一种 GaAlAs 行波型光放大器，在 886.1 ~ 868.5 nm 波长范围具有相对平坦的 20 dB 增益。

13.3.1　集成半导体光放大器

半导体光放大器能够与其他器件集成到光集成回路中。例如，Brenner 等人[15]制作了高增益的 InGaAsP/InP 行波型放大器，并将它们与对接耦合的波导集成在一起，构成光集成回路。Johnson 等人[16]将半导体光放大器、电吸收调制器和双波导模斑转换器单片集成在一个 InP 衬底上，如图 13.7 所示。

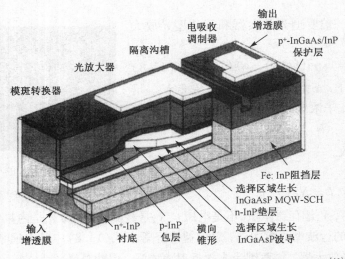

图 13.7　集成的半导体光放大器、电吸收调制器和模斑转换器[16]

该器件的制作利用了五步 MOVPE 工艺，其中的两步是选择区域生长，并用 SiO₂作为生长的掩模。该器件的独特之处是双波导模斑转换器，这部分的设计是为石英平面光导回路与倒装封接的 InP 芯片之间提供有效的耦合。所得的光集成回路(OIC)是一个波长选择激光器，它包含一个 DFB 激光器的混合阵列，每个激光器都工作在各自不同的波长上，它们共有一个电吸收调制器。模斑转换器的顶视图和侧视图如图 13.8 所示。

在横向锥形区，模式从上面的波导转移到下面的波导中。由于下面波导的厚度逐渐变小，模式被扩展。当在单模光纤链路中对该器件进行测试时，它表现出大于 10 dB 的光纤到光纤增益，耦合损耗小于 4 dB，饱和输出功率为 +4 dBm。电吸收调制器的调制带宽为 6 GHz，直流消光比为 20 dB，在 2.4 V_pp 驱动时射频消光比为 14.4 dB。

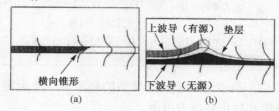

图 13.8　模斑转换器。(a)顶视图；(b)侧视图[16]

半导体光放大器在集成阵列应用中特别有用，因为它们的尺寸小，而且与其他光电子器件兼容。上面介绍的波长选择激光器就是这种应用的一个很好的实例。另一个涉及阵列应用的是 Hatakeyama 等人[17]报道的 8 通道弯曲波导 SOA 阵列，该阵列由包含模斑转换器和 SOA 的 8 个通道组成，表现出均匀的高性能。光纤到光纤的增益为 12.7 dB。当作为开关门阵列时，所有通道的开关比均大于 50 dB[驱动电流为 40 mA 时为 +10 dB(开)，零偏置时为 −40 dB(关)]。

13.4　离子掺杂光纤放大器与半导体光放大器的比较

13.4.1　波长范围

在比较不同类型的光放大器时，最重要的是该光放大器可以利用的波长范围。为使能用在 DWDM 系统中的通道数最多，有必要充分利用石英光纤的全部三个低损耗"通信窗口"。由于半导体光放大器可以在 800 ~ 1600 nm 的整个波长范围内使用，因此必须选择不同类型的离子掺杂激光器以，提供不同的波长范围。表 13.1 总结了适合于不同波长范围的各种类型的光放大器。

13.4.2　性能特征

可以容易地将 SOA 的特性与 EDFA 的进行对比，因为这两种光放大器都得到广泛研究，并在很多不同应用中使用，而且它们都是商用器件。其他类型的离子掺杂光放大器，如掺铥或掺钕光纤放大器也有报道，但尚未发展成熟。Fake 和 Parker 比较全面地比较了 EDFA 和 SOA 的性能特征[1]，结果见表 13.2。

表 13.1　光通信波段和对应的放大器

第一个窗口	(大约 800 ~ 900 nm) 半导体光放大器(SOA)
第二个窗口	(大约 1300 ~ 1360 nm) 掺铥光纤放大器(TDFA) 半导体光放大器(SOA) 掺镨光纤放大器(PDFA) 掺钕光纤放大器(NDFA)
第三个窗口	
S 波段	(1480 ~ 1520 nm) 半导体光放大器(SOA) 掺铥光纤放大器(TDFA) 拉曼放大器
C 波段	(1525 ~ 1565 nm) 半导体光放大器(SOA) 掺铒光纤放大器(EDFA) 拉曼放大器
L 波段	(1570 ~ 1620 nm) 半导体光放大器(SOA) 拉曼放大器

表 13.2　EDFA 和 SOA 的特性[1]

EDFA 特性	原因说明	SOA 特性	原因说明
高增益(40 dB)、高饱和输出功率	泵浦功率高、相互作用长度长	低增益(15 dB)、低饱和输出功率	腔长短、耦合效率差
噪声指数好(3.5 dB)	与光纤接头损耗低、泵浦功率高、内反射可以忽略	噪声指数差	端面反射、耦合效率差
偏振不敏感	光纤几何形状是圆形	偏振敏感	矩形波导结构有利于 TE 模
串扰可以忽略(调制 >10 kHz)	寿命大于 10 ms	串扰大(可用数据率 <10 Gbps)	寿命小于 1 ns
对放大高功率短脉冲非常理想	$\tau = 10$ ms,平均信号功率决定了放大器的性能	不能放大高功率短脉冲	$\tau = 1$ ns
开关特性差(响应时间长)	$\tau = 10$ ms	开关特性好(开关快)	$\tau = 1$ ns
放大第一和第二个通信窗口的技术是新兴的技术	需研究新的基质玻璃,以用于掺杂	很容易在第二个通信窗口放大	SOA 结构基于成熟的激光器工艺

　　表中有关 EDFA 的特性一般也适用于其他类型的离子掺杂放大器。随着这些器件的进一步发展,对它们做更精确的比较也将成为可能。

13.5　增益均衡

　　如同大部分电放大器一样,光放大器在整个增益范围内的响应曲线是不平坦的。Liu 等人从理论上模拟了 EDFA 的非线性响应[18],发现信号功率、泵浦功率和频率能影响放大器响应的线性特性。对于光放大器,增益的波动可以用光学技术来补偿,其基本方法是使用增益平坦滤波器(其透射谱与 EDFA 的增益谱相反)来均衡放大器通带内的增益。普遍采用的增益均衡技术总结于表 13.3 中。

　　当使用反射滤波器时,需要用隔离器以保护光源。

表 13.3　光放大器的增益均衡方法

薄膜介质滤波器	可能需要数百层介质膜,光被有选择地后向反射
干涉滤波器,如 Mach-Zehnder 干涉仪	为覆盖 EDFA 的 C 波段,需要 3～5 个滤波器
长周期光纤光栅	在纤芯中形成光栅密度变化,间隔 Λ 是波长的 200～400 倍,选中的光被前向耦合到包层模式中衰减掉
啁啾光纤布拉格光栅	光被有选择地后向反射

13.6　光纤激光器

　　本章前面几节讨论了玻璃光纤放大器的特性。在许多情形中,增益足以克服损耗,因此能够在某一波长建立起激光发射。光纤激光器的一个优点是,它们可以长达数十米而损耗却相当低,因此可以获得高输出功率。例如,Paschotta 等人[19]制作了掺铥蓝光激光器,可在 481 nm 波长发射 230 mW 的功率。该激光器用 1.6 W 的激光二极管在 1123 nm(在 807 nm 波长以 7 W 的功率泵浦 Nd∶YAG 激光器得到)波长处泵浦。为发射 481 nm 的光子,需要三步上转换过程,如图 13.9 所示。光纤长 2.2 m,输出蓝光功率随 1123 nm 的泵浦功率线性增加,当泵浦功率为 1600 mW 时达到最大输出功率 230 mW。在线性区,斜率效率为 18.5%;在更高的功率下观察到输出功率有一定程度的下降,20 分钟后斜率效率下降到大约 14%。但是,当在

20 mW 输出功率下工作 1 小时后，可以恢复到 18% 的斜率效率。作者建议通过改变氟化物玻璃的组份来减少色心，从而使激光器在高功率下能够更稳定地运转。

光纤激光器的另一个优点是它固有的窄线宽特性，这是因为激光发射的跃迁发生在两个界限分明的能级之间，而不是半导体中的能带之间。这一特性能用 McAleavey 等人[20]报道的可调谐掺铥氟化物光纤激光器来说明。该激光器发射波长为 2.3 μm，线宽为 207 MHz；激光器长 1.8 m(包括外腔)，阈值泵浦功率为 31.4 mW，斜率效率为 19%；调谐范围为 130 nm，调谐是用由衍射光栅和平面镜组成的 Littman/Metcalf 外腔实现的。窄线宽和可调谐性的结合，使光纤激光器适合用于探测在相应光谱区具有较强吸收的碳氢化合物气体。例如，甲烷(CH₄)在 2.3 μm 附近有一个强吸收。

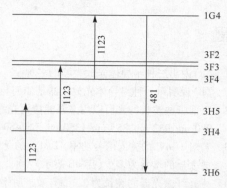

图 13.9　氟化物玻璃中 Tm³⁺ 离子的能级[19]

通过锁模机制，光纤激光器还能用来产生高速光脉冲序列。例如，Wu 和 Dutta[21]制作了基于 23 m 长掺铒光纤的谐波锁模光纤激光器，如图 13.10 所示，其中谐波锁模和有理数谐波锁模均被观察到。对于谐波锁模，要求

$$f_m = nf_c \tag{13.12}$$

式中，f_m是由腔内调制器引入的锁模信号的调制频率，f_c是腔往返时间的倒数(也就是光纤激光器环的基频)。主动锁模激光器的有理数谐波锁模需要满足下面的条件：

$$f_m = (n + 1/p)f_c \tag{13.13}$$

式中，n 和 p 均为整数。

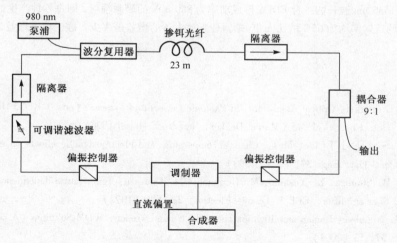

图 13.10　锁模光纤激光器[21]

在如图 13.10 所示的锁模光纤激光器中，当调制频率 $f_m \approx 1$ GHz 时，观察到 22 阶有理数谐波锁模；当调制频率 $f_m = 10$ GHz 时，产生了重复频率为 40 GHz 的光脉冲序列。锁模信号通过带宽为 11 GHz 的 LiNbO₃ 电光调制器和 3 dB 带宽为 1.0 nm 的波长可调谐光学滤波器注入，合成器用来产生射频信号，将其放大到 30 dBm 后去驱动调制器。

在第 12 章和第 13 章中,讨论了激光器和放大器的基本特性。在下一章中,我们将再次讨论半导体激光器,考虑如何通过在器件中引入场限制异质结结构来很好地改进它们的性能。

习题

13.1　(a)说出三种半导体光放大器的名称。

(b)说明每一种半导体光放大器是如何与其他两种相区别的。

13.2　下面哪些波长的光可以用来泵浦掺铒光纤放大器(EDFA)?

980 nm、982 nm、855 nm、1350 nm 和 1480 nm。

13.3　若对 1 mW 的输入信号功率,EDFA 的受激辐射功率为 900 mW,且放大自发辐射功率为 50 mW,则该放大器的增益为多少(用 dB 表示)?

13.4　一光纤激光器的腔长为 2 m,有效折射率为 1.75,发射波长(真空中)为 2.4 μm。若它工作在基频的三阶谐波锁模状态,那么锁模信号的调制频率应为多少?

13.5　在以下各种类型的光放大器中,它们适用的波长范围分别是多少?

(a)半导体光放大(SOA)

(b)掺铒光纤放大器(EDFA)

(c)光纤拉曼放大器(FRA)

(d)掺铥光纤放大器(TDFA)

13.6　一双异质结结构的激光二极管用做法布里-珀罗型光放大器,当偏置在工作点时,增益系数为 50 cm^{-1},损耗系数为 4 cm^{-1},限制因子为 0.9。法布里-珀罗端面之间的长度为 350 μm,端面的反射率均为 33%。

(a)该光放大器的总增益是多少?

(b)若两端面的反射率可以非常小,因此该器件可以作为行波型放大器,但通过器件的电流与(a)中的相同,此时的总增益是多少?

13.7　若工作在 1536 nm 波长的一台 EDFA 形成功率为 850 mW 的受激辐射,则每秒钟产生的光子数是多少?

13.8　两个腔镜的反射率均为 65% 的法布里-珀罗型光放大器的增益是多少? 假设单通增益为 15。

参考文献

1. M. Fake, D. G. Parker: Optical Amplifiers, in *Photonic Devices and Systems*, (eds.) R. G. Hunsperger, Marcel Dekker, Ser. Opt. Eng., Vol. 45 (Marcel Dekker, New York, Basel 1994)

2. C. K. Liu, F. S. Lal, J. J. Jou, M. C. Chang: Temperature and electromagnetic effects on erbium-doped fiber amplifier systems. Opt. Eng. **37**, 2095 (1998)

3. M. Yamada, M. Shimizu, K. Yoshino, M. Horiguchi, M. Okayasu: Temperature dependence of signal gain in erbium-doped fiber amplifiers IEEE J. Quant. Electron. **28**, 640 (1992)

4. M. Islam, M. Nietubyc: Raman amplification opens the S-band window. WDM Solutions (A supplement to Laser Focus World) **37**, 53 (2001)

5. S. Jiang, T. Luo, B. -C. Hwang, G. Nunzi-Conti, M. Myers, D. Rhonehouse, S. Honkanen, N. Peyghambarian: New Er^{3+} doped phosphate glass for ion-exchanged waveguide amplifiers. Opt. Eng. **37**, 3282 (1998)

6. S. Honkanen, T. Ohtsuki, S. Jiang, S. Najafi, N. Peyghambarian: High Er concentration phosphate glasses for planar waveguide amplifiers. Proc. SPIE **2996**, 32 (1997)

7. T. Kitagawa, K. Hattori, K. Shuto, M. Yasu, M. Kobayashi, M. Horoguchi: Amplification in erbium-doped silica-based planar light-wave circuits. Electron. Lett. **28**, 1818 (1992)

8. R. N. Ghosh, J. Shmulovich, C. F. Kane, M. R. X. Barros, G. Nykolak, A. J. Bruce, P. C. Becher: 8 mW threshold Er^{3+}-doped planar waveguide amplifier. IEEE Photon. Technol. Lett. **8**, 518 (1996)

9. S. Jiang, J. D. Myers, D. Rhonehouse, M. Myers, R. Belford, S. Hamlin: Laser and thermal performance of a new erbium doped phosphate laser glass. Proc. SPIE **2138**, 166 (1994)

10. S. I. Najafi: Overview of Nd-and Er-doped glass integrated optics amplifiers and lasers. Proc. SPIE **2996**, 54 (1997)

11. V. P. Gapontsev, S. M. Matitsin, A. A. Isineer. V. B. Kravchenko: Erbium glass lasers and their applications. Opt. Laser Technol. **14**, 189 (1982)

12. J. Buns, R. Plastow: IEEE J. **QE-21**, 614 (1985)

13. S. Kobayashi, T. Kimura: IEEE Spectrum **21**, 26 – 33 (May 1984)

14. Y. C. Zhang, Z. X. Qin, S. L. Wu, L. J. Wu, L. J. Wang, D. E. Lee: Fiber Integrated Opt. 8, 99 (1989)

15. T. Brenner, R. Dall, A. Holtmann, P. Besse, N. Melchior: IEEE 5th Int'l Conf. on InP and Related Materials, Paris (1993) Digest p. 88

16. J. E. Johnson, L. J.-P. Ketelsen, J. A. Grenko, S. K. Sputz, J. Vandenberg, M. W. Focht, D. V. Stampone, L. J. Peticolas, L. E. Smith, K. G. Glogovsky, G. J. Przybylek, S. N. G. Chu, J. L. Lentz, N. N. Tzafaras, L. C. Luther, T. L. Pernell, ES. Walters. D. M. Romero, J. M. Freund, C. L. Reynolds, L. A. Gruezke, R. People, M. A. Alam: Monolithically integrated semiconductor optical amplifier and electroabsorption modulator with dual-waveguide spot-size converter input. IEEE J. Select. Topics Quan. Electron. **6**, 19 (2000)

17. H. Hatakeyama, T. Tamanuki, K. Moriea, T. Sasaki, M. Yamaguchi: Uniform and high performance eight-channel bent waveguide SOA array for hybrid PICs. IEEE Phot. Tech. Lett. **13**, 418 (2001)

18. C. K. Liu, F. S. Lai, J. J. Jou: Analysis of nonlinear response in erbium doped fiber amplifiers. Opt. Eng. **39**, 418 (2001)

19. R. Paschotta, N. Moore, W. A. Clarkson, A. C. Tropper, D. C. Hanna, G. Maze: 250 mW of blue light from a thulium-doped upconversion fiber laser J. Select. Topics Quant. Electron. **3**, 1100 (1997)

20. F. J. McAleavey, J. O'Gorman, J. F. Donegan, B. D. MacGraith, J. Hegarty, G. Maze: Narrow linewidth, tunable Tm^{3+} doped fluoride fiber laser for optical-based hydro-carbon gas sensing. IEEE J. Select. topics Quant. Electron. **3**, 1103 (1997)

21. C. Wu, N. K. Dutta: High-repetition-rate optical pulse generation using a rational harmonic mode-locked fiber laser. IEEE J. Quant. Electron. **36**, 145 (2000)

有关光放大器的补充阅读资料

M. J. Connelly: *Semiconductor Optical Amplifiers* (Springer, New York, 2002)

N. K. Dutta, Q. Wang: *Semiconductor Optical Amplifiers* (World Scientific Publishing Company, Hackensack, NJ, 2006)

M. J. F. Digonnet: *Rare-Earth-Doped Fiber Lasers and Amplifiers, Second Edition, Revised and Expanded* (Marcel Dekker, New York, 2001)

A. Bjarklev *Optical Fiber Amplifiers: Design and System Applications* (Artech House, Norwood, MA, 1993)

第 14 章　异质结结构限制场激光器

在第 12 章中, 阐述了把光场限制在激光器中的粒子数反转区内, 从而导致阈值电流密度大大降低和激光器效率的相应提高。实际上, 早在 1963 年就提出了用异质结制作具有所要求的光限制特性的波导结构[1, 2]; 几乎同时, 还提出用异质结激光器结构不是为了光场限制, 而是为了在 p-n 结区产生更高的载流子注入效率, 并把载流子限制在结区[3, 4]。事实上, 在异质结结构的激光器中这三种机制都存在, 它们的共同作用使异质结激光器比基本的 p-n 同质结激光器优越得多。

由于生长多层异质结结构在技术上遇到了困难, 几年后 (1969 年) 才制作出正常工作的异质结结构的激光器[5~7]。最初的器件都用 $Ga_{(1-x)}Al_xAs$ 制作, 因为 GaAs 和 AlAs 的晶格匹配紧密, 使异质结结构的层与层之间界面的应力最小, 因此比其他材料 (如 GaAsP) 更加可取。即使这种早期的异质结结构的激光器, 其阈值电流密度也只有 $10^3 A/cm^2$ 的数量级, 不像可比的同质结激光器那样要达 $10^4 \sim 10^5 A/cm^2$。

1969 年, Hagashi 等人[5]以及 Kressl 和 Nelson[6]制作了单异质结 (SH) 激光器, 而 Alferov 等人[7]制作了更有效的双异质结 (DH) 激光器。自 1969 年以来, 基本的异质结激光器得到了许多改进, 使器件的阈值电流密度达到 $10^2 A/cm^2$ 的数量级。异质结激光器已经成为光集成回路 (OIC) 和光纤通信系统的标准光源。由于 Zhores Alferov 和 Herbert Kroemer 对发展这一器件的贡献, 他们与集成电路的发明者 Jack Kilby 共同获得了 2000 年的诺贝尔物理学奖。

本章将讨论基本结构和先进结构的异质结激光器, 阐述该类器件的几何结构和材料性质与激光器性能特性之间的关系。14.5 节还将讨论激光二极管的可靠性这一重要问题; 效率很高的双异质结注入式激光器, 就其强光场和电场而言, 它是高应变的半导体器件之一。因此, 人们做了很多努力来制作具有令人满意的寿命和有限的劣化性能的器件。

14.1　异质结激光器的基本结构

14.1.1　单异质结 (SH) 激光器

最简单的异质结激光器采用如图 14.1 所示的单异质结 (SH) 结构[5, 6]。在这种器件的制作中, 利用了 Zn 在 GaAs 中扩散非常快的特性[8, 9], 在 $Ga_{(1-x)}Al_xAs$-GaAs 异质结下面 l ~ 2 μm 处形成扩散 p-n 结。若 p-n 结两边 n 型和 p 型的掺杂浓度大致相等, 由于 $Ga_{(1-x)}Al_xAs$ 中电子的有效质量约为空穴的 $1/7$[10], 因此注入电流主要由注入 p 型层的电子构成。于是, 在这类 SH 激光器中, 粒子数反转区或有源层是在 p-GaAs 中, 如图 14.1 所示。这种 SH 激光器能用第 4 章中介绍的液相外延生长法制作, 只是为了促使 Zn 扩散入衬底, 需要相对高的生长温度, 约 900 ~ 1000 ℃。

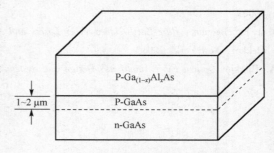

图 14.1　单异质结激光二极管

　　通过控制外延生长的时间和温度(因而控制了 Zn 扩散)，能选择有源层的厚度(约 $1 \sim 5 \mu m$)。然而，由于注入电子的扩散长度仅为 $1 \mu m$ 左右，如果将 p-GaAs 层的厚度增加到 $1 \mu m$ 以上，会导致效率下降和阈值电流密度的增大，因为通过电子的复合，粒子数反转区仍然被限制在大约 $1 \mu m$ 的厚度[11]。因此，虽然光学模式分布在整个 p-GaAs 层，但仅在最接近 p-n 结的 $1 \mu m$ 厚的层内能通过受激辐射而被激发，从而导致效率下降。在某些情况下，可能要求把 p-GaAs 层的厚度增加到 $1 \mu m$ 以上，这甚至要以阈值电流密度的增加为代价，因为在较厚的层中，光束衍射的减小将导致发射光在垂直于 p-n 结的平面内具有更小的发散角。

　　在 SH 激光器中，只在发光结的一边，即在 p-GaAs 和 p-Ga$_{(1-x)}$Al$_x$As 层之间的界面处有光限制作用。虽然 p-n 结的耗尽层由于载流子浓度减少，本身就具有波导效应，但与异质结中的折射率改变所产生的可观光限制作用相比，这一现象一般可以忽略[12]。因此，SH 激光器结构在产生所希望的光限制作用方面只是部分有效，结果 SH 激光器的阈值电流密度要比可比的 DH 激光器的高。事实上，SH 激光器必须在室温下以脉冲方式运转，而不是在室温下以连续方式运转。在许多应用中，脉冲运转对总的系统性能并不是不利的，甚至可能是有利的，它可改进信号处理中的信噪比。因此，SH 激光器在过去很多光电应用中被广泛用做光源。但是，当需要室温下连续波激光二极管光源时，则必须使用 DH 激光器。近年来，对 DH 激光器的巨大需求已导致其被大量生产，并且成本也降下来，因此 SH 激光器已很少使用。

14.1.2　双异质结(DH)激光器

　　典型的 DH 激光器的物理结构如图 14.2 所示，图中同时给出垂直于 p-n 结平面方向的折射率分布图。基本的 GaAlAs 三层波导结构通常生长在重掺杂的 n$^+$ 型衬底上，并且用重掺杂的 p$^+$-GaAs 层覆盖，以易于形成电接触。有源区在 p-n 结的 p 型层一边，其原因见 14.1.1 节中的解释。为使发射光移向较短的波长，经常使有源层含有一定浓度的 Al，这将在 14.3 节中进行更详细的讨论。为了保证在整个有源层有粒子数反转，而不是被限制在注入电子的扩散长度范围内，有源层的厚度应小于 $1 \mu m$。事实上，为了产生较大的粒子数反转和激光光子密度，有源层的厚度往往被减小到 $0.2 \sim 0.3 \mu m$。p$^+$ 型层典型的掺杂浓度为 $N_A \approx 2 \times 10^{19} cm^{-3}$，有源层为 $N_A \approx 1 \times 10^{16} cm^{-3}$，n-GaAlAs 中 $N_D \approx 1 \times 10^{17} cm^{-3}$，衬底中 $N_D \approx 2 \times 10^{18} cm^{-3}$。这些浓度的选择一方面是考虑到要减小体材料的串联电阻，另一方面还要限制发光区中自由载流子的吸收。如图 14.2 所示的 Ga$_{(1-x)}$Al$_x$As 多层结构通常用液相外延(LPE)的滑杆法生长(如第 4 章中所述)，用这种方法制作 DH 激光器的详细论述可参见 Casey 和 Panish 的著作[13]。在激光二极管的制作中，MOCVD 或 MBE 这些更新的生长方法(同样如第 4 章中所述)具有某些优势。MOCVD 允许对相对大的晶圆进行处理，而量子阱激光器可以用 MBE 或 MOCVD 制作。因此，这两种方法正在取代许多生产设备中的滑杆 LPE 方法。关于异质结激光器的发展和制作方法的综述，可以参见 Kroemer[14] 以及 Iga 和 Kinoshita[15] 的论文或著作。

　　双异质结激光器结构使有源区两边

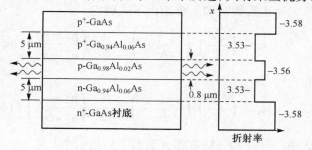

图 14.2　双异质结激光二极管

都有限制作用。因为激光模式的光子和注入载流子两者都被限制在粒子数反转区内,可通过受激辐射在粒子数反转区内产生增益,所以 DH 激光器与其他半导体激光器相比,效率高而所需阈值电流最小。

14.2　异质结激光器的性能特征

异质结激光器具有很好的性能,主要是由于光场限制和更有效的载流子注入与复合这两者的联合效应。本节将阐述这些现象的基本性质,并解释 DH、SH 和同质结激光器在性能上的差别。

14.2.1　光场限制

在第 12 章中已表明,光场限制可用留在粒子数反转区中的激光模式光子所占的分数 d/D 来表征,它明显影响阈值电流密度 J_{th} 和效率 η。J_{th} 和 η 的值能通过式(12.10)和式(12.17)来计算,但当用于任一给定情况时,必须知道 d/D 的准确值。

确定 d/D 的步骤,首先是在适合于特定波导结构的边界条件下求解波动方程,从而确定模式形状的定量表达式;然后,将光子密度的表达式在整个粒子数反转层的厚度上积分,并用所得积分值除以该模式中光子的总数,后者可由光子密度的表达式在整个模式范围内积分得到,于是求出比值 d/D。正如第 3 章中所述,求解波动方程,目的是得到三层对称波导中模式的形状,但这是一个烦琐的问题,涉及到大量的计算机计算工作。然而,在许多情况下,采用McWhorter 提出的一组较为简单的近似关系式,仍可得到相当精确的解[16]。

McWhorter 通过解麦克斯韦方程组,得到了半导体激光器中横模形状的表达式。设激光器有源区的厚度为 d,折射率为 n_a,有源区夹在折射率为 n_b 和 n_c 的限制层中间,如图 14.3 所示,这样 n_a 大于 n_b 和 n_c。假设光限制层足够厚,以至光学模式的尾部不会穿透到 p^+ 型和 n^+ 型接触层。有源区(a)中相对空间能量密度 Φ(光子密度)为

$$\Phi = A\cos k_a x + B\sin k_a x, \qquad -d/2 \leqslant x \leqslant d/2 \tag{14.1}$$

式中,A 和 B 是常数。

在限制层(b)和(c)中,Φ 分别为

$$\Phi = e^{-k_b x}, \qquad x > d/2 \tag{14.2}$$

和

$$\Phi = e^{+k_c x}, \qquad x < -d/2 \tag{14.3}$$

消光系数 k_b 和 k_c 分别由下式确定:

$$k_b = \left(\frac{k_0^2 d}{2}\right)\left(\frac{n_a^2 - \overline{n^2}}{n^2}\right) + \frac{1}{2d}\left(\frac{n_c^2 - n_b^2}{n_a^2 - \overline{n^2}}\right) \tag{14.4}$$

和

$$k_c = \left(\frac{k_0^2 d}{2}\right)\left(\frac{n_a^2 - \overline{n^2}}{n^2}\right) + \frac{1}{2d}\left(\frac{n_b^2 - n_c^2}{n_a^2 - \overline{n^2}}\right) \tag{14.5}$$

式中,n 是纯 GaAs 在激光波长下的折射率,且

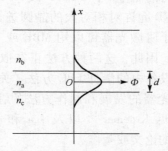

图 14.3　双异质结激光器中场限制的模型

$$\overline{n^2} = \frac{n_b^2 + n_c^2}{2} \qquad (14.6)$$

和

$$k_0 = 2\pi / \lambda_0 \qquad (14.7)$$

一旦计算出 k_b 和 k_c 的值，就能由式(14.1)~式(14.3)确定常数 k_a、A 和 B。常用的方法是根据界面处的连续性用匹配边界条件求得，于是限制因子 d/D 可由下式确定：

$$\frac{d}{D} = \frac{\int_{-d/2}^{d/2} \Phi dx}{\int_{-\infty}^{\infty} \Phi dx} \qquad (14.8)$$

式中，Φ 取自式(14.1)~式(14.3)。

由 McWhorter 关系式计算 d/D，虽然要比直接解麦克斯韦波动方程简单得多，但仍然是一个烦琐的过程。幸运的是，还有另外一种替代方法，如 Casey 和 Panish[17] 导出了限制因子 d/D 的近似表达式，它适用于厚度 d 较小的对称、三层 $Ga_{(1-a)}Al_aAs$-$GaAs$-$Ga_{(1-a)}Al_aAs$ 波导。他们指出，当

$$d \lesssim \frac{0.07\lambda_0}{a^{1/2}} \qquad (14.9)$$

时，式中，a 是限制层中 Al 的原子分数，则限制因子变为

$$\frac{d}{D} \approx \frac{\int_0^{d/2} E_0^2 \exp(-2\gamma x)dx}{\int_0^{\infty} E_0^2 \exp(-2\gamma x)dx} \qquad (14.10)$$

式中，E_0 是场的峰值振幅，γ 由下式给出

$$\gamma \approx \frac{(n_a^2 - n_c^2)k_0^2 d}{2} \qquad (14.11)$$

式中，n_a 和 n_c 分别是有源层和限制层的折射率。对 d 和 a 的各种典型值，图 14.4 中画出了 $Ga_{(1-a)}Al_aAs$-$GaAs$-$Ga_{(1-a)}Al_aAs$ 三层对称波导的限制因子，其中假设激光器以基模（TE_0）运转，设计很好的 DH 激光器通常就属于这种情形。从图 14.4 中的数据可见，若有源层厚度小至 0.4 μm，能得到接近 100% 的限制，而 Al 的原子分数不超过 0.6。这一点很重要，因为 AlAs 具有吸湿性，所以在 $Ga_{(1-a)}Al_aAs$ 中 Al 浓度过大是不当的。最后，需要指出的是，限制因子 d/D 还可以用第 3 章中提到的商用光波导模式模拟软件来计算。

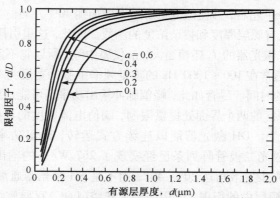

图 14.4　对称三层 $Ga_{(1-a)}Al_aAs$-$GaAs$-$Ga_{(1-a)}Al_aAs$ 波导中基模的限制因子[17]

14.2.2　载流子限制

如前面所述,首先提出异质结激光器的一些研究者[3,4],并不是出于异质结对光场限制的目的,而是载流子注入效率的提高和有源区中的载流子限制。n^+-n-p-p^+ GaAlAs 双异质结激光器的能带图如图 14.5 所示。因为 Al 浓度较大的区域带隙较宽,p-p^+ 结处的导带不连续(ΔE_c),而 n-p 结与 n^+-n 结处的价带不连续(ΔE_v)。图 14.5 表示没有施加偏置电压情况下的能带,为了教学需要,导带和价带不连续量画得比实际比例大,以强调它们的存在。当对 DH 激光器施加正向偏置电压时,电子从 n 区注入 p 区,形成所希望的复合电流。p-p^+ 界面处导带的不连续 ΔE_c 对注入电子形成势垒,把它们限制在 p 区,并通过受激辐射过程增加它们与空穴复合的概率。n-p 结处价带的不连续 ΔE_v 增大已存在的内建势垒,进一步阻止空穴注入到 n 区,从而提高了注入效率。因此,双异质结结构有助于把多数载流子和注入的少数载流子都限制在有源的 p 区。因为光学模式的光子也被异质结限制在有源区内(如 14.2.1 节中所述),所以 DH 激光器为在有源区中实现最大可能的粒子数反转和最大的光子密度提供了最佳条件。回顾第 11 章中所述,这是受激辐射的两个主要条件。因此,预期 DH 激光器的输出性能大大超过同质结激光器,事实的确如此。

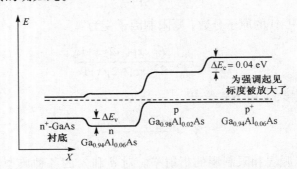

图 14.5　n^+-n-p-p^+ 双异质结激光二极管的能带图,假设是零偏置(即不存在外加电压)

14.2.3　激光器发射特性的比较

典型的同质结激光器的阈值电流密度在 10^4 A/cm² 的数量级,微分量子效率(阈值以上)约为 10%。尽管单异质结激光器仅在有源区的一个界面限制光子和载流子,但已足够有效地使阈值电流密度减小到 5×10^3 A/cm² 左右,并使微分量子效率增加到 40% 左右。当然,无论哪种半导体激光器,J_{th} 和 η_D 都是温度、有源层厚度和掺杂浓度的函数。因此,这里引用的数值仅是为了比较而给出的典型值。因为 SH 激光器的 J_{th} 还相当大,η_q 仅属中等,所以它不能在连续波状态工作,而必须以脉冲方式运转。通常在 100 ~ 1000 Hz 的重复频率下脉冲宽度为 100 ns,这样在两相邻发射脉冲之间结区有冷却的时间。尽管如此,峰值脉冲输出功率仍可能达到 10 ~ 30 W。

DH 激光器可在有源区的两个界面处提供限制,阈值电流密度的典型值为 100 ~ 400 A/cm²,微分量子效率高达 91%[18]。DH 激光器能以连续方式运转,输出功率高达几瓦[18];Schulz 和 Poprawe[20] 通过半导体激光二极管阵列条已经实现了 267 W/条的输出。DH 激光器的一个缺点是,垂直于结平面的光束发散角达 20° ~ 40°,而不是 SH 激光器通常所具有的 15° ~ 20°。这种角度发散源于薄的有源层中的衍射,可用一种大光腔(LOC)双异质结结构使之减小,大光腔双异质结结构提供了对光子和载流子的分开限制。以上所述的大面积同质结、单异质结和双异质结激光器，在结平面中没有横向限制，光可在芯片的整个 20 ~ 80 μm 的宽度内自由扩展。这样，在所有这些激光器中，结平面内光束发散角只有 10° 左右。14.4.1 节将介绍的条形激光器横向也能限制光。这种限制导致阈值电流密度 J_{th} 进一步减小，但却增大了结平面内光束的发散角。14.6 节中将介绍的表面发光激光器具有较大的发光面积，因此光束的发散角相对较小。

14.3　发射波长的控制

半导体激光器较重要的特性之一是光源的峰值发射波长。通常希望峰值发射波长相对衬底半导体材料的特征波长略有偏移，以便在给定的波长范围内利用波导的透明性。

14.3.1　光纤应用的 $Ga_{(1-x)}Al_xAs$ 激光器

GaAs 同质结激光器的峰值发射波长约为 9200 Å，对应于施主态（低于导带底 0.005 eV）中的电子和受主态（高于价带顶 0.030 eV）中的空穴的辐射复合（室温下纯 GaAs 的带隙为 1.38 eV[21]）。虽然 GaAs 激光器能用做玻璃光纤波导的光源，但它们不是工作在最佳状态，这是因为光纤在 9200 Å 波长有相当大的吸收损耗。图 14.6 表示典型市售中等纯度硼硅玻璃光纤的光谱衰减曲线，其中 9400 Å 附近的吸收峰是由玻璃中存在的 OH⁻ 离子引起的。为了避免这种吸收，在 $Ga_{(1-x)}Al_xAs$ 异质结激光器的有源区加入足够量的 Al，使发射波长移到 8500 Å。$Ga_{(1-x)}Al_xAs$ 的发射波长随 Al 含量的变化可在 9200 ~ 7000 Å 的范围内移动，如图 14.7 所示。更短的波长是难以达到的，因为当 Al 含量大于 35% 左右时，$Ga_{(1-x)}Al_xAs$ 的带隙就变成了间接带隙，使内量子效率大大降低。发射波长为 8500 Å 的 $Ga_{(1-x)}Al_xAs$ 异质结激光器由于适用于容易制取且价格低廉的光纤，故目前在局域网和其他短距离应用中得到广泛使用。

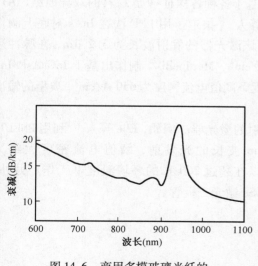

图 14.6　商用多模玻璃光纤的
典型光谱衰减曲线

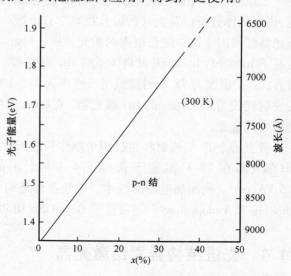

图 14.7　$Ga_{(1-x)}Al_xAs$ 激光器的峰值发射波长与有
源区内 Al 浓度的关系，x 是 Al 的原子分数

对于长距离通信，GaAlAs 激光器已经被工作在 1.3 μm 或 1.55 μm 波长的 GaInAsP 激光二极管所取代。20 世纪 80 年代，由于提纯技术的提高，光纤质量不断改进，把 OH⁻ 离子与其他杂质一起清除，可得到接近瑞利（Rayleigh）散射极限的衰减极小的光纤。这种光纤的衰减曲

线如图 14.8 所示,其中在 1.3 μm 和 1.55 μm 波长处出现的最小衰减特别重要,因为理论上富硅纤芯的材料色散在 1.27 μm 波长趋于零,并且可以将零色散波长位移到 1.55 μm[22]。于是,工作在这两个波长不仅可以使衰减最小,而且色散也最小。当然,为了得到最小色散,必须用单模光纤或渐变折射率光纤,以避免模间色散。有关光纤设计的具体细节超出了本书的范围,对此感兴趣的读者可以参考相关参考文献[23]。

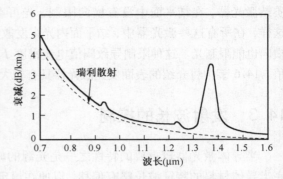

图 14.8　高纯度阶跃折射率单模光纤的衰减,该光纤由硅酸硼包层和硅酸磷纤芯构成

14.3.2　利用四元材料制作的激光器

如上节所述,在光纤系统中使用 1.3 μm 或 1.55 μm 波长具有明显的优点。然而,$Ga_{(1-x)}Al_xAs$ 激光器不能发射这些波长的光。由于这个限制,在制作用于长距离通信和数据传输的激光器时,GaInAsP 已经成为首选材料。如图 4.12 所示,GaInAsP 的带隙可以从 1.4 eV 变化到 0.8 eV,对应的发射波长从 0.886 μm 变化到 1.55 μm。异质结不同层的界面处的晶格失配将形成缺陷中心,这大大增加了吸收和无辐射复合,通过合理选择材料组份的浓度可以避免晶格失配。已经证实,GaInAsP 是制作工作在 1.3 μm 或 1.55 μm 波长的激光器的有效材料[24]。

14.3.3　长波长激光器

工作在 2~5 μm 波长范围的半导体激光器对采用低损耗氟化物玻璃光纤的未来光通信系统、化学气体分析以及大气污染监控非常有价值。基于各种各样III-V族材料的双异质结(DH)激光器已经用于这一波长范围的激光发射。Mani 等人[25]报道了用 LPE 法在 InAs 衬底上制作的基于 InAsSbP/InAsSbP 材料体系的 DH 激光器。该激光器的发射波长为 3.2 μm,在脉冲运转方式下,温度为 78 K 时阈值电流密度为 4.5 kA/cm²。Martinelli[26]制作出基于 InGaAsP/InP 的发射波长为 2.55 μm 的 DH 激光器,在 80 K 温度下阈值电流密度为 650 A/cm²,典型的输出功率为几毫瓦。

稀土掺杂II-VI族材料也已用于制作长波长发射的激光器。例如,Ebe 等人[27]利用 PbEuTe DH 激光器在 77 K 温度下获得了 4.0~5.5 μm 波长的光发射,阈值电流密度大约为 0.5 kA/cm²。利用热电冷却技术,这些器件还可以在超过 200 K 的环境温度下工作。另外,Sorokina 和 Vodopyanov[28]还报道了 GaInAsSb 和 PbSe 激光二极管。

14.4　先进结构异质结激光器

14.4.1　条形激光器

在到目前为止所讨论的激光器中,已经暗含了激光器宽度比有源层的厚度大得多这一假设,因此光限制仅发生在横向,也就是在垂直于结平面的方向。如果将激光器的宽度限制为一个窄条(条宽一般为 5~25 μm),则器件的性能特征就改变了。其中最重要的一点是降低了阈值电流,因为电流能够流过的横截面减小了。若条宽为 10 μm 左右(或更小),则侧向限制还能使激光器工作在基模(TE$_{00}$模)状态,这将在 14.4.2 节中详细讨论。此外,钝化纵向的结边缘,使其不再呈现为激光管芯片暴露在外侧的表面,可以延缓退化,从而延长激光器的使用寿命。

激光器的侧向边可以用氧化层的掩蔽刻蚀来限定[29],如图 14.9(a)所示;或者用掩蔽质子轰击,在条的两侧产生高电阻率的半绝缘区来限定[30],如图 14.9(b)所示;平面条形激光器还能通过掩蔽扩散形成[31],如图 14.9(c)所示;或用掩蔽刻蚀和外延生长来形成,如图 14.9(d)所示[32]。图 14.9(a)~图 14.9(c)所示的激光器被称为"增益导引"激光器,因为侧向折射率的改变是通过将电流(也就是增益)限制在一个中央区域实现的。图 14.9(d)所示的激光器称为"折射率导引"激光器,因为它是通过改变材料的化学组分直接在侧向改变折射率的。

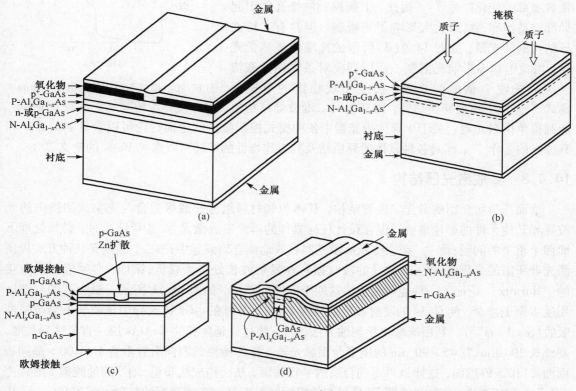

图 14.9 条形激光器。(a)氧化物绝缘层[29];(b)质子轰击绝缘层[30];
(c)平面扩散结构[31];(d)外延生长掩埋异质结结构[32]

14.4.2 单模激光器

正如在第 12 章中所述,大多数宽腔体的半导体激光器以多横模和多纵模振荡,在许多应用场合下这是可以接受的。但若要求光源的相位相干性高(或色散小),如在长距离光纤通信应用中,就必须用单模激光器。幸运的是,在 14.4.1 节中介绍的条形激光器结构,通常不仅能有效地建立单横模,也能有效地建立单纵模,条件是条宽大约小于载流子扩散长度(在 GaAlAs 中近似为 3 μm)的 2 倍[33]。即使是条宽达 29 μm 的宽条形激光器,也能以单模振荡,但往往发生模式不稳定性现象,伴以光功率与电流密度关系曲线的扭折(kink),如图14.10所示。除考虑到模式不稳定性外,这样的扭折还影响激光器光输出的线性调制,因此是不希望出现扭折的。模式不稳定性和电流扭折一般发生在相对宽的条形激光器中,这是因为在光学模式分布曲线的峰值处,由于载流子消耗而局部减少了载流子密度的分布(烧孔)[34, 35]。如果条宽做成略小于少数载流子扩散长度的2倍,载流子就能从条的边缘扩散,由于边缘处光强很弱,因此可补充受激辐射过程中所消耗的载流子。于是,在这样的激光器中就可避免模式不稳定性和电流扭折现象[33]。

利用上面介绍的增益导引或通过制作二维波导结构(依靠折射率差而不是增益来限制光学模式),也能制成稳定的单模激光器。在图14.9(a)~图14.9(c)所示的条形激光器的例子中,横向光限制由与增益有关的介电常数虚部的变化产生[35]。因此,上面提到的烧孔能引起局部增益饱和,结果大大影响了光限制。但具有二维波导结构的激光器,如图14.9(d)所示的掩埋异质结激光器,增益饱和不影响光限制。所以即使对条宽超过载流子扩散长度2倍的激光器,仍能实现稳定的单模振荡[37, 38]。除了掩埋异质结外,用其他的二维波导结构也能制得单模激光器。关于半导体激光器中各种模式控制技术的全面讨论可以参见 Kaminow 和 Tucker 的著作[39],而对各种具体的异质结及其工作特性的综述可以参见 Baets 的论文[40]。

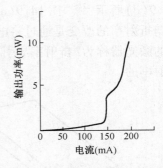

图 14.10 模式不稳定的条形激光器的
光输出−电流特性曲线

14.4.3 集成激光器结构

前面几节所介绍的激光二极管结构,其体积和材料组分一般可适合与光集成回路中的光波导和其他元件的单片集成。但在设计任何具体的单片集成激光器/波导结构时,必须处理下面四个重要的问题:第一,必须使光从激光器有效地耦合到波导中;第二,必须有某种方式提供激光器所需的光反馈;第三,波导的吸收损耗在发射波长处必须较低;第四,必须能提供电接触。Hurwitz[41]论证了一种能同时解决这四个问题的结构,如图14.11所示。激光器的有源区用受主原子掺杂,使 GaAs 的发射波长偏移到 1 μm,因为在 n-GaAs 波导中该波长不会被强烈吸收($\alpha < 1$ cm^{-1})。利用掩蔽化学刻蚀方法,向下经过外延生长的 GaAlAs 层一直刻蚀到衬底,制成长 300 μm、宽 45~90 μm 的矩形台面激光器。矩形掩模的取向沿着垂直于 <100> 晶圆表面的 <110> 解理面,这样就可得到合适的平行端面,从而构成法布里−珀罗腔的腔镜。必须把 SiO$_2$ 层沉积于端面,否则激光器/波导界面的折射率差不足以提供适当的反射。沉积 SiO$_2$ 后,用气相外延法生长 GaAs 波导,并在 p$^+$ 型上表面和 n$^+$ 型衬底上制作电接触。对于这些激光器,已在室温下观察到低至 7.5×10^3 A/cm^2 的阈值电流密度。

Koszi 等人[42]还利用掩蔽化学刻蚀激光器端面的方法,制作出与作为监控器的光探测器自动集成在一起的 GaInAsP 激光器,如图14.12所示。该激光器是掩埋异质结结构

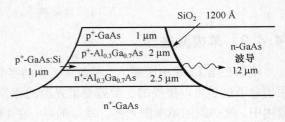

图 14.11 GaAlAs 上的单片激光器/波导结构[41]

的条形激光器,其发射波长为 1.3 μm。激光器与光电二极管之间的隔离沟槽是通过 SiO₂ 掩模(用标准光刻工艺成形),并用甲醇和溴溶液刻蚀的。测得激光器的阈值电流和外量子效率分别在 $I_{th} = 25 \sim 35$ mA 和 $\eta_q = 0.06 \sim 0.09$ mW/mA 范围,而类似的解理端面激光器的阈值电流和外量子效率分别为 $I_{th} = 20$ mA 和 $\eta_q = 0.19$ mW/mA;带有刻蚀端面的激光器性能的下降是因为激光器端面的些许倾斜。尽管如此,刻蚀端面激光器的阈值电流 I_{th} 和外量子效率 η_q 仍适合它在光集成回路中的应用。用光电二极管测得每毫瓦的激光输出功率产生的光电流为 15 nA,并且响应是线性的。因为激光射入空气,所以吸收损耗不成问题。

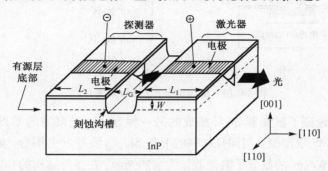

图 14.12　单片集成的 GaInAsP 激光器和光电二极管监控器[42]

Antreasyn 等人[43,44]发展了制作带有解理端面的单片集成激光二极管的一种方法,该方法称为"中止解理",如图 14.13 所示,其中粗线标出了激光腔所在位置。刻蚀到衬底的孔用来中止沿解理平面的传输,产生解理端面,其质量可与传统解理激光器端面的质量相比拟。为在 InP 衬底上制作中止解理 InGaAsP 激光器,用 $4H_2SO_4:1H_2O_2:1H_2O$ 和浓缩 HCL 刻蚀剂分别选择刻蚀 InGaAsP 层和 InP 层。利用这种方法制作的条形掩埋异质结激光器的发射波长为 1.3 μm,阈值电流低至 20 mA,微分量子效率高达 60%[44]。解理过程的产率为 77%。

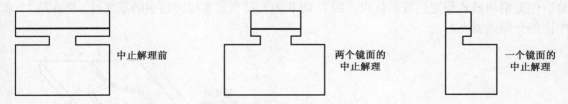

图 14.13　具有中止解理端面的激光二极管[43]

一般而言,在分立激光二极管的 p-n 结的 p 侧和 n 侧制作电接触没有难度,但当激光二极管被单片集成到光集成回路中时,可能无法得到使电流通过衬底的回路(例如,使用半绝缘衬底)。在这种情况下,需要用横向结条形(TJS)激光器,TJS 激光器如图 14.14 所示[45~47],它以在上表面同时具有 p 型和 n 型电接触的横向结为特征。在半绝缘衬底上生长的 n 型层中制作双异质结条形激光器的腔,然后用掩蔽 Zn 扩散法制作出一个横向 p-n 结。用 MOCVD 法生长制作的 GaAlAs TJS 激光器的阈值电流低至 25 mA,外微分量子效率达 40%[46]。Oe 等人[48]在半绝缘 InP 衬底上的 GaInAsP 上制作的 TJS 激光器,其阈值电流为 10 mA,最大连续输出功率为 10 mW。因为电极制作在表面,TJS 激光器特别适合于微波调制频率下的应用,此时调制驱动信号是通过直接沉积到半绝缘的 GaAs 或 InP 衬底表面上的金属条加载给激光器的。

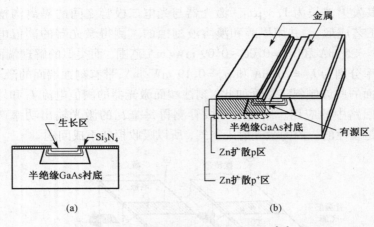

图 14.14　横向结条形(TJS)激光器[45]

　　Kawabe 等人[49]论证了激光器/波导集成的另一种方法。光泵浦的 $CdS_xSe_{(1-x)}$ 激光器借助光学隧道效应穿过 CdS 限制层,与同样材料的 $CdS_xSe_{(1-x)}$ 波导发生耦合,如图 14.15 所示。阈值功率密度大于 $70\ kW/cm^2$ 的氮分子激光器作为泵浦光源,在条形结构的 $CdS_xSe_{(1-x)}$ 中产生激光振荡。观察到激光器输出的是单横模,对于厚度为 $2.5\sim6\ \mu m$ 的限制层(CdS),这个模式可耦合到波导中去(见图 14.15)。这种耦合称为倏逝波耦合,它还可以用于激光二极管与波导的耦合。

　　利用布拉格光栅提供的分布式反馈,可以完全避免使用较难实现的法布里-珀罗型反馈,相关内容如第 10 章中所述。例如,Aiki 等人[50]用这个方法将 6 个单片集成的分布式反馈(DFB)激光器组合成频率复用光源,并耦合到 GaAlAs 波导中。Talneav 等人[51]用 MOVPE 法在 GaInAsP 上制作光集成回路,通过分支波导将 4 个激光器的输出耦合为一路输出,如图 14.16 所示。DFB 激光器与法布里-珀罗激光器相比,除了使单片耦合变得更为方便外,还具有线宽窄和模式稳定性好的优点。因为 DFB 激光器在光集成回路中的重要性,将在第 15 章中详细介绍该激光器。

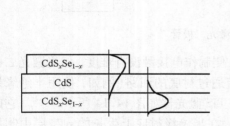

图 14.15　CdSSe 单片激光器/波导结构[49]

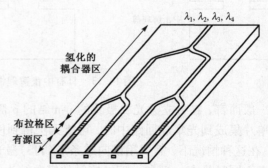

图 14.16　四波长可选择光集成回路光源[51]

14.5　可靠性

　　激光二极管的关键特性是其可靠性,它对系统的影响很大。从激光二极管的电流密度和光场强度的性质来看,激光二极管受到很强的应力,其工作特性随着使用时间的增加而逐步退化,甚至在某些条件下会发生灾难性故障。

14.5.1　灾难性故障

当激光二极管的光功率密度在镜面处超过某一临界值时，就容易发生灾难性故障。对于 GaAlAs 激光器，通常可接受的光功率密度在 $2 \times 10^6 \sim 3 \times 10^6$ W/cm^2 范围，对于 GaInAsP 器件此值略大一些。接近镜面中心是光场强度最大的地方，一般首先在这里产生机械损伤，如形成凹陷和突出物。不同激光器有不同的阈值功率密度，超过它就要发生灾难性故障。阈值功率密度之所以不同，部分原因是镜面表面存在的原始缺陷的生长使损伤被进一步增强。通过在激光器镜面上镀介质膜（如 SiO$_2$、Si$_3$N$_4$ 或 Al$_2$O$_3$），并使镀膜材料与 GaAs 的热膨胀系数紧密匹配并有较高的热导率，则能够减小灾难性损伤。脉冲运转而不是连续运转的激光器也能减小灾难性损伤。

当然，只要使激光器运转在损伤阈值以下，就可避免灾难性损伤。但是必须记住，仅持续几微秒的瞬态就足以毁坏激光器！因此，在连续运转时必须滤除导通瞬态，而在脉冲应用中则必须避免衰减振荡。此外，电源滤波器必须足以吸收在线路上产生的各种随机瞬态。

14.5.2　缓变退化

随着激光器工作时间的增加，其阈值电流密度增大，微分量子效率下降，这种缓变退化问题在早期的激光二极管中是很严重的，以至器件的寿命仅有 1 ~ 100 小时，甚至因此认为不可能制作出实用可靠的器件。但是，通过许多实验室多年的系统研究工作，人们已经认识到并消除了大部分退化机制。目前制作的激光器，预期寿命可达 10^6 小时[52]。激光二极管的缓变退化源于器件有源区内形成的缺陷，这些缺陷成为无辐射复合中心[53]。激光二极管中的失效模式及其形成机制可以参见 Fukuda 的论文[54]。

14.6　垂直腔激光器

垂直腔激光器是一种新型的半导体激光器，它通过其表面而不是端面发光。实际上，垂直腔激光器常常被称为垂直腔表面发光激光器（VCSEL）。VCSEL 的典型器件结构如图 14.17 所示。关键部分是有源层、两个 DFB 镜和一个接触窗（允许光从表面发射），在图中所示的这一具体器件中，通过晶圆熔合[55]将应变补偿量子阱结构的 7 层有源区夹在两个 AlGaAs/GaAs 镜之间。

如传统法布里-珀罗端面激光器一样，VCSEL 典型的有源层是一个多层双异质结结构。但是，此时光波沿垂直于结平面的方向传输，它们被顶部和底部的"镜"反射，"镜"由厚度为四分之一波长（光在材料中的波长）的高低折射率层交替组成。由于这一间隔，从每个界面反射的光发生相长干涉，这样就形成一个有效的"镜"。多层结构的总反射率取决于每个界面处的反射率和层数。这种分布式反馈（DFB）反射器将在第 15 章中详细介绍，它专门用于 DFB 激光器。因为要求亚微米厚度，反射性半导体层通常用 MOCVD 或 MBE 法生长。图 14.17 中给出的是典型的 GaAs 和 GaAlAs 层，但其他材料如 GaInAsP/InP 也经常使用。在一些情况下，反射层可以是电介质薄层。

在某些应用中，VCSEL 相比法布里-珀罗端面激光二极管有很多优点。如图 14.17（b）所示，它们可以制成圆形，其直径与光纤的纤芯直径匹配，从而提高了耦合效率。因为它们的发光面积较大,光束的准直性较好,不会像端面发光激光二极管那样由于衍射导致光束发散。另外,VCSEL 可以方便地排列成表面阵列结构,以便与光纤带(或光纤束)有效耦合,或者通过空气提供直接的芯片到芯片的耦合。表面发光还使 VCSEL 与平面电路的集成变得很方便。例如,Krishnamoorthy 等人[56]用倒装片键合技术将 VCSEL 与传统的硅 CMOS 电路集成在一起,如图 14.18 所示。

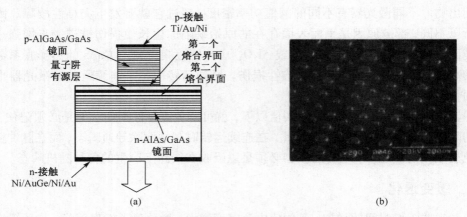

图 14.17　垂直腔激光器。(a) 横截面图;(b) 阵列表面图[55]

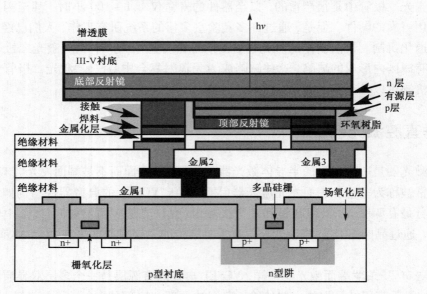

图 14.18　VCSEL/CMOS 集成的横截面图[56]

　　VCSEL 与 CMOS 电路的集成为制作 IOC 收发机提供了一种有效的手段,在这种收发机中,用小面积、低功率、高速 CMOS 电路来调制表面发光阵列中的 VCSEL。图 14.18 中的电路工作在 1.25 Gbps,误码率(BER)小于 10^{-11}。

　　VCSEL 属于被称为分布式布拉格反射(DBR)激光器的更广的一类激光器,因为它们要求的正反馈是通过分布式布拉格反射器提供的。分布式反馈(DFB)现象及其在 DBR 激光器中的应用将在下一章详细介绍。

习题

14.1　画出双异质结 GaAlAs 激光二极管的横截面图。若要产生 $\lambda_0 = 8500$ Å 的光发射，同时有源层的场限制只产生最低阶的 TE 模和 TM 模，选择每一层的厚度和 Al 浓度。

14.2　比较同质结、单异质结和双异质结激光器的工作特性，分析每种类型的激光器的优点和缺点。

14.3　推导异质结激光器的阈值电流密度 J_{th} 的表达式，其中有源层厚度为 d，发光层厚度为 D，平均损耗系数为 α，两个反射性端面的反射率分别为 R_1 和 R_2。可利用本章中定义的其他参数的符号，即 η_q、λ_0，$\Delta\nu$ 等。

14.4　当有源层厚度 d 较小时，限制因子 d/D 可以写为

$$d/D \approx \gamma d$$

在 $\lambda_0 = 0.90$ μm 时 $Ga_{(1-x)}Al_x As$ 的折射率与其组份的关系可以表示为

$$n = 3.590 - 0.710x + 0.091x^2$$

（a）对于 $n_a = 3.590$ 的三层 $GaAs\text{-}Ga_{(1-x)}Al_x As$ 双异质结激光器，推导作为 x、d 和 λ_0 的函数的限制因子的表达式。

（b）对 $d = 0.1$ μm，$x = 0.1$ 和 $\lambda_0 = 0.90$ μm 的双异质结激光器，限制因子的大小是多少？

（c）将所得的问题（b）的答案与图 14.4 中的数据进行比较。

14.5　当图 14.5 中的双异质结激光器正向偏置在阈值以上时，画出其能带图，并说明对载流子的限制作用。

14.6　与大面积双异质结激光器相比，条形激光器有哪些优点？

14.7　发射波长为 0.90 μm 的 GaAs 激光二极管的外微分量子效率为 30%，施加的电压为 2.5 V，计算该器件的外功率效率。

14.8　某个按照要求偏置的半导体 p-n 结激光器的增益系数 $g = 70$ cm^{-1}，损耗系数 $\alpha = 5$ cm^{-1}，法布里-珀罗端面之间的长度 $L = 300$ μm。如果在端面上镀增透膜，那么使该激光器工作在阈值以上的最小端面反射率 R 为多大（假设两个端面的反射率相同，限制因子 $d/D = 1$）？

14.9　（a）列出双异质结激光器相对于无异质结的 p-n 结激光二极管的优点。

（b）解释双异质结激光器具有（a）中所列出的特性的原因。

14.10　解释为什么双异质结半导体激光器对现今的光通信系统如此重要，以至于其发明者在 2000 年被授予诺贝尔物理学奖。

参考文献

1. G. Diemer, B. Böoger：Physics **29**, 600（1963）

2. T. Pecany：Phys. Stat. Sol. **6**, 651（1964）

3. H. Kroemer：IEEE Proc. **51**, 1782（1963）

4. Zh. I. Alferov：Sov. Phys. -Solid State **7**, 1919（1966）

5. I. Hayashi, M. B. Panish, P. Foy：IEEE J. **QE-5**, 211（1969）

6. H. Kressel, H. Nelson：RCA Rev. **30**, 106（1969）

7. Zh. I. Alferov, V. Andreev, E. Portnoi, M. Trukhan：Sov. Phys. -Semicond. 3, 1107（1969）

8. K. Sheger, A. Milnes, D. Feught：Proc. Int'l Conf. on Chem. Semicond. Hetero-junction Layer Structures, Budapest（Hung. Acad. Sci., Budapest 1970）Vol. 1, p. 73

9. P. H. Holloway, T. J. Anderson：*Compound Semiconductors：Growth, Processing and Devices*（CRC Press, Boca Raton, FL 1989）p. 115

10. Q. H. F. Vrehen：J. Phys. Chem. Solids **29**, 129（1968）

11. H. Yonezu, I. Sakuma, Y. Nannich: Jpn. J. Appl. Phys. **9**, 231 (1970)

12. A. Yariv, R. C. C. Leite: Appl. Phys. Lett. **2**, 173 (1963)

13. H. C. Casey Jr. , M. B. Panish: *Heterostructure Lasers*, Pt. B: Materials and Operating Characterizations (Academic, New York 1978) pp. 109 – 132

14. H. Kroemer: IEEE Trans. **ED-39**, 2635 (1992)

15. K. Iga, S. Kinoshita: *Semiconductor Lasers and Related Epitaxies*, Springer Ser. Mater. Sci. , Vol. 30 (Springer, Berlin, Heidelberg 1995)

16. A. McWhorter: Solid State Electron. **6**, 417 (1963)

17. H. C. Casey Jr. , M. B. Panish: *Heterostructure Lasers*, Pt. A: Fundamental Principles (Academic, New York 1978) pp. 54 – 57

18. J. Kongas, P. Savolainen, M. Toivonen, S. Orsila, P. Corvini, M. Jansen, R. Nabiev, M. Pesa: High-efficiency AlGaInP single-mode laser. IEEE Photonics Tech. Lett. **10**, 1533 (1998)

19. R. J. Lang, N. W. Carlson, E. Beyer, M. Obara: Introduction to the issue on high-power and high brightness lasers. IEEE J. Select. Topics Quant. Electron. **6**, 561 (2000)

20. W. Schulz, R. Poprawe: Manufacturing with novel high-power diode lasers. IEEE J. Select. Topics Quant. Electron, **6**, 696 (2000)

21. D. Greenaway, G. Harbeke: *Optical Properties and Band Structure of Semiconductors* (Pergamon, Oxford 1968) p. 67

22. D. N. Payne, W. A. Gambling: Electron. Lett. **11**, 176 (1975)

23. M. J. Li, C. Saravanos: Optical fiber design for field-mountable connectors. IEEE J. Lightwave Tech. **18**, 314 (2000)

24. H. Kressel (ed.): *Semiconductor Devices for Optical Communications*, 2nd edn. , Topics Appl. Phys. , Vol. 39 (Springer, Berlin, Heidelberg 1982) pp. 285 – 289

25. H. Mani, A. Joullie, G. Boissier, E. Tournie, F. Pitard, C. A. Ailibert: Electron. Lett. **24**, 1542 (1988)

26. R. V. Martinelli: LEOS'88, Santa Clara, CA. Digest p. 55

27. H. Ebe, Y. Nishijima, K. Shinohara: 11th IEEE Int'l Conf. on Semicond, Lasers, Boston, MA (1988) Digest p. 68

28. I. T. Sorokina, K. L. Vodopyanov, (eds.): *Solid-State Mid-Infrared Laser Sources*, Topics in Applied Physics Series, vol. 89 (Springer, Berlin, Heidelberg, 2003)

29. J. C. Dyment: Appl. Phys. Lett. **10**, 84 (1967)

30. L. A. D'Asaro: J. Lumin. **7**, 310 (1973)

31. H. Yonezu, I. Sakuma, K. Kobayashi, T. Kamejima,M. Ueno, Y. Nannicki: Jpn. J. Appl. Phys. **12**, 1585 (1973)

32. T. Tsukada: J. Appl. Phys. **45**, 4899 (1974)

33. M. Nakamura: IEEE Trans. **CAS-26**, 1055 (1979)

34. N. Chinone: J. Appl. Phys. **48**, 3237 (1977)

35. K. Seki, T. Kamiya, H. Yanai: Trans. IECE (Jpn.) E-**62**, 73 (1979)

36. W. O. Schlosser: Bell. Syst. Tech. J. **52**, 887 (1973)

37. W. T. Tsang, R. A. Logan, M. Ilegems: Appl. Phys. Lett. **32**, 311 (1978)

38. T. Kobayashi, H. Kawaguchi, Y. Furukawa: Jpn. J. Appl. Phys. **16**, 601 (1977)

39. I. P. Kaninow, R. S. Tucker: Mode-controlled semiconductor lasers, in *Guided-Wave Optoelectronics*, T. Tamir, 2nd edn. , Springer Ser. Electron. Photon. , Vol. 26 (Springer, Berlin, Heidelberg 1990) pp. 211 – 263

40. R. Baets: Solid State Electron. **30**, 1175 (1987)

41. C. E. Hurwitz, J. A. Rossi, J. J. Hsieh, C. M. Wolfe: Appl. Phys. Lett. **27**, 241 (1975)

42. L. A. Koszi, A. K. Chin, B. P. Segner, T. M. Shen, N. K. Dutta: Electron. Lett. **21**, 1209 (1985)

43. A. Antreasyn, C. Y. Chen, R. A. Logan: Electron. Lett. **21**, 405 (1985)

44. A. Antreasyn, S. G. Napholtz, D. P. Wilt, P. A. Garbinski: IEEE J. **QE-22**, 1064 (1986)

45. M. Ishii, K. Karmon, M. Shimazu, M. Mihara, H. Kumabe, K. Isshiki: Electron. Lett. **23**, 179 (1987)

46. M. Ishii, K. Kamon, M. Shimazu, M. Mihara, H. Kumabe, K. Isshiki: Optoelectron. - Devices Technol. **2**, 83 (1987)

47. S. Lathi, K. Tanaka, T. Morita, S. Inoue, H. Kan, Y. Yamamoto: Transverse-junction-stripe GaAs-AlGaAs lasers for squeezed light generation. IEEE J. Quant. Electron. **35**, 387 (1999)

48. K. Oe, Y. Noguchi, C. Canea: IEEE Photon. Tech. Lett. **6**, 479 (1994)

49. M. Kawabe, H. Kotani, K. Masuda, S. Namba: Appl. Phys. Lett. **26**, 46 (1975)

50. K. Aiki, M. Nakamura, J. Umeda: Appl. Phys. Lett. **29**, 506 (1976)

51. A. Talneau, M. Allovon, N. Bouadma, S. Slempkes, A. Ougazzaden, H. Nakajima: Agile and fast switching monolithically integrated four wavelength selectable source at 1.55/μm. IEEE Photonics Tech. Lett. **11**, 12 (1999)

52. M. Krakowski, R. Blondeau, J. Ricciardi, J. Hirtz, M. Razeghi, B. de Cremoux: OSA/IEEE OFC/IGWO' 86. Atlanta, GA. Paper TU33

53. D. I. Babic, K. Streubel, R. P. Mirin, N. M. Margalit, J. E. Bowers, E. L. Hu, D. E. Mars, L. Yang, K. Carey: Room-temperature continuous-wave operation of 1.54 μm vertical-cavity lasers. IEEE Photonics Tech. Lett. **7**, 1225 (1995)

54. M. Fukuda: Historical overview and future of optoelectronics reliability for optical fiber communications systems, Microelectron. Reliability **40**, 27 (2000)

55. T. Kallstenius, A. Landstedt, U. Smith, P. Granestrand: Role of nonradiative recombination in the degradation of InGaAsP/InP-based bulk lasers. IEE J. Quant. Electr. **36**, 1312 (2000)

56. A. V. Krishnamoorthy, L. M. F. Chirovsky, W. S. Hobson, R. E. Leibenguth, B. P. Hui, G. J. Zydzik, K. W. Goossen, J. D. Wynn, B. J. Tseng, J. Lopata, J. A. Walker, J. E. Cunningham, L. A. D'Asaro: Vertical-cavity surface-emitting lasers flip-chip bounded to gigabit-per-second CMOS circuits. IEEE Photonics Tech. Lett. **11**, 128 (1999)

有关异质结激光器的补充阅读资料

Z. I. Alferov: Nobel Lecture: The double heterostructure concept and its applications in physics, electronics and technology, Rev. Modern Phys. **73**, 767 – 782 (2001)

P. Bhattacharya: *Semiconductor Optoelectronic Devices*, 2nd edn. (Prentice Hall, Upper Saddle River, New Jersey 1997) Chap. 7

J. K. Butler (ed.): *Semiconductor Injection Lasers* (IEEE Press, New York 1980)

H. C. Casey Jr., M. B. Panish: *Heterostructure Lasers* (Academic, New York 1978)

N. Grote, H. Venghaus (eds.): *Fiber Optic Communication Devices*, Springer Series in Photonics, vol. 4 (Springer, Berlin, Heidelberg, 2001)

H. Kressel (ed.): *Semiconductor Devices for Optical Communication*, 2nd edn., Topics Appl. Phys., Vol. 39 (Springer, Berlin, Heidelberg 1982) Chap. 2

H. Kressel, J. K. Butler: *Semiconductor Lasers and Heterojunction LEDs* (Academic, New York 1977)

W. B. Leigh: *Devices for Optoelectronics* (Marcel Dekker, New York 1996) Chap. 3

T. Tamir (ed.): *Guided-Wave Optoelectronics*, 2nd edn., Springer Ser. Electron. Photon., Vol. 26 (Springer, Berlin, Heidelberg 1990) Chap. 5

A. Yariv: *Optical Electronics*, 4th edn. (Saunders College Publishing-HRW, Philadelphia 1991) Chap. 15

第 15 章　分布式反馈激光器

以上介绍的大部分半导体激光器，都是依靠一对反射面形成的法布里-珀罗标准具获得光反馈的。但在光集成回路中，激光二极管被单片集成到半导体晶圆内，一般很难形成这样的反射面。正如在第 14 章中介绍的那样，可以用刻蚀或解理法来制作反射面，但晶圆的平整表面会受到破坏，致使不易制作电接触和热沉。一种替代方法是利用布拉格型衍射光栅形成分布式反馈（DFB），它有很多优点，且仍能利用晶圆的平整表面结构。

15.1　理论考虑

在第 10 章中已介绍了在调制器中利用布拉格型衍射光栅使光束偏转，在那种情形下，通常是用电光或声光效应，以感应折射率产生周期性变化而得到光栅结构。在 DFB 激光器中，通常是在构成激光器的两个半导体层之间的界面处形成皱折光栅，皱折光栅可对某一特定波长进行 180° 反射，但取决于光栅间距。

15.1.1　布拉格反射的波长依赖性

图 15.1 画出了入射平面波被一系列间距为 d 的反射器所反射的情形，参考该图能够了解对一定波长选择反射的依据。布拉格原先所研究的 X 射线衍射是以晶格原子平面作为一系列反射器的[1]；但通过半导体激光器结平面上皱折光栅的反射，也可观察到同样的效应，如图 15.2 所示。由图 15.1 显然可见，为了保持平面波前（垂直于图中所示的光线）的相位相干性，以避免相消干涉，从逐个反射器反射的光程差必须为全波长的整倍数。于是，从几何上考虑，可得到布拉格关系为[1]

$$2d \sin\theta = l\lambda, \, l = 1, 2, 3, \dots \tag{15.1}$$

式中，θ 是入射光线与反射器形成的夹角，λ 是介质中的光波长。为使式（15.1）适用 DFB 激光器中光栅做 180° 反射的情形，只需令 d 等于光栅间距 Λ。λ 等于 λ_0/n_g，这里 n_g 是波导中所研究模式的有效折射率，并令 θ 等于 90°。在这些假设下，式（15.1）变为

$$2\Lambda = l(\lambda_0/n_g), \quad l = 1, 2, 3, \dots \tag{15.2}$$

因此，光经这种光栅做 180° 反射，其真空波长为

$$\lambda_0 = \frac{2\Lambda n_g}{l}, \quad l = 1, 2, 3, \dots \tag{15.3}$$

虽然光栅能反射许多不同的纵模，但相应于不同的 l 值，通常仅有一个纵模位于激光器的增益带宽内。事实上，由于很难制作一阶（$l = 1$）光栅，故通常采用三阶光栅，相关内容将在 15.2 节中讨论。

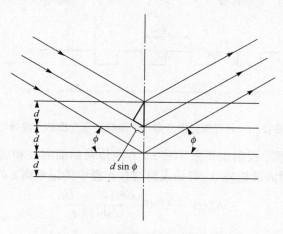

图 15.1   周期结构布拉格反射示意图

15.1.2   耦合效率

图 15.2 中的光栅所反射的光功率占总入射光功率的比例取决于很多因素，包括波导层厚度、光栅齿深度和光栅长度。确定反射光功率所占比例在数学上是相当复杂的，最好用 Kogelnik 和 Shank[2, 3] 及 Yariv[4] 所用的耦合模理论处理，尽管也曾用过 Bloch 波的形式[5]。在耦合模分析中，假设光栅仅与光学模式发生弱耦合，即基本的模式形状只略微受到微扰。Yariv 指出[4]，这方法对于深度为 a 的矩形光栅截面(见图 15.3)，能用下面的耦合系数 κ 来表征耦合：

$$\kappa = \frac{2\pi^2}{3l\lambda_0}\frac{(n_2^2 - n_1^2)}{n_2}\left(\frac{a}{t_g}\right)\left[1 + \frac{3(\lambda_0/a)}{2\pi(n_2^2 - n_1^2)^{1/2}} + \frac{3(\lambda_0/a)^2}{4\pi^2(n_2^2 - n_1^2)}\right] \tag{15.4}$$

式中，t_g 是折射率为 n_2 的波导层厚度，l 是引起耦合的谐波的阶次，为

$$l \approx \frac{\beta_m \Lambda}{\pi} \tag{15.5}$$

式中，β_m 是所研究的特定模式的相位常数。式(15.4)和式(15.5)基于 β_m 近似等于 $l\pi/\Lambda$ 这一假设，也就是满足式(15.3)给出的布拉格条件，所以 m 阶前向传输模式和后向传输模式之间就会发生布拉格反射。

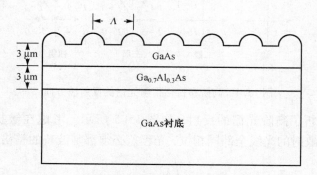

图 15.2   光泵浦 DFB 激光器的横截面图

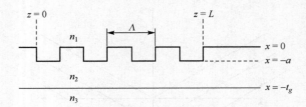

图 15.3　具有能提供分布式反馈的矩形光栅的光波导[4]

对于一阶($l=1$)光栅，反射主要限于沿 ±z 方向传输的前向波和后向波之间的耦合，这样入射波的振幅 A_m^+ 和反射波的振幅 A_m^- 都是入射波在光栅中传输距离 z 的函数，其表达式为[4]

$$A_m^+(z) = A_m^+(0)\frac{\cosh[\kappa(z-L)]}{\cosh(\kappa L)} \tag{15.6}$$

和

$$A_m^-(z) = A_m^+(0)\frac{\kappa}{|\kappa|}\frac{\sinh[\kappa(z-L)]}{\cosh(\kappa L)} \tag{15.7}$$

式中，L 是光栅长度。当然，入射和反射光功率分别由 $|A_m^+(z)|^2$ 和 $|A_m^-(z)|^2$ 给出。若式(15.6)和式(15.7)中的双曲函数的自变量足够大，则入射光功率随 z 呈指数减小，这是因为入射功率被反射到后向传输波中。在布拉格波长处有效反射系数 R_{eff} 和相应的透射系数 T_{eff} 为

$$R_{eff} = \left|\frac{A_m^-(0)}{A_m^+(0)}\right|^2 \tag{15.8}$$

和

$$T_{eff} = \left|\frac{A_m^+(L)}{A_m^+(0)}\right|^2 \tag{15.9}$$

严格地讲，式(15.6)~式(15.9)仅在一级布拉格反射的情况下才适用。对于高阶布拉格光栅，其周期 Λ 为

$$\Lambda = \frac{l\lambda_0}{2n_g},\ l>0 \tag{15.10}$$

有些光能量被耦合到在波导平面外传输的波中，如图 15.4 所示。这些波代表激光模式的功率损耗，因此引起 R_{eff} 和 T_{eff} 的减小。

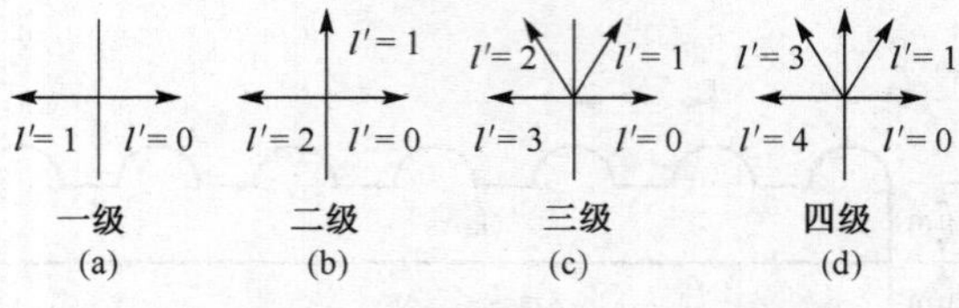

图 15.4　高阶布拉格衍射光栅的反射波方向

Scifres 等人[6]分析了高阶光栅的反射，如图 15.5 所示。考虑在皱折波导中向右传输的波，若要使从逐个齿散射的光线全部同相位，光程差必须都是波长的整倍数。因此要求强加的条件为

$$b + \Lambda = \frac{l'\lambda_0}{n_g},\ l'=1,2,\ldots \tag{15.11}$$

式中，b 是距离，如图 15.5 所示。

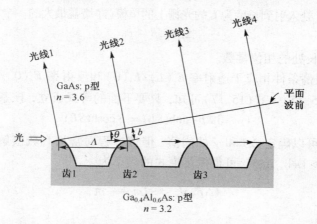

图 15.5　光线从具有高阶布拉格光栅的波导的散射[6]

从几何上考虑，显然

$$b = \Lambda \sin \theta \tag{15.12}$$

式中，θ 是散射波前与波导平面的夹角。于是，由式(15.11)和式(15.12)给出 θ 为

$$\sin \theta = \frac{l' \lambda_0}{n_g \Lambda} - 1, \quad l' = 0, 1, 2, \ldots l \tag{15.13}$$

下面考虑二级布拉格衍射的情形，此时 Λ 等于 λ_0 / n_g。这种情形下式(15.13)变为

$$\sin \theta = l' - 1, \quad l' = 0, 1, 2 \tag{15.14}$$

$l' = 0$ 的解相应于前向的光散射，而 $l' = 2$ 的解相应于后向的光散射，后者对 DFB 有用。但是，由 $l' = 1$ 的解得到 $\theta = 0$，相应于发射光垂直于波导平面。对于高阶布拉格反射光栅，能得到类似的解。Streifer 等人[7]给出了由高阶布拉格光栅散射的许多典型情形下的耦合系数。

通常，在 DFB 激光器中不希望有二阶布拉格光栅产生的横向强耦合。因此，要获得最佳性能必须用一阶光栅。如果制作容差不允许使用一阶光栅，则应使用三阶光栅，因为此时耦合到平面外的光束要比二阶光栅的情形弱得多。但该规律的一个例外情况是一种特殊的小发散角激光器，它是由 Scifres 等人[6]首先提出的。他们在 GaAlAs/GaAs 的 SH 激光器中故意使用四阶光栅产生横向强耦合；通过对激光器的法布里-珀罗端面镀膜，得到 98% 的反射率，并且激光器选择横向输出。由于发光面相对较大，减少了衍射发散，光束发散角仅为 0.35°。

15.1.3　带分布式反馈的激光发射

上节表明，皱折光栅结构能对非常接近光栅传输的光波产生 180° 的布拉格反射。若传输光波的介质能提供光增益，如在激光二极管的粒子数反转区，这种分布式反馈能导致激光发射。若介质的指数增益常数为 γ，则入射波和反射波的振幅由以下表达式给出：[8]

$$E_i(z) = E_0 \frac{\{(\gamma - i \Delta \beta) \sinh [S(L - z)] - S \cosh [S(L - z)]\} e^{i \beta_0 z}}{(\gamma - i \Delta \beta) \sinh(SL) - S \cosh(SL)} \tag{15.15}$$

和

$$E_r(z) = E_0 \frac{\kappa e^{i \beta_0 z} \sinh [S(L - z)]}{(\gamma - i \Delta \beta) \sinh(SL) - S \cosh(SL)} \tag{15.16}$$

式中

$$S^2 \equiv |\kappa|^2 + (\gamma - i \Delta \beta)^2 \tag{15.17}$$

参数 E_0 是在 $z=0$ 处入射到长度为 L 的光栅上的单模(净增益最大的一个)的振幅,而 $\Delta\beta$ 为

$$\Delta\beta = \beta - \beta_0 \tag{15.18}$$

式中,β_0 是布拉格波长处的相位常数。

　　DFB 激光器的振荡条件相应于透射率 $E_i(L)/E_i(0)$ 和反射率 $E_r(0)/E_i(0)$ 均变为无穷大的情形[2,3]。由式(15.15)~式(15.17)可知,只要下面的等式成立,该条件就能够满足:

$$(\gamma - i\Delta\beta)\sinh(SL) = S\cosh(SL) \tag{15.19}$$

求解方程(15.19)就可以确定 $\Delta\beta$ 和 γ 的阈值,但该方程通常只有数值解[2,3]。然而,对于高增益的特殊情形($\gamma \gg |\kappa|$、$\Delta\beta$),可得振荡模式的频率为[8]

$$(\Delta\beta_m)L \approx -(m+\frac{1}{2})\pi \tag{15.20}$$

因为由基本定义可知

$$\Delta\beta \equiv \beta - \beta_0 \approx \frac{(\omega-\omega_0)n_g}{c} \tag{15.21}$$

式(15.20)能写成以下形式:

$$\omega_m = \omega_0 - (m+\frac{1}{2})\frac{\pi c}{n_g L} \tag{15.22}$$

式中,ω_0 是布拉格频率,$m=0, 1, 2, \cdots$。需要指出,当式(15.22)中的频率为精确的布拉格频率时,不能产生振荡。模式频率间隔为

$$\omega_{m-1} - \omega_m \approx \frac{\pi c}{n_g L} \tag{15.23}$$

15.2　制作技术

　　为制作 DFB 激光器的光栅结构,通常先形成掩模,然后用化学方法或离子束溅射刻蚀波导表面。有时将这两种方法结合起来使用,称为化学辅助离子束刻蚀(CAIBE)[9]。其制作过程一般与 7.4.2 节所介绍的光栅耦合器的制作过程相同。然而,为了制作出有效的激光器,必须考虑一些附加因素。

15.2.1　晶格损伤的影响

　　在集成 DFB 激光器中(如图 15.6 所示的那种),在形成光栅之后,必须在波导层的顶部生长一层或多层外延层。当然,在光栅制作过程中产生的晶格损伤,会损害随后生长的外延层的光学质量。因为点缺陷和位错会从光栅区进入外延层,这些缺陷成为光吸收和无辐射复合中心,起到降低量子效率和增大阈值电流密度的作用。用离子束溅射刻蚀虽能得到最均匀的和可控制的光栅图样,但用化学刻蚀制作的光栅的晶格损伤要少得多。为此,在光栅制作过程中产生缺陷而导致的有害影响可能使集成光路设计者在选择工艺时有点左右为难。

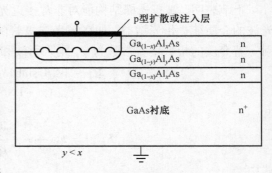

图 15.6　集成 DFB 激光器

15.2.2　光栅位置

　　避免晶格损伤最常用的方法是从物理学的角度考虑,把光栅从激光器的有源层分离出来。例如,Scifres 等人[10]利用把光栅与 p-n 结分离的扩散工艺,制作出了第一个 p-n 结注入式 DFB 激光器,如图 15.7 所示。其过程如下:先用离子束溅射刻蚀在 n-GaAs 衬底上制作出周期为 3500 Å 的三阶皱折光栅,然后在衬底上生长 p-GaAlAs 层。在 GaAlAs 中用

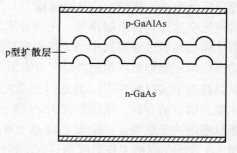

图 15.7　扩散结 DFB 激光器[10]

Zn 作为 p 型掺杂剂,因为它在 GaAs 中扩散极快。于是,在 GaAlAs 层的生长过程中,Zn 扩散入衬底,在约低于 GaAs-GaAlAs(带有皱折)界面 1 μm 处形成 p-n 结。所得单异质结 DFB 激光器的阈值电流密度,典型地等于具有解理端面的类似的 SH 激光器的阈值电流密度。因此,在这样的光栅制作过程中缺陷的影响并不严重。

　　Nakamura 等人[11, 12]展示了把 p-n 结与光栅分离的另一种方法,他们在宽 50 μm 的条形激光器中采用了分离限制异质结结构(SCH)和三阶布拉格光栅,如图 15.8 所示。有源区长度为 700 μm。长 2 ~ 3 mm 的无激励波导与有源区连在一起,以与后部解理面隔离,从而保证激光的产生完全是因为分布式反馈而不是镜面反射。在图 15.8 所示的结构中,厚度为 0.1 μm 的 p-Ga$_{0.83}$Al$_{0.17}$As 层把注入电子限制在 0.2 μm 厚的有源层中,而光学模式光子散布到 p-Ga$_{0.93}$Al$_{0.07}$As 层的界面上。于是,光学模式受到光栅结构的微扰,但由于有源区(在这区中发生复合)离光栅足够远,使由晶格损伤引起的无辐射复合减至最小。这类器件在室温下连续运转的阈值电流密度约为 3.5×10^3 A/cm^2。若光栅间距为 3684 Å,可观察到波长为 8464 Å 的单纵模。

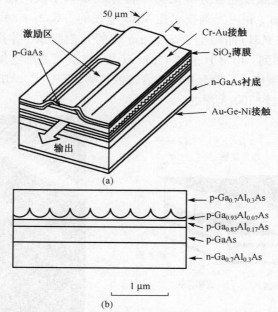

图 15.8　光和载流子分离限制的条形 DFB 激光器[11, 12]。(a)器件结构;(b)外延层的特写

　　分离限制异质结结构(SCH)激光器的概念得到进一步发展[11, 2],并延伸到发射波长为 1.3 μm 和 1.55 μm 的 InGaAsP 激光器中。例如,Tsuji 等人[13]制作出如图 15.9 所示的 SCH 掩

埋异质结激光二极管,其发射波长为 1.55 μm。在该器件中,间距为 0.234 μm 的一阶光栅是用激光全息光刻技术制作的。掩埋异质结条形结构用于电流限制和横向模式控制,透明的 InP 窗结构起到通过隔离其中一个端面以抑制法布里-珀罗振荡的作用。必须指出的是,这种类型的窗结构还能抑制阈值简并,在阈值简并中,频率约为 ω_m[见式(15.22)]的间隔很近的两个纵模趋向于同时振荡[14],而近似关系式(15.22)不能揭示这种阈值简并现象,只有通过精确解才能表明它的存在。采用如图 15.9 所示结构制作的激光器,其阈值电流可以低至 11 mA,并能以稳定的单纵模连续运转在高达 106 ℃ 的环境温度下[13]。对这些器件所做的寿命测试表明,在数千小时的工作时间内只有小量的退化,每千小时的平均输出退化率为 0.56%,这与传统法布里-珀罗型掩埋异质结激光器的相当[15]。

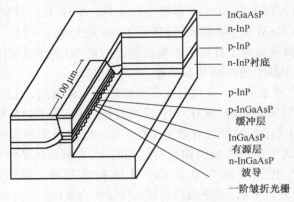

图 15.9 分离限制掩埋异质结结构 DFB 激光器[11]

将光栅与激光器的有源发光区分开的另一种方法是采用横向耦合结构,如图 15.10 所示[16]。在制作这种器件时,利用光刻技术在 MBE 生长的 InGaAs-GaAs-GaAlAs 渐变折射率分离限制异质结结构(GRINCH)晶圆上形成 2 μm 宽的光刻胶条,并用化学辅助离子束刻蚀(CAIBE)法将条形脊刻蚀到 GRINCH 的 0.1 μm 以内。然后对晶圆施加 PMMA(聚甲基丙烯酸甲酯),并用电子束刻蚀制作出一阶光栅。随着抗蚀剂的发展,用 CAIBE 可将光栅转印到保护层和脊旁边的上包层的大约 700 Å 深处。

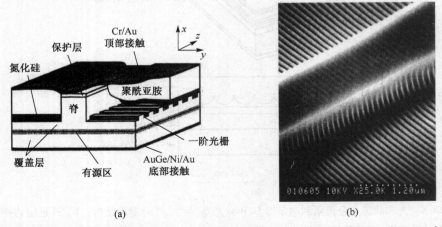

(a) (b)

图 15.10 (a) 横向耦合分布式反馈(LC-DFB)脊形激光二极管的结构;(b) 在 2 μm 宽的脊上一阶光栅图样的扫描电子显微图,光栅是用电子束刻蚀技术制作的[16]

在横向耦合的 DFB 激光器中，倏逝场与光栅的二维(横向和侧向)重叠为激光发射提供了所需的反馈。耦合系数 κ 严格地依赖于脊刻蚀深度。脊刻蚀深度太浅，将减小倏逝场与光栅的横向重叠；脊刻蚀太深，将导致对光更强的折射率导引，并减小光栅的侧向填充因子。

如图 15.10 所示的这种类型的器件，腔长为 250 μm，倾斜光栅间距为 1400 Å，发射波长为 9217 Å，并且已实现了 11 mA 的阈值电流、0.46 mA/mW 的微分斜率效率以及 15 mW 的单模输出功率。

15.2.3　分布式布拉格反射(DBR)激光器

用分布式布拉格反射(DBR)结构也能使有源区与光栅区分离，如图 15.11 所示[17]。在这种器件中，使用两个布拉格光栅，它们分别位于激光器的两端，并在电泵浦有源区的外面。这样，除了避免由于晶格损伤而引起的无辐射复合外，有源区外面放置的两个光栅镜面还可以单独制作，以获得激光器的单端输出。为了实现有效的单纵模工作，一个分布式反射器在激光波长处必须具有带宽窄、反射率高的特点；而为了实现最佳输出耦合，另一个分布式反射器必须具有相当低的反射率。

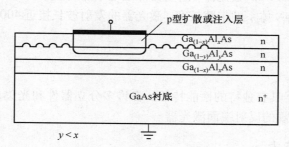

图 15.11　集成 DBR 激光器

Stoll[18] 从理论上分析了 DBR 结构，指出其透射率和反射率由下式给出：

$$T = \frac{\gamma \exp[-i(\beta - \Delta\beta)L]}{(\alpha_p + i\Delta\beta)\sinh(\gamma L) + \gamma \cosh(\gamma L)} \tag{15.24}$$

和

$$R = \frac{-i\kappa \sin(\gamma L)}{(\alpha_p + i\Delta\beta)\sinh(\gamma L) + \gamma \cosh(\gamma L)} \tag{15.25}$$

式中，$\gamma^2 \equiv \kappa^2 + (\alpha_p + i\Delta\beta)^2$，$L$ 是分布式布拉格反射器的长度，α_p 是波导无源(无泵浦)区中的分布损耗系数。耦合系数 κ 和相位常数对布拉格条件的偏离 $\Delta\beta$ 的定义如前。Stoll[18] 还指出，DBR 激光器的第 m 阶和第 $(m \pm 1)$ 阶纵模之间的间隔，可用下式作为一个很好的近似

$$\Delta \equiv |\beta_m - \beta_{m\pm1}| = \frac{\pi}{L_{\text{eff}}} \tag{15.26}$$

式中，有效腔长 L_{eff} 为

$$L_{\text{eff}} = L_a\left(1 + \frac{L_2}{2L_a(\alpha_p L_1 + 1)} + \frac{1}{2L_a(\alpha_p + \sqrt{\kappa^2 + \alpha_p^2})}\right) \tag{15.27}$$

参数 L_1 和 L_2 是两个分布式布拉格反射器的长度，L_a 是有源区长度，并假设单端光功率是从长度为 L_2 的低反射率的 DBR 发射的。L_1 的典型值为 1 mm 或 2 mm 的数量级，而 L_2 则是

几百 μm。例如,若取 $\alpha_p = 1\ cm^{-1}$、$L_a = 275\ \mu m$、$\kappa = 20\ cm^{-1}$、$L_1 = 1.47\ mm$、$L_2 = 240\ \mu m$,由式(15.27)可得 $L_{eff} = 501\ \mu m$,于是模式间隔为 $\Delta = 63\ cm^{-1}$。

因为可以方便地对 DBR 激光器在预定波长(由光栅间距决定)的单端输出进行优化,故它很适用于光集成回路中的频率复用,因为频率复用要求许多工作在明确规定波长上的光源。例如,Lee 等人[19]通过 GaInAsP 层的 MOCVD 在一个 InP 芯片上制作了 21 个 DBR 激光器,通过选择每个激光器的光栅间距,激光器阵列中心的发射波长约为 1.3 μm,相邻激光器的发射波长间隔为 8 Å。

在 InGaAsP/InP 上也已经制作出 DBR 激光器,它能产生 1.55 μm 波长的激光。例如,Kaiser 等人[20]利用选择区域外延生长和加载条形波导,将一个可调谐 DBR 激光器(端面耦合到定向耦合器)集成到 InP 衬底上。当功率大于 1 mW 时,获得了 52% 的平均耦合效率和 63% 的最大耦合效率。Tsang 等人[21]报道了利用分子束外延制作的 InGaAs/InGaAsP 多量子阱 DBR 激光器,其连续运转模式下的阈值电流为 10 ~ 15 mA,斜率效率高达 0.35 mW/mA,边模抑制比为 58.5 dB。在一个芯片上已经能够制作出 40 个 DBR 激光器[22]。Schweizer 等人[23]在 InGaN/GaN 上制作出横向耦合的 DFB 激光器,这些器件是电泵浦的,并且在 70 ℃ 的温度下观察到激光发射。因为 InGaN/GaN 体系的带隙较宽,激光器的发射波长接近 400 nm。

15.3 性能特征

DFB 和 DBR 激光器具有独特的性能特征。在许多分立器件和光集成回路应用中,它们以其显著的优越性超过常规的反射端面激光器。

15.3.1 选择波长能力

解理端面激光器的光发射波长由增益曲线和激光器的模式特性共同确定。增益最高的一个模式(或多个模式)产生激光发射。当以远远超过阈值的功率泵浦激光器时,许多个纵模往往同时激射。要得到单纵模振荡,即使不是不可能,也是非常困难的。

DFB 或 DBR 激光器的发射波长当然也受激光器增益曲线的影响,但主要由光栅间距 Λ 决定,如式(15.3)所示。l 阶和 $l \pm 1$ 阶模式之间的间隔一般比激光器增益曲线的线宽要大得多,以至只有一个模式能获得足够的增益而被激射。因此,分布式反馈激光器很容易实现单纵模工作,这使它在许多应用场合比反射端面激光器优越得多。Nakamura 等人[24]对第一个光泵浦 DFB 激光器从理论上论证了其发射波长的预期可控性。一系列激光器样品包括以 $Ga_{0.7}Al_{0.3}As$ 为限制层的 SH 激光器和载流子浓度减小型的波导激光器,后者的衬底浓度为 $n = 1 \times 10^{18}\ cm^{-3}$,其上的波导层掺杂浓度为 $n = 6 \times 10^{16}\ cm^{-3}$。这两种器件都被冷却到 77 K,用发射波长为 6300 Å 的若丹明(Rhodamine)B 染料激光器作为泵浦光源。用三阶布拉格光栅提供分布式反馈,它通过在激光器表面上用光刻胶做掩模,经离子铣削 500 Å 深而制得。激光器发射波长与光栅间距(不同样品中)的关系如图 15.12 所示。实验结果与式(15.3)的预期值符合很好的是有效折射率为 $n_g = 3.59$ 的波导。通过在 3450 ~ 3476 Å 范围内改变光栅周期,可以有控制地在 45 Å 的范围内选择激光器的发射波长。DFB 激光器由于其发射波长可控,因而在波长复用中特别有用。DBR 激光器基本的波长选择能力就可以允许通道间隔在 10 Å 的数量级,如果用取样光栅分布式布拉格反射器(SGDBR),还能进一步将通道间隔减小到 10 Å 以下[19]。

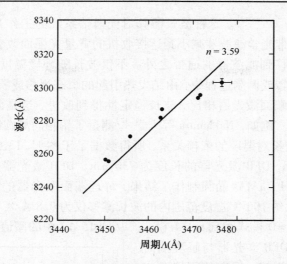

图 15.12　DFB 激光器的发射波长与光栅间距的关系[24]

如前面所述,存在一个基本的振荡简并,即频率接近式(15.22)的预期值的两个纵模产生激光发射的概率相等。如图 15.8 和图 15.9 所示,若通过在其中一个端面前置一窗结构,或在两个同样的均匀皱折段之间形成一个具有 1/4 波长相移的光栅,还能够解除这种简并[25, 26]。

通过改变倾斜的有源条相对光栅条轴向的夹角,还能够实现光栅选择波长的精细调谐[27]。例如,对工作在 1.52 ~ 1.54 μm 波长范围的激光器,当此夹角为 7.7°时,产生大约 170 Å 的波长位移;当夹角为 3.7°时,产生大约 60 Å 的波长位移。

15.3.2　光发射线宽

光栅反馈除了作为精确选择峰值发射波长的方法外,还能使发射光具有窄线宽的特点。发射光的谱宽由激光器增益曲线和激光腔的模式选择特性的卷积确定。因为光栅比解理端面或抛光端面有更强的波长选择能力,所以 DFB 或 DBR 激光器比反射端面激光器的发射线宽窄得多。正如第 12 章所述,常规解理端面激光器的单模线宽一般约为 1 Å 或 2 Å(即大约 50 GHz)。然而,所报道的带有复杂光栅结构的新式 DFB 和 DBR 激光器的线宽值约在 50 ~ 100 kHz 的范围。

例如,Okai 等人[28]报道了一种三区周期调制的多量子阱 DFB 激光器,功率为 10 mW 时线宽小于 98 kHz,调谐范围为 1.3 nm;Mawatari 等人[29]报道了一种掺杂调制应变多量子阱 DFB 激光器,功率为 10 mW 时线宽为 80 kHz;Okai 等人[30]用周期调制的多量子阱 DFB 激光器在 26 mW 的功率下获得了仅 56 kHz 的线宽。这方面的研究进展仍在继续,一些商用 DFB 激光二极管在 1.55 μm 波长处的测量线宽已经能够小于 25 Å[31, 32]。

由 DFB 激光器可得到更窄的线宽,这点在光通信应用中显得特别重要,因为调制带宽从根本上受激光光源线宽的限制,WDM 通道的密度也是如此。

15.3.3　稳定性

在许多应用场合,当环境条件变化时,激光器的发射波长和阈值电流密度的稳定性是非常重要的。发射波长随结温度的变化对常规解理端面激光器来说是一个严重的问题,一般波长漂移值为 3 Å/℃ 或 4 Å/℃[11,12]。这种波长漂移对光通信系统的工作是非常不利的。因为在光通信系统中是通过窄带光学滤波器减小到达接收机的背景光强而改善信噪比的，小到 10 Å 的漂移就可能把光波长移到滤波器的通带之外。不仅波长随环境温度的长期漂移非常重要，而且必须考虑在脉冲运转或调制过程中，由结发热引起的瞬态漂移或啁啾。

　　DFB 激光器与解理端面激光器相比，波长稳定性得到改进，这是因为光栅有助于把激光器锁定在给定的波长上。例如，Nakamura 等人[11,12]测量了用相同晶圆制作的解理端面激光器和 DFB 激光器的发射波长对温度的依赖关系，所得数据示于图 15.13 中。实验所用解理端面激光器的长度为 570 μm，DFB 激光器的长度为 730 μm。DFB 激光器的光栅间距为 3814 Å。两种器件都用同样的 DH GaAlAs 晶圆制作。结果，解理端面激光器的波长漂移为 3.7 Å/℃，而 DFB 激光器在整个大约 100 ℃ 温度范围内的波长漂移仅为 0.8 Å/℃。然而，DFB 激光器在大约 280 K 温度下从 $m=0$ 模式跳到 $m=1$ 模式。从图 15.13 中的阈值电流密度数据可见，当以 $m=0$ 模式振荡时，DFB 激光器与解理端面激光器大约需要相同的电流，但它的阈值电流密度 J_{th} 的值约比 $m=1$ 模式的大 3 倍，而且在模式发生转换的温度下，DFB 激光器的 J_{th} 急剧增大。这些剧增源于在该温度下激光器的增益曲线和模式共振(由光栅周期决定)之间的失配。Martin 等人[16]也对图 15.10 所示的横向耦合 DFB(LC-DFB)激光器在 5 ~ 50 ℃ 的温度范围内的波长漂移做了类似的测量。观察到 LC-DFB 激光器的波长漂移为 0.63 Å/℃，而与 DFB 激光器具有相同的异质结结构和尺寸的标准法布里-珀罗型解理端面脊形激光器的波长漂移为 2.8 Å/℃。如果设计合理，即使高功率 DFB 激光器也能表现出小的热漂移。例如，Takigawa[31]报道的输出功率为 50 mW、发射波长为 780 nm 的 GaAlAs DFB 激光器，能稳定工作在单纵模状态，激光器发射波长的温度系数为 0.65 Å/℃，同时用掩埋孪生脊形异质结结构来产生稳定的基横模。

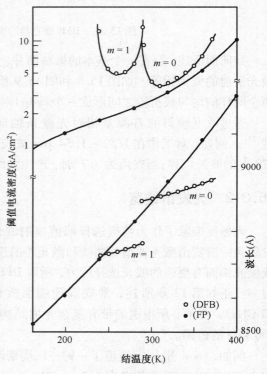

图 15.13　激光器的阈值电流密度和发射波长与结温度的关系[11,12]

　　DFB 激光器改善温度稳定性的原因是这样的：解理端面激光器发射波长的漂移遵循带隙对温度的依赖关系，而 DFB 激光器波长的漂移仅遵循折射率对温度的依赖关系。DFB 激光器稳定性的改善，使它在需要波长滤波的应用场合或波分复用系统中非常有用。因此，即使在使用分立激光器而不是光集成回路的许多场合，宁可选用 DFB 或 DBR 激光器而不用法布里-珀罗端面激光器。现在 DFB 和 DBR 激光器已经成为电信工业中长距离传输的标准光源。

15.3.4　商用 DFB 激光器

　　对 DFB 激光器的研究和开发已经转向商业应用，目前已有很多供应商。目前，发射波长覆盖 730~2800 nm 的整个近红外区的 DFB 激光器已经商用,其输出功率从 10 mW 到 200 mW 不等;典型线宽为 2~4 MHz,但对某些波长,线宽窄至 100 kHz 的 DFB 激光器也能得到。

15.4　纳米 DFB 激光器

随着半导体微加工工艺发展到纳米加工水平,制作一些新的布拉格型反射器已经成为可能。

15.4.1　半导体/空气布拉格反射激光器

许多不同的研究小组已经证实,通过机械加工在半导体表面上开槽,可以制作出布拉格型反射器[33~38]。半导体材料"壁"之间这些狭窄的空气隙能够形成布拉格反射器,前提是它们的尺寸足够小。因为半导体与空气的折射率差别较大,与传统布拉格光栅相比,每个界面处的反射相当强。因此,只需要几个栅条就可以实现 100% 的反射。而对于在半导体中形成的传统布拉格光栅,则需要数千个栅条。因此,这些高反射率半导体/空气布拉格反射器(SABAR)能用来制作短腔、高反射率激光器。

Mukaihara 等人[38]利用 MOCVD 法在 InGaAsP 上制作出这种类型的激光器,并将它与波导

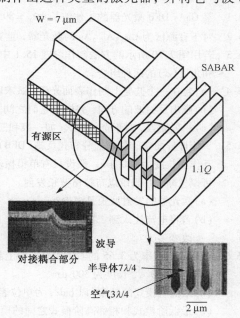

集成在一起,如图 15.14 所示。在布拉格反射器内部,半导体层的厚度为 7 λ/4,空气隙的厚度为 3 λ/4。该结构是通过用电子束刻蚀技术掩蔽表面,并用湿法刻蚀形成垂直凹槽来制作的。图 15.14 中的显微照片显示出反射条纹的形状,以及激光器有源区与波导进行耦合的区域。这一带有 SABAR(腔长 $L=160$ μm,脊宽 $W=7$ μm,SABAR 对数 $N=3$)的脊形波导激光器的发射波长为 1.3 μm,阈值电流为 20 mA。激光器有源区与波导的失准引入了耦合损耗,并使阈值电流增大。作者通过计算认为,2 mA/μm 宽度的阈值电流应是可以达到的。

Hofling 等人[37]制作了带有 SABAR 型反射器的脊形波导边发光 GaInAs-AlGaAs 微激光器,其中在每个端面有 2 个空气/半导体对(即 SABAR 对数 $N=2$),形成三阶光栅。光栅是用反应离子刻蚀(RIE)制成的,反射率大于 75%。当激光器腔长为 80 μm 时,阈值电流低至 2 mA;当腔长为 40 μm 时,阈值电流为 6 mA。腔长短至 28 μm 时仍能产生激光发射。当考虑将带有 SABAR 镜的激光器集成到 DWDM 发射机芯片中时,它的体积小就成为一个关键优点。注意这种情形中用的是三阶光栅,它比一阶光栅容易制作,但效率较低。正如 15.1.2 节中阐述的那样,不用二阶光栅是因为它们的表面发射较大。

图 15.14　带有半导体/空气布拉格反射器的集成波导和激光器[38]

15.4.2　量子点 DFB 激光器

量子点是一种半导体结构,其所有三个空间尺度均小于 10 nm。量子点结构限制了电子、

空穴和激子，这将显著改变在其中形成量子点的材料的行为。量子点将在第 22 章中讨论，关于量子点的更多信息可以参见 Michler[39]或 Schweizer 等人[40]的相关著作。

通过在 DFB 激光器的光栅区引入量子点，有可能改进器件的工作特性。例如，Kim 等人[41]用分子束外延法在 InP/InGaAs 光栅结构上生长出自组装 InAs/InAlGaAs 量子点，制作出条纹宽度为 3 μm 的脊形波导量子点 DFB 激光器，在室温下实现了波长为 1.56 μm 的单模连续激光，并在温度等于 70 ℃时实现了脉冲激光。

Su 和 Lester[42]研究了基于 InAs/InGaAs 量子点的 DFB 激光器的动态特性，发现量子点 DFB 激光器与传统量子阱 DFB 激光器在输出功率相当时，前者的线宽比后者的窄一个数量级。

Kamp 等人[43]制作出基于单层 InGaAs-AlGaAs 自组织量子点(用分子束外延法生长，通过脊形波导中横向形成图样的金属光栅来提供反馈)的 DFB 激光器，观察到阈值电流为 14 mA，微分效率为 0.33 W/A，边模抑制比大于 50 dB。

习题

15.1　某 GaAs DFB 激光器的工作波长为$\lambda_0 = 8950$ Å，若采用一阶光栅，光栅间距为多少？

15.2　对于有源区为 $Ga_{0.8}Al_{0.2}As$ 的激光器，重复习题 15.1。

15.3　若用图 7.10 所示的方法制作习题 15.1 中的光栅，试确定能用于氦镉激光器($\lambda_0 = 3250$ Å)的棱镜材料和角度(α)的两种组合。

15.4　(a)若在一个波导上制作表面光栅，试求四级布拉格衍射所要求的光栅间距 Λ。用λ和 n_g 表示。
　　(b)画出反射波的方向，并标出它们之间的夹角。
　　(c)一般而言，对于奇数级次(如一级和三级)的布拉格衍射，能否观察到垂直于波导方向的散射波？

15.5　一掩埋异质结、多接触、分布式反馈(DFB)激光器，其光栅周期为 1200 Å，波导折射率为 3.8，光栅的相互作用长度为 500 μm。假设只有单模振荡，其反馈来自一级布拉格反射，DFB 激光器波长的微小位移可以忽略，并假设以布拉格波长发射。
　　(a)激光器的发射波长是多少？
　　(b)若将电流注入到二极管的调制器区，以将波导折射率改变 10^{-7}，则激光器的发射波长(或频率)将改变多少？

15.6　在有效折射率为 3.65 的 GaInAsP 波导上制作一个高增益的分布式反馈端面发光激光器，其一阶光栅的周期为 1150 Å，长度为 300 μm。
　　(a)最低阶模式的频率(以 rad/s 为单位表示)是多少？
　　(b)最低阶模式和相邻高阶模式之间的模式间隔(以 rad/s 为单位表示)是多少？

15.7　(a)为什么在传统边发光 DFB 激光器中不使用二阶光栅？
　　(b)描述二阶光栅在其中特别有用的一类激光器。

15.8　对于波导折射率为 3.62、长度为 250 μm 的 DFB 激光器，其模式频率间隔(以 MHz 为单位表示)为多少？

参考文献

1. Z. G. Pinsker：*Dynamical Scattering of X Rays in Crystals*, Springer Ser. Solid-State Sci., Vol. 3 (Springer, Berlin, Heidelberg 1978)
2. B. K. Agarwal：X-Ray Spectroscopy, 2nd edn., Springer Ser. Opt. Sci., Vol. 15 (Springer, Berlin, Heidelberg 1991)

3. H. Kogelnik, C. V. Shank: J. Appl. Phys. **43**, 2327 (1972)

4. A. Yariv: IEEE J. **QE-9**, 919 (1973)

5. S. Wang: IEEE J. **QE-10**, 413 (1974)

6. D. R. Scifres, R. D. Burnham, W. Streifer: Appl. Phys. Lett. **26**, 48 (1975)

7. W. Streifer, D. R. Scifres, R. D. Burnham: IEEE J. **QE-11**, 867 (1975)

8. A. Yariv: *Optical Electronics*, 4th edn. (Holt, Rinhart, Winston, New York 1991) p. 503

9. R. Buchmann, H. Dietrich, G. Sasso, P. Vettiger: Microelectron. Eng. **9**, 485 (1989)

10. D. R. Scifres, R. Burnham, W. Streifer: Appl. Phys. Lett. **25**, 203 (1974)

11. M. Nakamura, K. Aiki, J. Umeda, A. Yariv: Appl. Phys. Lett. **27**, 403 (1975)

12. K. Aiki, M. Nakamura, J. Umeda: IEEE J. **QE-12**, 597 (1976)

13. S. Tsuji, A. Ohishi, N. Nakamura, M. Hirao, N. Chinone, H. Matsumura: IEEE J. LT-5, 822 (1987)

14. P. Bhattacharya: *Semiconductor Optoelectronic Devices* (Prentice-Hall, Englewood Cliffs, NJ 1994) pp. 286.292

15. S. Tsuji, K. Mizuishi, M. Hirao, M. Nakamura: IEEE Int'l Conf. on Communications, Amsterdam, The Netherlands (1984) Proc. p. 1123

16. R. Martin, S. Forouhar, S. Keo, R. Lang, R. G. Hunsperger, R. Tiberio, P. Chapman: Electron. Lett. **30**, 1058 (1994)

17. S. Wang: IEEE J. **QE-10**, 413 (1974)

18. H. M. Stoll: IEEE Trans. CAS-**26**, 1065 (1979)

19. S. L. Lee, I. F. Jang, C. Y. Wang, C. T. Pien, T. T. Shih: Monolithically integrated multiwavelength sampled grating DBR lasers for dense WDM applications. IEE J. Selected Topics Quant. Electron. **6**, 197 (2000)

20. R. Kaiser, F. Fidorra, H. Heidrich, P. Albrecht, W. Rehbein, S. Malchow, H. Schroeter-Janssen, D. Franke, G. Sztefka: 6th Int'l Conf. on InP and Related Materials. Santa Barbara, CA (1994) Proc. p. 474

21. W. Tsang, M. Wu. Y. Chen, F. Choa, R. Logan, S. Chu, A. Sergent, P. Magill, K. Reichmann, C. Burrus: IEEE J. **QE-30**, 1370 (1994)

22. K. Kudo, M. Ishizaka, T. Sasaki, H. Yamazaki, M. Yamaguchi: $1.52 \sim 1.59$ μm range differentwavelength modulator-integrated DFB-LD's fabricated on a single wafer. IEEE Photon Tech. Lett. **10**, 929 (1998)

23. H. Schweizer, H. Gräbeldinger, V. Dumitru, M. Jetter, S. Bader, G. Bräuderl, A. Weimar, A. Lell, V. Härle: Laterally coupled InGaN/GaN DFB laser diodes, Physica Status Solidi (a) **192**,301 (2002)

24. M. Nakamura, H. W. Yen, A. Yariv, E. Garmine, S. Somekh, H. L. Garvin: Appl. Phys. Lett. **23**, 224 (1973)

25. H. A. Haus, C. V. Shank: IEEE J. **QE-12**, 532 (1976)

26. S. Akiba, Y. Matsushima, M. Usami, K. Utaka: Electron. Lett. **23**, 316 (1987)

27. W. Tsang, R. Kapre, R. Logan, T. Tanbun-Ek: IEEE Photon. Tech. Lett. **5**, 978 (1993)

28. M. Okai, T. Tsuchiya: Electron. Lett. **29**, 349 (1993)

29. H. Mawatari, F. Kano, N. Yamomoto, Y. Kondo, Y. Tohmori, Y. Yoshikun: Jpn. J. Appl. Phys. Pt. 1. **33**, 811 (1994)

30. M. Okai, A. Tsuchiya, A. Takai, N. Chinone: IEEE Photon. Tech. Lett. **4**, 526 (1992)

31. S. Takigawa, T. Uno, M. Kume, K. Hamada, N. Yoshikawa, H. Shimizu, G. Kano: IEEE J. **QE-25**, 1489 (1989)

32. G. Giuliani, M. Norgia: Diode laser linewidth measurement by means of self-mixing interferometry. IEEE Phot. Tech. Lett. **12**, 1028 (2000)

33. K. C. Shin, M. Tamura, A. Kasukawa, N. Serizawa, S. Kurihashi, S. Tamura, S. Arai: Low threshold current density operation of GaInAsP-InP laser with multiple reflector microcavities. IEEE Photon. Tech. Lett. **7**, 1119 (1991)

34. T. Baba, M. Hamasaki, N. Watanabe, P. Kaewplung, A. Matsutani, T. Mukaihara, F. Koyama, K. Iga: A novel short-cavity laser with deep-grating distributed Bragg reflectors, Jpn. J. Appl. Phys. **35**, 1390 (1996)

35. R. Jambunathan, J. Singh: Design studies for distributed Bragg reflectors for short-cavity edge-emitting lasers. IEEE J. Quant. Electron. **33**, 1180 (1997)

36. S. Oku, T. Ishii, R. Iga, T. Hirono: Fabrication and performance of AlGaAs-GaAs distributed Bragg reflector lasers and distributed feedback lasers utilizing first-order diffraction gratings formed by a periodic groove structure. IEEE J. Selected Topics Quant. Electron. **5**, 682 (1999)

37. E. Hofling, F. Schafer, J. Reithmaier, A. Forchel: Edge-emitting GaInAs-AlGaAs microlasers, IEEE Photon. Tech. Lett. **11**, 943 (1999)

38. T. Mukaihara, N. Yamanaka, N. Iwai, M. Funabashi, S. Arakawa, T. Ishikawa, A. Kasukawa: Integrated GaInAsP laser diodes with monitoring photodiodes through semiconductor/air Bragg reflector (SABAR). IEEE J. Selected Topics Quant. Electron. 5 469 (1999)

39. P. Michler, (ed.): *Single Quantum Dots-Fundamentals*, *Applications and New Concepts*, Springer Topics in Applied Physics Series, vol. 90 (Springer, Berlin, Heidelberg, 2003)

40. H. Schweizer, M. Jetter, F. Scholz: *Quantum-Dot Lasers*, Springer Topics in Applied Physics Series, vol. 90 (Springer, Berlin, Heidelberg, 2003)

41. J.S. Kim, C-R. Lee, H-S. Kwack, B. S. Choi, E. Sim, C. W. Lee, D. K. Oh: 1.55 μm InAs/InAlGaAs quantum dot DFB lasers, IEEE Trans. Nanotechnol. 7, 128 (2008)

42. H. Su, L. F. Lester: Dynamic properties of quantum dot distributed feedback lasers: high speed, linewidth and chirp, J. Phys. D: Appl. Phys. **38**, 2112 (2005)

43. M. Kamp, M. Schmitt, J. Hofmann, F. Schafer, J. P. Reithmaier, A. Forchel: InGaAs/AlGaAs quantum dot DFB lasers operating up to 213 ℃. C, Electron. Lett. **35**, 2036 (1999)

第 16 章　半导体激光器的直接调制

在第 9 章和第 10 章中介绍了用外部电光或声光调制器，对半导体激光器的输出进行调制的技术。然而，也可以直接通过控制流经器件的电流，或者控制某些内部腔体参数，对半导体激光器的输出进行内调制。这种对激光器的输出直接调制的优点是简单，并且有用于高频调制的潜力。本章将介绍半导体注入式激光器的直接调制，它是第 11 章至第 14 章关于半导体激光器和放大器的基本原理和工作特性讨论的继续，读者可在此基础上更好地理解这些方法的细微之处。

16.1　直接调制的基本原理

半导体激光器的光输出能够直接调制，也就是说，光输出可随激光器腔内部的变化而改变，产生幅度调制(AM)、光频率调制(FM)或脉冲调制(PM)。最常用的激光器输出调制是控制流经器件的电流进行幅度调制或脉冲调制，但是，通过改变其他参数，如介电常数或激光器腔体材料的吸收率，也能得到输出的幅度调制、光频率调制和脉冲调制。本节中讨论的这些调制技术的基本原理，大部分是在 20 世纪 60 年代和 70 年代发展起来的。后来，采用更为复杂的改进措施，已经可以在微波频段下可靠地直接调制激光二极管，这部分内容将在 16.2 节中介绍。

16.1.1　幅度调制

通过控制电流对激光二极管进行幅度调制的基本装置如图 16.1 所示。激光二极管必须直流偏置在激光阈值点以上，以避免阈值处输出曲线的突然扭折。制作良好的激光二极管在阈值以上的输出功率与注入电流之间有很好的线性关系，如第 13 章中所述。交流调制信号必须与直流偏置源相隔离，而直流偏置源也必须避免影响调制信号源。当调制频率较低时，这种隔离可用简单的电感和电容来实现，如图 16.1 所示。当调制频率高于大约 50 MHz 时，必须使用较复杂的高通和低通滤波电路。

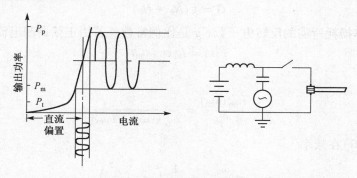

图 16.1　直接幅度调制激光二极管的基本偏置电路和输出特性

若用图 16.1 所示的直接电流调制方法,则调制深度为

$$\eta = \frac{P_{\mathrm{p}} - P_{\mathrm{m}}}{P_{\mathrm{p}}} \tag{16.1}$$

式中, P_{p} 是峰值光功率, P_{m} 是最小光功率。在线性响应范围内最大调制深度为

$$\eta_{\max} = \frac{P_{\mathrm{p}} - P_{\mathrm{t}}}{P_{\mathrm{p}}} \tag{16.2}$$

式中, P_{t} 是阈值点处的光输出功率。因为 P_{t} 通常仅为 P_{p} 的 5% 或 10%,所以理论上最大调制深度能大于 90%。式(16.2)已暗含了直流偏置的选择是使输入信号为零时,工作点在输出曲线线性区的中心[即功率为 $(P_{\mathrm{p}} - P_{\mathrm{t}})/2$ 处]这一假设。

幅度调制过程可用一对非线性速率方程描述。Lasher[1] 给出其关系式为

$$\frac{\mathrm{d}N_{\mathrm{e}}}{\mathrm{d}t} = \frac{I}{eV} - \frac{N_{\mathrm{e}}}{\tau_{\mathrm{sp}}} - GN_{\mathrm{ph}} \tag{16.3}$$

和

$$\frac{\mathrm{d}N_{\mathrm{ph}}}{\mathrm{d}t} = \left(G - \frac{1}{\tau_{\mathrm{ph}}}\right) N_{\mathrm{ph}} \tag{16.4}$$

式中, N_{e} 是反转电子数, N_{ph} 是光子数, I 是电流, V 是有源区的体积, τ_{sp} 是自发电子寿命, τ_{ph} 是光子寿命, G 是受激辐射率。在方程(16.3)和方程(16.4)中,假设为单模激射并忽略了自发辐射。在进行小信号分析时,要把时变小信号 $I(t)$ 叠加到直流偏置电流 I_{dc} 上。在传统的小信号近似中,光子数 $n_{\mathrm{ph}}(t)$ 和反转电子数 $n_{\mathrm{e}}(t)$ 相对各自的平均值 $\overline{N}_{\mathrm{ph}}$ 和 $\overline{N}_{\mathrm{e}}$ 的微小变化为[2]

$$\frac{\mathrm{d}^2}{\mathrm{d}t^2} \begin{Bmatrix} n_{\mathrm{e}} \\ n_{\mathrm{ph}} \end{Bmatrix} + \gamma \frac{\mathrm{d}}{\mathrm{d}t} \begin{Bmatrix} n_{\mathrm{e}} \\ n_{\mathrm{ph}} \end{Bmatrix} + \omega_0^2 \begin{Bmatrix} n_{\mathrm{e}} \\ n_{\mathrm{ph}} \end{Bmatrix} = \begin{Bmatrix} \frac{1}{eV} \frac{\mathrm{d}I(t)}{\mathrm{d}t} \\ \frac{g\overline{N}_{\mathrm{ph}} I(t)}{eV} \end{Bmatrix} \tag{16.5}$$

式中,

$$\omega_0^2 = \frac{1}{\tau_{\mathrm{sp}}} \left(gN_0 + \frac{1}{\tau_{\mathrm{ph}}}\right) \left(\frac{I_{\mathrm{dc}}}{I_{\mathrm{th}}} - 1\right) \tag{16.6}$$

和

$$\gamma = \frac{1}{\tau_{\mathrm{sp}}} + \tau_{\mathrm{ph}} \omega_0^2 \tag{16.7}$$

在式(16.5)和式(16.6)中,假设受激辐射率为

$$G = g(N_{\mathrm{e}} - N_0) \tag{16.8}$$

式中, N_0 是克服体损耗所需的反转电子数, g 是比例常数。若用正弦调制电流

$$I(t) = I_{\mathrm{m}} \cos \omega_{\mathrm{m}} t \tag{16.9}$$

则调制深度为[2]

$$\eta = \frac{n_{\mathrm{ph}}(\omega_{\mathrm{m}})}{\overline{N}_{\mathrm{ph}}} = \frac{\frac{gI_{\mathrm{m}}}{eV}}{\omega_0^2 - \omega_{\mathrm{m}}^2 + \mathrm{i}\omega_{\mathrm{m}}\gamma} \tag{16.10}$$

表达式(16.10)在频率

$$\nu_{\max} = \frac{\omega_{\max}}{2\pi} = \frac{1}{2\pi} \left(\omega_0^2 - \frac{\gamma^2}{2}\right)^{1/2} \tag{16.11}$$

处出现显著的峰,如图 16.2 所示。这是 Ikegami 和 Suematsu[3] 给出的理论结果,他们在实验中

也观察到了这个峰。传统 GaAs 激光二极管的 $\nu_{\max}$ 在几吉赫的数量级。这个峰出现后，接着调制响应又随调制频率的增加而快速下降，这意味着调制频率有一个上限。这些重要效应使某些经过特殊设计的激光二极管能工作在更高频率，然而到目前为止提出来的一些简单模型却没能将这些效应包括在内。这些效应将在 16.2 节中详细讨论。

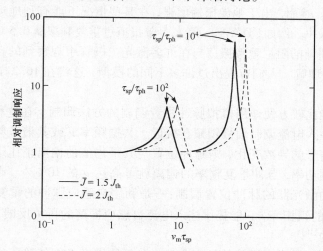

图 16.2 调制深度与调制频率关系的理论曲线[3]。曲线是基于 GaAs 激光器的典型参数计算得到的，并相对 ω_m 接近零时的 η 值做了归一化。两个 τ_{sp}/τ_{ph} 值的曲线表明改变激光腔的 Q 值影响很大

16.1.2 脉冲调制

半导体激光器用脉冲调制特别方便，因为当泵浦电流为脉冲形式时，开关时间很短。如在典型的 DH 条形激光器中，若脉冲上升和下降时间在几百皮秒的数量级，则能产生间隔为纳秒的亚纳秒脉冲[4]。但是，为了得到这样的高速脉冲，激光器必须偏置在恰好低于阈值；否则，在电流脉冲施加和光脉冲发射之间将有一个初始延迟[5]

$$t_d = \tau_{sp} \ln \left[I_p / \left(I_p - I_{th} \right) \right] \tag{16.12}$$

式中，I_p 是峰值脉冲电流。当激光器偏置在阈值电流 I_{th} 时，这个延迟消失。

激光器所容许的最大占空比还限制了脉冲以高重复频率工作。DH 条形激光器能在室温下连续运转，占空比不是问题；但是，价格低廉的 SH 或同质结激光器不应超过其所容许的最大占空比，否则，结发热效应会导致波长漂移和阈值电流增大。当占空比成为一个限制因素时，通过编码使每个脉冲携带多于一个比特的信息，这样最大数据率可大于脉冲重复频率。例如，若用脉冲间隔调制[6]，平均重复频率为 30 MHz 的 1 ns 脉冲能够传输的数据率为 150 Mbps。

通过控制驱动电流脉冲的宽度，激光二极管的输出还能用脉宽调制。在另外一种选择中，Fenner[7] 曾提出利用从施加电流脉冲到开始光发射之间的初始延迟来产生脉宽调制。由式（16.12）可见，t_d 随 I_p 变化很大。如果驱动电流脉冲是幅度调制的，则产生的光脉冲将是脉宽调制的。因为 I_p 和 t_d 之间的关系是非线性的，若用这种脉宽调制方法，在解码网络中必须进行适当的补偿。

利用自脉动现象能在半导体激光二极管中产生高重复频率的窄脉冲序列。注意，式（16.5）的形式意味着当激光器偏置在阈值以上时，若 $I(t) = 0$，则在某一频率 ω_R 处可能存在弛豫振

荡，ω_R 为

$$\omega_R = \omega_0^2 - \left(\frac{\gamma}{2}\right)^2 \tag{16.13}$$

通常认为这种尖峰振荡不利于激光器的调制，因为它导致 AM 调制频率响应曲线的峰值畸变，如 16.1.1 节中所述。然而，出于弛豫振荡增强，在某些情况下能有利地运用自脉动产生重复频率为吉赫兹的窄脉冲。例如，D'Asaro 等人[8]曾报道过重复频率从 0.5 GHz 到 3.0 GHz 的脉冲。式(16.1.5)所预计的阻尼弛豫振荡与在许多激光二极管中观察到的自激振荡之间的确切关系，还没有被完全理解。人们曾提出过许多不同的模型，这将在 16.2 节中的高频调制部分更详细地讨论。

自脉动激光器能比较方便地用模拟脉冲位置调制的方法调制。在这种调制方法中，光脉冲重复频率对外加注入电流调制信号锁频在接近于共振频率 ν，或其谐波频率处[9]。如果锁定信号的频率随信息信号的导数变化，则脉冲位置与其平均值的偏离正比于信息信号本身。用仅几毫瓦的微波调制功率，脉冲重复频率的偏离就可高达 ν_r 的 10%[9]。另一方面，也可以用如下方法实现自脉动激光器的脉冲位置调制：一是利用自感应脉冲的重复频率 ν_r 与电流的关系[8]；二是利用外部的锁相环，它能提供注入电流自感应振荡的再生反馈，电流自感应振荡是和光振荡同时发生的[10]。

迄今所讨论的调制激光二极管的所有方法，在某种程度上都依赖于发射光功率与注入电流的关系；但是，也可通过改变腔体材料的某些参数直接调制激光二极管。

16.1.3　频率调制

通过改变腔体材料的介电常数 ε，可直接调制激光二极管的光频。在 16.1.2 节中介绍的作为脉冲调制器件的双区激光器，也能工作在频率调制模式下[11]。此时，通过改变流经双二极管吸收区的电流，来引起腔体材料平均介电常数 ε 的变化。当然，双二极管必须运转在能发生自脉动振荡的偏置区以外。即便如此，还会有一些幅度调制在输出中出现，这是因为在吸收区中电流的改变会导致平均增益的变化。

双区激光器的一个改进形式是解理耦合腔(C^3)激光器，在这种激光器中，不但电接触被分成两部分，而且激光器本身也被分成两部分[12]。在制作 C^3 激光器时，首先制作腔长大约为 250 μm 的标准条形法布里-珀罗激光器，然后在腔的中间位置附近解理，形成两个耦合的激光腔。这两个腔仅分开几微米，并保持呈一直线，通过一个相对厚的电镀接触固定。工作时，激光器的第一段用注入电流 I_1 在阈值以上泵浦，而第二段的介电常数通过调制电流 I_2 而改变[13]。通过控制 I_2，既可能将激光器调谐到所希望的波长上，也可能改变该波长光的调制频率。例如，已报道的一种发射波长为 1.3 μm 的 GaInAsP C^3 激光器，其最大波长漂移为 150 Å，调谐率为 10 Å/mA[12]。

双腔结构的激光器除了允许频率调制外，还能非常稳定地工作在单模状态。构成解理腔的两个腔的模式间隔分别为

$$\Delta\lambda_1 = \frac{\lambda_0^2}{2n_{\mathrm{eff1}}L_1} \tag{16.14}$$

和

$$\Delta\lambda_2 = \frac{\lambda_0^2}{2n_{\mathrm{eff2}}L_2} \tag{16.15}$$

式中，λ_0 是峰值发射波长，n_{eff1} 和 n_{eff2} 是有效折射率，L_1 和 L_2 是两个腔的长度。因为这两个腔是

强耦合的,只有频谱上重合的那些模式才能相长复合,从而形成耦合腔的模式。于是,耦合腔的模式间隔为[12]

$$\Delta\lambda_c = \frac{\Delta\lambda_1 \Delta\lambda_2}{|\Delta\lambda_1 - \Delta\lambda_2|} = \frac{\lambda_0^2}{2[|n_{\text{eff1}}L_1 - n_{\text{eff2}}L_2|]} \qquad (16.16)$$

由于 $\Delta\lambda_c \gg \Delta\lambda_1$ 或 $\Delta\lambda_2$,在增益曲线的峰值附近只有一个模式存在。因此,当通过改变 I_2 的直流分量而将激光器调谐到所希望的频率时,激光器非常稳定;而且通过将一小信号交流调制加载到 I_2 上,可以产生频率调制。另外,如果以常规方式,通过改变 I_1 产生直接的幅度调制,激光器还能维持稳定的单模运转。例如,已经表明[14],在误码率小于 10^{-10} 的 2 Gbps 直接调制下,激光器能维持稳定的单频模式。

GaInAsP C^3 激光器稳定的调谐和调制特性,使它们在长距离通信的波分复用发射机中的使用很有吸引力。C^3 结构还能用于在 GaAlAs 上制作高度稳定的单模激光器[15]。

要得到幅度调制可忽略的频率调制,可用声波产生腔体材料介电常数 ε 的变化[16]。在垂直于结的方向通过激光二极管的纵向声波使激光模式的频率 v 位移到

$$v = v_0 + A \exp\left(-\frac{\omega_a^2 W^2}{8v_a^2}\right)\cos(\omega_a t) \qquad (16.17)$$

式中,v_0 是没有声波时激光模式的频率,A 是与峰值声波强度成比例的常数,ω_a 是声波频率,v_a 是材料中的声速,W 是激光模式峰值振幅 $1/3$ 处的宽度。正如在布拉格型声光调制器中一样,用于发射声波的换能器的频率响应是限制调制带宽的主要因素。理论计算预计,腔长为 400 μm、声光调制的 GaAs 激光器的最大调制带宽可达 43 GHz,但最终受模式跳变的限制[16]。

16.2　激光二极管的微波频段调制

在上一节中,已初见半导体注入式激光器在微波频段的调制能力。因为这种调制在确定光载频系统携带信息容量的上限中起关键作用,所以这里针对以较高(一直到 40 GHz)的频率直接调制激光二极管所使用(或提出)的各种技术,详细地评述其成就和局限性是适当的。

16.2.1　早期实验结果总结

人们较早就意识到,由于半导体激光器固有的较短的电子和空穴寿命,使之能很好地适合于要求微波频段调制的应用场合[17,18]。在室温下运转的激光二极管出现以前,低温冷却激光二极管已能在 X 波段(8 ~ 12 GHz)频率[19],甚至在高达 46 GHz 的频率下实现调制[20]。在这些早期研究工作之后的五年内,又围绕寿命测量和共振现象进行了研究[21~26]。在所有这些工作中,要求激光二极管被低温冷却(典型温度为 77 K),并被安装在微波波导[19,26]或同轴线中[22,23,25]。调制频率达到毫米波范围,甚至高达 46 GHz,但通常调制深度只有百分之几[26]。因为冷却到 77 K 对任何应用来说都是一个很大的障碍,所以在 1970 年获得了室温下连续运转的激光器[27,28]之后,微波调制的进一步尝试就是实现其在这些器件中的使用。

20 世纪 70 年代,有关室温下连续运转激光器的微波调制的工作表明,这些器件能以高达 10 GHz 的频率直接调制,其调制深度为百分之几[29],而在 1 ~ 3 GHz 频率范围内直接调制,其调制深度可达 30%[30~36]。但是,当频率高于 3 GHz 时,调制响应受两个因素限制:一个是激光器本身的响应特性,另一个是二极管封装、周围的微波腔和(或)传输线的寄生电感、电容和电阻。

16.2.2 限制调制频率的因素

限制激光二极管直接调制频率上限的因素总结在表 16.1 中。表中的前四项是激光二极管管芯本身固有的,后四项则与二极管封装和微波电路有关。当然,并非所有这些因素在每一种情况下都是重要的;然而,它们中任何一个若单独起作用,则足以限制最大调制频率。

在 16.1.2 节曾讨论了与载流子反转的建立有关的光开启延迟,通过把激光二极管恰好偏置在阈值以下,可以基本上消除这一延迟。即使频率一直到 100 GHz,光关闭延迟也不大可能是一个限制因素,这是因为在 GaAs 和 GaAlAs 中粒子数反转区内的载流子寿命约为 10^{-11}s[24],而光子的寿命甚至更短[22]。然而,粒子数反转区内载流子的寿命比非粒子数反转材料中载流子的寿命要长 100 倍左右。因此,接近阈值偏置的激光二极管还有消除光子相当缓慢的衰减尾的作用,这些光子是在激光二极管电流低于阈值电流时通过自发辐射产生的。

表 16.1　限制激光二极管调制频率的因素

延迟开启和关闭	寄生电容和电感
瞬态多模激发	射频漏泄辐射
弛豫振荡	射频吸收损耗
自激振荡	阻抗失配

瞬态多模激发使脉冲激光器在电流脉冲突然开启时输出谱变宽[37]。当比特率较高时,此效应特别重要,因为这种瞬态多模激发会影响与光纤的耦合,并导致脉冲形状发生畸变。在这种应用场合下,建议采用优质、低阈值的单模激光器。

在式(16.5)中,若 $I(t)$ 等于零,显然可能产生光强的阻尼弛豫振荡。当驱动电流突然接通时,在频率 ω_R 处会发生阻尼弛豫振荡,ω_R 为

$$\omega_R^2 = \omega_0^2 - (\gamma/2)^2 \tag{16.18}$$

式中,ω_0 和 γ 见 16.1.1 节中的定义。在脉冲激光器的应用中,阻尼弛豫振荡具有光脉冲前沿减幅振荡的形式,并能大大增加比特误码率。Channin 等人[38, 39]对这种振荡波形及其对激光二极管高数据率调制的影响做了详细的研究。

Lau 和 Yariv[40]曾报道,由弛豫振荡共振引起的调制频率响应曲线的畸变(峰化),能通过减小激光器其中一个端面的反射率来消除。这样的反馈抑制缩短了光子寿命,能扩展调制响应曲线的平坦范围。

参考式(16.6)、式(16.7)、式(16.10)和式(16.11),能够看出通过三种方式可以增大 ν_{max} 和调制深度,即减小光子寿命、增大光子密度以及增大光增益系数 g。注意,通过增大驱动水平 I_{dc}/I_{th} 能实现所有这三种希望的效应。为微波调制而专门设计的激光器的响应曲线如图 16.3 所示[41],其中粗实线表示松散耦合到外腔时激光器的响应,而细实线对应紧耦合时的情形。该激光器腔长较短(约 100 μm),而且两个端面的反射率不等,这可以增大峰值光子密度和减小光子寿命;另外,激光器运转在高驱动水平下。输出镜处加入一个窗结构,这样可以达到更高的光子密度,而不会对镜面造成破坏。输出激光的 3 dB 带宽大约为 10 GHz,而且通过将激光耦合到外腔,可以使响应峰值移到更高的频率处。高驱动水平对激光二极管微波响应的影响可以由图 16.4 中的数据看出[42]。所用器件是带 100 μm 短腔的掩埋异质结 InGaAsP 激光器。将器件轻微冷却到 20 ℃,能在一定程度上改进频率响应,因为这增大了增益系数。观察到的激光器 18 GHz 的带宽,是由器件 22 GHz 的本征带宽和电信号的 10 GHz 滚降频率卷积的结果。为制作高频率的激光器,必须使寄生效应小,共振频率高。图 16.5 所示的压缩台面激光器[43]具有很低的电容量,因为焊盘电容通常只有 0.35 pF(由于焊盘下面的厚聚酰亚胺层,

并且焊盘本身只有 50 ~ 100 μm 宽），电流限制压缩台面结构的电容也非常小（0.18 pF）。另外，从图 16.5 中的响应数据中还能看到驱动水平的强效应。

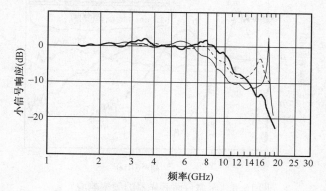

图 16.3　高频激光二极管的调制响应[41]

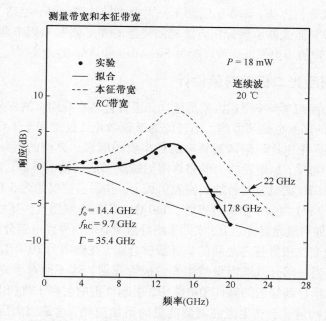

图 16.4　InGaAsP 掩埋异质结激光器的频率响应[42]

Chen 等人[44]也得到了类似的结果，他们用一个空气桥接触结构和一个窄台面来减小寄生效应，结果在发射波长为 1.3 μm 的 DFB 激光器中得到 18 GHz 的 3 dB 带宽。该器件还能组装到一个多量子阱结构中，这进一步提高了激光器的性能（激光器性能的提高源于采用了多量子阱结构，相关内容将在 18.2 节中详细介绍）。Lipsanen 等人[45]还报道了发射波长为 1.55 μm 的多量子阱 DFB 激光器的调制，调制带宽为 20 GHz，在不考虑寄生效应时激光器的本征带宽估计为 35 GHz。

图 16.5 所示为激光器的偏置电流对最大调制频率的影响，在 Ralston 等人[46]报道的 In-GaAs/GaAs/AlGaAs 多量子阱脊形激光器中也很明显。他们观察到当偏置电流为 25 mA 时，调制带宽为 24 GHz；而当偏置电流为 65 mA 时，调制带宽增大到 33 GHz。这些器件的阈值电流约为 10 mA。尽管增大偏置电流对调制带宽有积极的影响，但应指出的是，这些激光器中的电流仍相对较低，这归因于采用了复杂的激光器结构——短腔、多量子阱以及脊形波导结构。

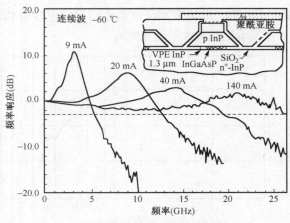

图 16.5　压缩台面激光器的频率响应[43]

当考虑使调制频率达到毫米波范围(大于 30 GHz)时,最好采用行波方法。Tromberg 等人[47]发展了一种行波分析方法,该方法适用于一大类半导体激光器,包括多段 DFB 和 DBR 激光器以及增益耦合 DFB 激光器。该分析方法将激光器的强度调制和频率调制都考虑在内。关于高频调制激光二极管的历史回顾,可以参见 Suematsu 和 Arai 的论文[48]。

16.2.3　微波调制激光二极管封装设计

除了表 16.1 中的前四项频率限制因素是激光二极管管芯本身固有的以外,还有许多与器件封装和微波电路有关的因素也必须考虑。当传统的低频激光二极管用于 1 GHz 以上频率时,其封装的寄生电容和电感往往是限制调制频率的最重要的因素。典型的低频激光二极管封装如图 16.6 所示。从图中可见,加偏置的引线与管座的螺纹形成同轴电容器,典型电容值为 3 pF。因此,若将频率为 10 GHz 的微波信号加到偏置引线上,并联容抗仅约为 5 Ω。因为从引线柱到激光器管芯的电感约 2 nH,在 10 GHz 时相当于 140 Ω 左右的串联感抗。显然,若将 10 GHz 的调制信号通过偏置引线加到激光器管芯上,实际上将导致所有的信号经电容分流到地。

跨于引线柱和激光二极管管芯之间的非屏蔽键合线,在频率为 10 GHz 的数量级时还能起到天线的作用,使相当一部分微波能量被激光二极管辐射。这不但对于光的产生是一种能量损失,而且它还能够耦合到邻近的器件和电路中,引起严重的射频干扰(RFI)。

常规激光二极管的封装会产生微波调制能量的附加损耗,这是因为用于隔离偏置引线的介质材料和金属表面的射频吸收。

上述所有微波损耗机制加上大部分入射微波能量被反射(这是因为激光二极管封装与波导或传输线之间的阻抗匹配很差),其共同作用的必然结果是,实际上只有极少的(或没有)微波能量被输送到激光器管芯。显然,必须专门设计供微波频段用的激光二极管的封装。

避免激光二极管封装有害效应最有效的方法是,直接把激光二极管安装到微波带状线上[49]。这种微波传输线由分布在金属背介电衬底表面上相当细的金属条组成,可以方便地制作在半绝缘 GaAs 或 InP 衬底以及陶瓷衬底上。当针对所用频带合理设计微波带状线的尺寸时,这样的带状线可具有非常低的寄生效应和微波损耗。用于 1 GHz 以上频率的商用激光二极管通常被安装在一个热沉上,热沉上有一个带状导线,以与带状线馈电适当匹配。微波带状线能够在半绝缘 GaAs 或 InP 衬底上制作这个事实,使将微波调制激光二极管单片集成到光集成回路中成为可能。

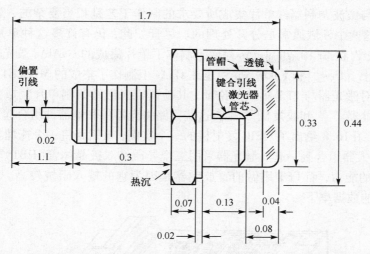

图 16.6　典型商用激光二极管的封装图，图中所有尺寸均用英寸作为单位

16.3　单片集成的直接调制器

　　激光二极管及其微波调制器单片集成的前景是引人注目的，不但因为它明显适用于光集成回路，而且因为它有减小互连电路的寄生电感和电容的优点。激光二极管与场效应晶体管（FET）可单片组合的实例如图 16.7 所示。在这一器件中，激光器结构成 FET 漏区的主要部分，两者在电性上串联连接。FET 的栅极由微波调制信号控制，产生相应的调制漏区电流，此电流流经激光二极管。在高阻 GaAs 衬底上形成肖特基势垒栅 FET，如图 16.7 所示，其截止频率在 10～100 GHz 范围，主要取决于栅极的长度[50]。由于激光器结与 FET 的漏区单片集成，使互连电感和电容减至最小，因此预期可改进高频调制的响应特性。

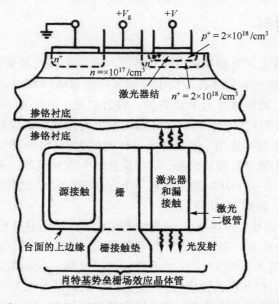

图 16.7　在 GaAs 衬底上单片集成的激光二极管和场效应晶体管调制器

　　激光二极管与微波调制器件单片集成所要求的制作工艺是相当复杂的,需要这两个领域的专门知识,而这两个领域通常是分开处理的。尽管如此,仍有许多这种单片集成的成功范例。Margalit 等人[51]在 Cr 掺杂的 GaAs 衬底上制作了单片集成的 GaAlAs 激光器和 FET,工作频率在 1 GHz 以上。Ury[52]和 Fukuzawa[53]也在 GaAs 上制作了集成的 MESFET 和激光器芯片。随着这些早期的对激光器与 FET 集成的论证,其他研究者继续研制单片集成的发射机[54~59]、接收机[60~65]、中继器[66,67]和收发机[68,69]。这些回路将光器件和电器件组合起来,称为光电集成回路或 OEIC。图 16.8 给出了 OEIC 发射机的一个实例,该回路将一个掩埋异质结激光器和一个 FET 前置放大器组合到一起。激光器采用三个异质结双极晶体管(HBT)驱动,因为 HBT 具有高驱动电流的能力,而 FET 用做前置放大器是因为它的输入阻抗较高。该 OEIC 能工作在大于 21 Gbps 的数据率下。

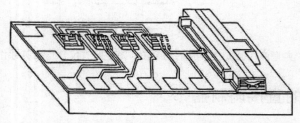

图 16.8　基于 GaInAsP 的长波长 OEIC 发射机,衬底是半绝缘的 InP[57]

　　单片激光器/调制器结构(如图 16.7 和图 16.8 所示的那些)不仅增加了微波耦合的效率,而且为改进光耦合提供了机遇,因为正如第 14 章中讨论的那样,激光器能够单片耦合到波导。

　　Ota 等人[70]在 GaAs 衬底上实现了垂直腔表面发光激光器(VCSEL)与一个外腔的单片集成,其中外腔的长度为 300 μm。模拟结果表明,当 VCSEL 单纵模运转,并且由外腔反馈提供反相耦合时,这种结合的直接调制期望带宽为 40 GHz。

16.4　放大激光调制

　　限制半导体激光器最大调制频率的几个因素,与流经激光二极管的电流成正比。这些因素包括:因注入载流子造成的折射率改变而引起的脉冲的频移(啁啾),结发热效应,以及寄生电容和电感造成的延迟。减轻这些因素影响的一种方法是,使激光二极管工作在驱动电流相对低的低功率水平,随后用光放大器再将激光输出放大到传输所需要的功率水平。第 13 章中讨论的任意一种光放大器均可使用,但通常半导体光放大器(SOA)的兼容性最佳。如果在同一半导体材料体系中制作激光器和放大器,它们就能够方便地集成。例如,Verdiell 等人[71]在 AlGaAs/InGaAs/GaAs 上将一个 DBR 激光器与一个 SOA 相结合,制作出了单片集成的主振荡器/功率放大器(MOPA),如图 16.9 所示。

　　该器件能在 980 nm 波长处产生 3 W 的连续光输出,打算供卫星光通信系统使用。激光器在低功率下调制,以避免受前面提到的各种因素的影响,然后将输出放大到高功率水平。由于 SOA 的受激辐射正比于进入其中的信号光子数,调制信号以较高的功率水平被再生。使用 DBR 激光器以确保单模工作和波长稳定性;直接调制下的调制带宽为 3 GHz。作为通过控制电流对激光二极管直接调制的另一个选择,还可以在器件内加入一个电吸收调制器,这样调制带宽可以增加到 5 GHz。

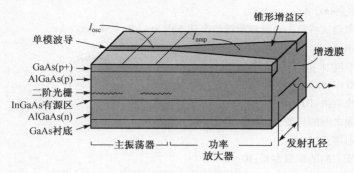

图 16.9 单片 MOPA 激光器[71]

16.5 量子点激光器的直接调制

像在第 15 章和将在第 22 章介绍的那些量子点(QD)激光器,已经能够以等于 20 GHz 的频率直接调制。例如,Gerschütz 等人[72]制作了 1.3 μm 波长的 InGaAs/GaAs 量子点激光器,该器件的特色之处是采用了一种特殊的多区耦合腔注入光栅设计,使激光模式和作为催化剂的另一个模式之间发生相互作用。用这种方法产生了器件的一个高自共振频率,可允许 20 GHz 的调制带宽。该器件由三部分组成,即增益区(450 μm)、DFB 光栅(1000 μm)和相位区,总腔长为 2.4 mm,调制信号加到流经增益区的电流上。

Kunz 等人[73]还报道了一种在 GaAs 有源层中带有 InGaAs 量子点的 DFB 激光器,该器件采用一个 1 μm 厚的脊形波导结构,发射波长为 1.3 μm,小信号调制截止频率为 7.4 GHz。激光器工作在注入锁模下,以产生重复频率从 5 GHz 到 50 GHz 的脉冲序列,得到的最小脉宽为 3 ps。

16.6 激光二极管微波调制的未来前景

本章综述了当频率进入毫米波范围时,直接调制半导体激光器的多种技术。虽已得到一些有意义的结果,但在达到载流子和光子寿命所决定的最终极限之前,还有许多工作要做。新型 OEIC 技术可以保证驱动电路的寄生效应可以忽略,利用 OEIC 已经达到 40 GHz 的带宽[40]。采用纳米技术已经可以完成新型激光器结构(如量子点激光器)的制作,这种激光器可以 40 GHz 频率直接调制。但是,该工作仍主要限制在实验室中。以 10 GHz 频率直接调制的商用激光器可以从很多不同的供应商那里得到,但更高频率的商用直接调制激光器还比较少见。尽管如此,40 GHz 的器件不久就可以商用,这点几乎毫无疑问。

习题

16.1 通过直接改变输入电流来调制半导体激光器的光输出,其光功率-电流特性如下图所示。若偏置电流为 300 mA,外加信号为正弦波,电流变化的峰-峰值为 200 mA,试画出输出光强度(或光功率密度)波形的略图。

16.2 当偏置电流为 150 mA,其他条件均不变时重复习题 16.1。

16.3 一正弦交变信号电流的峰-峰值为 100 mA,直接调制连续运转的 GaAs-GaAlAs 双异质结激光二极管的输出。为保证激光器的输出随输入信号线性变化,即输出光信号也是正弦波,遵从输入信号电流的波形,问激光器的最小直流偏置电流应是多少? 设激光二极管的有关特性如下:

①发射波长:9000 Å;

②室温下测量该材料的自发辐射峰的半功率点为9200 Å 和8800 Å;

③折射率:3.3;

④有源层厚度:1 μm;

⑤内量子效率:0.8;

⑥平均吸收系数:10 cm^{-1};

⑦解理端面之间的长度:1 mm;

⑧端面反射率:0.4;

⑨垂直电流方向的横截面积:10^{-3}cm^2。

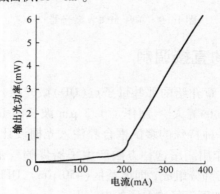

16.4　一给定激光器的阈值电流为 $I_t = 100$ mA,峰值电流为 $I_p = 300$ mA,若直流偏置电流为 $I_{dc} = 130$ mA,那么能得到的最大调制深度是多少? 假设激光器 L-I 曲线在阈值以上是线性的,并且在阈值点的输出功率为 $P_t = 0.05 P_p$。

16.5　若将一单异质结激光器用于高速通信系统中,它必须运转在无直流偏置的脉冲模式下,占空比为5%,脉冲宽度为 0.8 ns。阈值和峰值电流分别为 100 m A 和 7 A,器件中的自发电子寿命为 60 ns。

(a)是什么因素限制了最大调制速率?

(b)能够利用的最大脉冲重复频率为多少?

16.6　当直接调制半导体激光二极管的驱动电流时,通常是什么因素限制了能够获得的最大调制频率?

16.7　(a)为什么不能以大于 10 GHz 的调制频率直接调制半导体激光器的驱动电流?

(b)描述一种能以 50 GHz 的频率调制半导体激光器的方法。

16.8　用阈值电流为 1 mA 的直接调制激光器通过光纤从远端到中央监控中心间断性地发送数字数据,为减小功率消耗,当没有数据发送时激光器工作在零偏置下。若激光器的峰值脉冲电流为 5 mA,自发辐射载流子寿命为 300 ns。试问从施加驱动电流到发送第一个脉冲的时间延迟是多少?

16.9　在发射波长为 950 nm 的一个双腔激光器中,第一个腔长为 300 μm,有效折射率为 3.45;而第二个腔长为 320 μm,有效折射率为 3.47。试问耦合腔的模式间隔是多少?

参考文献

1. G. J. Lasher: Solid State Electron. **7**, 707 (1964)

2. T. L. Paoli, J. E. Ripper: IEEE Proc. **58**, 1457 (1970)

3. T. Ikegami, Y. Suematsu: Electron. Commun. (Jpn.) B **51**, 51 (1968)

4. T. P. Lee, R. M. Derosier: IEEE Proc. **62**, 1176 (1974)

5. K. Konnerth, C. Lanza: Appl. Phys. Lett. **4**, 120 (1964)

6. M. Ross: IEEE Trans. AES-**3**, 324 (1967)

7. G. E. Fenner: Pulse width modulated laser. US Patent no. 3,478,280 (Nov, 1969)

8. L. A. D'Asaro, J. M. Cherlow, T. L. Paoli: IEEE J. **QE-4**, 164 (1968)

9. J. E. Ripper, T. L. Paoli: Appl. Phys. Lett. **15**, 203 (1969)

10. T. L. Paoli, J. E. Ripper: IEEE J. **QE-6**, 335 (1970)

11. G. E. Fenner: Appl. Phys. Lett. **5**, 198 (1964)

12. W. T. Tsang, N. A. Olsson, R. A. Logan: Appl. Phys. Lett. **42**, 650 (1983)

13. L. A. Coldren, D. I. Miller, K. Iga, A. Rentschler: Appl. Phys. Lett. **38**, 315 (1981)

14. W. T. Tang, N. A. Olsson, R. A. Logan: IEEE J. **QE-19**, 1621 (1983)

15. W. Streifer, D. Yevick, T. L. Paoli, R. D. Burnham: IEEE J. **QE-20**, 754 (1984)

16. J. E. Ripper: IEEE J. **QE-6**, 129 (1970)

17. H. Reick: Solid State Electron. **8**, 83 (1965)

18. D. Kleinman: Bell Syst. Tech. J. **43**, 1505 (1964)

19. B. Goldstein, R. Wigand: IEEE Proc. **53**, 195 (1965)

20. R. Myers, P. Pershan: J. Appl. Phys. **36**, 22 (1965)

21. T. Nakano, T. Oku: Jpn. J. Appl. Phys. **6**, 1212 (1967)

22. T. Ikegami, Y. Suematsu: IEEE Proc. **55**, 122 (1967)

23. T. Ikegami. Y. Suematsu: Electron. Commun. (Jpn.) B **51**, 51 (1968)

24. J. Nishizawa: IEEE J. **QE-4**, 143 (1968)

25. T. Ikegami, Y. Suematsu: IEEE J. **QE-4**, 148 (1968)

26. S. Takamiga, F. Kitasawa, J. Nishizawa: IEEE Proc. **56**, 135 (1968)

27. Zh. I. Alferov: Sov. Phys. – Semicond. **3**, 1170 (1970)

28. M. B. Panish, I. Hayashi, S. Sumski: Appl. Phys. Lett. **17**, 109 (1970)

29. M. Lakshminarayana, R. G. Hunsperger, L. Partain: Electron. Lett. **14**, 640 (1978)

30. M. Maeda, K. Nagano, I. Ikushima, M. Tanaka, K. Saito, R. Ito: 3rd Europ. Conf. Opt. Commun., NTG Fachberichte **59**, 120 (1977)

31. H. Yania, M. Yano, T. Kamiya: IEEE J. **QE-11**, 519 (1975)

32. J. Caroll, J. Farrington: Electron. Lett. **9**, 166 (1973)

33. P. Russer, S. Schultz: Arch. Elektr. Übertrag. **27**, 193 (1973)

34. T. Ozeki, T. Ito: IEEE J. **QE-9**, 388 (1973)

35. A. J. Seeds, J. R. Forrest: Electron. Lett. **14**, 829 (1978)

36. H. W. Yen: OSA/IEEE Conf. on Laser Engineering and Applications, Washington, DC (1979) Digest p. 9D

37. F. Mengel, V. Ostoich: IEEE J. **QE-13**, 359 (1977)

38. D. J. Channin, M. Ettenberg, H. Kressel: J. Appl. Phys. **50**, 6700 (1979)

39. D. J. Channin: SPIE Proc. **224**, 128 (1980)

40. K. Y. Lau, A. Yariv: Appl. Phys. Lett. **40**, 452 (1982)

41. K. Y. Lau, A. Yariv: Appl. Phys. Lett. **46**, 326 (1985)

42. R. Olshansky, V. Lanzisera, C. Bsu, W. Powazinik, R. B. Lauer: Appl. Phys. Lett. **49**, 128 (1986)

43. J. E. Bowers: Solid State Electron. **30**, 1 (1987)

44. T. Chen, P. Chen, J. Ungar, N. Bar-Chain: Electron. Lett. **30**, 1055 (1994)

45. H. Lipsanen, D. Coblentz, R. Logan, R. Yadvish, P. Morton, H. Temkin: IEEE Photon. Tech. Lett. **4**, 673 (1992)

46. J. Ralston, S. Weisser, K. Eisele, R. Sah, E. Larkins, J. Rosenzweig, J. Fleissner, K. Bender: IEEE Photon. Tech. Lett. **6**, 1076 (1994)

47. B. Tromberg, H. Lassen, H. Oleseni: IEEE J. **QE-30**, 939 (1994)

48. Y. Suematsu, S. Arai: Single-mode semiconductor lasers for long-wavelength optical fiber communications and dynamics of semiconductor lasers. IEEE J. Selected Topics Quantum Elect. **6**, 1436 (2000)

49. P. A. Rizzi: *Microwave Engineering Passive Circuits* (Prentice-Hall, Englewood Cliffs, NJ 1988) pp. 248 – 299

50. S. Dods, M. Ogura, M. Watanabe: IEEE J. **QE-29**, 2631 (1993)

51. S. Margalit, N. Bar-Chaim, I. Ury, D. Wilt, M. Yust, A. Yariv: Monolithic integration of optical and electronic devices on semi-insulating GaAs substrates. OSA/IEEE Topical Meeting on Integrated and Guided-Wave Optics, Incline Village, NV (1980)

52. I. Ury, S. Margalit, M. Yust, A. Yariv: Appl. Phys. Lett. **34**, 430 (1979)

53. T. Fukuzawa, M. Nakamura, M. Hirao, T. Kuroda, J. Umeda: Appl. Phys. Lett. 36, 181 (1980)

54. H. Nakano, S. Yamashita, T. Tanaka, N. Hirao, N. Naeda: IEEE J. LT-**4**, 574 (1986)

55. K. Dretting, W. Idler, P. Wiedermann: Electron. Lett. **29**, 2195 (1993)

56. P. Woolnough, P. Birdsall, P. OSullivan, A. Cockburn, M. Harlow: Electron. Lett. **29**, 1388 (1993)

57. N. Suzuki, H. Furuyama, Y. Hirayama, M. Morinaga, E. Eguchi, M. Kushibe, M. Funamizu, M. Nakamura: Electron. Lett. **24**, 467 (1988)

58. K. Kudo, K. Yashiki, T. Sasaki, Y. Yokoyama, K. Hamamoto, T. Morimoto, M. Yamaguchi: 1.55 μm wavelength-selectable microarray DFB-LD's with monolithically integrated MMI combiner, SOA, and EA-modulator. IEEE Photonics Tech. Lett. **12**, 242 (2000)

59. S. Menezo, A. Rigny, A. Talneau, F. Delorme, S. Grosmaire, H. Nakajima, E. Vergnol, F. Alexandre, F. Gaborit: Design, realization, and characterization of a ten-wavelength monolithic source for WDM applications integrating DBR lasers with a PHASAR. IEEE J. Selected Topics Quant. Electron. **6**, 185 (2000)

60. J. Wang, C. Shih, N. Chang, J. Middleton, P. Apostolakis, M. Feng: IEEE Photon, Tech. Lett. **5**, 316 (1993)

61. J. Wang, C. Shih, W. Chang, J. Middleton, P. Apostolakis, M. Feng: IEEE MTT-S Intl Symp. on Circuits and Systems, Atlanta, GA (1993) Digest Vol. 2, p. 1047

62. D. Trommer, Unterborsch, F. Reier: 5th Intl Conf. on InP and Related Materials, Paris (1993) Proc. p. 251

63. C. Shih, D. Barlage, J. Wang, M. Feng: IEEE MTT-S Intl Microwave Symp., San Diego, CA (1994) Digest, Vol. 3, p. 1379

64. M. Bitter, R. Bauknecht, W. Hunziker H. Melchior: Monolithic InGaAs-InP p-i-n/HBT 40-Gb/s optical receiver module. IEEE Photonics Tech. Lett. **12**, 74 (2000)

65. R. Li, J. D. Schaub, S. M. Csutak, J. C. Campbell: A high-speed monolithic silicon photoreceiver fabricated on SOI. IEEE Photonics Tech. Lett. **12**, 1046 (2000)

66. M. Yust, N. Bar-Chaim, S. Izapanah, S. Margalit, I. Ury, D. Wilt, A. Yariv: Appl. Phys. Lett. **35**, 796 (1979)

67. S. Yamashita, D. Matsumoto: Waveform reshaping based on injection locking of a distributed feedback semiconductor laser. IEEE Photonics Tech. Lett. **12**, 1388 (2000)

68. K. Jackson, E. Flint, M. Cina, D. Lacey, Y. Kwark, J. Trewhella, T. Caulfield, P. Buchmann, Ch. Harder, P. Vettiger: IEEE J. LT-**12**, 1185 (1994)

69. H. Nakajima, A. Leroy, J. Charil, D. Robein: Versatile in-line transceiver chip operating in two full-duplex modes at 1.3 and 1.55 μm. IEEE Photonics Tech. Lett. **12**, 202 (2000)

70. T Ota, T. Ochida, T. Kondo, F. Koyama: Enhanced modulation bandwidth of surface-emitting laser with external optical feedback, IEICE Electron. Express **1**, 368 (2004)

71. J. M. Verdiell, R. J. Lang, K. Dzurko, S. OBrien, J. Osinsky, D. F. Welch, D. R. Scifres: Monolithically integrated high-speed, high-power, diffraction limited semiconductor sources for space telecommunications. Proc. SPIE **2684**, 108 (1996)

72. F. Gerschütz, M. Fischer, J. Koeth, I. Krestnikov, A. Kovsh, C. Schilling, W. Kaiser, S. Höling, A. Forchel: 1.3 μm quantum dot laser in coupled-cavity-injection-grating design with bandwidth of 20 GHz under direct modulation, Opt. Express, **16**, 5596 (2008)

73. M. Kuntz, G. Fiol, M Lämmlin, D. Bimberg, M. G. Thompson, K. T. Tan, C. Marinelli, A. Wonfor, R. Sellin, R. V. Penty, I. H. White, V. M. Ustinov, A. E. Zhukov, Yu M. Shernyakov3, A. R. Kovsh, N. N. Ledentsov, C. Schubert, V. Marembert: Direct modulation and mode locking of 1.3 μm quantum dot lasers, IOP New J. Phys. **6**, 181 (2004)

74. T. Ohno, K. Sato, S. Fukushima, Y. Doi, Y. Matsuoka: Application of DBR mode-locked lasers in millimeter-wave fiber-radio system. IEEE J. Lightwave Tech. **18**, 44 (2000)

有关激光二极管调制的补充阅读资料

G. Arnold, P. Russer, K. Petermann: Modulation of laser diodes, in *Semiconductor Devices for Optical Communication*, H. Kressel 2nd edn., Topics Appl. Phys., Vol. 39 (Springer, Berlin, Heidelberg 1982) Chap. 7

J. K. Butler (ed.): *Semiconductor Injection Lasers* (IEEE Press, New York 1980) pp. 332 – 389

H. C. Casey Jr., M. B. Panish: *Heterostructure Lasers* (Academic, New York 1978) pp. 258 – 264

第 17 章 集成光探测器

用于集成光路中的探测器必须具有灵敏度高、响应时间短、量子效率高以及功率消耗小的特点[1]。本章将讨论一些具有这些特点的不同探测器结构。

17.1 耗尽层光电二极管

集成光路和分立组件中最常用的半导体光探测器是耗尽层光电二极管。耗尽层光电二极管实质上是一个反向偏置的半导体二极管，它的反向电流受耗尽层内或耗尽层附近因吸收光子而产生的电子-空穴对的调制。这种二极管一般是以所谓的光电二极管模式工作，而不是以光伏效应工作。前者须施加相当大的偏压，而后者本身是电发生器，不需要施加偏压[2]。

17.1.1 常规分立光电二极管

最简单的耗尽层光电二极管是 p-n 结二极管。这种器件在反向偏压 V_a 作用下的能带图如图 17.1 所示。耗尽层光电二极管的总电流由两部分组成：一部分是漂移电流，由区域 b 中所产生的载流子引起；另一部分是扩散电流，在区域 a 和 c 中产生。区域 b 中产生的空穴和电子被反偏压电场分开，空穴被扫向 p 区(c)，电子被扫向 n 区(a)。n 区产生的空穴或 p 区产生的电子有一定的概率扩散到耗尽层(b)边缘，然后被电场扫过耗尽层。区域 a 中的电子或区域 c 中的空穴是多数载流子，它们由于反向偏压的作用各自处在原来的区域，不会被扫过耗尽层。

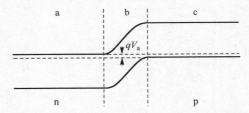

图 17.1 p-n 结二极管在反偏压 V_a 作用下的能带图

为了减小实际光电二极管的串联电阻而仍保持最大耗尽层宽度，通常使一个区域的掺杂比另一个区域重得多。这样，耗尽层几乎全部形成在结的掺杂较轻的一边，如图 17.2 所示，这种器件称为高-低突变结器件。在 GaAs 及其三元和四元合金中，电子迁移率一般比空穴迁移率大得多，因此常把 p 区做得比 n 区薄，且掺杂也比 n 区重得多。这样，器件大部分都处于 n 型材料中，而 p 区实质上只作为一个接触层。

对于图 17.2 所示的高-低结形式的器件，其总电流密度 J_{tot} 可由下式给出[3]：

$$J_{tot} = q\varphi_0 \left(1 - \frac{e^{-\alpha W}}{(1 + \alpha L_p)}\right) + q P_{n0} \frac{D_p}{L_p} \tag{17.1}$$

式中，φ_0 是总光子通量，单位是光子数/$(cm^2 \cdot s)$，W 是耗尽层宽度，q 是电子电荷值，α 是带间光吸收系数，L_p 是空穴扩散长度，D_p 是空穴扩散系数，P_{n0} 是平衡空穴浓度。式(17.1)中最后一项表示反向漏电流(或称暗电流)，它由 n 型材料中的热生空穴引起，这就解释了为什么这一项不正比于光子通量 φ_0。式(17.1)的第一项表示光电流，它与 φ_0 成正比，包含两部分电流：一部分是耗尽层内产生的载流子的漂移电流；另一部分是耗尽层边缘扩散长度 L_p 范围内产生的空穴的扩散和漂移电流。探测器的量子效率 η_q，或者说，每个入射光子产生的载流子数，由下式给出：

$$\eta_q = 1 - \frac{e^{-\alpha W}}{(1 + \alpha L_p)} \qquad (17.2)$$

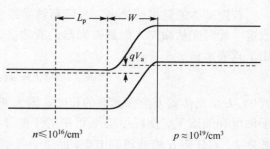

η_q 可取 $0 \sim 1$ 之间的任何值。注意，式（17.1）和式（17.2）已做了散射损耗和自由载流子吸收小到可忽略不计的假设。当这些损耗机理对量子效率的影响不可忽略时，将在 17.1.3 节中讨论。

图 17.2 p^+-n（高-低）结二极管在反偏压 V_a 作用下的能带图

由式（17.2）可见，为了使 η_q 达到最大，须使 αW 和 αL_p 两个乘积尽可能大。当 αW 和 αL_p 足够大以至于 η_q 近似等于 1 时，由于暗电流一般小到可忽略，二极管电流就基本正比于 φ_0。

如果带间吸收系数 α 与 W 和 L_p 相比太小，许多入射光子将完全通过二极管的有源层进入衬底，如图 17.3 所示。只有在宽度为 W 的耗尽层内吸收的光子能以最大的效率产生载流子。从耗尽层边缘到扩散长度 L_p 的深度范围内吸收的光子对产生光生载流子也有些影响，在这个区域内的空穴可扩散到耗尽层。在被吸收之前穿透深度大于（$W + L_p$）的光子基本上无光生过程，因为要这些光子产生达到耗尽层并扫过耗尽层的空穴，其统计概率是非常低的。在半导体内部，光子通量 $\varphi(x)$ 随着距离表面的深度 x 的增加而呈指数下降，如图 17.4 所示。因此，若 α 不够大，许多光子在吸收之前穿透太深，所产生的载流子（平均来说）在扩散到达耗尽层之前就已经复合了。

半导体的带间吸收是波长的强函数。吸收系数 α 的响应曲线一般在吸收边（带边）波长处急剧上升，然后在比相应于带隙波长稍短的波长处饱和，对更短的波长则增加缓慢。因此，不可能设计一个对所有波长都理想的二极管的耗尽层宽度 W。对接近吸收边的波长，二极管的长波响应受光子过多深入衬底的限制，如图 17.3 和图 17.4 所示；其短波响应也受限制，因为近表面处 p^+ 层内光子吸收太强烈而发生复合的概率很大。

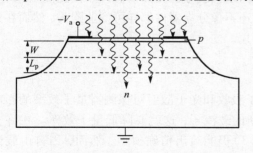

图 17.3 常规台面结构 p^+-n 结光电二极管的光子深入情况图

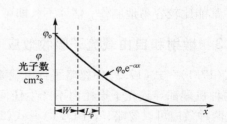

图 17.4 常规台面光电二极管光吸收与距离表面深度的关系

耗尽层光电二极管的性能，除了 α、W 和 L_p 很难匹配好，引起量子效率降低外，还受到其他一些限制，这些限制也是很重要的。因为 W 一般相当小（在 $0.1 \sim 1.0 \ \mu m$ 范围），结电容通过熟知的 RC 时间常数限制高频响应。而且，载流子在 W 和（$W + L_p$）之间扩散需要时间，这将限制常规光电二极管的高频响应。下一节将讨论波导耗尽层光电二极管，它能有效地缓解常规光电二极管的许多这类问题。

17.1.2　波导光电二极管

若把基本的耗尽层光电二极管与波导结合起来,如图 17.5 所示,则可得到多方面性能的改进。此时光从横向入射到探测器的有源区,而不是垂直射入结平面。二极管光电流密度可用下式表示:

$$J = q\varphi_0 \left(1 - e^{-\alpha L}\right) \tag{17.3}$$

式中,L 是光传输方向探测器的长度。因为 W 和 L 是两个独立参量,可以选择探测器体内载流子浓度和偏压 V_a,使耗尽层厚度 W 等于波导厚度,而 L 应足够长以满足使 $\alpha L \gg 1$。只要调节长度 L,对任何 α 值能得到 100% 的量子效率。例如,若材料的吸收系数相当小,$\alpha = 30 \text{ cm}^{-1}$,只要取长度 $L = 3 \text{ mm}$,可得量子效率 $\eta_q = 0.99988$。当然,式(17.3)中再次假定散射损耗和自由载流子吸收可忽略。

因为波导探测器可制作在很狭窄的通道波导中,即使 L 相对较大,电容也很小。例如,材料的相对介电常数 $\varepsilon = 12$,如 GaAs,在 3 μm 宽的通道波导中制作 3 mm 长的探测器,电容仅为 0.32 pF。这个电容值约为典型的常规台面光电二极管电容的 1/10。因此,高频响应可以得到很大改进。实验证明,在 GaAs 衬底上制作的波导探测器,可得带宽为 5 GHz,量子效率为 83%[4]。在 InP 衬底上制作的 InGaAs 波导光探测器对于波长在 1.3 ~ 1.6 μm 范围

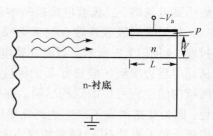

图 17.5　波导探测器示意图

内的光也可获得 5 GHz 带宽[5]。对设计在 AlGaInAs-GaInAs 上的 60 GHz 和 100 GHz 超宽带波导光探测器进行计算机模拟,预计在 1.55 μm 波长处的内量子效率可以分别高达 94% 和 75%[6]。

因为在波导光探测器中所有入射光子都直接在耗尽层内吸收,不仅使 η_q 增大,而且可以消除载流子扩散所引起的时间延迟。这个结果可进一步改善高频响应。

与轴向结构常规台面光电二极管相比,横向结构波导探测器具有许多性能优点,可应用于分立组件及光集成回路中。目前,波导探测器还不像分立器件那样可商业购买,然而在许多实验室中都能比较容易地制作,估计不久即可商用。

17.1.3　散射和自由载流子吸收效应

式(17.1) ~ 式(17.3)中忽略了自由载流子吸收和光子散射对探测器量子效率的影响。因为这两种机理都导致光子损耗而不产生任何新的载流子,这就要降低量子效率。在许多情况下,这两种效应可以忽略,式(17.1) ~ 式(17.3)仍能给出精确预测。然而,当自由载流子吸收系数 α_{FC} 和散射损耗系数 α_S 与带间吸收系数 α_{IB} 相比不能忽略时,η_q 需要用更复杂的表达式,该表达式可导出如下。在离探测器表面 x 处任意点,设初次入射光子的光子通量可用下式表示

$$\varphi(x) = \varphi_0 e^{-\alpha x} \tag{17.4}$$

式中,损耗系数 α 一般可表示为

$$\alpha = \alpha_{IB} + \alpha_{FC} + \alpha_S \tag{17.5}$$

因为只有 α_{IB} 产生载流子,电子-空穴对产生率 $G(x)$ 为

$$G(x) = \alpha_{IB}\varphi_0 e^{-\alpha x} \tag{17.6}$$

因此光电流密度为

$$J = q \int_0^L G(x)\,\mathrm{d}x \tag{17.7}$$

或

$$J = q\varphi_0 \frac{\alpha_{IB}}{\alpha_{IB} + \alpha_{FC} + \alpha_S}\left(1 - e^{-(\alpha_{IB}+\alpha_{FC}+\alpha_S)L}\right) \tag{17.8}$$

把式(17.8)和式(17.3)相比较,显然,由于散射和自由载流子吸收引起的附加损耗效应,即使当 L 足够大使量子效率 η_q 尽可能达到最高,η_q 还是要降低到原有值的 α_{IB}/α。

与 α_{IB} 相比,若 α_S 和 α_{FC} 较小,这在一般情况下是符合的,则式(17.8)简化为式(17.3)。然而,如果波导是非均匀的,或者相当粗糙,或者探测器体内重掺杂,以致 α_S 和 α_{FC} 不能忽略时,则必须采用式(17.8)。

17.2　特殊光电二极管结构

有两种很有用的光电二极管结构,既可做成波导形式,又可做成常规非波导形式,这就是肖特基(Schottky)势垒光电二极管和雪崩光电二极管。

17.2.1　肖特基势垒光电二极管

肖特基势垒光电二极管也是一个简单的耗尽层光电二极管,其中,金属-半导体整流(阻塞)接触代替了 p-n 结。例如,图 17.3 和图 17.5 所示的器件中的 p 型层被金属所代替,形成对半导体的整流接触,从而构成肖特基势垒光电二极管。光电流仍由式(17.1)和式(17.3)给出,器件实质上与 p⁺-n 结类似器件的特性相同。图 17.6 表示肖特基势垒光电二极管在零偏压和反偏压作用下的能带图。由图可见,耗尽层延伸进入 n 型材料,正如 p⁺-n 结的情形。势垒高度 φ_B 取决于用什么金属-半导体材料组合。φ_B 的典型值约为 1 V。

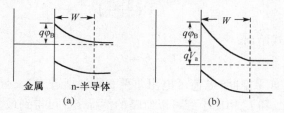

图 17.6　肖特基势垒二极管能带图:(a)零偏压;(b)反偏压 V_a

常规台面器件常用薄的、光学上透明的肖特基势垒接触(而不用 p⁺-n 结),以消除发生在 p⁺ 层的高能光子的强烈吸收,增强短波响应,但波导光电二极管则不需要用肖特基势垒接触来改善短波响应,这是因为光子是横向进入有源区的。然而,因为肖特基势垒光电二极管易于制作,为集成应用的最佳选择。例如,几乎任一种金属(除了银)在室温下蒸镀到 GaAs 或 GaAlAs 上,都会产生有整流效应的肖特基势垒。常用的是金、铝或铂。透明导电氧化物如铟锡氧化物(ITO)和镉锡氧化物(CTO)也能够用来消除接触层的光子掩模效应,从而提高量子效率,详细介绍见 17.2.4 节。蒸镀时用光刻胶掩模来限定横向尺寸,而不像扩散浅 p⁺ 层那样须小心控制时间和温度。

有关肖特基势垒光电二极管特性的详细讨论超出了本书的范围,感兴趣的读者可参阅相关文献[7]。

17.2.2　雪崩光电二极管

p-n 结耗尽层光电二极管或肖特基势垒耗尽层光电二极管,在一般的反偏压条件下,其增益(即量子效率)最大等于 1。然而,如果器件正好偏置在雪崩击穿电压处,由于碰撞电离引起载流子倍增可得相当大的增益,用载流子对光子比值的增加表示。事实上,雪崩增益高达 10^4 并非罕见。图 17.7 表示雪崩光电二极管典型的电流-电压特性。图中,上面一条曲线表示暗电流,下面一条曲线表示光照效应。若反偏压相当低,二极管饱和暗电流为 I_{d0},饱和光电流为 I_{ph0}。但若偏置在雪崩击穿处,载流子倍增使暗电流增加到 I_d,光电流增加到 I_{ph},可以定义光电倍增因子 M_{ph} 为

$$M_{ph} \equiv \frac{I_{ph}}{I_{ph0}} \qquad (17.9)$$

以及倍增因子 M 为

$$M \equiv \frac{I_{ph} + I_d}{I_{ph0} + I_{d0}} \qquad (17.10)$$

在发生雪崩击穿的偏压区域,很难获得电流-电压曲线的确切方程。但是,米勒曾采用如下光电倍增因子的函数表达式[8]

$$M_{ph} = \frac{1}{1 - (V_a/V_b)^n} \qquad (17.11)$$

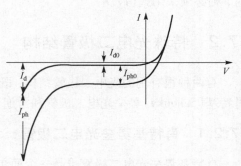

图 17.7　雪崩光电二极管的响应曲线

式中,V_b 是击穿电压,n 是由经验决定的指数,由入射光波长、掺杂浓度与制成二极管的半导体材料决定。若光电流较大,$I_{ph0} \gg I_{d0}$,Meichior 和 Lynch[9] 指出倍增因子可由下式表示

$$M = \frac{1}{1 - \left(\frac{V_a - IR}{V_b}\right)^n} \qquad (17.12)$$

式中,I 是总电流,由下式给出:

$$I = I_d + I_{ph} \qquad (17.13)$$

R 是二极管的串联电阻(如果空间-电荷区电阻重要,要包括进去)。导出式(17.12)时,假设 $IR \ll V_b$。在 I_{d0} 和 I_d 与 I_{ph0} 和 I_{ph} 相比小到可以忽略的情况下,可得到最大倍增因子为[9]

$$M \approx M_{ph} \approx \sqrt{\frac{V_b}{n I_{ph0} R}} \qquad (17.14)$$

雪崩光电二极管是很有用的探测器,不仅具有高增益,而且工作频率可达到 35 GHz[10, 11]。然而,不是每一个 p-n 结或肖特基势垒二极管都能偏置在雪崩击穿电压附近以雪崩倍增形式工作。例如,在 GaAs 中产生雪崩击穿所需的电场约为 4×10^5 V/cm。因此,对于典型宽度为 5 μm 的耗尽层,则 V_b 为 120 V。大多数 GaAs 二极管由于边缘击穿或局部缺陷产生微等离子体等一些过程的作用,使击穿电压大大降低,达不到雪崩击穿条件。为制造雪崩光电二极管必须小心谨慎,从无位错半导体衬底材料着手。一般须制作保护环结构以防止边缘击穿[7]。

雪崩光电二极管是高应力器件,因此可靠性是首要问题。由于表面钝化困难或强电流脉

冲作用产生的内部缺陷，使漏电流增加，将导致器件老化时性能的退化。但若小心制作并以适当封装密封，器件在 170 ℃温度下工作，平均使用寿命可达 10^5 小时，室温工作寿命可达 10^9 小时。

17.2.3　p-i-n 光电二极管

在 17.1.1 节中已经指出，为了使 η_q 最大，常规光电二极管必须将 αW 乘积设计得尽可能大；但是对于依赖于掺杂浓度的耗尽层宽度 W 和主要依赖于带隙的吸收系数，人们也很难完全控制。在 p-i-n 光电二极管中，p 侧和 n 侧之间有一层非常轻掺杂的"本征层"，这一层的载流子浓度通常小于 $10^{14}/cm^3$，但是它并不是真正的本征，而是由 p 型和 n 型掺杂离子的平衡补偿形成的。由于载流子浓度很低，p-i-n 光电二极管的耗尽层通过 i 层得到了延伸，所以有源层的总厚度为 i 层厚度 W_i 与结的轻掺杂侧（n 侧）的耗尽层宽度之和。因此，器件设计者可以通过改变 i 层的厚度来调节整个耗尽层宽度，用以产生一个大的 αW 乘积。相对较厚的 i 层还可以降低二极管的结电容，提高 RC 截止频率。由于 p-i-n 光电二极管具有高量子效率（响应度）和宽带宽，因此它作为探测器被广泛应用于光学系统中。例如，Kato 等人[12]报道了一种工作在 1.55 μm 的波导 p-i-n 光电二极管，其量子效率为 50%，3 dB 带宽为 75 GHz。

17.2.4　金属半导体金属光电二极管

金属半导体金属（MSM）光电二极管是表面导向装置，在半绝缘衬底上的半导体薄层表面叉指状的电极形成肖特基势垒接触层。一个典型的 MSM 光电二极管结构如图 17.8 所示。由半导体层中介于叉指电极之间的部分区域吸收光子所产生的载流子将被弥散电场驱扫，并且被接触层收集。空穴被阴极收集，电子被阳极收集。接触叉指的间距必须小于载流子的扩散长度，以产生高的收集效率。

由于接触叉指非常窄并且间距很小（~1 μm），电容比较低，并且载流子的渡越时间短，因此宽带宽是有可能实现的。Hsiang 等人制作出了宽度和间距都为 0.2 μm，半极大全宽度脉冲响应为 3.7 ps，对应于频率 110 GHz 的 3 dB 带宽的硅 MSM 光电二极管[13]。MSM 光电二极管的肖特基电极基本等同于场效应晶体管的栅极，这使它们和场效应晶体管的单片集成变得很方便。例如，Mactaggart 等人[14]制作了一种全集成化的，比特率可达 400 Mbps 的脉冲数据光电集成（OE-IC）接收机，用来作为一种相控阵天线控制器。在 GaAs 芯片上排列约 350 个源耦合的场效应晶体管逻辑门，以及一个工作波长为 780 nm 的 MSM 光电二极管。MSM 光电二极管也可和高电子迁移率场效应晶体管（HEMT）单片集成，以用于产生带宽超过 14 GHz 的光电集成接收机[15, 16]。HEMT 器件也可与 p-i-n 光电二极管集成，产生具有 42 GHz 带宽的光电集成接收机[17]。

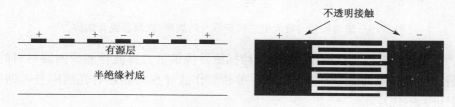

图 17.8　常规的 MSM 光探测器

MSM 探测器的最大缺点是它们固有的低响应度，这是因为电极表面的金属化会遮挡有源光收集区域。但是，这个问题可以通过使用透明的导体材料作为接触电极来解决。Gao 等人[18]用透明的镉锡氧化物（CTO）电极制作出了 InGaAs MSM 光电二极管。在波长为 1.3 μm

时，该器件响应度为 0.49 A/W，而在同样情况下使用普通钛/金电极的响应度仅为 0.28 A/W。另一种提高 MSM 光电二极管的响应度的方法是将它与一个放大器单片集成。例如，Cha 等人[19]将一个 MSM 光电二极管与 InP 衬底上具有 InGaAsP 缓冲层（$\lambda_g = 1.3\ \mu m$）的高电子迁移率晶体管（HEMT）相集成，并测得在波长为 $\lambda = 1.3\ \mu m$ 时器件的响应度为 0.7 A/W，栅极面积为 $1.5 \times 100\ \mu m^2$ 的 HEMT 的频率 f_t 和 f_{max} 分别为 18.7 GHz 和 47 GHz。

17.3　改进光谱响应的方法

在前面第 14 章中关于设计和制备单片激光器/波导结构所遇到的波长不兼容的基本问题，在波导探测器中也是很重要的问题。理想的波导在所用波长应有最小吸收，而探测器的作用取决于带间吸收产生载流子，若把探测器与波导单片耦合，为增加对探测器体内通过波导传输的光子的吸收，必须采取一些措施，这方面已证实有如下多种有效方法。

17.3.1　混合结构

为实现波长兼容，最直接的方法之一是采用混合结构，即把带隙较窄材料制成的探测器二极管与带隙较宽材料制成的波导耦合，这两种材料的选择原则是，所需探测波长的光子在波导中可自由传输，但在探测器中则被强烈吸收。例如，在硅衬底上制作玻璃波导就是一种波导/探测器混合结构的类型。Ostrowsky 等人[20]曾做过这方面的工作，如图 17.9 所示。在电阻率为 5 Ωcm 的 n 型硅衬底上扩散硼深约 1 μm，制成二极管，热生长厚 1 μm 的 SiO_2 层，用做扩散掩模，然后溅射沉积玻璃波导并蒸镀银电极，如图所示。测得 6328 Å 波长的光总的波导损耗为 0.8 dB/cm $\pm 10\%$。波导和探测器之间耦合效率为 80%。然而，因光垂直结平面入射而不是平行结平面入射，这种波导探测器特殊结构没有 17.1.2 节所描述的许多优点，但预期高频响应很好。当反偏压 V_a 为 10 V 时，这种扩散二极管的电容仅为 $3 \times 10^{-9}\ F/cm^2$。因此，若探测器二极管半径约 10 μm，与 50 Ω 负载电阻连接，其 RC 时间常数约 15 ps，能探测带宽 10 GHz 以上的调制频率。Koike 等人[21]报道了另一个混合耦合的例子，他们将一个倒装 Ge 光电二极管和一个电介质波导耦合，耦合效率为 22%。

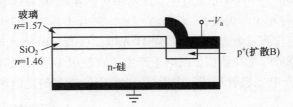

图 17.9　玻璃波导与硅光电二极管耦合的波导/探测器混合结构[20]

虽然，为了获得最佳吸收特性，混合结构探测器提供了选择波导和探测器材料的可能性，但用单片制作技术能得到更好的耦合效率。单片制作波导探测器还有光横向进入结平面而不是垂直入射进入的优点。

17.3.2　异质外延生长

波导和探测器单片集成最普遍的方法是在构成探测器的区域用异质外延生长带隙相对窄的半导体。这种方法的一个例子是 Stillman 等人[22]提出的 InGaAs 探测器与 GaAs 波导的集成，如图 17.10 所示。在 $In_xGa_{(1-x)}As$ 中，可以通过改变 In 原子份数 x 来调节带隙，使对波长在 0.9 ~ 3.5 μm 范围内的光产生强烈的吸收（见图 17.11）。图 17.10 所示的单片波导探测器结构将外延生长的载流子浓度减小型波导与铂肖特基势垒探测器制作在一起。波导厚 5 ~ 20 μm，在它上面热分解沉积厚 6000 Å 的 SiO_2 层作为掩模，刻蚀直径 125 μm 的坑以生长 $In_xGa_{(1-x)}As$ 探测器材料。在低偏压下，波长

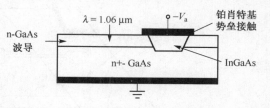

图 17.10 InGaAs 探测器与 GaAs 波导单片集成

1.06 μm 时测得这种探测器的量子效率为 60%，波导损耗小于 1 dB/cm。当偏压大于 40 V 时可以观察到雪崩倍增效应，倍增因子高达 50。In 浓度 $x = 0.2$，波长 1.06 μm 时可得到最佳性能。这种器件的量子效率不能接近 100%，最可能的原因是由于肖特基势垒二极管的耗尽层宽度小于最佳值。为了使 W 等于波导厚度，必须非常小心地控制波导中载流子的浓度。在 GaAs-GaInAs 界面缺陷中心伴随产生的应力也会引起 η_q 减小。

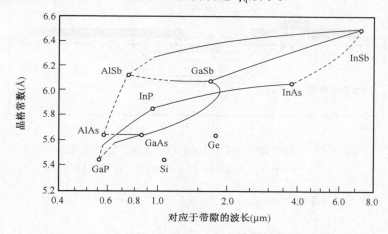

图 17.11 选用的 III-V 族合金，其吸收边波长、晶格常数与组份的关系[23]

一般来说，III-V 族化合物半导体及其有关三元（和四元）合金给器件设计者提供了很宽的带隙范围和相应的吸收边波长范围。Kimura 和 Daikoku[23] 给出了带隙宽度、吸收边波长和晶格常数之间的关系，如图 17.11 所示。虚线对应于间接带隙组份的范围。对于波长比吸收边短的光，直接带隙材料的带间吸收系数一般大于 10^4 cm^{-1}，而间接带隙材料的 α 则要小几个数量级。然而，也能用间接带隙材料做有效的探测器，尤其是采用波导探测器结构可调节长度 L 以补偿较小的 α。

制作波长范围为 1.0 ~ 1.6 μm 的探测器最常用的材料是 GaInAsP。图 17.12 为制作在 InP 衬底上的平面嵌入式 GaInAs p-i-n 光电二极管[24]。该器件由离子束刻蚀和气相外延方法制作。由于焊盘大部分位于半绝缘衬底材料上，杂散电容可以大大减小，对于感光面直径为 20 μm 的器件，杂散电容仅为 0.08 pF。受载流子渡越时间的限制，该器件的截止频率为 14 GHz。图 17.13[25] 展示了一个与 InP 上的脊形波导相耦合的集成波导 p-i-n 光探测器。该器件是由金属有机气相外延（MOVPE）再生长技术制作的。该探测器可用于 1.0 ~ 1.6 μm 波长范围，并且在 1.3 μm 波长处具有 80 ps 的脉冲响应（半极大全宽度），3 dB 带宽为 1.5 GHz。波导的平均传输损耗为 3 dB/cm，并且有 95% 的导光被耦合进光探测器。

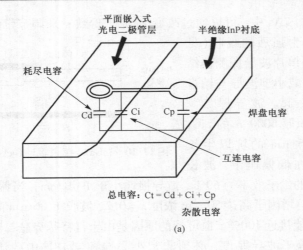

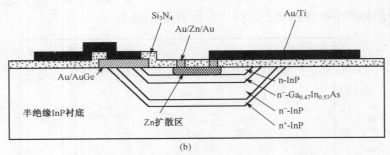

图 17.12　(a)平面嵌入式 GaInAs p-i-n 光电二极管示意图[24];
(b)平面嵌入式GaInAs p-i-n光电二极管的横截面[24]

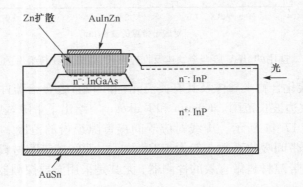

图 17.13　和脊形波导集成的 GaInAs p-i-n 光电二极管[25]

　　另一种集成 GaInAs 探测器和 InP 波导的方法如图 17.14[26]所示。在这种情况下 InGaAs 探测器在波导的顶部生长。由于 InGaAs 比 InP 具有更大的折射率,光被耦合出波导向上进入探测器。

　　另一种能够异质外延生长并将窄带隙光探测器与宽带隙波导耦合的结构是倏逝波或光学隧道耦合器。这种类型的耦合器取决于在两个相邻波导传输的模式倏逝尾的重叠(见图 8.1 和图 8.2)。Demiguel 等人[27]利用短平面多模波导制作了倏逝波耦合光电二极管,其响应度大于 1 A/W,偏振相关度小于 0.5 dB,带宽为 48 GHz,饱和电流为 11 mA。

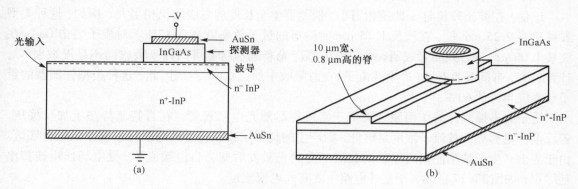

图 17.14　生长在脊形波导顶部的 InGaAs 探测器[26]

17.3.3　质子轰击

第 4 章曾叙述过在半导体中用质子轰击产生俘获载流子的缺陷中心，引起载流子浓度降低和折射率增加，这是制作半导体光波导的方法。这样制得的光波导在质子轰击之后常需充分退火，以消除俘获中心引起的光吸收。对应这种光吸收的机理之一是载流子从陷阱中激发出来，挣脱俘获并对光电流产生贡献。因此，可通过在注入区上面形成肖特基势垒结制得光电二极管，如图 17.15 所示[28]（也可用浅 p^+-n 结）。加上反偏压，由于二极管耗尽层中光激发所释放的载流子被电场扫过而产生光电流。因为禁带中有相当多的俘获中心能级，半导体的有效带隙减小，以至能量比带隙小的光子也能被吸收而起产生载流子的作用。这样，在给定半导体中制作的质子轰击光电二极管能对该材料一般不吸收的光子响应。

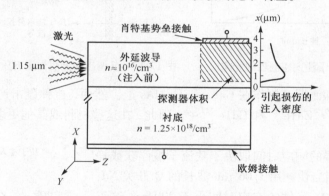

图 17.15　质子注入光探测器示意图[28]

例如，Stoll 等人[28]制作的 GaAs 探测器对 1.15 μm 波长响应灵敏。这个光波导结构是在简并掺杂 n 型衬底（$n \approx 1.25 \times 10^{18}$ cm^{-3}）上生长的 3.5 μm 厚 n 型外延层（掺 S，$n \approx 10^6$ cm^{-3}）。质子注入前，测得 1.15 μm 光衰减为 1.3 cm^{-1}，但在要制作探测器的区域以能量 300 keV、剂量 2×10^{15} cm^{-2}进行质子注入后，α 增加到 300 cm^{-1}以上。在 500 ℃进行部分光损伤退火 30 分钟，α 减少到 15 cm^{-1}，可使光在整个注入区长度内通过。然后，在注入区顶部蒸镀铝肖特基势垒接触，器件才制作完毕。质子注入探测器的相对光谱响应作为波长的函数如图 17.16 所示，图中同时给出类似的不用质子注入的 GaAs 探测器的响应曲线。在波长大于 9000 Å 时，不用质子注入的 GaAs 探测器响应很小，可以略去；但质子轰击探测器有一显著的吸收尾，一直延伸到波长 1.3 μm。

　　记住，在波长较长时 α 即使相当小，探测器整个长度的总吸收仍相当大。例如，这种类型器件只要 0.25 mm 长，在波长 1.15 μm 时测得的量子效率就高达 17%。对质子轰击 GaAs 在波长 1.06 μm 进行热测量表明，一切轰击感应光衰减本质上可归因于吸收而不是漫散射[29]。计算表明，带间吸收跃迁(产生载流子)在总吸收中约占 60%[29]。因此，这种类型探测器的量子效率应当可达 60%。

　　质子轰击探测器的作用原理类似于常规耗尽层光电二极管。在肖特基势垒上加反偏压，若反偏压足够高而载流子浓度足够低，则产生的耗尽层跨越整个高阻波导层直至低阻衬底区。由于轰击产生的缺陷能级所俘获的载流子受到光激发后变为自由载流子，受电场作用被扫出耗尽层，如图 17.17 所示，于是外电路中就有光电流流过。

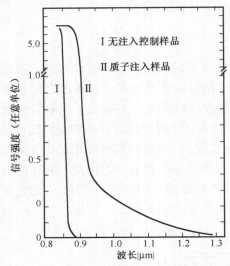

图 17.16　GaAs 质子注入探测器的光响应

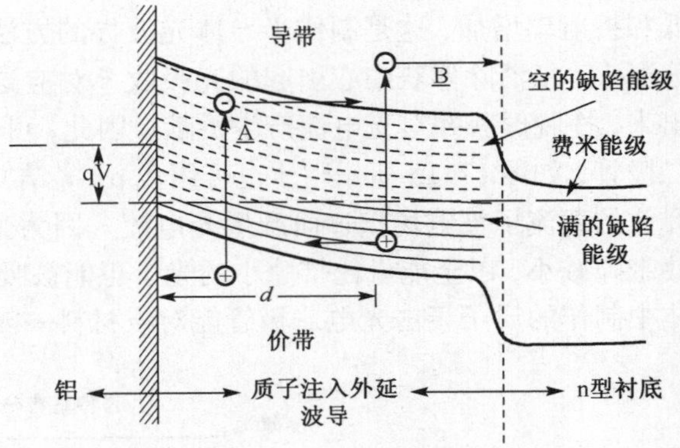

图 17.17　反偏压和光照作用下质子轰击探测器的能带图

　　迄今质子轰击探测器已制作在 GaAs 和 GaAlAs 上。然而，这种轰击产生缺陷俘获的机理也同样存在于 GaP[30]、ZnTe[31] 和 CdTe[32] 中。因此，在这些材料或其他更多材料中也很可能制作质子轰击探测器。

　　质子轰击探测器的响应时间取决于载流子被俘获或挣脱俘获，响应时间相当快。用 1.06 μm 波长的 Q 开关 Nd：YAG 激光器测量 GaAs 器件的响应时间小于 200 ns，这正好是激光脉冲的上升时间。

　　质子注入探测器已被 Carenco 和 Menigaux[33] 应用在 GaAs 中制作光学双稳态器件，如图 17.18 所示。该器件由脊形波导双通道定向耦合器与位于其一输出臂的肖特基势垒质子注入探测器构成。该探测器输出的光电流由外部电路放大，并反馈到定向耦合器开关的控制电极上，以提供一个对光输入信号的双稳态响应。在波长为 1.06 μm 时，

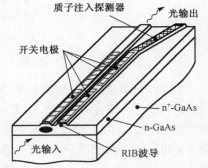

图 17.18　一种光学双稳态器件[33]

双稳态开关时间约为 1 ns，光开关所需的能量小于 1 nJ。可以测得质子注入探测器的量子效率在波长 1.06 μm 时为 23%，在波长 1.15 μm 时为 13%。探测器的带宽约为 1.2 GHz。

17.3.4　电吸收

使单片波导探测器的吸收边位移到所需要的较长波长范围的另一种方法是电吸收，或称 Franz-Keldysh 效应。在半导体二极管上加反偏压，耗尽层内建立起强电场，该电场可引起吸收边向较长波长位移，如图 17.19 所示。图中，曲线 A 表示载流子浓度为 3×10^{16} cm^{-3} 的 n 型 GaAs 正常无偏压时的吸收边；曲线 B 表示 1.35×10^5 V/cm 电场作用下计算所得吸收边的 Franz-Keldysh 位移，这个电场大小相当于 50 V 反偏压跨越宽度为 3.7 μm 的耗尽层。波长 9000 Å 时这种 Franz-Keldysh 效应位移对应于 α 从 25 cm^{-1} 增加到 10^4 cm^{-1}，这是很难忽略的效应！

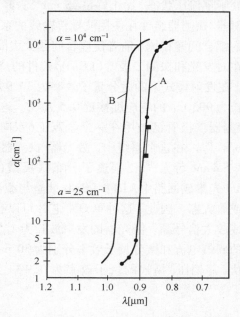

图 17.19　由于 Franz-Keldysh 效应，GaAs 吸收边的位移
（A）零偏压；（B）反偏压电场1.3×10^5V/cm

Franz-Keldysh 效应已被知道多年[34]，但用于探测器设计还是最近的事。Franz-Keldysh 效应的物理基础可从图 17.20 所示简单的能带弯曲模型来理解，图中 x 表示离开冶金结平面的距离。在远离结的区域没有电场，光子至少须具有带隙能量 $E_c - E_v$ 以产生电子跃迁，如图中的(a)。但在电场很强的耗尽区内，如图中(b)这种跃迁也能产生，这种光子的能量比带隙小，激发电子还达不到导带，接着电子以隧道穿透势垒进入导带。这样，导带边事实上就展宽进入带隙，以至产生有效带隙的变化 ΔE，它由下式给出：[34]

$$\Delta E = \frac{3}{2} \left(m^* \right)^{-1/3} (q\hbar\varepsilon)^{2/3} \tag{17.15}$$

式中，m^* 是载流子有效质量，q 是电子电荷值，ε 是电场强度。

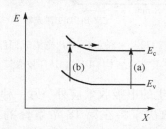

图 17.20　说明 Franz-Keldysh 效应的能带图。图中示出高反偏压作用下 p$^+$-n 结（或肖特基势垒结）的 n 区的能带弯曲

Franz-Keldysh 效应大大提高了探测器工作在吸收边附近波长的灵敏度。Nichols 等人[35]曾展示了工作在 1.06 μm 波长的 GaAs 波导探测器。

电吸收探测器的最大优点是，只要增加反偏压就能起电切换作用，从低吸收状态到高吸收状态。这就可能用同一半导体材料制作波长兼容的发射器和探测器。利用这一原理的器件是发射器/探测器终端，如图 17.21[36] 所示。此器件有双重功能，加正偏压是光发射器，加高反偏压是光探测器。如图 17.21 所示，制作与波导结构串联的器件能在光传输线中用做发送/接收开关。因为 Franz-Keldysh 效应引起 α 改变很大，其作用很有效。如用前面举过的例子，载流子浓度为 3×10^{16} cm^{-3} 的 n 型 GaAs 制作的 p$^+$-n 结二极管，加 50 V 反偏压，9000 Å 波长

的 α 从 25 cm^{-1}变化到 10^4 cm^{-1}。因此，加正偏压时，二极管向波导发射 9000 Å 波长的光；加反偏压 $V_a = 50$ V，为使入射波长 9000 Å 的光被吸收 99.9%，二极管长度仅需 10^{-3} μm。若二极管处于零偏压状态，α 正好是 25 cm^{-1}。典型激光器长度为 200 μm，插入损耗仅 2 dB，这样的发射器/探测器组件在使用波导传输线的系统中非常有用，因为与分离的发射器和探测器所遇到的耦合问题相比，前者使耦合问题大大简化。

在对发光和探测二极管(LEAD)器件的持续研究中，已经在 GaAlAs 上制作出了激光器/探测器，在发射模式下的微分量子效率为 30.9%，探测模式下的响应度为 0.43 A/W[37,38]。工作波长为 905 nm 的响应度接近 0.5 A/W，这是正常使用的硅 p-i-n 二极管可以获得的。激光器/探测器二极管已被用在一个全双工(双向同时)单光纤 16 km 的传输系统中，其比特率为 40 Mbps[39]。在这个系统中，激光器/探测器二极管同时具有本机振荡器、混频器和发射机的功能。Sakano 等人[40]已报道了分布式反馈(DFB)LEAD 装置，如图 17.22 所示。在他们的 InGaAsP 光集成回路中，DFB LEAD 装置与载流子注入式开关相结合，可以分别用做激光器、探测器或放大器。因此，这种单 OIC 芯片可以有多种功能，如调制或开关光源、光电二极管监控光源或放大信号源。激光器的发射波长为 1.55 μm，并且属于限制台面掩埋异质结结构类型。典型的阈值电流和微分量子效率分别为 30 mA 和 0.08 mW/mA。当其作为探测器时，二极管在光伏(零偏压)模式的量子效率为 0.9%。这些二极管已经实现了高达 17.7 dB 的光放大增益[41]。

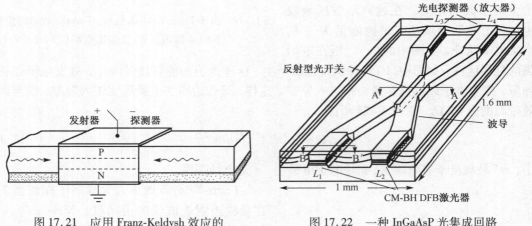

图 17.21　应用 Franz-Keldysh 效应的　　　　　图 17.22　一种 InGaAsP 光集成回路
　　　　　集成光发射器/探测器终端　　　　　　　　　　　　结构，DFB LEAD 装置[40]

除了本节和 9.3.4 节描述的由 Franz-Keldysh 效应产生的电吸收效应外，另一种类型的电吸收效应只发生在量子阱结构中。后一类型的电吸收取决于将在第 18 章解释的量子限制 Stark 效应(QCSE)。Franz-Keldysh 和 QCSE 这两种电吸收效应都可以应用在第 9 章中所描述的光探测器和调制器中。Shin 等人[42]利用这两种类型的电吸收效应制作了一种集成光电二极管/混频器，用于射频调制信号的变频。在这个应用中，QCSE 器件具有更大的转换增益。

17.4　限制集成光探测器性能的因素

设计集成光探测器，在各个方面有许多限制性能的机理。不是所有这些机理在每种应用中都重要，但设计者(或使用者)必须知道与不同器件类型和结构有关的限制作用。

17.4.1　高频截止

在 17.1 节中曾讨论过限制高频响应的多种因素，它们与一些附加的频率限制效应一起总结在表 17.1 中。由于图 17.5 所示类型的波导光探测器面积小，因此最常限制常规二极管响应的 RC 时间常数可足够小，工作频率可达 10 GHz 以上，如 17.1.2 节中讨论的那样。这种情况下必须考虑其他可能的限制效应。

表 17.1　限制耗尽层光电二极管高频响应的因素

由体电阻和结电容引起的 RC 时间常数
耗尽层外载流子的扩散时间
载流子寿命和扩散长度
封装的电容和电感
载流子通过耗尽层的漂移时间
深能级中的载流子俘获

把器件的耗尽层电场设计得足够强，使载流子能以散射极限速度通过，这样载流子通过耗尽层的漂移时间可减至最小。例如，电场强度约大于 2×10^4 V/cm 时可达 GaAs 的散射极限速度 1×10^7 cm/s，于是，通过典型宽度为 3 μm 的耗尽层的渡越时间小至 3×10^{-11} s。把器件设计成耗尽层跨越整个波导区直至衬底是很重要的，这样可使载流子在耗尽层内部产生。若耗尽层没有整个跨越波导区，在非耗尽层中产生的载流子在电极收集之前必相当缓慢地扩散进入耗尽层，这个过程发生的时间，粗略地说，即为少数载流子的寿命（对轻掺杂 GaAs 约为 10^{-8} s）。这样，在探测短光脉冲时将出现长的扩散尾。

深能级中的载流子俘获也能导致短脉冲的探测波形出现扩散尾，因为挣脱俘获的时间相当长。深能级俘获常与半导体晶格中出现缺陷相联系。为使缺陷减至最小，必须特别注意材料的选择和器件的制作。

当波导探测器被合理地设计并配以适当的微波传输线时，其带宽可以超过 60 GHz[43]。

17.4.2　线性问题

耗尽层光电二极管加两伏以上反偏压时，是以光电二极管（或光电导）模式工作的。但它也能作为电流源，在输入光功率典型值为 1 mW 之内，电流与光功率成正比。因此在绝大多数应用场合，它是高度线性的器件。若光功率较高，光生载流子浓度很大，以至空间电荷效应减小了耗尽层电场，于是电流达到饱和。在高频应用时这个电场的减小尤为重要，因为这可能使载流子以小于饱和极限速度运动。

17.4.3　噪声

波导探测器中的噪声效应与常规光电二极管中的噪声效应基本相同。噪声主要由三部分组成：器件的体电阻引起的热噪声；与电流的非均匀性（如载流子的产生和复合）有关的散粒噪声；进入探测器而不作为光信号的光子引起的背景噪声[44]。

从 DiDomenico 和 Svelto[45] 提出的一个相当简单的模型可知，耗尽层光电二极管中，由于热噪声和散粒噪声效应的存在，信噪比可表示为[46]

$$(S/N)_{\text{power}} = \frac{\eta_q}{4B} M^2 \varphi_0 A \left(1 + \frac{2KT}{q} \frac{(\omega RC)^2}{RI_S}\right)^{-1} \qquad (17.16)$$

式中，η_q 是量子效率，B 是带宽，M 是调制指数（对光束强度调制），φ_0 是入射光子通量密度，A 是入射面面积，R 是二极管体电阻，ω 是光信号的调制频率，I_S 是反向饱和（暗）电流，K 是玻尔兹曼常数，C 是电容。对雪崩光电二极管还要附加与雪崩过程统计性质有关的噪声源，这在式(17.16)中未予考虑。

波导探测器比常规探测器在减小背景噪声方面有其固有优越之处,因为波导能起到滤波器的作用,可以消除很多背景光。与信号波长的紧密匹配也能减少背景噪声。例如,GaAlAs发射器发出 8500 Å 波长的光由 Si 探测器检测,波长比 $1.2~\mu m$ 短的背景光也能检测到。若改用 GaAs 探测器,波长范围在 $0.9 \sim 1.2~\mu m$ 的光子对背景噪声没有贡献[47]。

习题

17.1 用光电二极管探测波长 9000 Å 的信号,在带隙为 0.5 eV、2 eV 和 1 eV 的半导体材料中,应当选用哪种材料制作光电二极管最好?为什么(设三者都是直接带隙材料,其杂质含量都相等)?

17.2 为改进习题 17.1 中二极管的信噪比,拟采用半导体低通滤波器,在室温时其吸收性质如下:

若辐射波长为 9000 Å,$\alpha = 0.2~cm^{-1}$;

若辐射波长为 7000 Å,$\alpha = 10^3~cm^{-1}$;

欲使 7000 Å 的背景噪声衰减到 1/10,滤波器厚度需多少?这样的滤波器厚度可使 9000 Å 波长的信号衰减到原来的几分之几?计算时忽略表面的反射。

17.3 若习题 17.1 中二极管的最小有用光电流是 1 μA(脉冲峰值),作用到探测器上的最小光信号强度(脉冲峰值)应为多大?设内量子效率 $\eta_q = 0.8$,光敏区面积 $= 10~mm^2$。

17.4 下面列出了一些半导体材料和它们的带隙。

	$E_g(eV)$
Si	1.1
GaAs	1.4
GaSb	0.81
GaP	2.3
InAs	0.36

(a) 只考虑带隙能量,哪些材料能够被用来制作 GaAs 激光的光探测器?

(b) 以下哪种三元化合物可以用来制作 GaAs 激光的光探测器?

$$GaAs_{(1-x)}Sb_x \quad GaAs_{(1-x)}P_x \quad Ga_{(1-x)}In_xAs$$

(c) 如果有一个反向偏置的 Si 光电二极管,其量子效率 $\eta = 80\%$,面积为 1 cm^2,使用 GaAs 激光器发出的强度为 10 mW/cm^2 的光均匀照射,那么产生的光电流为多大?

17.5 (a) 求能对波长 $\lambda_0 = 0.600~\mu m$ 的光敏感的光探测器半导体材料的带隙最大值。

(b) 一个光探测器的面积为 $5 \times 10^{-6}~m^2$,用波长为 $\lambda_0 = 0.600~\mu m$ 的光照射,强度为 20 W/m^2。假设每个光子产生一个电子-空穴对,计算每秒产生电子-空穴对的数量。

(c) 如果强度减小 1/2,(b) 中的答案将改变多少?

(d) 如果波长减小 1/2,(b) 中的答案将改变多少?

17.6 我们希望在 GaAs 上设计一个波导光电二极管,其结构如图 17.5 所示,工作波长为 $\lambda_0 = 0.900~\mu m$。

(a) 如果光电二极管的波导厚度和耗尽宽度为 $W = 3~\mu m$,当反偏压为 40.5 V 时,在电场作用下其有效带隙的大小改变多少?(假设 $m^* = 0.067m_0$)。

(b) 产生 0.99 的量子效率的长度 L 为多大?(假设散射损耗和自由载流子吸收可以忽略)

17.7 我们希望设计一个包含激光器、波导和探测器的单片集成光隔离光集成回路,如下图所示。

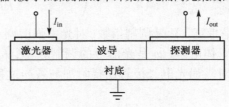

有以下的假设：

(1)所有由输入到输出的耦合能量通过激光器发射和探测器探测，忽略漏电流。

(2)忽略激光器/波导和波导/探测器的光耦合损耗。

(3)驱动激光器的电流源的最大电流为 5 A。

(4)要求电流传输比满足

$$\frac{I_{out}}{I_{in}} \geqslant 0.1$$

问题：

下面几段所描述的激光器(a，b，c)、波导(d，e)和探测器(f，g)的哪些组合是适合的？对每一种可能的组合，计算 I_{out}/I_{in}。写出所有的计算过程来表明这种组合是否可行？

可能的激光器：

(a)一个分布式反馈 GaAs/GaAlAs 激光器，其光栅间距为 $\Lambda = 3400$ Å，发光层的折射率为 $n = 3.6$，工作在三阶反射模式。

(b)一个具有 Fabry-Perot 型端面反射器的非限制场 GaAs 激光器。

以下的参数为测量得到或者建立的：

(1)在室温下测量得到该材料的自发辐射发射峰的半功率点为 9200 Å 和 8800 Å

(2)折射率 = 3.3

(3)发光层厚度 = 10 μm

(4)有源层厚度 = 1 μm

(5)内量子效率 = 0.7(高于阈值)

(6)平均吸收系数 = 30 cm^{-1}

(7)宽度 = 300 μm

(8)长度 = 935 μm

(9)载流子能量分布因子 $\zeta = 1$

(10)Fabry-Perot 表面的反射率 = 0.4

(11)忽略串联 I^2R 损耗

(12)发射波长 $\lambda_0 = 9000$ Å

(c)一个限制场 GaAs 激光器，除了以下两点外，其所有的参数和(b)中的相同。

(3，4)发光层厚度 = 有源层厚度 = 1 μm

(6)平均吸收系数 = 10 cm^{-1}

可能的波导：

(d)Ga$_{0.8}$Al$_{0.2}$As 上的 Ga$_{0.9}$Al$_{0.1}$As 波导(异质外延生长)，波导层厚度 = 1.0 μm，长度 = 5 mm

(e)GaAs 中载流子浓度减小型波导

衬底 $n = 2 \times 10^{18}/cm^3$

波导 $n = 1 \times 10^{15}/cm^3$

波导层厚度 = 3 μm

长度 = 2 mm

注意：使用第 4 章给出的图来确定波导折射率和衰减(吸收损耗)。

可能的探测器：

(f)GaAs 肖特基势垒雪崩型

耗尽层宽度 = 3 μm

长度 = 0.1 mm

光倍增因子 $M_{ph} = 2$

(g) GaAs Franz-Keldysh 型

耗尽层宽度 $= 3\ \mu m$

长度 $= 0.1$ mm

耗尽层应用的电场 $= 2 \times 10^7$ V/m

注意：假设探测器所有的吸收均导致载流子的产生，也就是量子效率等于1。

17.8　一个 GaInAs 雪崩光电二极管被用来探测 GaInAsP 激光器发射的波长为 1.3 μm 的光脉冲。在该波长光电二极管工作在小的反偏压时的量子效率为 0.85。当将合适的偏压加在雪崩光电二极管上使之击穿时，其光倍增因子为 10^3。光电二极管的面积为 10^{-4} cm^2。

当激光器发出的强度为 10^{-3} W/cm^2 的光照射在该光电二极管上时，将会产生多大的光电流？

17.9　InGaAsP/InP 雪崩光电二极管的量子效率为 80%，此时探测光波长为 1.3 μm，由于偏压很小，因此没有雪崩倍增效应发生。当偏压较大用于雪崩探测时，对于 1.0 μW（在 $\lambda = 1.3\ \mu m$）的输入光功率，产生的输出光电流为 20 μA。

(a) 光倍增因子(雪崩增益)为多大？

(b) 如果该二极管对于波长大于 1.7 μm 的光响应度迅速下降，那么其吸收区域的能量带隙为多大？

17.10　与常规 p-n 结光电二极管相比，p-i-n 光电二极管的主要优点是什么？雪崩光电二极管的主要优点又是什么？

17.11　用波长为 1.0 μm、功率为 100 nW 的光照射一个硅 p-i-n 光电二极管，该器件的量子效率为 55% 并忽略其工作偏压下的暗电流，则最终产生的光电流为多大？

参考文献

1. D. P. Schinke, R. G. Smith, A. R. Hartmann: Photodetectors, in *Semiconductor Devices for Optical Communication*, H. Kressel, 2nd edn., Topics Appl. Phys., Vol. 39 (Springer, Berlin, Heidelberg 1982) Chap. 3

2. R. J. Keyes (ed.): *Optical and Infrared Detectors*, 2nd edn., Topics Appl. Phys., Vol. 19 (Springer, Berlin, Heidelberg 1980)

3. S. M. Sze: *Physics of Semiconductor Devices*, 2nd edn. (Wiley, New York 1981) p. 665

4. D. Bossi, R. Ade, R. Basilica, J. Berak: IEEE Photon. Tech. Lett. 5, 166 (1993)

5. M. Erman, Ph. Riglet, Ph. Jarry, B. Martin, M. Renaud, J. Vinchant, J. Cavailles: IEE Proc. Pt. J. Optoelectron. **138**, 101 (1991)

6. L. Giraudet, F. Banfi, S. Demiguel, G. Herve-Gruyer: Optical design of evanesently coupled, waveguide-fed photodiodes for ultrawide-band applications. IEEE Photonics Tech. Lett. **11**, 111 (1999)

7. B. G. Streetman: *Solid State Electronic Devices*, 4th edn. (Prentice-Hall, Englewood Cliffs, NJ 1994) pp. 183 – 190

8. S. Miller: Phys. Rev. **99**, 1234 (1955)

9. H. Melchior, W. T. Lynch: IEEE Trans. ED-**13**, 829 (1966)

10. P. Yuan, O. Baklenov, H. Nie Jr., A. L. Holmes, B. G. Streetman, J. C. Campbell: Highspeed and low-noise avalanche photodiode operating at 1.06 μm. IEEE J. Selected Topics Quant. Elect. **6**, 422 (2000)

11. I. Watanabe, T. Nakata, M. Tsuji, K. Makita, T. Torikai, K. Taguchi: High-speed, highreliability planar-structure superlattice avalanche photodiodes for 10-Gb/s optical receivers. IEEE J. Lightwave Tech. **18**, 2200 (2000)

12. K. Kato, A. Kozen, Y. Muramoto, Y. Itaya, T. Nagatsuma, M. Yaita: IEEE Photon. Tech. Lett. **6**, 719 (1994)

13. T. Hsiang, S. Alexandrou, C. Wang, M. Liu, S. Chou: SPIE Proc. **2022**, 76 (1993)

14. I. R. Mactaggart, M. Bendett, S. Tayler: IEEE J. SSC-**28**, 1018 (1993)

15. V. Hurm, M. Ludwig, J. Rosenzweig, W. Benz, M. Berroth, R. Bosch, W. Bronner, A. Hulsmann, K. Kohler, B. Raynor, J. Schneider: Electron. Lett. **29**, 9 (1993)

16. M. Leary, J. Ballantyne: IEEE Cornell Conf. on Advanced Concept High Speed Semiconductor Devices and Circuits, Ithaca, NY (1993) Proc. p. 383

17. Y. Baeyens, A. Leven, W. Bronner, V. Hurm, R. Reuter, K. Kohler, J. Rosweig, M. Schlechtweg: Millimeter-wave long-wavelength integrated optical receivers grown on GaAs. IEEE Photonics Tech. Lett. **11**, 868 (1999)

18. W. Gao, A. Khan, P. Berger, R. G. Hunsperger, G. Zydzik, H. OBryan, D. Sivco, A. Cho: Appl. Phys. Lett. **65**, 1930 (1994)

19. J-H. Cha, J. Kim, C-Y. Kim, S-H. Shin, Y-S. Kwon: Monolithic integration of InP-based HEMT and MSM photodiode using InGaAsP ($\lambda = 1.3$ μm) buffer, Jpn. J. Appl. Phys. **44**, 2549 (2005)

20. D. Ostrowsky, R. Poirier, L. Reiber, C. Deverdun: Appl. Phys. Lett. **22**, 463 (1973)

21. S. Koike, H. Takahara, K. Katsura: Electron. Commun. Jpn., Pt. II: Electron. **75**, 41 (1992)

22. G. Stillman, C. M. Wolfe, I. Melngailis: Appl. Phys. Lett. **25**, 36 (1974)

23. T. Kimura, K. Daikoku: Opt. Quant. Electron. **9**, 33 (1977)

24. S. Miura, H. Kuwatsuka, T. Mikawa, O. Wada: IEEE J. LT-**6**, 399 (1988)

25. S. Chandrasakhar, J. C. Campbell, A. G. Dentai, C. H. Joyner, G. J. Qua, W. W. Snell: IEEE Electron. Dev. Lett. **8**, 512 (1987)

26. S. Chandrasekhar, J. C. Campbell, A. G. Dentai, G. J. Qua: Electron. Lett. **23**, 501 (1987)

27. S. Demiguel, N. Li, X. Li, X. Zheng, J. Kim, J. C. Campbell, H. Lu, A. Anselm: Very high responsivity evanescently coupled photodiodes integrating a short planar multimode waveguide for high-speed applications, Photonics Technol. Lett. **15**, 1761 (2003)

28. H. Stoll, A. Yariv, R. G. Hunsperger, G. Tangonan: Appl. Phys. Lett. **23**, 664 (1973)

29. H. J. Stein: In *Int'l Conf. on Ion Implantation of Semiconductors and Other Materials*, Yorktown Heights, NY, 1972 (Plenum, New York 1973)

30. M. K. Barnoski, R. G. Hunsperger, R. G. Wilson, G. Tangonan: J. Appl. Phys. **44**, 1925 (1973)

31. S. Valete, G. Labrunie, J. Deutsch, J. Lizet: Appl. Phys. **16**, 1289 (1977)

32. D. L. Spears, A. J. Strauss, S. R. Chinn, I. Melngailis, P. Vohl: OSA/IEEE Topical Meeting on Integrated Optics, Salt Lake City. UT (1976) Digest Paper TUD3-1

33. A. Carenco, L. Menigaux: Appl. Phys. Lett. **37**, 880 (1980)

34. J. I. Pankove: *Optical Processes in Semiconductors* (Prentice-Hall, Englewood Cliffs, NJ 1971) p. 29

35. K. H. Nichols, W. S. C. Wang, C. M. Wolfe, G. E. Stillman: Appl. Phys. Lett. **31**, 631 (1977)

36. R. G. Hunsperger: Monolithic dual mode emitter-detector terminal for optical waveguide transmission lines. US Patent No. 3,952,265 (issued 20 April 1976)

37. J. Park, S. Wadekar, R. G. Hunsperger: SPIE Proc. **835**, 283 (1987)

38. S. Wadekar, E. Armour, M. Donhowe, R. G. Hunsperger: SPIE Proc. **994**, 133 (1988)

39. R. Link, K. Reichmann, T. Koch, V. Koren: IEEE Phot. Tech. Lett. **1**, 278 (1989)

40. S. Sakano, H. Inoue, H. Nakamura, T. Matsumura: Electron. Lett. **22**, 594 (1986)

41. H. Inoue, S. Tsuji: Appl. Phys. Lett. **51**, 1577 (1987)

42. D. S. Shin, G. L. Li, C. K. Sun, S. A. Pappert, K. K. Loi, W. S. C. Chang, P. K. L. Yu: Optoelectronic RF signal mixing using an electroabsorption waveguide as an integrated photodetector/ mixer. IEEE Photonics Tech. Lett. **12**, 193 (2000)

43. H. Ito, T. Ohno, H. Fishimi, T. Furuta, S. Kodama, T. Ishibashi: 60 GHz high output power uni-travelling-carrier photodiodes with integrated bias circuit, Electron. Lett. **36**, 747 (2000)

44. D. Wolf (ed.): *Noise in Physical Systems*, Springer Ser. Electrophys., Vol. 2 (Springer, Berlin, Heidelberg 1978)

45. M. DiDomerrico Jr., O. Svelto: IEEE Proc. **52**, 136 (1964)

46. B. Saleh: *Photoelectron Statistics*, Springer Ser. Opt. Sci., Vol. 6 (Springer, Berlin, Heidelberg 1978)

47. J. W. Goodman, E. Rawson: Speckle phenomena in optical communication, in *Laser Speckle and Related Phenomena*, J. C. Dainty, (ed.), 2nd edn., Topics Appl. Phys., Vol. 9 (Springer, Berlin, Heidelberg 1982)

第18章 量子阱器件

在前面章节讨论的所有器件中，器件结构的尺寸与器件中电子波长相比都显得特别大。当器件结构尺寸缩小至一定的程度，即与电子波长的大小具有相同的数量级时，就可以观察到器件所显现出的一些独特属性。这一点在某一类器件上得到了印证，这类器件被称为"量子阱"器件，其突出特点就是具有非常薄的半导体材料外延层。本章将介绍量子阱的基本概念，并对用量子阱机理制作成的一些新型器件进行描述。量子阱结构可以用来制成改良的激光器、光电二极管、调制器和开关。量子阱器件还可以与其他光电元器件单片集成，以生产光集成回路和光电集成回路。

18.1 量子阱和超晶格

如图 18.1 所示，量子阱结构由一层或多层带隙相对狭窄的半导体薄层嵌在更宽带隙的半导体薄层中间，薄层的厚度一般在 100 Å 或以下。如图 18.1 所示的多层结构被称为"多量子阱"（MQW）结构，而"单量子阱"（SQW）结构只有一层窄的带隙层，这种结构的用处也很大。通过第 4 章描述的方法如分子束外延（MBE）或金属有机化学气相沉积（MOCVD）技术，可以生长出所需的薄层。典型的多量子阱结构可能大约有 100 层。GaAs-AlAs 材料体系对于制作多量子阱器件尤其方便，因为 GaAs 和 AlAs 的晶格常数几乎相同，因此可以很好地避免界面应力。但是，GaInAsP 也是一种合适的材料，只要用于产生晶格匹配的组元浓度选择得当（如果是用于产生高能激光，则它有利于制备应变层结构以减少损耗，如 18.2 节所解释的那样）。

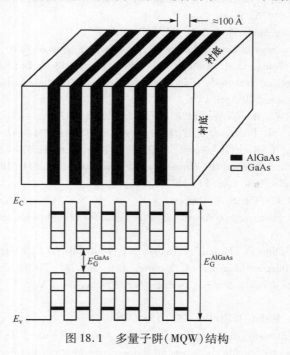

图 18.1 多量子阱（MQW）结构

这些薄层之所以具备这些独特属性是因为载流子(电子和空穴)的限制作用,其方式类似于著名的"盒中粒子"的量子力学问题[1]。在这种情况下,载流子被更大的带隙"势垒"层限制在一个狭窄的带隙"阱"中。势垒壁上的电子(或空穴)波函数的幅度必须接近于零,因为从势垒壁内找到粒子的概率极小(如果势垒壁的高度为无穷大,则势垒处的波幅就必须等于零)。因此,波函数必须形成一个驻波图样,在势阱内发生正弦变化,在势垒边缘衰减至接近于零。符合这种边界条件的波函数仅对应于载流子的某些允许状态。因此,载流子的运动被量子化,其允许的离散能级与不同的波函数相对应。

在前面几段所描述的多量子阱结构中,假定势垒层具有足够的厚度,以至波函数的尾部仅轻微地穿透到势垒层中。载流子因此被限制在某个特定层,并与其他层内的载流子彼此独立。如果制作出一种含有多个势阱和势垒层的结构,但是势垒层又制作得很薄,以至于电子或空穴的波函数能够穿透势垒,则允许态之间发生耦合。在这种情况下,电子和空穴就不会被清晰地限制在一种与特定势阱相关的特定状态。相反,它们存在于这些状态的耦合系统内,其波函数延伸至多个势阱。由此可见,载流子的行为会受到叠加于基质材料结晶势的长程周期性调制的影响。由于这种情况与晶格中的电荷载流子正常存在的情况类似,因此,人们使用"超晶格"这个术语来描述这种具有极薄势垒的多量子阱结构。超晶格的形成实际上又导致了一种新型材料的诞生,这种材料的带隙和光电特性与基质材料相比可能存在很大差异。

超晶格和量子阱结构可以制作在多种半导体材料中。带有 GaAlAs 势垒的 GaAs 量子阱一般用于约 0.9 μm 的波长,而 GaInAsP 则可用于 1.3 ~ 1.5 μm 的波长。许多其他的 III-V 族和 II-VI 族材料也是适用的。量子阱和超晶格应用于光电器件,还是一个较新的领域,目前这方面的许多研究正在进行。在本章接下来的部分,将提供一些关于量子阱器件更值得注意的实例,以及相关的工作原理。

18.2 量子阱激光器

如图 18.1 所示,在量子阱激光器中,允许进入能量阱离散能级的电子和空穴的能量被量子化,减少了达到粒子数反转所需的载流子总量;与载流子数量成正比的自由载流子吸收系数也相应减少。结果,阈值电流密度相对于常规的双异质结激光二极管大约降低了一个数量级。

18.2.1 单量子阱激光器

为了实现电子和空穴能态量子化所带来的种种好处,只需单量子阱。假定势阱深度很大(即势垒高度为无穷大),薛定谔方程在第 n 个量子化能级中的解可以表示为[2]

$$E_n = \frac{\hbar^2}{2m_e}\left(\frac{n\pi}{L_z}\right)^2 + \frac{\hbar^2}{2m_e}\left(k_x^2 + k_y^2\right), \qquad n = 1, 2, 3, \ldots \tag{18.1}$$

式中,z 方向为形成势阱薄层的法线方向,m_e 为电子的有效质量,L_z 为层厚,k_x、k_y 和 k_z 为波矢的值。将 m_e 替换成空穴的有效质量 m_h,可以得出第 n 能级中的空穴能量的对应关系。注意,如图 18.1 所示,在电子能带图中,向下表示空穴能量的增加(即 n 的增加)。由于

$$k_i = \frac{n\pi}{L_i}, i = x, y, z \quad \text{且} \quad L_z \ll L_x, L_y \tag{18.2}$$

x 与 y 方向的能级间隔很小,对于 E_n 的每个允许值而言,二维能带将存在于 x-y 平面中,态密

度与能量无关。因此，随着能量的增加，累积态密度函数将在 E_n 的每个允许值出现陡阶。陡阶 $\Delta\rho(E)$ 的值可以表示为[3]

$$\Delta\rho(E) = \frac{m}{\pi\hbar^2} \tag{18.3}$$

式中，m 为电子或空穴的有效质量，其值视具体情况而定。

在式(18.1)和式(18.3)的推导过程中，势垒高度无穷大的假定可以不过度受限制。对于大多数器件来说，尽管势阱的深度是有限的，但其深度仍足以使波函数变化甚微，就好比势垒无限高时只产生微扰一样。导带和价带仍被量子化成具有类陡阶态密度的二维次能带。由于电子从这些导带次能带中的态跃迁到价带次能带中的态，量子阱激光器内就生成了光子，增益曲线与光子能量 $\hbar\omega$ 的函数关系便具有了陡阶，陡阶是在光子能量为

$$\hbar\omega = E_g + E_{nc} + E_{nv} \tag{18.4}$$

时产生的。上式中，E_g 表示带隙能量，E_{nc} 和 E_{nv} 分别表示导带和价带第 n 能级的能量。Yariv 根据 M. Mittelstein 的计算，发表了其所绘制的增益-光子能量曲线[4]。在单量子阱激光器工作在 $n=1$ 的跃迁时，预计的最大增益为 $g \approx 100 \text{ cm}^{-1}$。但是，考虑到激光模式并非全部在有源区内传输，在实际的激光器中，增益还必须乘以限制因子。限制因子 Γ_a 用公式表示为[5]

$$\Gamma_a = \frac{\int_{-L_z/2}^{L_z/2} |E|^2 \, \mathrm{d}z}{\int_{-\infty}^{\infty} |E|^2 \, \mathrm{d}z} \approx \frac{L_z}{W} \tag{18.5}$$

式中，W 为模式宽度。尽管由于模式扩散会导致可能得到的增益发生一定损耗，但粒子数反转所需的载流子数量减少，以及自由载流子吸收下降，仍会导致量子阱激光器与常规激光器相比，其阈值电流密度下降一个数量级。电子和空穴的允许能态被量子化，也会导致发射辐射的线宽减小。

量子阱可以和其他许多结构相结合来改善激光器的性能。例如，图 18.2 展示了一个脊形波导、渐变折射率、分离限制异质结结构、单量子阱激光器的横截面[6]。这种渐变折射率-分离限制异质结-单量子阱结构限制该激光器的阈值电流为 20 mA，且当输出功率为 5 mW 时，线宽仅为 1.5 MHz。测得的边模抑制比大于 24 dB。

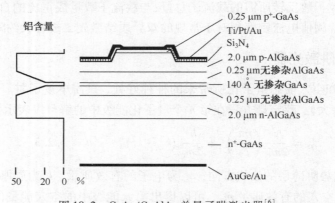

图 18.2　GaAs/GaAlAs 单量子阱激光器[6]

图 18.2 所示的结构是通过金属有机化学气相沉积法在大气压强条件下生长的。单量子阱厚度为 140 Å，被线性渐变的 GaAlAs 层包围，这是为有效的载流子收集[7]和改良光限制[8]创造条件。计算出该结构的光限制因子为 4%[9]。采用常规的湿法化学刻蚀，制备出宽 5 μm、深

2 μm 的脊形波导。腔长范围为 300～800 μm 的激光器被安装在热沉上，p 侧朝下。

当温度在 20 ℃时（由珀尔帖致冷器控制，误差在 0.01 ℃之内），激光器在运转过程中呈现出 66% 的微分量子效率。发射波长为 872 nm，同时可以观察到输出功率达 5 mW 的单纵模。如前所述，发射光的线宽异常窄。腔长为 800 μm 的激光器的线宽功率积为 6.4 MHz·mW。输出功率为 5 mW 时，测出线宽最窄，仅为 1.5 MHz。并发现线宽功率积与取决于腔长 L 的 L^2 密切相关。该激光器展示了渐变折射率-分离限制异质结构相结合的优点，以及能够增强限制的特点；腔长大能够降低阈值电流和实现单模振荡；单量子阱结构的优点，能够进一步降低阈值电流和减小激光线宽。

通过在渐变折射率-分离限制异质结-单量子阱结构的前后腔面添加反射膜，目前已经制造出了阈值电流小于 1 mA 的单量子阱激光器[10]。获得了 0.95 mA 的最小阈值电流，腔面反射率为 70%，腔长为 250 μm，有源区条宽为 1 μm。在这种条件下，单量子阱的 GaAs 层厚100 Å，周围是 0.2 μm 厚、无掺杂、渐变的 $Ga_{0.8}Al_{0.2}As \rightarrow Ga_{0.5}Al_{0.5}As$ 层。对于腔面没有镀膜的相同的激光器，其阈值电流为 3.3 mA。腔面镀上介质薄膜（λ/4 硅，λ/4 氧化铝）之后，其阈值电流下降至 0.95 mA。向单量子阱激光器的腔面上镀反射膜，比向常规双异质结激光器的腔面上镀反射膜，对阈值电流的影响更大。这是因为要使薄的有源层变得透明，从根本上需要更低的电流密度。

人们还利用金属有机化学气相沉积法和选择区域生长法，限定条宽为 3 μm、长为 446 μm 的 BH 激光器，在 InGaAs-AlGaAs/GaAs 中制作出低阈值电流的单量子阱激光器[11]。这些激光器的阈值电流为 2 mA，微分量子效率为 91%。

尽管单量子阱激光二极管还属于一种较新型的器件，它的制作并不仅仅局限于实验室，早在 1987 年，单量子阱激光器就开始作为商品投入生产。

18.2.2　多量子阱激光器

由于单量子阱激光器工作在 $n=1$ 跃迁的增益被限制在大约 100 cm^{-1}，使用多势阱和势垒层来构成多量子阱激光器通常是有利的。当注入的电流足够高，致使导带和价带的准费米能级在 $n=1$ 能级发生交叉时，N 势阱结构的增益恰为相应的单量子阱增益的 N 倍。然而，当驱动电流更低时，多量子阱结构的增益实际上比单量子阱结构的增益要小。

尽管优化多量子阱激光器的增益需要更高的驱动电流密度，这并不意味着无法获得低阈值电流。例如，Tsang[12] 就曾报道一种阈值电流仅为 2.5 mA 的多量子阱激光器。在此条件下，激光器呈现 4 个势阱结构的特点，其 GaAs 势阱厚度为 208 Å，$Ga_{(1-x)}Al_xAs$ 势垒厚度为 76 Å。势垒内的最佳 Al 浓度为 $x \approx 0.2$。由于势垒高度更大，发现势垒层内更高浓度的 Al 过度抑制了载流子的注入。

与常规双异质结激光器相比，多量子阱激光器的阈值电流显示出对温度较小的相关性。阈值电流密度与温度相关性可以用以下关系式表示：[13]

$$J_{th}(T) = J_{th}(0) \exp\left(\frac{T}{T_0}\right) \tag{18.6}$$

式中，常数 T_0 是温度不敏感度的量度。对常规双异质结激光器而言，T_0 通常处于 120 ℃与 165 ℃之间；而对多量子阱激光器而言，T_0 可能超过 400 ℃。当然，T_0 值在很大程度上取决于使用的多量子阱结构类型以及激光二极管的具体形状。但是，据报道，多量子阱激光器的 T_0 值通常会比常规双异质结激光器的 T_0 值大得多。例如，Chin 等人[13] 就曾经测量过金属有机化学气相沉积法生长的条形量子阱激光器的 T_0 值，发现 168 ℃ ≤ T_0 ≤ 437 ℃，并发现发射波长更长(波长为 8435 ~ 8650 Å)的二极管具有更大的 T_0 值。

量子阱激光器的发射波长在很大程度上取决于量子阱结构的尺寸，因为导带的次带和价带的次带之间会发生电子跃迁。Xu 等人[14] 曾经测量过通过金属有机化学气相沉积法生长的多量子阱激光器在温度为 77 ~ 300 K 之间的发射波长，发现波长与次带能级及与带隙能量之间均存在密切的对应关系。从图 18.3 所示的发射谱看出，主发射波峰对应 $n = 1$ 的次带，较小的波峰对应 $n = 2$ 的次带。实际上，如图 18.4(a) 所示，发射波长还取决于量子阱结构的尺寸。图 18.4(a) 展示了两个 GaInAsP 多量子阱激光器的发射谱[15]。除了样品 1 有 3 个 $L_z = 200$ Å 厚的势阱层，样品 2 有 3 个 $L_z = 100$ Å 的势阱层外，两个激光器基本一致。由于量子尺寸效应，发现发射波长存在显著差异[16]。

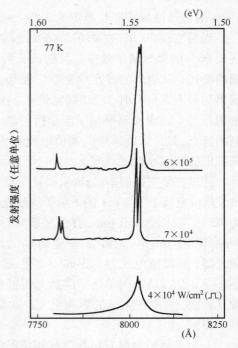

图 18.3　多量子阱激光器的发射谱[4]

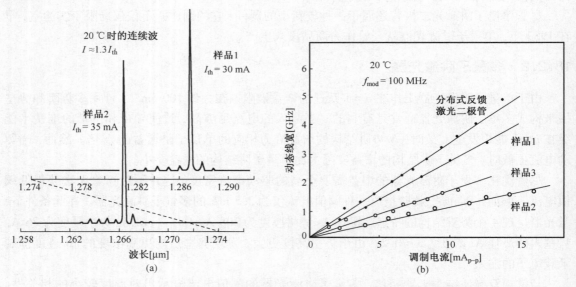

图 18.4　(a)　两个 InGaAsP 多量子阱激光器的发射谱[15]；(b)动态线宽与调制电流的关系

测量谱如图 18.4(a) 所示的激光器也很好地证明了从多量子阱激光器中可获得窄线宽。这些激光器均为掩埋异质结条形激光器，其条宽约为 2.5 μm，腔长约为 300 μm。显然，制造这些激光器的方法是液相外延(LPE)生长法，而非金属有机化学气相沉积(MOCVD)法或分子束外延(MBE)法。在生长温度较低时(589 ℃)[17]，使用了一种快速的滑动生长技术。测量了这些激光器对 100 MHz 的调制频率的动态谱线宽度。动态线宽对于远程通信尤为重要，因为在脉冲传输过程中存在第 16 章描述的频移，或"啁啾"问题。图 18.4(b)给出了动态线宽和调制电流的关系。图 18.4(b)中的样品 1 和 2 与图 18.4(a)中的样品 1 和 2 基本相同；样品 3 除 $L_z = 150$ Å 外与图 18.4(a)中的样品也相同。图中还给出了常规分布式反馈激光器的动态线宽，以便于与量子阱激光器进行比较。可以看出，多量子阱激光器的动态线宽随着量子阱宽度的减小而减小，且总是比分布式反馈激光器的动态线宽要小。在测量中，激光器直流偏置在 $1.3I_{th}$ 处。多量子阱激光器中的啁啾减小，可以归因于线宽增强因子 α 和限制因子 Γ_a 的减小[18]。Okai 等人[19]证实了未调制分布式反馈-多量子阱激光器的最小光谱线宽实质上非常窄，在输出功率为 25 mW 时，光谱线宽为 56 kHz，并发现白噪声为限制因素。

在双异质结激光器和多量子阱激光器生长时，通常的做法是适当地控制邻近层的组份，以产生晶格匹配，消除界面应变。然而，最近的研究显示，对于高功率激光器，可能希望产生受控应变值。生长在 InP 或 GaAs 上面的 InGaAs 应变层具有一个改良的价带结构[20]，且导带不连续增大[21]，它的这些特性可能会避免导致光损耗的 Auger 复合和价带间吸收[22]。据报道，对于 1.5 μm 波长调制掺杂的 InGaAs 应变层量子阱激光器，其连续波输出功率为 120 mW[22]。在这些器件内，通过低压金属有机化学气相沉积法，在 InP 衬底上生长出四个厚度为 30 Å、应变为 1.8% 的 $In_{0.8}Ga_{0.2}As$ 势阱，这四个势阱分别被三个厚度为 200 Å 的 GaInAsP 势垒层隔开。腔长为 750 μm，分离限制掩埋异质结结构与应变多量子阱结构相结合。当每个腔面的输出功率高达 120 mW 时，观察到了无扭结连续波运转。对于重复频率为 40 kHz、脉冲宽度为 400 ns 的脉冲，每个腔面的输出功率可达 360 mW。通过对不同长度器件的微分效率的测量，得到腔损耗为 $\alpha = 13$ cm^{-1}，内量子效率 $\eta_i \approx 100\%$，这表明光损耗减小。

应变层量子阱异质结结构也可在 InGaAs-GaAs-AlGaAs 体系中制作，用于产生波长范围在 0.9 ~ 1.3 μm 的激光。在这个范围内运转的高功率二极管激光器因其体积小、效率高、作为掺杂稀土元素玻璃激光器的光泵浦成本低等特点而深受人们欢迎。Coleman[23]曾经报道，这种类型的条形掩埋异质结结构激光器表现为阈值电流低(7 ~ 9 mA)，且在超过 30 倍阈值电流和高功率的(> 130 mW/未镀膜腔面)运转条件下，其基模特性还能保持稳定。通过将这种类型的器件以单片平行阵列进行组合，使其腔长等于 440 μm，宽度等于 1.6 mm，每个未镀膜腔面在 1.03 μm 波长可获得 2.5 W 的输出功率。阵列的远场辐射图表明激光器被锁相。

低阈值电流、高温运转、波长为 1.3 μm 的 AlGaInAs/AlGaInAs 应变补偿多量子阱激光二极管已经被制作出来[24]。这些线性渐变折射率、分离限制异质结结构激光器在大面积解理激光腔长为 900 μm 时的阈值电流密度和微分量子效率分别为 400 A/cm^2 和 22%。当通过刻蚀产生 3 μm 的腔面未镀膜的脊形-条形激光二极管时，阈值电流和斜率效率分别为 12 mA 和 0.17 W/A。

量子阱激光器中载流子仅被限制在一维空间里的概念可以延伸至二维和三维空间，对应于"量子线"和"量子点"激光器[25]。比如，在量子点激光器中，电子将被限制在三维空间中，相当于晶体中波长的距离。GaAs 量子点可以利用 GaAlAs 基底来描绘。理论分析可以预测，与量子阱激光器相比，量子点或量子线激光器的阈值电流和噪声将会更低，而调制速度将会更快[26]。通过开发纳米技术领域内新的制造技术，已经制造出量子线和量子点激光器(参见第 22 章)。一种方法是先制造出包含量子阱结构的衬底，再通过电子或离子束刻蚀与腐蚀[27]或离子注入[28]相结合的方法，限定衬底的横向尺寸。一种更为复杂方法是在 GaAs 上面采用分子束外延生长法产生局部组份控制[29]。

量子阱结构的出现在很长一段时期内改变了半导体激光器研发的方向。与分布式反馈激光器[25]相比，量子阱激光器在阈值电流密度、线宽和温度敏感度方面已经有了实质性的改进。将分布式反馈结构与多量子阱结构相结合而制作的 GaInAsP 器件，其线宽功率积为 1.9 ~ 4.0 MHz·mW，最小线宽为 1.8 ~ 2.2 MHz[30]。一些量子阱激光器已经找到了商业市场。几乎可以肯定，这种相对新型的器件，如果继续开发下去，包括量子线和量子点激光器的开发，将会引起半导体激光二极管工作性能的进一步提高。

18.3　量子阱调制器和开关

同类型量子阱结构已被证明在激光二极管中用处极大。此外，人们还发现，这种量子阱结构还能提高调制器和开关的性能，这是因为电光和电吸收效应被大大增强。

18.3.1　电吸收调制器

"块状"半导体晶体材料中吸收光谱在近似于带隙能相对应的波长处具有特征"吸收边"。较长波长的带间吸收不存在，但是当波长降到带隙波长以下时吸收系数 α 迅速增大。对于量子阱结构，由于电子和空穴能量的量子化，吸收光谱产生对应于 $n = 1, 2, 3 \cdots$ 能级的一系列带阶。这些带阶宽度一般为 50 ~ 200 meV，第一带阶出现在较带隙能量稍高处，即吸收边位移到对应 $n = 1$ 跃迁的更高的能级。另外，每一带阶均可观测到"激子"峰。这些峰对应于产生未完全分离但又相互环绕进行轨道运动的电子-空穴对的光子吸收。这种电子-空穴对类似于一个氢原子，空穴相当于氢原子的质子。通常，激子的寿命很短，只有在低温下才能观测到它们的影响。然而，在量子阱中，激子对的空穴和电子被压缩至极近距离的一维空间，通常在 100 Å 左右。激子由球形变为三维椭球形，这极大地增强了库仑结合力，使激子更稳定，即使在室温下也很稳定。由于强化了响应效果，锐化了电吸收器件工作的带隙波长附近的吸收曲线，激子的存在显得更具有重要意义。

块状半导体材料中，由于偏振减少了结合能，因而施加电场会引起激子吸收峰的少许位移。这种效应称为斯塔克效应(Stark effect)，它与在电场中氢原子吸收线的斯塔克位移类似，不过在块状半导体中，少许斯塔克位移被激子电离所导致的激子峰的扩展所掩盖，因而用处不大。

在施加于量子阱结构的电场中，量子阱位面法线方向上激子对的电子和空穴被限制。电子和空穴趋向于移动至量子阱的相反两侧而发生偏振，从而降低了激子对的结合能，但势垒壁可防止电子和空穴跑太远。这样，激子的场致电离被抑制，尖锐的激子吸收峰得以保留下来。这种量子限制斯塔克效应[31]在调制器和开关中非常有用，因为中等强度的电场（约 10^4 V/cm）即可引起吸收的显著变化[32]。多量子阱结构中的电吸收效应大约是块状半导体中的 50 倍。

早期的量子限制斯塔克效应调制器由 GaAs 和 GaAlAs 多量子阱层制成，光由量子阱位面的法线方向引入[31, 33, 34]。虽然在驱动电压小于 10 V 时，所测得的吸收变化 $\Delta\alpha$ 是块状电吸收调制器的 50 倍，但是其开关比还是有限的。电吸收强度调制器的开关比由下式给出[35]：

$$R = \exp(\Delta\alpha L) \tag{18.7}$$

式中，$\Delta\alpha$ 为可达到的最大的吸收系数变化，L 为光源和吸收材料之间的作用长度。在横向量子限制斯塔克效应调制器中,光由量子阱位面的法线方向引入,作用长度 L 受多量子阱结构的厚度所限,一般最大为 1 μm。因此,即使 $\Delta\alpha$ 较大,开关比仍然比较小。简单地在多量子阱结构中生长更多的量子阱以增大 L 并非最佳的途径,因为与此同时,要增大驱动电压以达到给定的电场强度。

对 GaAs/GaAlAs 多量子阱二极管中垂直入射电吸收的调制极限的研究表明[36],对于给定的偏压,存在一个最佳的量子阱数,且该数随电压近似线性增加。器件的性能还与量子阱的厚度有极大的相关性,也与本底掺杂有较低程度的相关性。例如,低本底掺杂样品(约 $10^{14}/cm^3$)的最佳性能为:对于 63 个 100 Å 厚的量子阱,工作电压为 5 V 时 $R = 2.1$;对于 200 个 100 Å 厚的量子阱,工作电压大于 14 V 时 $R = 10$。阱宽为 50 Å 时,可获得比 100 Å 阱宽的量子阱器件更好的性能,但是只有在工作电压高于 28 V 时才能实现,而通常认为工作电压超过 10 V 就过高了。

增大 L 的更有效的方法是使用如图 18.5[37] 所示的波导调制器结构。在这种情况下,光的传输方向位于多量子阱层的平面内。光被波导结构限制在这个平面内传输。两个厚 94 Å 的量子阱处于 p-i-n 二极管的中心位置,泄漏超晶格波导将光限制在量子阱层的平面内。在这种结构中,L 可以制作得尽可能长以实现理想的开关比。而且以 TE 或 TM 偏振引入光也是可能的,这样可以制作偏振选择调制器,因为这两种偏振状态的吸收是不同的。计算如图 18.5 所示的波导结构的开关比时,必须考虑到量子阱仅构成波导的部分厚度。因此,式(18.7)变为[38]

$$R = \exp(\Gamma \Delta \alpha L) \tag{18.8}$$

式中,Γ 为量子阱和平板波导的光学模式 $E_{opt}(Z)$ 之间的重叠积分,可表示为

$$\Gamma \equiv \frac{\int_{MQW} |E_{opt}|^2 \, dZ}{\int_{-\infty}^{\infty} |E_{opt}|^2 \, dZ} \tag{18.9}$$

对于如图 18.5 所示的器件,Γ 的计算值为 0.010[39]。当长 $L = 150$ μm,宽 $W = 40$ μm,驱动电压为 10 V 时,开关比的实测值为 $R = 10$。插入损耗的实测值为 7 dB,其成因是端面反射(3 dB)、"开"状态下的残余吸收(2 dB)以及泄漏波导结构的波导损耗(2 dB)。当然,反射损耗可以通过在端面上镀增透膜得以大幅度降低。

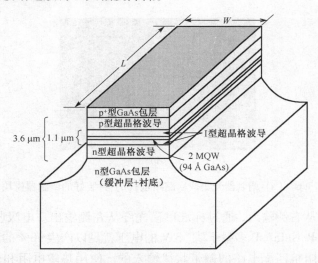

图 18.5 波导多量子阱电吸收调制器[37]

　　因为外调制器通常仅用于 1 GHz 以上的频率，而在此频率下对半导体激光器的直接调制变得异常困难，所以电吸收调制器的频率响应是一个重要参数。对如图 18.5 所示的调制器的脉冲响应进行的时域测量表明，脉冲分辨率的半极大全宽度(FWHM)小于 100 ps[37]。多量子阱电吸收调制器的频率响应通常受调制器及其驱动电路的 RC 时间常数限制。多量子阱二极管的串联电阻和电容可以做得非常小(电阻为几欧姆，电容为零点几皮法)，因此器件自身的工作频率预计高于几十吉赫兹。在绝大多数情况下是驱动电路的寄生电阻、电感和电容等因素限制了频率的上限。这个问题的一个解决办法是将多量子阱调制器与激光二极管、驱动电路单片集成在单一半导体芯片上。将分布式反馈激光器和多量子阱电吸收调制器单片集成在 GaInAsP 上，调制率可高达 40 Gbps[40~42]。

　　多量子阱调制器也可用在混合型光集成回路中以产生高频调制。在这种情况下，光波必须和量子限制斯塔克效应调制器二极管有效耦合，且调制微波信号和二极管必须阻抗匹配。这种类型的调制器的一个实例是 Kuri 等人[43]描述的，他对调制器进行了优化以使之工作在 60 GHz 频率。混合型光集成回路如图 18.6 所示。

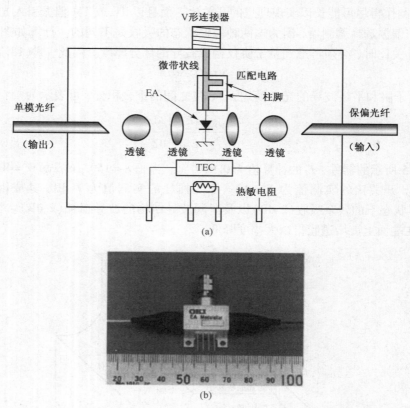

图 18.6　(a) 调制器光集成回路结构；(b) 封装好的调制器模块[43]

　　光通过保偏光纤从右侧输入，通过标准单模光纤从左侧输出。电吸收调制器二极管包含一个拉伸应变 GaInAsP/GaInAsP 多量子阱，3 V 的电压就足以产生 98% 的消光比。调制微波信号是通过带有短截线阻抗匹配电路的微带状线输入的。使用热敏电阻和热电冷却器，将光集成回路的温度控制在 25 ℃。这种调制器是专门设计用于第 21 章中描述的光纤、毫米波和 60 GHz 下行链路系统中的。

毫无疑问，关于更长波长器件的研制工作仍将继续，因为量子限制斯塔克效应调制器主要用于远程通信系统，在这个系统中外调制器可用来避免直接驱动激光二极管产生的高频啁啾。

18.3.2　量子阱中的电光效应

量子阱器件中强烈的电吸收效应意味着必须同时存在电光效应，因为根据克拉默斯-克勒尼希关系（Kramers-Kronig relations）[44]，吸收率的变化与折射率的变化是密切相关的。这些关系涉及到柯西积分，在吸收系数 $\alpha(\lambda)$ 完全已知的条件下，可以计算出折射率 $n(\lambda)$，或是在已知折射率 $n(\lambda)$ 的条件下，可以计算出吸收系数 $\alpha(\lambda)$。在实际的应用中，通常只测量有限波长范围内的 $n(\lambda)$ 或 $\alpha(\lambda)$ 值，对于波长从零延伸至无穷大的 $n(\lambda)$ 或 $\alpha(\lambda)$ 值只作某种预测。Hiroshima[45]曾利用克拉默斯-克勒尼希关系来计算 GaAs/GaAlAs 量子阱结构中激子吸收边在电场诱导下折射率的改变值。对于厚度分别为 60 Å 和 100 Å 的 $GaAs/Ga_{0.6}Al_{0.4}As$ 量子阱，只要电场同为 80 kV/cm，其计算出的折射率最大改变值约为 -0.065（$\Delta n = 1.8\%$）。这一数值与 Nagai 等人[46]得出的实验数值正好一致，并且比常规 III-V 族半导体块状晶体的折射率改变值大两个数量级。

如果电光效应过于显著，致使输出光信号被过度调相，进而产生辐射频率啁啾，则这种显著的电光效应对于多量子阱电吸收强度调制器就成了一个需要克服的问题。通过计算线宽增强因子，可以方便地对多量子阱器件中的电吸收和电光效应的相对强度进行比较，可用下式表示：

$$\text{LEF} \equiv \frac{\Delta n_{\text{real}}}{\Delta n_{\text{imag}}} \tag{18.10}$$

式中，Δn_{real} 和 Δn_{imag} 分别为电场诱导下折射率的实部和虚部的改变值。由此可见，在一个纯电吸收材料中，LEF $= 0$，而在一个纯电光材料中，LEF $= \infty$。Wood 等人[47]曾经测量多量子阱电吸收调制器的线宽增强因子，发现 LEF $= 1$。该测量结果是在波长、偏压和偏振对于强度调制最佳的条件下得出的，因而能够代表典型的调制器工作条件。由于直接调制激光器的 LEF 值在 $3 \sim 6$ 之间[48]，因而由电光效应导致电吸收调制器出现啁啾，就似乎不再是一个严重的问题。对于加在量子限制斯塔克效应调制器的量子阱的垂直电场引起的折射率改变值的半经验的计算结果表明，电吸收调制器能够实现极低啁啾的调制[49]。

若电光效应不够强，不足以显著干扰多量子阱电吸收调制器的工作，则可以利用这种电光效应来制造多量子阱电光相位调制器。据报道，与块状电光材料折射率仅万分之几的典型改变值相比，电场作用下多量子阱结构折射率实部的改变值高达 3.7%[47]。多量子阱器件如此大的折射率改变值说明，使用多量子阱，或许能够极大地缩短电光相位调制器的长度。当然，采用这种方法来设计调制器时，必须避免电吸收强度调制的不利影响。

18.3.3　多量子阱开关

多量子阱结构还可用来制作光开关。使用多量子阱波导结构，可以提高第 9 章中所述的常见双通道定向耦合器开关（见图 9.5）的性能。Wa 等人[50]制作了一个这样的开关，其方法是在一个波导上沉积一层 20 μm 宽的条形金电极。该波导的顶层为 1 μm 厚的多量子阱层，向下依次是 $Ga_{0.7}Al_{0.3}As$ 层、$Ga_{0.4}Al_{0.6}As$ 层和 GaAs 衬底。该多量子阱激光器由 25 个厚度为 100 Å 的 GaAs 势阱组成，这些势阱被厚度为 300 Å 的 $Ga_{0.7}Al_{0.3}As$ 势垒层隔开。适当选择 GaAs 层和

GaAlAs 层的厚度比,可以使多量子阱层和 $Ga_{0.7}Al_{0.3}As$ 包层仅能支持最低阶的 TE 和 TM 平板波导模式。$Ga_{0.4}Al_{0.6}As$ 层用以防止导模的倏逝尾的功率泄漏进重掺杂($\approx 10^{18}/cm^3$)衬底。在多量子阱层表面蒸镀两个厚度为 $0.5~\mu m$ 的金电极,半导体中的应变图样将通过光弹性效应引起折射率的空间变化。在金电极边缘的下部还形成了 4 通道波导。处于金电极(相隔 $10~\mu m$)之间的通道区内的两个波导形成一个双通道定向耦合器。

通过使用 8500 Å GaAlAs 激光二极管作为光源来测试光开关,发现耦合器的临界耦合长度为 1.7 mm,这比通道间隔类似、无多量子阱层的波导的预计耦合长度要短。这种器件的另一个有趣的特点是它通过增加激光器的光功率输出,利用非线性电光效应可能产生 π 弧度的相移以及实现光交换。对输入功率 P_i,微分相移 $\Delta\varphi$ 可用公式表示为[50]

$$\Delta\varphi = \frac{2\pi n_2 P_i}{\lambda_0 A}\left(\frac{1 - \exp(\alpha l)}{\alpha}\right) \tag{18.11}$$

式中,A 为波导的横截面积,α 为衰减常数,n_2 为非线性折射率系数,l 为波导长度,λ_0 为真空波长。对于上述器件,不同参数的测量值分别为:$A = 10~\mu m^2$,$\alpha = 15~cm^{-1}$,$l = 2~mm$,$\lambda_0 = 0.85~\mu m$,根据观察到的相移,推测出 n_2 约为 $10^{-7}~cm^2/W$。从这个器件中观察到的光学控制相移和开关很有意义,因为它们表明了实现全光逻辑回路的可能性,即无须任何电子输入或控制信号,就可以正常工作。然而,在这类光计算机变得可行之前,该器件所使用的光功率(约 1 mW)的等级必须降低。前面所述的与强度调制器有关的电吸收效应也能够用来制作光开关,如图 18.7[51] 所示的 2×2 的光门矩阵开关、单片集成多量子阱电吸收开关和波导回路。这些开关阵列可用来构筑大规模的光交换系统。如图 18.7 所示,将多量子阱电吸收开关与带有利用反应离子束刻蚀(RIBE)法制作出的隔角镜的微型分束器和合束器进行单片集成,获得了尺寸很小的芯片。在每个多量子阱门周围开出凹槽,使四个多量子阱门之间形成电隔离。多量子阱结构由 28 层 GaAs 量子阱层组成,每层厚度为 80 Å,并由 80 Å 厚的 GaAlAs 势垒层隔开,并入 p-i-n 光电二极管结构中。

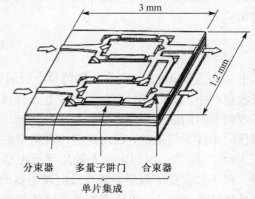

图 18.7 2×2 多量子阱光门矩阵开关[51]

多量子阱门在激子吸收峰波长(近似于 838 nm)运转时,当外加电压为 12 V 时,其消光比(串扰)可达 20 dB(针对 TE 模)。测得门开关的响应时间为 28 ps。然而,开关的插入损耗相对较大——总损耗达 24 dB,其中 9 dB 为传输损耗,8 dB 为镜面损耗,4 dB 为散射损耗,3 dB 为分束损耗。

多量子阱电吸收开关具有吸引力的主要原因是它能够在比常规双异质结电吸收开关更低的外加电压下提供高消光比,这都归因于量子限制斯塔克效应。由于器件尺寸(和电容)更小,可以实现更高的开关速度。此外,多量子阱的吸收饱和度较低。Wood 等人证明,在强度高达 $500~kW/cm^2$ 的情况下,仍可获得大于 10 dB 的开关比,这相当于 10.5 mW 的功率耦合入横截面为 $1~\mu m \times 3~\mu m$ 的器件中[52]。然而,由于吸收和散射,光损耗相对较大。

Coriasso 等人[53]还利用多量子阱结构来制作工作在 1.55 μm 波长的开关。这种开关就是双通道反向定向耦合器，其开关被另一具有近乎相同波长的光束控制。由此可以制作出全光开关，所需的控制能量约为 1 pJ。

18.4　量子阱探测器

量子阱结构独特的属性表明它对多种不同类型的光探测器非常有用。在这些器件中，已经观测到了高达 2×10^4 的光电流增益。

18.4.1　光电导探测器

在低电压条件下，已观测到超晶格内异常显著的光电流放大现象。该超晶格由 35 Å 厚的 $Ga_{0.47}In_{0.53}As$ 势阱组成，势阱之间衬以厚度为 35 Å、以分子束外延法生长的 $Al_{0.48}In_{0.52}As$ 势垒[54]。在 1.3 μm 波长、1.4 V 偏压下，测出响应度高达 4×10^3 A/W，对应的电流增益为 2×10^4。当偏压低至 20 mV 时，测出电流增益接近 50。产生如此大的增益，是由于通过势垒的电子和空穴因在多量子阱结构中存在不同的有效质量而在隧穿率上显示出巨大的差异。在这些半导体中，电子有效质量大约仅为 $0.05m_0$；由此可见，它们具有较长的量子波长，能够轻易隧穿 35 Å 厚的势垒。然而，空穴有效质量大约为 $0.5m_0$，因此它们的波长更短，发生隧穿的概率更低。电子和空穴的隧穿率存在实质性差异，导致电子寿命很长，光电流增益很大。这些器件由于具有多量子阱结构的选择性隧穿的特点，有利于电子运动，因而被称为有效质量滤波器（EMF）。因为这种滤波器能够在低电压下工作，所以较之于常规光电二极管，它本身的暗电流更低，噪音更小。此外，通过改变层厚，可以使有效质量滤波器获得最大增益。如果将层厚调至电子波长的整数倍，则会发生共振隧穿，且增益显著增大（据报道，在共振隧穿的情况下，增益为 2×10^4）。

在具有 n 层 $Al_{0.48}In_{0.52}As$(23 Å)/$Ga_{0.47}In_{0.53}As$(49 Å)超晶格的正向偏置 p^+-n 结处，还观测出量子光电导性，且观察到光电流增益为 $2 \times 10^{3[55]}$。光电流另外两个有意义的特征是，当正向偏压大于结的内建势时，光谱响应发生大的蓝移，光电流的流向也发生逆转。

18.4.2　多量子阱雪崩光电二极管

$Al_{0.48}In_{0.52}As$/$Ga_{0.47}In_{0.53}As$ 多量子阱结构也被用于制作 1.3 μm 波长的雪崩光电二极管[56]。通过分子束外延法生成 p^+-i-n^+ 结构，该结构由 35 层 $Al_{0.48}In_{0.52}As$/$Ga_{0.47}In_{0.53}As$ 组成，厚度为 139 Å，多量子阱区夹在 p^+ 型 $Al_{0.48}In_{0.52}As$ 和 n^+ 型 $Al_{0.48}In_{0.52}As$ 透明层之间。

测得直流电流增益为 62。这些器件被发现具有良好的高频响应能力，在光电流增益为 12 时，半极大全宽度脉冲响应能力为 220 ps。单位增益的暗电流为 70 nA。

此外，已有关于在波长 1.3～1.6 μm 范围运转的低暗电流 InP/$Ga_{0.47}In_{0.53}As$ 超晶格雪崩光电二极管的报道[57]。这些器件的超晶格由 20 个周期的厚度为 300 Å 的势阱和 300 Å 的势垒组成。在 0.9 V 反偏压下，测得光电流增益为 20，暗电流小于 10 nA。人们已经从掺杂效应[58]、倍增噪音[59]以及量产率[60]三个方面对多量子阱雪崩光电二极管进行了深入研究。

18.5　自电光效应器件

18.3.3 节对光学控制多量子阱开关进行了描述。该器件利用非线性电光效应在双通道耦合器内产生相移来形成光开关,然而,它需要较大的光功率(约 1 mW)才能实现开关。要想实现光学计算机的梦想,则必须先实现低能开关,而能够符合这项要求的器件就是自电光效应器件(SEED)[61]。自电光效应器件的基本概念可以理解为将低功率量子阱调制器与光探测器相结合,以制作出能够同时进行光学输入与输出的器件。实际上,单个二极管能够同时实现调制器和探测器的双重功能。p-i-n 多量子阱二极管通过偏压电阻实现反向偏置,适当波长的光束被引向量子阱层法线的方向。首先制作多量子阱结构,使二极管在零偏压时,激子吸收峰能够处于工作波长。随后,选择好偏压,以使二极管被施以全偏压时,激子吸收峰能够从工作波长处移开。这样,二极管的输入面将没有光束射入,也没有光电流流经偏压电阻,且二极管此时为全偏压。但是,如果光束照进输入面,则会产生光电流,偏压电阻上的部分偏压也会下降。一旦流经二极管的电压下降,随着激子峰移向工作波长,吸收会随之增大。这种正反馈会产生"雪球"效应,也就是说,当输入光功率超过某一个临界阈值时,二极管就转变为高吸收、低电压的状态。如果输入光功率降低,则同样的正反馈也会导致二极管在输入光功率小于某个更低的维持功率时,重新回到低吸收、高电压的状态。由此可见,自电光效应器件是一种可用光学方法切换的双稳态器件。Cao 等人[62]已经制作出一种光学交叉转换网络,在该网络中,他们使用多量子阱自电光效应器件(MQW SEED)阵列作为电寻址四功能互换节点。这个网络具有一个 64×64 高速互换节点矩阵。

如果再将一个相同的多量子阱二极管替换前面所述电路中的偏压(负载)电阻,就有可能制作出一个对称自电光效应器件(S-SEED)[63]。对称自电光效应器件的主要特征是它具有增益,在低光功率水平下即可切换。对称自电光效应器件有两个光输入口,输入功率 1(P_{in1})和输入功率 2 (P_{in2});也有两个光输出口,输出功率 1(P_{out1})和输出功率 2(P_{out2}),对应于通过每个多量子阱二极管传输的光。如果 P_{in1} 和 P_{in2} 保持相等,对称自电光效应器件将处于一种状态或另一种状态,这两种状态分别具有较高或较低的 P_{out1},反之亦然,这取决于二极管最初的状态。如果之后 P_{in1} 和 P_{in2} 都减少相同的量,对称自电光效应器件将不会切换。只有当一个二极管中的光电流开始超过另一个二极管中的光电流时,器件的切换才会发生。也就是说,对称自电光效应器件的切换是由输入光功率的比例控制的,而非由其绝对水平控制。因此,两个入射光束的功率可以暂时降低,但在此期间额外加到一个入射光束上的少量功率就可以导致切换,然后两个光束的功率都可增加。用这种方式可以产生"时序增益",使得功率很小的光输入信号可以控制更大的输出功率。在对称自电光效应器件中可观测到几皮焦的切换能,而且已证实的切换速度小于 1 ns(处于较高的切换能时)。由于这些属于较新型的器件,其在性能方面获得进一步改善的前景被看好。

64×32 的对称自电光效应器件阵列已经制作出来[64]。这一阵列仅 1.3 mm 见方,每个对称自电光效应器件由两个多量子阱台面型二极管组成,其大小为 10 μm × 10 μm,并以电串联方式连接;偏置电源仅需两个电气连接。根据可用逻辑门的数量,16×32 的对称自电光效应器件阵列相当于具有 6144 个逻辑插脚引线的芯片,每个门有两个输入和一个输出,尽管因为每个门都有两束入射光和两束出射光,使得芯片实际上有 16 384 个物理"插脚引线"。逻辑"1"

状态表示一束光比另一束更强，"0"状态则相反。$P_1 > P_2$ 或 $P_2 > P_1$ 都可以定义为"1"状态。

　　对称自电光效应器件还被推荐用在其他方面，如智能像素、A/D 转换器、动态存储器和振荡回路，以及数字逻辑[65~67]。尽管现在说对称自电光效应器件将来是否会逐渐发展成为未来光学计算机的基本元件还为时尚早，但由于它尺寸小、切换能较低，肯定是一个潜在的候选者。因此自电光效应器件目前仍被持续地研究。

18.6　光电集成回路中的量子阱器件

　　为了实现各种各样的用途，量子阱器件已被整合进许多不同的光电集成回路中。量子阱器件可被制作在其他光电器件首选使用的同种 III-V 族半导体材料中，这一事实方便了它们实现单片集成。在 18.3.3 节中已经给出了这样的集成实例，描述了一个 2×2 多量子阱门矩阵开关。在这一章余下的段落中将给出另外一些实例。

18.6.1　集成激光器/调制器

　　因为多量子阱器件预想的主要应用之一是半导体二极管激光器的调制，所以激光二极管和多量子阱调制器的单片集成是十分必要的。如果芯片表面沉积了微波带状线，这样的集成可以降低激光器和调制器之间的光耦合损耗，而且方便调制器电驱动信号的引入。当然，单片集成也将最终降低成本以及改善激光器/调制器对的可靠性。

　　Tarucha 和 Okamoto[68] 在 GaAs/GaAlAs 上单片集成了量子阱调制器和激光二极管。激光器和调制器都有如图 18.8 所示的相同的多量子阱结构。这种多量子阱结构由 16 周期的厚度为 80 Å 的 GaAs 势阱和厚度为 50 Å 的 $Ga_{0.75}Al_{0.25}As$ 势垒构成，它们夹在厚度为 1.5 μm 的 $Ga_{0.57}Al_{0.43}As$ 包层之间，位于 20 μm 宽的条形波导台面内。激光二极管和调制器被反应离子束刻蚀成的 2.6 μm 宽的间隙隔开，激光器的波导长度和调制器的波导长度分别为 110 μm 和 190 μm。零偏压时调制器的电容为 7 pF，反向击穿电压为 9 V。激光器阈值电流大约为 30 mA。激光二极管偏置在 $1.4I_{th}$ 处时，测得的低频调制深度为 7 dB。高频调制曲线开始是平直的，频率大于 0.3 GHz 后开始下降，受调制器的 RC 时间常数所限，到 0.9 GHz 左右时下降到 −3 dB。减小波导宽度既可以改善调制器的频率响应，又可以减小激光器的阈值电流。波导宽度为 13 μm 时，单模波导的预期电容为 0.4 pF，预计带宽为 10 GHz。

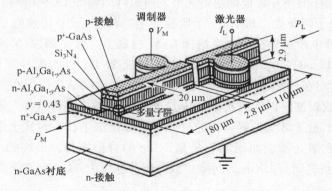

图 18.8　集成多量子阱激光器和调制器[68]

Kawamura 等人[69,70]成功地将一个 InGaAsP/InP 分布式反馈激光器和一个 InGaAs/InAlAs 多量子阱调制器单片集成到 InP 衬底上,发射波长为 1.55 μm。值得注意的是分布式反馈激光器是用液相外延法生长的,而多量子阱调制器由分子束外延法制得。首先,由一层 0.15 μm 厚的 InGaAsP 有源层和一层 0.15 μm 厚的波导层(具有分布式反馈皱折)、一层 2.4 μm 厚的 InP 包层和一层 0.5 μm 厚的波导层(具有分布式反馈皱折)、一层 2.4 μm 厚的 InP 包层和一层 0.5 μm 厚的 InGaAsP 保护层组成的分布式反馈结构,通过液相外延法生长在掺硅的 InP 衬底上。然后将分布式反馈结构从部分衬底上移除,以在这部分衬底上用掩蔽刻蚀法生长调制器。采用分子束外延法(用 SiO₂掩蔽)将 InGaAs/InGaAl 多量子阱 p-i-n 调制器结构生长在衬底上。多量子阱结构是由 40 个周期的无掺杂 InGaAs/InAlGa(势阱厚 65 Å、势垒厚 70 Å)夹在一层掺 Si 的 n 型 InAlGa 层和一层掺 Be 的 p 型 InAlGa 层之间,再覆盖一层 0.5 μm 厚的 InGaAs 层组成的。最后,分布式反馈激光器被掩蔽并刻蚀成 10 μm 宽的条形激光器(腔长等于 300 μm),并且多量子阱 p-i-n 层被制作成台面型光调制器(台面宽度为 100 μm,腔长为 50 μm)。激光器/调制器以单纵模方式工作,工作波长为 1.55 μm,脉冲响应时间为 300 ps 时测量的开关比为 3 dB。

集成多量子阱激光器/调制器的另一个实例是 Nakano 等人[71]报道的单片集成激光发射机,它与前文所述的类型不同。在这个例子中,一个多量子阱 GaAlAs 激光器被集成在包含 10 个场效应晶体管驱动电路的半绝缘 GaAs 衬底上。通过掺杂原子的选择性离子注入工艺把场效应晶体管制作在半绝缘衬底上。激光器的阈值电流为 40 mA,并能用非归零(NRZ)编码的 2 Gbps 数据速率调制。

另一个用于光电集成回路中接收机回路的集成多量子阱器件的实例是 Zebda 等人[72]报道的单片集成的 InGaAs/AlGaAs 赝单量子阱调制掺杂场效应晶体管和雪崩光电二极管。在这个回路中,门宽度为 1 μm 的场效应晶体管与 30 μm × 50 μm 的雪崩光电二极管[倍增区内包含一个 13 周期的 GaAs/AlGaAs(400/400 Å)多量子阱结构]组合在一起。

毫无疑问,多量子阱激光器、调制器和探测器可以和其他光电器件和传统电子器件单片集成。迄今为止大多数集成仅仅涉及一个激光器和一个调制器。但是,更多复杂的回路必将逐步形成。下一节描述的四通道发射机阵列就是这种回路的例子。

18.6.2 基于多量子阱激光器的四通道发射机阵列

Wada 等人[73]制作的单片集成四通道光电发射机阵列如图 18.9 所示。每个发射机通道都由一个 GaAlAs 多量子阱激光二极管、一个监控光电二极管、三个场效应晶体管和一个电阻组成,所有这些元件都单片制作在一个半绝缘 GaAs 衬底上。台面刻蚀、N 通道的场效应晶体管被设计成具有超过 17 mΩ⁻¹ 的跨电导,电阻也被制成 50 Ω,以匹配外部微波带状线的输入。激光器/光电二极管对在芯片边缘对齐,同时,嵌入式异质结结构运用在激光器和监控光电二极管上。衬底中形成刻蚀阱以使激光器、光电二极管和场效应晶体管相互隔离。在渐变折射率-分离限制异质结-单量子阱激光器结构通过分子束外延法生长在衬底上之后,激光器端面被解理。金属化之前在激光器表面刻蚀一个宽 3 μm 的脊形波导。最终的芯片大小为 4 mm × 2 mm,在激光器带条之间有 1 mm 的间隙。激光器的腔长为 40 μm,激光器和光电二极管之间的间隙为 60 μm。

激光器的阈值电流的测量值在 17.5 ± 3.5 mA 范围内,微分量子效率为 54.5 ± 9.5%。激光器的 L-I 曲线是线性的,直到输出功率为 4 mW/面。基本上是单模光发射,波长为 8340 Å。光电二极管响应曲线也是线性的，伴有小于 100 nA 的暗电流。阵列芯片的功耗估计为 1.2 W 左右。在数据率为 1.5 Gbps(非归零格式)的情况下调制所有四通道激光二极管是可能的。频率为 500 MHz 时，测得的通道间串扰为 −28 dB，而在 1 GHz 时则上升到 −14 dB。

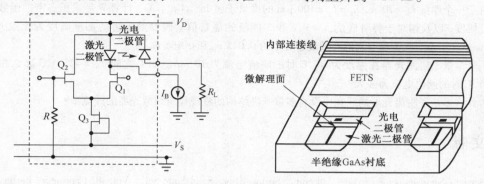

图 18.9　集成四通道发射机[73]

在最初 200 小时的"烧入"期之后，对这些激光器进行初步的老化测试确定输出功率的退化率为 8%/kh。总的电光转换效率为 6 mW/V，这使得发射机适合通过发射极耦合逻辑(ECL)输入信号工作。总之，考虑到在这个光电集成回路中相对较高的集成水平，各种元件(和整个芯片)的性能特性非常良好，它们清楚地表明了量子阱器件的单片集成所能带来的巨大好处。在技术上的进一步改进无疑将导致令人印象更加深刻的结果。

除了单片集成技术生产的光集成回路之外，利用多量子阱器件的混合集成也能得到有效的回路。例如，Gruber[74]报道了一个多芯片模块，这种模块是将多量子阱 p-i-n 光电二极管阵列和倒装片键合的垂直腔表面发光激光器阵列集成到石英玻璃衬底上，以产生一个平面集成的自由空间光学矢量矩阵型互联的光电集成回路。

习题

18.1　解释多量子阱结构和超晶格结构之间的区别。

18.2　一个 GaAs 深量子阱的厚度为 $L_z = 70$ Å，$L_x = L_y = 100$ μm，计算导带累积态密度函数中的步阶幅度，以及相对于势阱底的 $n = 1$、2 和 3 能级的能量值(假设量子阱的侧壁高度为无限大)。

18.3　如果习题 18.2 中的量子阱被整合进一个二极管激光器中，导带中 $n = 1$ 能级和价带中 $n = 1$ 能级之间的电子跃迁的发射波长将是多少(假设温度为 300 K)？

18.4　(a)解释单个 p-i-n 多量子阱二极管如何起到一个自电光效应器件的作用。
　　　(b)为什么自电光效应器件会被预想为计算机中可能的数字逻辑元件？

18.5　一个厚度为 60 Å 的 GaAs 单量子阱被整合进一个 GaAlAs 异质结激光器中，该激光器为条形，长 200 μm，宽 10 μm。
　　　(a)如果发射区的禁带宽度为 $E_g = 1.52$ eV 而且电子跃迁发生在导带的 $n = 1$ 能级和价带的 $n = 1$ 能级之间，发射波长是多少？
　　　(b)如果(a)部分中激光器的增益系数为 $g = 80$ cm^{-1}，那么具有 20 个同样的量子阱的多量子阱激光器的增益系数将是多少？

18.6　某一量子限制斯塔克效应调制器具有使光沿垂直于 p-n 结平面的方向通过的几何结构。未加电压时在工作波长处的吸收系数为 10 cm^{-1}，加最大容许偏压时吸收系数为 2×10^3 cm^{-1}。p-n 结(有源区)的厚度为 10 μm。

（a）调制器的开关比是多少？

（b）如果制作同样结构的器件，并使光沿平行于 p-n 结平面的方向通过，限制因子为 0.8，那么当这个器件 50 μm 长时，新的开关比是多少？

18.7　对于一个厚度 $L_z = 70$ Å，$L_x = L_y = 100$ μm 的深量子阱 $In_{0.53}Ga_{0.47}As$，计算导带累积态密度函数中的步阶幅度，以及相对于势阱底的 $n = 1$、2 和 3 能级的能量值。假设量子阱的侧壁高度为无限大，对于 $In_{0.53}Ga_{0.47}As$，电子和空穴的有效质量分别为 0.045 m_0 和 0.465 m_0。

18.8　一个多量子阱激光器在温度为 21 ℃ 时的阈值电流为 10 mA。如果它的 $T_0 = 425$ ℃，那么在温度为 45 ℃ 时的阈值电流为多大？

18.9　为什么多量子阱激光器的线宽比没有多量子阱结构的常规异质结激光器的线宽窄？

参考文献

1. K. Seeger：*Semiconductor Physics*，5th edn.，Springer Ser. Solid-State Sci.，Vol. 40（Springer，Berlin，Heidelberg 1991）

2. R. Dingle：*Proc. 13th Int'l Conf. on Physics of Semiconductors*，F. G. Fumi（ed.），（North-Holland，Amsterdam 1976）

3. A. Yariv：*Quantum Electronics*，3rd edn.（Wiley York，New York 1988）pp. 267 – 268

4. A. Yariv：*Quantum Electronics*，3rd edn.（Wiley York，New York 1988）p. 270

5. A. Yariv：*Quantum Electronics*，3rd edn.（Wiley York，New York 1988）p. 272

6. A. Larsson，P. Andrekson，B. Jonsson，C. Lindstrom：IEEE J. **QE-25**，2013（1989）

7. J. Feldmann，G. Peter，E. O. Göbel，K. Leo，H. Polland，K. Ploog，K. Fujiware，T. Nakayama：Appl. Phys. Lett. **54**，226（1987）

8. W. T. Tsang：Appl. Phys. Lett. **40**，**217**（**1982**）

9. L. M. Walpita：J. Opt. Soc. Am. A **2**，592（1985）

10. P. L. Derry，A. Yariv，K. Y. Lau，N. Bar-Chaim，K. Lee，J. Rosenberg：Appl. Phys. Lett. **50**，1773（1987）

11. W. J. Choi，P. D. Dapkus：Self-defined oxide-current-aperture buried-heterostructure ridge waveguide InGaAs single-quantum-well diode laser. IEEE Photonics Tech. Lett. **11**，773（1999）

12. W. T. Tsang：Appl. Phys. Lett. **39**，786（1981）

13. R. Chin，N. Hollonyak Jr.，B. Vojak，K. Hess，R. Dupuis，P. Dapkus：Appl. Phys. Lett. **36**，19（1980）

14. Z. Y. Yu，V. Kreismanis，C. L. Tung：Appl. Phys. Lett. **44**，136（1984）

15. Y. Sasai，J. Ohya，M. Ogura，T. Kajiwara：Electron. Lett. **23**，232（1987）

16. Y. Sasai，N. Huse，M. Ogura，T. Kajiwara：J. Appl. Phys. **59**，28（1986）

17. Y. Sasai，M. Ogura，T. Kajiwara：J. Cryst, Growth **78**，461（1986）

18. Y. Arakawa，A. Yariv：IEEE J. **QE-21**，1666（1985）

19. M. Okai，T. Tsuchiya，A. Takai，N. Chinone：IEEE Photon. Tech. Lett. **4**，526（1992）

20. J. J. Coleman：Strained-layer InGaAs quantum well heterostructure lasers. IEEE J. Selected Topics Quantum Electron. **6**，1008（2000）

21. A. Cavicchii，O. Lang，D. Gershoni，A. Sergent，J. Vandenberg，S. N. G. Chu，M. B. Panish：Appl. Phys. Lett. **54**，739（1989）

22. P. J. A. Thijs，T. van Dongen，B. H. Verbeek：OFC'90，San Francisco，Paper WJ2

23. J. J. Coleman：OFC'90，San Francisco，Paper WJI

24. P-H. Leia，M-Y. Wua，C-C. Linb，W-J. Hob，M-C. Wu：High-power and low-threshold-current operation of 1.3 μm strain-compensated AlGaInAs/AlGaInAs multiple-quantum-well laser diodes，Solid-State Electron. **46**，2041（2002）

25. Z. Alferov: Double heterostructure lasers: early days and future perspectives. IEEE J. Selected Topics Quant. E-lect. **6**, 832 (2000)

26. Y. Arakawa, K. Vahala, A. Yariv: Appl. Phys. Lett. **45**, 950 (1984)

27. H. Temkin, G. Dolan, M. B. Panish, S. N. G. Chu: Appl. Phys. Lett. **50**, 413 (1987)

28. J. Cibert, P. M. Petroff, G. J. Dolan, C. J. Pearton, A. C. Gossard, J. H. English: Appl. Phys. Lett. **49**, 1275 (1986)

29. G. Park, D. L. Huffaker, Z. Zou, O. B. Shchekin, D. G. Deppe: Temperature dependence of lasing characteristics for long-wavelength (1.3 μm) GaAs-based quantum dot lasers. IEEE Photonics Tech. Lett. **11**, 301 (1999)

30. W. Tsang, M. Wu, Y. Chen, F. Chou, R. Logan, S. Chu, A. Sergant, P. Magill, K. Reichmann, C. Burrus: IEEE J. **QE-30**, 1370 (1994)

31. D. A. B. Miller, D. S. Chemia, T. C. Damen, A. C. Gossard, W. Wiegmann, T. H. Wood, L. A. Burrus: Phys. Rev. Lett. **53**, 2173 (1984)

32. D. S. Chemia, T. C. Damen, D. A. B. Miller, A. C. Gossard, W. Wiegmann: Appl. Phys. Lett. **42**, 864 (1983)

33. T. H. Wood, C. A. Burrus, D. A. B. Miller, D. S. Chemia, T. C. Damen, A. C. Gossard, W. Wiegemann: IEEE J. **QE-21**, 117 (1985)

34. D. A. B. Miler, D. S. Chemia, T. C. Damen, A. C. Gossard, W. Wiegmann, T. H. Wood, C. A. Burrus: Phys. Rev. B **32**, 1043 (1985)

35. T. H. Wood: IEEE J. LT-**6**, 743 (1988)

36. P. J. Stevens, G. Parry: IEEE J. LT-**7**, 1101 (1989)

37. T. H. Wood, C. A. Burrus, R. S. Tucker, J. S. Weiner, D. A. B. Miller, D. S. Chemia, T. C. Damen, A. C. Gossard, Wiegmann: Electron. Lett. **21**, 693 (1985)

38. T. H. Wood, R. W. Tkach, A. R. Chraplyvy: Appl. Phys. Lett. **50**, 798 (1987)

39. T. H. Wood: Appl. Phys. Lett. **48**, 1413 (1986)

40. K. Wakita, K. Sato, I. Kotaka, M. Yamamoto, T. Kataoka: Electron. Lett. **30**, 302 (1994)

41. P. S. Cho, D. Mahgerefteh, J. Coldhar: All-optical 2R regeneration and wavelength conversion at 20 Gb/s using an electroabsorption modulator. IEEE Photonics Tech. Lett. **11**, 1662 (1999)

42. T. Ido, S. Tanaka, M. Koizumi, H. Inoue: Ultrahigh-speed MQW electroabsorption modulators with integrated waveguides, Proceedings of SPIE **3006** Optoelectronic Integrated Circuits, Y-S. Park, R. V. Ramaswamy, (eds.), (1997) pp. 282–290

43. T. Kuri, K. Kitayama, A. Stohr, Y. Ogawa: Fiber-optic millimeter-wave downlink system using 60 GHz-band external modulation. IEEE J. Lightwave Tech. **17**, 799 (1999)

44. J. I. Pankove: *Optical Processes in Semiconductors* (Prentice-Hall, Englewood Cliffs, NJ 1971) pp. 89–90

45. T. Hiroshima: Appl. Phys. Lett. **50**, 968 (1987)

46. H. Nagai, M. Yamanishi, Y. Kam, I. Suemune: Electron. Lett. **22**, 888 (1986)

47. T. H. Wood, R. W. Tkach, A. R. Chraplyvy: Appl. Phys. Lett. **50**, 798 (1987)

48. I. D. Hennings, J. V. Collins: Electron. Lett. **19**, 927 (1983)

49. J. S. Weiner, D. A. B. Miller, D. S. Chemia: Appl. Phys. Lett. **50**, 842 (1987)

50. P. Li KamWa, J. E. Sitch, N. J. Mason, J. S. Roberts, P. N. Robson: Electron. Lett. **21**, 26 (1985)

51. A. Ajisawa, M. Fujiware, J. Shimizu, M. Sugimoto, M. Uchida, Y. Ohta: Electron. Lett. **23**, 1121 (1987)

52. T. H. Wood, J. Z. Pastalan, C. A. Burrus, B. I. Miller, J. L. de Miguel, U. Koren, M. Young: OSA/IEEE Conf. on Integrated Photonics Research, Hilton Head, SC (1990) Paper TuG4

53. C. Coriasso, D. Campi, L. Faustini, A. Stano, C. Cacciatore: Optically controlled contradirectional coupler. IEEE J. Quantum Electron. **35**, 298 (1999)

54. F. Capasso, K. Mohammed, A. Y. Cho, R. Hull, L. Hutchinson: Appl. Phys. Lett. **47**, 420 (1995)

55. F. Capasso, K. Mohammed, A. Y. Cho, R. Hull, L. Hutchinson: Phys. Rev. Lett. **55**, 1152 (1985)

56. K. Mohammed, F. Capasso, J. Allam, A. Y. Cho, L. Hutchinson: Appl. Phys. Lett. **47**, 597 (1985)

57. F. Capasso: OFC/IGWO'86m Atlanta, GA, Paper WCCI

58. I. Yun, H. M. Menkarl, Y. Wang, I. H. Oguzman, J. Kolnik, K. F. Brennan, G. S. May, C. J. Summers, B. K. Wagner: Effect of doping on the reliability of GaAs multiple quantum well avalanche photodiodes. IEEE Trans. Electron. Devices **44**, 535 (1997)

59. A. Salokalve, M. Toivonett, M. Hovinen: Multiplication noise in GaAs/AlGaAs multiquantum well avalanche photodiodes with different well different well widths. Electron. Lett. **28**, 416 (1992)

60. I. Yun, G. S. May: Parametric manufacturing yield modeling of GaAs/AlGaAs multiple quantum well avalanche photodiodes. IEE Trans. Semiconductor Manufacturing **12**, 238 (1999)

61. For a review of SEED devices see, e. g., D. A. B. Miller: Optics and Photon. News **1**, 7 (April 1990) or H. S. Hinton, A. L. Lentine: Multiple quantum-well technology takes SEED, IEEE Circuits and Devices Magazine **9**, 12 (1993)

62. M. Cao, H. Li, A. Jun, F. Luo, X. Jun, L. Nu, W. Gao: Opt. Laser Tech. **26**, 271 (1994)

63. A. L. Lentine, H. S. Hinton, D. A. B. Miller, J. E. Henry, J. E. Cunningham, L. M. F. Chirovsky: IEEE J. **QE-25**, 1928 (1989)

64. L. M. F. Chirovsky, L. A. DAsaro, R. F. Kopf, J. M. Kuo, A. L. Lentine, F. B. McCormick, R. A. Novotny, G. D. Boyd: OSA Annual Meeting, Orlando, FL (1989) Paper PD28

65. H. D. Chen, K. Liang, Q. M. Zeng, X. J. Li, Z. B. Chen, Y. Du, R. H. Wu: Flip-chip bonded hybrid CMOS/SEED optoelectronic smart pixels. IEEE Proceedings, Optoelectronics **147**, 2 (2000)

66. M. Moran, C. J. Rees, J. Woodhead: Operating characteristics of GaAs-InGaAs self biased piezoelectric S-SEEDs: IEE Proc., Opt. **146**, 31 (1999)

67. S. F. Al-Sarawi, P. B. Atanackovic, W. Marwood, B. A. Clare, K. A. Corbett, K. J. Grant, J. Munch: Differential oversampling data converters in SEED technology, Microelectron. J. 33, 141 (2002)

68. S. Tarucha, H. Okamoto: Appl. Phys. Lett. **48**, 1 (1986)

69. Y. Kawamura, K. Wakita, Y. I. Taya, Y. Yoshikuni, H. Asabi: Electron. Lett. **22**, 242 (1986)

70. Y. Kawamura, K. Wakita, Y. Yoshikuni, Y. Itaya, H. Asahi: IEEE J. **QE-23**, 915 (1987)

71. H. Nakano, S. Yamashita, T. Tanaka, H. Hirao, N. Naeda: IEEE J. LT-**4**, 574 (1986)

72. Y. Zebda, R. Lipa, M. Tutt, D. Pavlidis, P. Bhattacharya, J. Pamulapati, J. Oh: IEEE Trans. ED-**35**, 2435 (1988)

73. O. Wada, N. Nobuhara, T. Sanada, M. Kuno, M. Makiuchi, T. Fujii, T. Sakarai: IEEE J. LT-7, 186 (1989)

74. M. Gruber: Multichip module with planar-integrated free-space optical vector-matrix-type interconnects, Appl. Opt. **43**, 463 (2004)

有关量子阱的补充阅读资料

P. Bhattacharya: *Semiconductor Optoelectronic Devices* (Prentice-Hall, Englewood Cliffs, NJ (1994) pp. 133 – 137, 294 – 299

D. A. B. Miller, D. S. Chemia, S. Schmitt-Rink: Electric field dependence of optical properties of semiconductor quantum wells, in *Semiconductors*, H. Haug (ed.) (Academic, New York 1988) pp. 325 – 360

第 19 章 微光机电器件

近年来，诸如离子束溅射、等离子体溅射和选择性化学刻蚀等微加工技术已经发展到一个新的高度，使得将多个机械微结构单片集成在同一芯片上成为可能，如同电子和光学器件一样。这导致了一种被称为微光机电器件（系统）的新型集成器件（电路）的出现，英文简写为MOEM。由于这个简写稍显复杂，而且由于微机电器件（MEM）先于包含光学元件的器件开发，因此这两种类型的器件常常都用后一种缩写来表示。许多种不同类型的 MOEM 或 MEM 已被制作出来，用以实现各种各样的功能。通常这些器件可以分为三类：传感器、执行器和光学元件。表 19.1 给出了各类器件的实例。

表 19.1 微光机电系统

传感器	执行器	光学元件
长度	调谐器	微透镜
压力	开关	耦合器
振动	扫描仪	滤波器
光	干涉仪	微反射镜
电压	电压发生器	分束器
温度	微型电机	全息光学元件（光栅）

这三个类别之间的界限并不是非常清晰，而且还没有一个广为认可的分类方法。但是可以合理地认为，一个传感器可以探测或测量某种性能，一个执行器具有可移动的部件，而一个光学元件可以没有移动的部件即可实现其自身的功能。本章稍后将给出表 19.1 中列出的部分MEM 的详细描述，但首先有必要回顾一下电气和光学工程师们也许并不习惯使用的一些基本的力学方程。

19.1 基本力学方程

力学是工程科学的一个领域，研究的对象是力及其作用于不同材料时所产生的效应。对该领域的完整阐述已经超出本书范围，但是对于其中关键设计方程的简要回顾已经足够帮助我们理解 MEM 的原理以及设计新的MEM。关于力学原理的深入讨论，可参考 Popov 的著作[1]。

19.1.1 轴向应力和应变

假设一固体杆初始长度为 L_0，直径为 D。如果在其两端均匀施加拉力 F，此杆将伸长 ΔL，如图 19.1 所示。

此时轴向应变 ε_a 可表示为

$$\varepsilon_a = \frac{\Delta L}{L_0} \qquad (19.1)$$

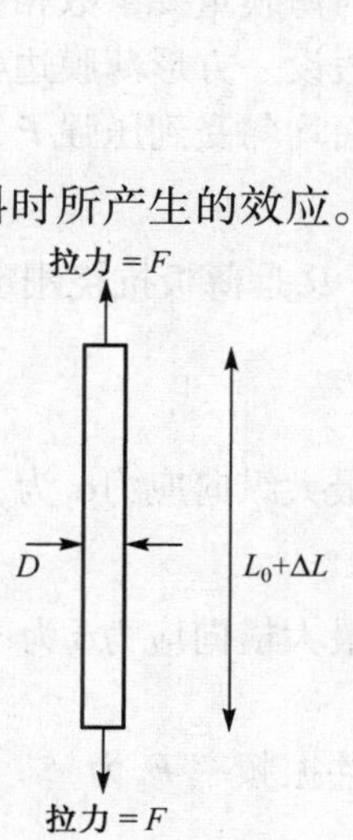

图 19.1 受到轴向力的杆

应力为

$$\sigma = \frac{F}{面积} = \frac{F}{\pi(D/2)^2} \tag{19.2}$$

通常拉伸应力取负号，压缩应力取正号。线性坐标下，材料的应力-应变曲线为一直线，直至断点(接近屈服强度)处变为次线性。在此断点以内，应力与应变由胡克定律表述为

$$\sigma = \varepsilon E \tag{19.3}$$

其中，应力-应变曲线的线性段斜率 E 称为杨氏模量。脆性材料的应力-应变曲线断点尖锐，而柔性材料的曲线则逐渐偏离线性。但无论是哪种情况，应变增加时所能达到的最大应力值都约为屈服强度。应力(和屈服强度)具有单位面积上的力的量纲，而应变则是一个无量纲的量。因此，杨氏模量也具有单位面积上的力的量纲，通常用吉帕斯卡或 GPa 表示。屈服强度和杨氏模量是材料非常重要的两个特性，对于大多数感兴趣的材料，这两个量已经被测量和公开发表[2]。

至此，我们考虑的所有应力和应变都是轴向的，而由垂直于杆轴方向施加的力所引起的剪切应力和剪切应变也是非常重要的。式(19.1)、式(19.2)和式(19.3)也适用于剪切应力和剪切应变。横向应变与轴向应变的比值称为泊松比：

$$v = -\frac{\varepsilon_1}{\varepsilon_a} \tag{19.4}$$

如此定义的泊松比总是正值，因为使 ε_a 取负值的拉力会导致杆直径的收缩，从而使 ε_1 为正。

19.1.2   薄膜

许多 MEM，比如压强和振动传感器，都会用到半导体或其他材料的薄膜。这些薄膜通常只在外围边缘处得到支撑，因而在其整个表面都能因受到力或压强(单位面积上的力)的作用而自由地发生挠曲。挠度则可用于测量力或压强。如果力或压强是通过电或磁的方式施加的，那么薄膜将起到换能器的作用，将电磁能量转换为机械运动。此薄膜的运动可用于移动一个反射面从而令光束产生相移或调制。

与薄膜重要参数相关的方程如下[3]。

假设一方形薄膜边长为 a，厚度为 t，杨氏模量为 E，密度为 ρ，泊松比为 v。如果此薄膜的上表面均匀受到压强 P 的作用，则最大挠度 w_{max}(出现在中心处)可表示为

$$w_{max} = 0.001265\, P a^4 / D \tag{19.5}$$

式中，D 是薄板抗挠刚度，表示为

$$D = \frac{E t^3}{12(1-v^2)} \tag{19.6}$$

最大纵向应力 σ_1 为

$$\sigma_1 = 0.3081 P (a/t)^2 \tag{19.7}$$

最大横向应力 σ_t 为

$$\sigma_t = v\sigma_1 \tag{19.8}$$

共振频率 F_0 为

$$F_0 = (1.654 t/a^2)\left[\frac{E}{\rho(1-v^2)}\right]^{1/2} \tag{19.9}$$

19.1.3　悬臂梁

许多 MOEM 利用了悬臂梁结构，即将一杆状材料一端固定，另一端可自由挠曲。悬臂梁受力时会发生挠曲，无论这种力是集中于一点还是分布于整个面上，挠度取决于所受力的大小及分布特性。因此，悬臂梁可以用于力的测量。如果力是通过电或磁的方式施加的，悬臂梁则起到换能器的作用，将电能转换为机械运动。

假设有一悬臂梁，一端固定（$x=0$），长为 L，宽为 a，厚为 t，杨氏模量为 E，密度为 ρ，如图 19.2 所示。

该悬臂梁表面每单位宽度上都受到一均匀分布的力 $P = F/a$ 的作用，那么悬臂梁长度方向上（$0 < x < L$）的挠度 w 为[3]

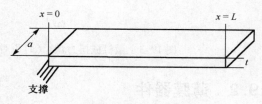

图 19.2　悬臂梁配置

$$w(P,x) = \frac{Px^2}{24EI}(6L^2 - 4Lx + x^2)$$

（19.10）

式中，I 表示弯曲转动惯量：

$$I = \frac{at^3}{12}$$

（19.11）

最大应力 σ_{max} 表示为

$$\sigma_{max} = \frac{PL^2t}{4I}$$

（19.12）

类似地，若此悬臂梁在其端点（$x = L$）处受到点载荷 Q 的作用（其中 Q 是力），挠度 w 则可表示为

$$w(Q,x) = \frac{Qx^2}{6EI}(3L - x)$$

（19.13）

最大应力为

$$\sigma_{max} = \frac{QLt}{2I}$$

（19.14）

悬臂梁的共振频率 F_0 表示为

$$F_0 = 0.161\frac{t}{L^2}\left(\frac{E}{\rho}\right)^{1/2}$$

（19.15）

19.1.4　扭力盘

仅在两点处由小横梁支撑的半导体材料薄盘可由微刻蚀技术制造得到。图 19.3 给出了两种典型的结构。有些令人惊讶的是，用于支撑薄盘的小横梁即使是由硅这样的脆性半导体材料制成，也能形成扭力弹簧，并能在不折断的情况下允许薄盘旋转一个角度[4, 5]。本章稍后部分将会讲到，可以通过电或磁的方式使扭力盘发生旋转，这样就可以制造出像扫描镜和光开关这样的 MOEM。

当盘转过角度 θ 时，扭力弹簧会产生一个恢复力矩 T_r[4]，

$$T_r = \frac{2(Gwt^3\theta)}{3l}\left(1 - \frac{192}{\pi^5}\right)\frac{t}{\omega}\tanh\left(\frac{\pi\omega}{2t}\right)$$

（19.16）

式中，l、w 和 t 分别表示梁的长、宽和厚，G 表示梁所用半导体材料（或其他材料）的剪切模量。

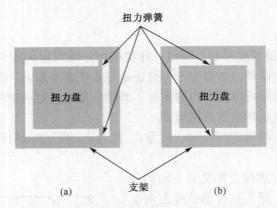

图 19.3　微机械扭力盘。(a)不对称,在一边支持;(b)对称,在中心支持

19.2　薄膜器件

将薄膜作为关键元件可以制造出许多不同类型的 MOEM。在传感器中可以利用薄膜的挠曲来探测和测量力或压强。例如,Zhoe 等人[6]利用一圆形硅质薄膜制成了光学拾取压力传感器,如图 19.4 所示。

这种 MOEM 是这样制成的:首先在玻璃衬底上刻蚀出一深 $h = 0.53$ μm、直径 $d = 600$ μm 的浅腔,然后在腔面的玻璃上黏合一层硅,最后将硅层刻蚀为厚度 $t = 26$ μm 的薄膜。该器件工作时,在 $\lambda_0 = 850$ nm 波长下利用光纤来实现光信息的拾取,薄膜的挠度通过干涉法测量得到。对于这种圆形薄膜,距离薄膜中心 r 处点的挠度 w_r 与薄膜中心处挠度 w_c 的关系可表示为[6]

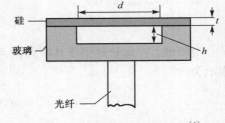

图 19.4　光学拾取压力传感器[6]

$$w_r = w_c \left[1 - \left(\frac{2r}{d} \right)^2 \right]^2 \qquad (19.17)$$

式中,w_c 为薄膜中心处的挠度,由下式给出:

$$w_c = 3Pd^4 \frac{(1 - v^2)}{265Et^3} \qquad (19.18)$$

式中,v 为泊松比,E 为材料的杨氏模量,这里是硅(晶体硅 $E = 160$ GPa,$v = 0.271$,密度 $\rho = 2330$ kg/m^3)。设计成上述尺寸的器件可工作在 0 ~ 30 psi 的压强范围内。最大压强下,中心处挠度相当于$\lambda_0/8$。

Porte 等人[7]报道了另一种基于薄膜的压强传感器。该器件是一个 Mach-Zehnder 干涉仪型压强传感器,被设计成工作于相干调制方案的遥感器,可线性地读出信号相位。干涉仪由硅衬底上的氮化硅波导构成,在其参考臂中心的下方微加工出三个级联的厚度 $t = 21$ μm 的薄膜。工作时,采用一$\lambda_0 = 1300$ nm 的超发光二极管作为光源。这种光源的相干长度相对较短,从而保证由干涉仪引入的群光程延迟大于光源的相干长度。因此当薄膜所受压强发生变化时,不会从输出端直接探测到干涉现象;输出功率保持为常数,无法体现压强信息;压强信息被编码在光学延迟中。接收端的解码装置是另外一个与此类似的干涉仪,且具有大致相同的群光程延迟。此种情况下，解码级输出光强 I 与发射机薄膜所受压强 P 的关系如下式所示[7]：

$$I(P) = \frac{I_0}{2} \left[1 + \frac{1}{2} \cos\{\delta_2 - \delta_1 - \Delta_1(P)\} \right] \tag{19.19}$$

式中，I_0 为光源强度，δ_1 和 δ_2 分别为发射机和接收机 Mach-Zehnder 干涉仪的光学延迟，$\Delta_1(P)$ 为发射机所受压强导致的光程延迟的变化。

硅薄膜也可制成用于修正光束像差的变形镜(DM)。由于形状可以快速变化，薄膜甚至可以在成像或成束等应用中修正时变像差。Bifano 等人[8]曾报道了此类应用的实例。在他们的装置中，柔性硅镜薄膜由一组能够使其发生形变的静电平行板执行器阵列在下方支撑。该器件为三层结构，分别为镜薄膜、执行器薄膜和电极层，采用多用户铸造工艺流程[9]，在硅衬底上进行表面微加工和沉积多晶硅层制备得到。由该器件样机得到的结果证明了具有独立控制区的连续及拼接镜面 MEMS-DM 的可行性。这类变形镜显示出足够大的冲程(2 μm)，能够实现对可见光区典型像差的补偿。系统的位置重复性分辨率约为 10 nm，未观察到滞后或短暂漂移现象，且样品器件成品率通常能够达到 95%。镜的工作带宽经测量为dc-3.5 kHz。静电执行器工作需要约 200 V 电压，无滞后现象。对于一个 400 单元的 MEMS-DM，整个样品镜面的封装尺寸约为 35 mm×35 mm×6 mm，其中有源镜面面积为 7 mm×7 mm。

可动的硅薄膜也可以用来制作光波导开关，Veldhuis 等人[10]给出了一个例子。他们通过在 Si_3N_4 波导表面放置一矩形可动硅薄膜制成了吸收式波导开关，波导结构由在硅衬底和 SiO_2 缓冲层上的脊形 Si_3N_4 波导构成。当薄膜移向波导表面时，导波模式的倏逝波尾将延伸到硅材料中，在 $\lambda_0 = 632.8$ nm 的工作波长下被强烈吸收，于是可以产生"关断(off)"状态。而将硅薄膜向远离波导表面的方向移动时则产生"打开(on)"状态。薄膜既可采用两端固定的桥形结构，也可采用一端固定的悬臂梁结构。通过在光波导和薄膜之间施加电压，薄膜会在静电力的作用下发生运动。一个具体开关的桥形结构硅薄膜的长、宽、厚分别为 9.5 mm、120 μm、20 μm，要将此薄膜拉至与波导距离最近(100 nm)处需要 2.5 V 的激活电压(沿着波导的边缘加工了一排小的凸起以防止薄膜触碰到波导表面)。开关处于"关断"位置时观察到 65 dB 的消光。计算得到该桥形结构的基频共振频率为 1.75 kHz。

如果将桥形吸收硅薄膜换成桥形导波薄膜，则可以通过静电力移动桥式波导的方式来控制衬底波导与桥式波导之间倏逝波耦合的"打开"与"关断"。这样就能够实现两个波导输出端口之间光波的开关。Cholett 等人[11]给出了一个该类器件的详细描述。

作为基于微加工薄膜的 MOEM 的最后一个实例，我们介绍 Marxer 等人[12]所描述的用于光纤通信的反射式双工器。该装置利用了反射式法布里-珀罗标准具，其中一个反射镜在一片 470 nm 厚的可动多晶硅薄膜上形成。薄膜发生静电偏转，从而改变标准具对工作波长光波的反射率。在这种双工器中，入射光和出射光都经由一根垂直进入法布里-珀罗反射面的单模光纤传输。法布里-珀罗标准具的后面有一个用于探测下行数据光脉冲的 InGaAs 光电二极管。标准具起调光镜的作用，对上行数据进行调制，同时将下行数据传递给光电二极管。全双工通信中，上下行信号通过副载波调制进行分离。上行信号实行基带调制，而下行通道则使用高频载波。上行数据的调制率受薄膜的力学响应所限，约为 2.5 Mbps，而可测的下行数据率只取决于光电二极管的响应速度，可达几吉比特每秒(Gbps)。这种类型的双工器设计工作在 1310 nm 波长下，插入损耗小于 3 dB，调制电压 7 V_{pp}，最大调制率 2.88 Mbps。

19.3 悬臂梁器件

在 19.2 节中提到的倏逝波吸收开关[10]实际上是第一个悬臂梁器件的实例,因为正如已经介绍过的那样,它不仅能够在两端同时固定,也能只固定一端。除此之外还有许多种基于悬臂梁的 MOEM。一个更为有趣的例子是 Vail 等人[13]所描述的可调谐微加工垂直腔激光器。该器件利用悬挂在悬臂梁一端的可移动外反射镜来改变激光腔长,从而实现发射波长的调谐。图 19.5给出了在 GaAs/GaAlAs 体系上加工出的激光器结构。

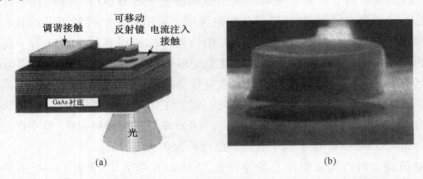

图 19.5 微机械可调谐垂直腔激光器。(a)示意图;(b)可移动反射镜的显微图[13]

该激光器结构包括下 DBR 反射镜、量子阱有源区、以及悬挂在悬臂梁上、距半导体表面1.2 μm的上 DBR 反射镜。上面的悬臂梁被施以电压(电荷)时,会在下面的半导体表面感应出相反极性的电荷,并在静电力作用下被吸引向该表面。约 5 V 的电压便足以产生最大 0.4 μm的挠度和15 nm的调谐范围,所需调谐功率在 250 pW 的数量级。由于 VCSEL 的输出光斑为圆形,又能够制成表面发射阵列结构,便于与光纤带或光纤束耦合,因此在光纤通信系统中将尤为有用。作者还报道了用悬臂梁-悬镜方法制作的可调谐探测器[14]和滤波器[15]。滤波器具有70 nm 的调谐范围、6 nm 的带宽和20.3 dB 的消光比。探测器具有 30 nm 可调谐范围、7 nm 带宽和17 dB 消光比。关于波长可调谐 VCSEL 及其相关结构的发展综述,请参考 Chang-Hasnain 的论文[16]。

读者可能已经料到,悬臂梁 MOEM 还可以方便地应用于开关类装置中。Chen 等人[17]将一面反射镜呈45°角安放在应力致弯曲的多晶硅悬臂梁上,以镜为中心互成90°角排放四根光纤,利用悬臂梁将反射镜移进和移出光纤间中央区域,实现了高速的 2×2 光开关,如图 19.6 所示。

不加电压时,弯曲的多晶硅梁将反射镜从光路中移出。通过在多晶硅梁上沉积一层 Cr-Au 应力层,使得多晶硅梁受到残余压缩应力作用而 Cr-Au 层受到残余拉伸应力作用,即可使悬臂梁产生向上的弯曲。加上电压时,静电吸引会将悬臂梁拉回光路中(总垂直位移为 306 μm),开关从透射态变为反射态。测量得到的下拉电压为 20 V。此开关的插入损耗,在透射态下小于 0.55 dB,反射态下为 0.7 dB,1500~1580 nm 范围内的波长相关性小于 0.12 dB,0~90°范围内的偏振相关性小于 0.09 dB。采用 20 V_{pp} 的方波触发时,该开关的开启(对应于反射镜推下)时间为 600 μs,关断(对应于反射镜释放)时间为 400 μs。

Hoffman 等人[18]用硅材料制成了基于悬臂梁的双稳态光开关,利用 U 形悬臂梁的非对称热膨胀实现开关状态的切换。硅悬臂梁上沉积了薄膜加热器,因此纯热膨胀主要发生在悬臂梁上。悬臂梁由于产生在硅材料和加热器材料之间的双材料效应而发生挠曲。利用 KOH 各向异性湿法刻蚀,在单片硅衬底上制成了 8 通道的光开关。这些光开关表现出了 1 dB 的插入损耗和 – 60 dB 的串扰。

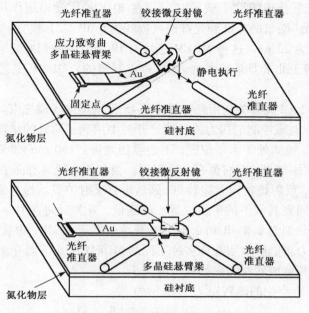

图 19.6　悬臂梁式微光机电光开关[17]

悬臂梁 MOEM 的另一个有趣的应用方向在传感器领域。比如 Ollier 等人[19]就借助该结构制成了一种振动传感器。利用微加工技术制成悬臂梁,输入光波导途经梁表面,在梁末端通过多模干涉耦合器与两根输出光波导耦合;靠近耦合点处有一个 2.5 μg 的感振质量,在加速度下会发生移动;悬臂梁长 600 μm。所有这些元件都集成在同一片硅衬底上。输入波导和感振质量均为硅质。波导为三层结构,通过不同浓度的磷掺杂来根据需要改变各层的折射率。当悬臂梁承重的一端移动时,从输入波导耦合进每个输出波导的光波比例会发生变化。悬臂梁零位移时两个端口输出光强相等,两通道输出光强之差与加速度大小成正比。在 0.8 ~ 400 m/s² 范围内,加速度测量的线性度优于 1% ,分辨率达 0.5 m/s²,频率范围在 30 ~ 2000 Hz。

19.4　扭力器件

扭力是指会使机械元件绕某个轴转动的力。转过的角度不必是完整的 360°,实际上,大多数利用扭力的 MOEM 器件只涉及较小角度的旋转。Ford 等人[20]提出的波长分插开关在悬臂梁器件和扭力器件之间的讨论架起了便捷的桥梁。分插开关是指波分复用通信系统中,用来在光纤传输线上某处上载一个新的通道或下载一个通道,以将其路由到指定接收机的器件。无论是通道的上载还是下载,都不能对其他通道产生干扰。这种复用开关统称为光分插复用器(OADM)。OADM 具有“输入”和“上载”两个输入端口以及“输出”和“下载”两个输出端口。对于我们所讨论的这种特定的 OADM,光波数据流由“输入”端口进入,依次通过光环行器、波长解复用器后到达由 16 个倾斜镜开关组成的阵列。光分插功能由静电执行的矩形微倾斜镜实现,倾斜轴由镜面两端的两个支撑点确定;镜面角度决定了反射光波被环行器导向“输出”端口还是“下载”端口。类似地,信号由“上载”端口输入时,将被导向“输出”端口。这种 OADM 利用自由空间光波长复用和一列微机械倾斜镜来控制 1531 ~ 1556 nm 范围的通道间隔为 200 GHz 的 16 个通道。每个通道由一个 1×1 倾斜镜开关控制,光信号或者被导入光纤传输线("输出"端口),或者被导出光纤传输线("下载"端口)。在 20 V 的启动电压作用下,镜面相对于衬底发生 5° 的倾斜。"输出"端口的光纤到光纤插入损耗为 5 dB,"下载"端口为 8 dB,偏振相关度为 0.2 dB。开关速度为 20 μs。这种 MOEM 芯片与 19.2 节中提到的变形镜薄膜[8] 是由同一条"MUMP"工艺线(运转于北卡罗莱纳微电子中心)[9] 制造的。MUMP 工艺是一种通用的多晶硅微加工工艺。

19.3 节中讨论了 2×2 光开关利用悬臂梁移动 45° 反射镜来实现光束的开关[17](见图 19.6)。Toshiyoshi 等人[21] 在一电磁控制的扭力式微镜光开关中用到了同样的结构。他们利用扭力梁支持住反射镜的一个边,镜面处于水平位置,不会阻挡光束。150 μm × 500 μm 大小的多晶硅镜上镀有一层 FeNiCo 磁性材料,上面覆有金反射面。当利用电磁体在垂直于反射镜平衡位置的方向上施加一磁场时,反射镜将向上旋转 90° 到达垂直反射位置。撤掉磁场时,反射镜会在扭力梁恢复力的作用下回到其水平的平衡位置。经测量,开关时间在 10 ~ 50 ms 范围;反射态和透射态下的插入损耗分别为 2.5 dB 和 0.84 dB;开关比高于 45 dB,串扰低于 −45 dB。

这种磁执行的扭力盘能够应用在许多种不同的 MOEM 中。下面介绍的这种方法可用来计算使扭力盘发生指定角度旋转所需磁场强度的大小。

施加磁场强度 H_d 所产生的磁转矩 T_m 可表示为[21]

$$T_m = V_m M_s H_d \sin\left(\frac{\pi}{2} - \theta\right) \tag{19.20}$$

式中,M_s 为饱和磁化强度,V_m 为反射镜上磁性材料的体积。

扭力梁的机械恢复力矩为

$$T_r = \frac{2(Gwt^3\theta)}{3l}\left(1 - \frac{192}{\pi^5}\right)\frac{t}{w}\tanh\left(\frac{\pi w}{2t}\right) \tag{19.21}$$

式中,l、w、t 分别为梁的长、宽、厚,G 为硅的剪切模量(73 GPa)。在上式中假设 $w \gg t$。

令式(19.20)与式(19.21)相等,可将 θ 值表示为磁场强度 H_d 的函数。为降低功耗,参考文献[21]提出了一种闭锁机制,利用磁化曲线的自然滞后(即剩磁)来将扭力盘保持在反射位置。

可旋转的反射扭力盘也可用在光束扫描仪中。例如,Schenk 等人[22] 制作了用于扫描激光束的静电驱动扫描镜。该器件制备在一片绝缘体上硅(SOI)晶圆上。器件形状基本上与如图 19.3(b)所示相同,只是在扭力梁(弹簧)与支架间刻蚀出沟槽并回填了高电阻率多晶硅以形成二者的电隔离。在扭力盘与支架间施加适当的时变电压,就会使扫描镜绕扭力弹簧轴产生来回往复的旋转振荡。发现最有效的驱动波形为具有 50% 占空比的矩形脉冲,并且应适当选择其频率,使得脉冲关断的时间与反射镜经过平衡位置的时间同步。由于当扭力盘在其平衡位置(与支架位于同一平面)时,外加电压所产生的静电力也位于这一平面内,所以需要在支架的一边另外设置一个"起动"电极来提供非对称失衡以起动振荡。一旦起振,扭力盘会在其动量作用下越过平衡位置并持续振荡。振荡反射镜对射向其表面的激光束产生一维的扫描。如果将一维扫描扭力盘的支架安装在用万向架固定的基座支架上并对基座加以适当的驱动,则可实现二维扫描。可以像如图 19.7 所示的那样,将基座支架与基本的一维扫描装置制成单片集成的形式并且也在二者之间加入电隔离,这样就可以实现两个维度的独立扫描。人们发现 20 V 的驱动电压可以获得 60° 的扫描角度。

经测试,这些器件的共振频率约为 1 kHz,并且经过长达 10^9 个周期的测试运行也未改变。

还可以将扭力用于旋转式静电微马达中。Azzam-Yasseen 等人[23] 已经证明这类器件可以用做 1×8 光开关，如图 19.8 所示。

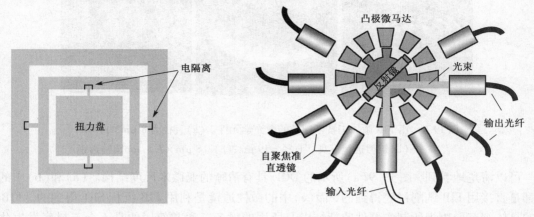

图 19.7　二维扫描仪配置　　　　　　　　　图 19.8　旋转微马达开关[23]

反射镜旋转时，将光束从一根输出光纤切换到下一根输出光纤。该装置既可用做步进马达，又可用做连续运转马达。前者只需激励下一个磁极，后者则需用三相激励所有磁极。利用高宽高比的微加工技术制造出硅、镍零件，组装得到微马达结构。这里使用了单晶硅以便与电子电路集成。凸极微马达转子在其中央支撑柱上旋转，转子直径 1 mm，厚 200 μm，上面架有一 500 μm 高、900 μm 宽的反射镜。零件分别加工好后，还需仔细挑选以实现尺寸的最佳匹配。实验发现硅定子和镍转子的组合工作效果最好。对于具有最佳性能的器件，其转子直径为 995 μm，中心孔直径 79 μm，定子直径 1029 μm，支撑柱直径 68 μm。组装后具有 17 μm 的转/定子间隙以及 5 μm 的轴承间隙。器件作为步进马达使用时，开关时间平均为 18 ms；连续运转时，微马达最大转速约为 300 rpm。典型工作电压为 50 V。分别在 1310 nm 波长下的单模和多模光纤，以及 850 nm 波长下的多模光纤条件下测试了器件的光开关性能。耦合损耗在多模条件下为 0.96 dB，单模条件下为 2.32 dB。通道间串扰低于 −45 dB。

19.5　光学元件

到目前为止，所有讨论过的 MOEM 都具有可移动的部件，但这并不总是必须的。利用同样的微加工技术可以制造出许多不含可移动部件的光学元件，包括透镜、滤波器、耦合器、反射镜、分束器、衍射光学元件（DOE）和全息光学元件（HOE）。已经有人采用直接在 635 nm 波长二极管激光器的发射面上沉积 SiO_2 层的方法制作出了微柱透镜[24]，沉积过程由编程控制的聚焦离子束（FIB）溅射完成，SiO_2 层形状需小心控制。加上透镜后，激光器远场发散角从 31° 骤降到 2.1°，与 10 μm 芯径单模光纤的耦合效率可高达 81%。

采用聚焦离子束溅射方法，可以用半导体材料和 SiO_2、镍等其他器件材料制成非常复杂的透镜和衍射元件。由于离子束由带电粒子构成，因此可以用电场和磁场将其聚焦；束斑尺寸可达 100 nm 量级，离子束的位置和轨迹由计算机程序控制。既可以在衬底材料上直接制造出光学元件，也可以在镍等硬质材料上先用 FIB 铣削出模子，然后通过填充或热压印的方式复制出光学元件，能够获得亚微米结构。关于这种方法的其他应用，Yongqi 和 Bryan[25] 给出了几个很好的例子，如图 19.9 所示。

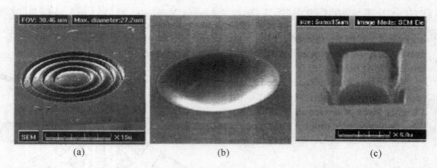

图 19.9　由 FIB 微加工技术制备的微光学元件。(a)直径为 8 μm 的 DOE；
(b)镍微透镜模具，直径 = 19 μm；(c)2.8 μm × 7.5 μm圆柱透镜[25]

可以清楚地看到，图 19.9(a)所示的 DOE 具有清晰的亚微米尺度结构。(a)和(b)中的元件都是直接用 FIB 铣削衬底得到的，而(c)中的微柱透镜是利用 FIB 沉积 SiO_2 得到的。FIB 过程的具体细节取决于所制作器件的特征以及所用的设备。通常使用的是不会与衬底发生化学反应的重离子，离子能量在 5 ~ 50 keV 之间，离子束限制孔径在 25 ~ 400 μm 之间。过低的离子束能量无法产生足够的溅射深度，过高的能量则会导致离子注入而非溅射。用于制造图 19.7 中器件的系统采用了 50 keV 能量的 Ga^+ 离子束，束斑大小为 215 nm，光栅扫描模式下的写入速度为 20 $μm^2/s$。

可以把 FIB 溅射和受控选择湿法刻蚀这两种微加工技术与更为传统的半导体制造方法结合起来，制造出包含不同光、机、电器件的 OEIC。Oh 等人制造的输入/输出(I/O)光耦合器就是这类 MOEM 的一个例子[26]。该器件将微电路模块(MCM)中的电子 IC 芯片同 MSM 光电二极管阵列和光纤耦合器结合起来，如图 19.10 所示。

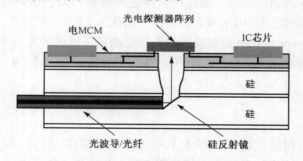

图 19.10　带有集成光电子组件的 I/O 耦合器[26]

如图 19.10 所示 MOEM 的一个主要特点是，利用在 GaAs MSM 探测器触点和电镀 NiFe 的侧面对准基座上形成导电聚合物凸起点，方便了 MSM 光探测器阵列的倒装片键合。估计对准误差小于 ±5 μm。在硅衬底中利用各向异性刻蚀技术加工成一个(111)晶向的微反射镜和一个光纤对准用 V 形槽，以便将输入光纤中的光波耦合出来。虽然导电聚合物倒装片键合方法相对来讲是一种低温工艺(~170 ℃)，但是产生的接触电阻却非常小(~10 mΩ)。因此光探测器的光学特性不会受到安装的影响，能够保持在较好的水平。870 nm 波长下的暗电流约为 10 nA，响应度为 0.33 A/W。图 19.9 中的结构似乎不应只限于用在由光纤到光探测器的光耦合。我们希望同样的方法(或稍加改进)能够广泛用于由任意边缘定向波导器件到表面定向器件的光耦合，反之亦然。比如，可用来将 VCSEL 的发射光耦合进衬底中的矩形波导内。

19.6　MOEM 的未来发展方向

本章提到的所有 MOEM 器件，除 19.5 节中的 GaAs/Si 混合 I/O 耦合器外，都是用硅制成的。这是因为相对于二元或三元材料来说，硅作为一种元素半导体不会发生分解和变质，因而更容易加工，而且硅加工工艺也比 III-V 族化合物材料更为成熟。然而几乎可以肯定的是，适用于 III-V 族材料的改良的离子束微加工技术和受控湿法刻蚀技术在不远的将来会得到开发，并将导致一系列新型 MOEM 的诞生，如 GaAs 射频 MEM 开关已见诸报道[27]。

尽管人们已经利用硅材料取得了很大成功，但是新的和改良的制造方法将使制造更小、更精密、更高集成度的 MOEM 器件成为可能。目前器件的最小特征尺寸已经降到了亚微米范围，因此人们用"微纳加工"代替了"微加工"的提法。在最近出现的"光子晶体"这一全新领域里，科学家和工程师们正在研究具有极其细微周期的三维周期性结构，并且已经观察到了类似于晶体中电子的导带和禁带的光子导带和禁带[28~30]。光子晶体的细节将在第 22 章中描述。

MOEM 和 MEM 并未仅仅局限于实验室，它们已经在商业应用中体现出了价值。最早的商用 MEM 执行器之一是由德州仪器公司（TI）使用二维微倾斜镜阵列[31]开发的。这种元件具有高成品率和良好的可靠性，现已用于商用 800×600 像素投影显示器中。

19.7　硅的力学特性

现有的大多数 MEM 都基于硅材料，因此这里有必要列出它的一部分主要力学特性的数值，这在解答本章的习题时将会用到。

表 19.2　硅的力学特性

杨氏模量（E）	=	190 GPa（1 GPa = 145 038 lb/in^2 或 1.02×10^8 kg/m^2）
剪切模量（G）	=	73 GPa
泊松比（v）	=	0.28
密度（ρ）	=	2.3 g/cm^3

习题

19.1　有一直径 1 mm 的硅棒，若用其支撑 3 g 重量，则棒会受到一个张力的作用。

（a）棒受到的轴向应力多大？

（b）轴向应变多大？

（c）横向应变多大？

19.2　有一方形硅薄膜，边长 7 mm，厚 150 μm，表面受到 1×10^4 kg/m^2 均匀压强作用。求：

（a）薄膜中心点处的挠度；

（b）最大纵向应力；

（c）最大横向应力；

（d）薄膜共振频率。

19.3　一硅悬臂梁，长、宽、厚分别为 1.5 mm、500 μm、250 μm，对其施加一均匀分布的载荷，单位宽度上载荷大小为 100 kg/m^2。

（a）距自由端 0.5 mm 处的挠度是多少？

（b）最大应力是多少？

（c）振动模式的基频频率是多少？

19.4　习题 19.3 中，如果悬臂梁在自由端受到 10 g 的点载荷，则各个问题的答案如何？

19.5　一硅扭力盘，由长、宽、厚分别为 200 μm、100 μm、100 μm 的硅梁支撑。当盘转过 π/4 角度时，产生的恢复力矩为多少？

19.6　直径 8 mm、厚 200 μm 的圆形硅薄膜，表面受到 1×10^4 kg/m^2 均匀压强的作用，薄膜中心的挠度为多少？

19.7　一氮化硅悬臂梁，由光掩模限定的长度为 1000 μm。释放（与衬底分离）后，旋臂梁的长度会在拉伸应力作用下发生变化。当（轴向）拉伸应力为 − 20 MPa（兆帕斯卡）时，计算长度变化量。氮化硅的杨氏模量为 280 GPa。

19.8　MOEM(MEM)器件主要分为哪三类？请各举一例。

19.9　一圆形硅薄膜，直径 12 mm，厚 250 μm。若表面受到 1×10^4 kg/m^2 均匀压强的作用，那么距中心 4 mm 处的挠度为多少？

参考文献

1. E. P. Popov: *Introduction to the Mechanics of Solids* (Prentice Hall, Englewood Cliffs, NJ 1968)

2. *American Institute of Physics Handbook*, 3rd edn., D. E. Gray (ed.) (McGraw Hill, New York, 1972). K. Peterson: Silicon as a mechanical material. IEEE Proc. **70**, 420 (1982)

3. G. Cibuzar: MEMs, in *The Science and Engineering of Microelectronic Fabrication*, S. A. Campbell (ed.), 2nd edn., (Oxford University Press, New York, 2001) Chap. 19

4. H. Toshiyoshi, D. Miyauchi, H. Fujita: Electromagnetic torsion mirrors for self-aligned fiberoptic crossconnectors by silicon micromaching. IEEE J. Sel. Top. Quant. Electron. **5**, 10 (1999)

5. W. G. Wu, D. C. Li, W. Sun, Y. L. Hao, G. Z. Yan, S. J. Jin: Fabrication and characterization of torsion-mirror actuators for optical networking applications, Sensors and Actuators A: Physical **108**, 175 (2002)

6. J. Zhoe, S. Dasgupta, H. Kobayashi, H. E. Jackson, J. T. Boyd: Optically interrogated MEMs pressure sensors for propulsion applications. Opt. Eng. **40**, 598 (2001)

7. H. Porte, V. Gorel, S. Kiryenko, J. -P. Goedgebuer, W. Daniau, P. Blind: Imbalanced Mach-Zehnder interferometer integrated in micromachined silicon substrate for pressure sensor. IEEE J. Lightwave Tech. **17**, 229 (1999)

8. T. G. Bifano, J. Perreault, R. Krishnamoorthy-Mali, M. N. Horenstein: Microelectromechanical deformable mirrors. IEEE J. Sel. Top. Quant. Elect. **5**, 83 (1999)

9. D. Koester, R. Mahadevan, K. W. Markus: MUMPs introduction and design rules. tech. paper, MCNC Technology Applications Center, 3021 Cornwallis Road, Research Triangle Park, NC, Oct, 1994

10. G. J. Veldhuis, T. Nauta, C. Gui, J. W. Berenschot, P. V. Lambeck: Electrostatically actuated mechanooptical waveguide ON-OFF switch showing high extinction at a low actuation voltage. IEEE J. Sel. Top. Quant. Elect. **5**, 60 (1999)

11. F. Chollet, M. de Labachelerie, H. Fujita: Compact evanescent optical switch and attenuator with electromechanical actuation. IEEE J. Sel. Top. Quant. Elect. **5**, 52 (1999)

12. C. Marxer, M. -A. Gretillat, N. F. de Rooij, R. Battig, O. Anthamatten, B. Valk, P. Vogel: Reflective duplexer based on silicon micromechanics for fiber-optic communication. IEEE J. Lightwave Tech. **17**, 115 (1999)

13. E. C. Vail, M. S. Wu, G. Li, W. Yuen, C. J. Chang-Hasnain: Micromachined wavelength tunable optoelectronic devices with record tuning. Electronics Lett. **19**, 1671 (1995)

14. E. C. Vail, M. S. Wu, G. Li, W. Yuen, C. J. Chang-Hasnain: Widely and continually tunable resonant cavity detector with wavelength tracking. IEEE Photonics Tech. Lett. **8**, 98 (1996)

15. E. C. Vail, M. S. Wu, G. Li, W. Yuen, C. J. Chang-Hasnain: GaAs micromachined widely tunable Fabry-Perot filters. Electron. Lett. **31**, 228 (1995)

16. C. J. Chang-Hasnain: Tunable VCSEL. IEEE J. Sel. Top. Quant. Elect. **6**, 978 (2000)

17. R. T. Chen, H. Nguyen, M. C. Wu: A high-speed low-voltage stress-induced micromachined 2 × 2 optical switch. IEEE Photonics Tech. Lett. **11**, 1396 (1999)

18. M. Hoffmann, P. Kopka, E. Voges: All-silicon bistable micromechanical fiber switch based on advanced bulk micromachining. IEEE J. Sel. Top. Quant. Elect. **5**, 46 (1999)

19. E. Ollier, P. Philippe, C. Chabrol, P. Mottier: Micro-opto-mechanical vibration sensor integrated on silicon. IEEE J. Lightwave Tech. **17**, 26 (1999)

20. J. E. Ford, V. A. Aksyuk, D. J. Bishop, J. A. Walker: Wavelength add-drop switching using tilting micromirrors. IEEE J. Lightwave Tech. **17**, 904 (1999)

21. H. Toshiyoshi, D. Miyauchi, H. Fujita: Electromagnetic torsion mirrors for self-aligned fiberoptic crossconnectors by silicon micromachining, IEEE J. Sel. Top. Quant. Elect. **5**, 10 (1999)

22. H. Schenk, P. Durr, T. Haase, D. Kunze, U. Sobe, H. Lakner, H. Kuck: Large deflection micromechanical scanning mirrors for linear scans and pattern generations. IEEE J. Sel. Top. Quant. Elect. **6**, 715 (2000)

23. A. Azzam-Yasseen, J. N. Mitchell, J. F. Klemic, D. A. Smith, M. Mehregany: A rotary electrostatic micromotor 1 × 8 optical switch. IEEE J. Sel. Top. Quant. Elect. **5**, 26 (1999)

24. F. Yongqi, N. K. A. Bryan, O. N. Shing: Integrated micro-cylindrical lens with laser diode for single-mode fiber coupling. IEEE Photonics Tech. Lett. **12**, 1213 (2000)

25. F. Yongqi, N. K. A. Bryan: Investigation of direct milling of micro-optical elements with continuous relief on a substrate by focused ion beam technology. Opt. Eng. **39**, 3008 (2000)

26. K. W. Oh, C. H. Ahn, K. P. Roenker: Flip-chip packaging using micromachined conductive polymer bumps and alignment pedestals for MOEMS. IEEE J. Sel. Top. Quant. Elect. **5**, 119 (1999)

27. S. C. Shen, D. Caruth, M. Feng: Broadband low actuation voltage RF MEM switches, Digest IEEE 2000 GaAs IC Symposium, Seattle, WA, (Nov. 5 – 8, 2000)

28. E. Yablonovitch: Inhibited spontaneous emission in solid-state physics and electronics. Phys. Rev. Lett. **58**, 2059 (1987)

29. J. D. Joannopoulos, R. D. Meade, J. N. Winn: *Photonic Crystals*, *Molding the Flow of Light*. (Princeton University Press, Princeton, NJ 1995)

30. H. Benisty, C. Weisbuch, D. Labilloy, M. Rattier, C. J. M. Smith, T. F. Krauss, R. M. de la Rue, R. Houdre, U. Oesterle, C. Jouanin, D. Cassagne: Optical and confinement properties of two-dimensional photonic crystals. IEEE J. Lightwave Technol. **17**, 2063 (1999)

31. P. F. Van Kessel, L. J. Hornbeck, R. F. Meier, M. R. Douglass: A MEMs-based projection display. Proc. IEEE **86**, 1687 (1998)

第 20 章　集成光学的应用与发展趋势

在前面的章节中，已经讨论了光集成回路(OIC)的相关理论和技术。虽然 OIC 还是一个相对较新的领域，但是已经在现有工程问题的解决过程中得到了诸多应用，并且一些 OIC 已经可作为"现成的"商用化的产品。当然，集成光学系统中与 OIC 相伴而存的光纤波导早已被公认为是非常实用的消费品。本章将对光纤和 OIC 较新的应用加以回顾，并对其发展趋势加以评估。在介绍代表性的集成光学应用时会提到一些具体系统和公司的名称，这是为了向读者说明该研究领域的国际特征以及领域内所涉及的机构类别，并无意推荐任何公司或其产品。并且文中所引用的性能数据基本都是由新闻报道和其他间接渠道所获得的，因此只起解释描述性作用，并非绝对确切。

20.1　光集成回路的应用

20.1.1　射频频谱分析仪

最早的多元件 OIC 实例演示或许要数实时射频频谱分析仪的混合实现了。这种频谱分析仪由 Hamilton 等人最先提出[1]，目的是使军用飞机的飞行员能够获得回传雷达波的即时频谱分析信息，从而判断飞机是否受到地面站或空对空导弹等的跟踪。飞行员如果想要快速采取躲避行动，这些信息显然是必不可少的。当然，必须要有所有可能遇到的敌方雷达信号的频率成分或称特征信号来做比对。特征信号可储存在飞机的机载计算机存储器中。

图 20.1 给出了集成光学频谱分析仪的结构示意图。激光光源发出的光经耦合进入平面波导传播。在平面波导中，光依次经过准直透镜和布拉格型声光调制器。用来做频谱分析的射频信号作用在声学换能器上使其产生具有时变周期的声波。这样，从调制器输出光束的偏转角就变成了射频信号的函数。第二个透镜是用来将光束聚焦到一个光探测器阵列上，如果射频信号中含有不止一个频率成分，光束将分成相应的频率成分并会聚在探测器阵列中不同的单元上。每个探测器元代表一个特定的频道，由于光电二极管通常具有平方律响应，因此任意频道的输出信号都与相应频率的射频功率成正比。集成光学频谱分析仪与电子频谱分析仪相比，其优点在于只需几个光学元件便可实现电子频谱分析仪需要上千个电子元件才能实现的功能。

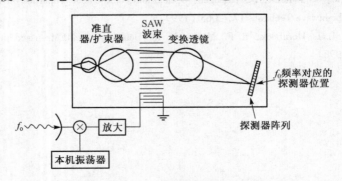

图 20.1　集成光学射频频谱分析仪结构示意图

多个不同的实验室延续数年研发出了不同的集成光学射频频谱分析仪的工作模型。首个工作模型于 1980 年诞生于 Westinghouse 先进技术实验室[2, 3]，该模型制备在 X 切 LiNbO$_3$ 衬底上，大小约为 $7 \times 2.5 \times 0.3$ cm^3，其中的平面波导通过 1000 ℃ 下的 Ti 内扩散方法得到的。扩散波导结构前，在衬底表面加工出微凹，由此形成短程透镜。光波经过此类透镜时仍受到波导结构的限制，但在透镜区域会走过较长的弯曲路径。由于透镜中心处的光波路径长于边缘处的光波路径，因而光束波前会得到校正，导致光束聚焦。这种短程透镜可以具有很高的制造精度。Westinghouse 频谱分析仪中的两个非球面校正短程透镜具有基本为衍射极限的光斑尺寸。硅二极管探测器阵列包含 140 个探测器元，与波导对接耦合。表 20.1 给出了 Westinghouse 集成光学频谱分析仪的设计参数。输入透镜的焦距选为能将 6 μm 大小的 GaAlAs 激光光斑衍射扩束为 2 mm 大小的值。

最初使用 6328 Å 波长的氦氖激光光源对该频谱分析仪进行测试，发现其具有 400 MHz 带宽，分辨率为 5.3 MHz。后来改用 8300 Å 波长的对接耦合的 GaAlAs 激光二极管光源，将分辨率提高到了 4 MHz。表 20.2 给出了其他性能指标。400 MHz 的带宽限制主要是声学换能器导致的，可以通过采用更为精密的换能器（见第 10 章）来改善。但无论是哪种情况，若在换能器输入端使用本机振荡器和混频器（见图 20.1），则频谱分析仪可以工作在更宽的频率范围内。这样，可以使用外差法，通过电学手段将 400 MHz 的通频带移动到所需的不同中心频率上去。

表 20.1　Westinghouse 频谱分析仪，设计参数[2, 3]

衬底尺寸	7.0×2.5 cm^2
前端面到准直透镜	2.45 cm
准直透镜直径	0.80 cm
准直透镜焦距	2.45 cm
两透镜间距	1.80 cm
变换透镜偏置角度	3.79°
变换透镜偏置	0.06 cm
变换透镜焦距	2.72 cm
探测器阵列间距	12 μm
激光束宽度	6 μm
探测器元数量	140
SAW 换能器类型	二元，倾斜

表 20.2　Westinghouse 频谱分析仪，性能指标[2, 3]

中心频率	600 MHz
频率带宽	400 MHz
频率分辨率	
氦氖 6328 Å 光源	5.3 MHz
GaAlAs 8300 Å 光源	4 MHz
探测器积分时间	2 μs
探测器元间距	12 μm（探测器元间无死区）
探测器焦面上聚焦光斑	3.4 μm（1.02 × 衍射极限
功率半高全宽	大小）
布拉格衍射效率	50% ~ 100%

在 Westinghouse 射频频谱分析仪工作模型推出后不久，Hughes 飞机公司推出了一个替代模型，但本质是相同的设计。Hughes 公司的 OIC 也遵循了 Hamilton 等人[1]提出的基本构型（见图 20.1），但与最初的 Westinghouse OIC 有所区别的是，他们采用了对接耦合的 GaAlAs 激光二极管而非氦氖激光光源，探测器阵列采用了硅电荷耦合器件（CCD）[4, 5]而非光电二极管。Hughes 频谱分析仪的 3 dB 带宽为 380 MHz，衍射效率为 5%（500 mW 射频功率下）[6, 7]。OIC 工作在 8200 Å 波长下，分辨率为 8 MHz，线性动态范围大于 25 dB，测得两个短程透镜的损耗均小于 2 dB。

上面描述的两个射频频谱分析仪都是混合光集成回路技术很好的例子。分别利用 GaAlAs、Si 和 LiNbO$_3$ 材料制造激光二极管、探测器阵列和布拉格调制器，可以对这三种材料的最佳特性加以有效的利用。这种混合技术的主要缺点在于所有这些衬底材料都必须严格对准并实现微米级容差精度的固定黏合；热膨胀和振动必须设法防止，否则会破坏对准。尽管存在这些困难,混合型 OIC 结构仍是可行的,这一点已经得到证实。并且即便单片技术得到了全面发展,混合型 OIC 也将继续在诸多应用中发挥作用。

20.1.2　单片波长复用光源

光频率复用发射机是早期提出的光集成回路的应用之一。像之前在图 1.1 中给出的那样,将不同工作波长的多个 DFB 激光器耦合到同一条光纤传输线中。这种 OIC 实际上已经由 Alki 等人[8]利用 GaAlAs 单片技术制成。他们采用两步液相外延(LPE)生长工艺,在 5 mm 见方的 GaAs 衬底上制成了 6 个分离限制异质结结构(SCH)[9]的 DFB 激光器,工作波长间隔为 20 Å。利用化学刻蚀方法在表面加工出了三阶光栅,所用的掩模板通过全息光刻技术制得。激光器与无掺杂 $Ga_{0.9}Al_{0.1}As$ 波导通过直接透射实现耦合,如图 20.2 所示。采用台面刻蚀到 GaAs 衬底的方式加工出宽 20 μm、厚 3 μm 的条状结构,由此限定了激光器和波导的横向尺寸。激光器间距为 300 μm,波导呈曲面状,最小弯曲半径为 4 mm,以便与合流耦合器连接,如图 20.3 所示。耦合器的输出通过与光纤对接耦合的单个波导得到。

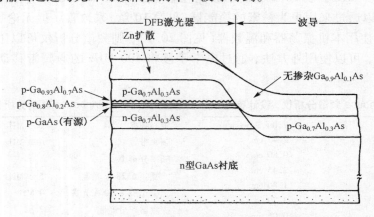

图 20.2　与 GaAlAs 波导直接透射耦合的 DFB 激光器[9]

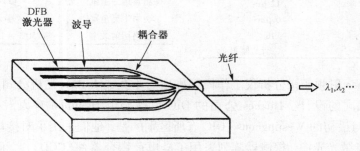

图 20.3　波长复用光源结构示意图[8]

对激光器施以 1 kHz 重复频率的 100 ns 脉冲电流激励,测得激光器微分量子效率为 7%,波导损耗系数约为 5 cm^{-1}。室温下,激光器阈值电流密度在 3 ~ 6 kA/cm^2 范围内。测量得到的激光器波长间隔为 20 ± 5 Å,容易实现对六个激光器的单独调制,并且在发射输出终端测得的总微分量子效率约为 30%。因此,虽然这个早期的单片器件还有待优化以提高效率,但是已经是一种可以使用的 OIC 了。

采用 DFB 激光器的单片波长复用光源的研究工作一直以来都在继续。近年来的工作主要针对用于光纤通信系统的 1.3 μm 和 1.55 μm 波长的激光器。Zah 等人[10]报道了波分复用光波系统方面的研究，其结论是，有必要在一块芯片上制作单片集成的多波长激光发射机，使所有波长之间实现封装和控制电路的共享，从而降低成本，提高性价比。Sato 等人[11]报道的频分复用 10 通道可调谐 DFB 激光器阵列就是这种单片集成的一个例子。其中的激光器为可调谐、多段、1/4 波长位移、应变 InGaAsP 多量子阱(MQW)器件；各通道的激射频率分布在 10 GHz 的范围内，每个通道的线宽均小于 2.3 MHz。Lee 等人制成了含 21 个 DBR 激光器的单片集成芯片[12]。他们采用了取样光栅分布式布拉格反射器，即光栅不是连续的，而是一段一段的，因而具有两个固有周期。这种 DBR 光栅能够更为精确地选择激光发射波长。芯片上的 21 个 InP/InGaAsP 多量子阱激光器的发射波长跨度为 40 nm，间隔 0.8 nm，中心波长约为 1.56 μm。

20.1.3　模-数转换器(ADC)

Yamada 等人[15]利用光集成回路实现了由 Taylor 提出[13, 14]的模数转换方法，能够处理 100 MHz 速率的一位电光模数转换。该 OIC 包含两个 3 dB 耦合器和一个移相器，均在一对直波导中形成，如图 20.4 所示。波导结构通过在 LiNbO₃ 衬底上进行 Ti 扩散得到，移相器则通过 Ti 的双扩散形成，如图 20.4 所示。所用的 Al₂O₃ 缓冲层厚 1100 Å，在两根波导间用 4 μm 的间隙隔开以抑制直流漂移。波导间距为 5.4 μm，器件长度约为 2 cm。

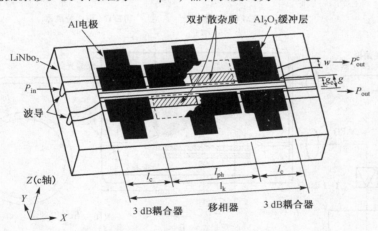

图 20.4　集成光学模数转换器示意图[15]

两个电光耦合器和一个移相器共同组成了平衡桥式调制器结构，光源波动对两个互补输出端口的影响程度相同。因此该 OIC 从本质上消除了严重转换误差的来源。用 1.15 μm 波长的氦氖激光光源来使这个集成 ADC 工作，速率可达 100 MHz。高速模数转换方面的这一初步成功促使人们开始研究更为复杂的多位转换单片 OIC，但还有许多工作要做，尤其是在能用于完全单片的 ADC 系统中的单片高速电子比较器或光学比较器的研发方面。

随着对这类器件的不断研究，人们又开发出了能够进行多位转换的光电 ADC[16~21]。Twichell 和 Helkey 研制的 12 位 ADC[21]依靠增益开关二极管激光器和双输出 Mach-Zehnder 干涉仪来提供相位编码的采样。Currie 等人[19]研制的光子 ADC 则依靠相位调制器和偏振光学元件，将模拟的输入波形映射为二进制输出。

20.1.4 集成光学多普勒测速计

Toda 等人报道了同时采用光纤链路和 OIC 来测量速度的集成光学多普勒测速计[22],如图 20.5 所示。光集成回路制备在具有 Ti 扩散波导的 z 传播 LiNbO$_3$ 衬底上,利用精度为 0.2 μm 的激光光刻技术制作波导图样。光源为线偏振的氦氖激光器,TE 偏振光首先由 ×20 透镜聚焦到输入波导内,然后由 Y 分支耦合器分为信号光和参考光。为了能将出射光与反射光分离开来,令出射光保持 TE 偏振态,而反射光具有 TM 偏振态。当然,所用光纤是保偏光纤。对于参考光,TE/TM 偏振模式之间的转换是通过电光模式转换器来实现的;而信号光的模式转换则用的是 1/4 波片。利用吸收式 TE/TM 模式分离器将反射信号光路由到同时起混频器和探测器作用的雪崩光电二极管(APD)上。电光调制器将参考调制频率 f_R 加载到参考光上,而多普勒效应则令信号光产生由 f_0 到 $f_0 + f_s$ 的频移。f_s 可表示为

$$f_s = \frac{2v}{\lambda_0} \tag{20.1}$$

式中,v 为速度,λ_0 为真空中的波长。参考光和反射信号光经 Y 分支耦合器再次合束后,在 APD 中发生混频。由于 APD(平方律器件,即响应与电场强度的平方成正比)的非线性响应特性,因此输出的光电流含有拍频分量 f_R-f_s。于是 f_s(进而速度)都能确定下来。速度为 8 mm/s 时,测得 f_s 为 25 kHz,信噪比为 25 dB。

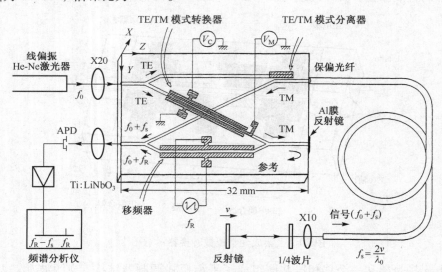

图 20.5 集成光学多普勒测速计

该多普勒测速计显示出,集成光学技术能够提供高精度速度和位移测量所需的紧凑坚固的外差型光学器件。Toda 等人通过在这种干涉型回路中加入平衡桥式波导光开关,制成了可用于测量二维速度分量 v_x 和 v_y 的时分复用多普勒测速计[23]。

20.1.5 集成光学光盘读出头

除用于生产视频和音频复制品外,光盘信息存储技术还广泛用于计算机数据的存储。其主要优点为数据密度高,背景噪声低。然而,要保证对用于读取光盘信息的光束具有正确的跟踪和良好的分辨率,则必须使用相对复杂的光学器件。比如,现有的商用音频光盘(CD)播放

器中所用的光读出头常常含有八九个分立的光学元件。这些元件必须能够在大的冲击和振动下仍保持精确的对准。

Ura 等人[24]设计并制造了一种能够同时探测读出信号、聚焦错误信号和跟踪错误信号的集成光学光盘读取装置来替代这类分立元件的光读出头，如图 20.6 所示。其集成光学回路结构由沉积在硅衬底 SiO_2 缓冲层上的#7059 玻璃平面波导构成，光源为对接耦合的 GaAlAs 激光二极管。利用电子束直写光刻技术加工出具有啁啾且弯曲的聚焦光栅图样耦合器，用于将光束聚焦到光盘上并将反射光束聚焦回波导内。双光栅聚焦分束器将反射光分为两束并分别聚焦到两对制作在硅衬底上的光电二极管处。

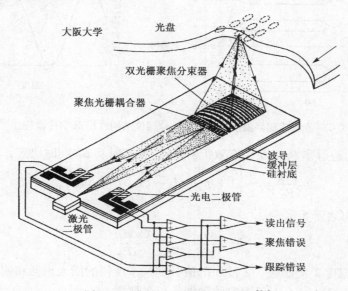

图 20.6 集成光学光盘读取装置[24]

这种读出头工作时，不仅能够提供读出的数据信号，还能提供聚焦和跟踪错误信号。当光束聚焦时，到达每对二极管的反射光是相等的。如果读出头距离光盘过近，反射光会更多地打在外侧二极管上，若过远则更多地打在内侧二极管上。当打在左侧两个二极管上的总反射光强与打在右侧的不相等时，会产生跟踪错误信号。这样，就可以用传统的电子比较器侦测二极管产生的光电流并发出错误信号来驱动位置校正执行器。

如图 20.6 所示的 OIC 读出头仅有 $5 \times 12 \ mm^2$ 大小。与分立光学元件的读出头相比，这种 OIC 读出头显然具有相对较低的冲击和振动敏感度。虽然这种 OIC 最初是作为光盘读取装置被提出来的，但同样的基本结构却可更广泛地用做具有方向识别的全集成干涉仪型位置/位移传感器[25]。这样的干涉仪型传感器将在多种要求亚微米精度的高精度定位应用中发挥作用。

Hudgings 等人也制作了集成的光盘读出头[26]。他们用到了带有腔内量子阱吸收体的垂直腔表面发光激光器(VCSEL)。通过测量进入 VCSEL 腔的光反馈变化时吸收体电压的变化量，以实现反射光信号的探测。该读出头具有 $0.22 \ V_{pp}$ 的响应，RC 时间常数为 20 μs，这表明其具有 50 kHz 的滚降频率。

Manoh 等人[27]报道了采用蓝紫光激光二极管的集成光学头器件。该器件将七个光学元件和半导体芯片相集成，组装后只有 11 mm ×6 mm ×4.1 mm 大小，是构成小而薄的蓝光光驱的关键部件。

20.1.6　光集成回路温度传感器

在易燃易爆环境下，电子传感器可能会非常危险，而图 20.7 给出的集成光学温度传感器[28]无须电连接，因此尤为适用于这种情况。该 OIC 在有 Ti 扩散波导的 LiNbO$_3$ 衬底上制成，含有由三个臂长不等的 Mach-Zehnder 干涉仪组成的并行阵列。每个干涉仪的光透射率都随温度呈正弦变化，正弦周期反比于两臂间的光程差，如图 20.7(b)所示。

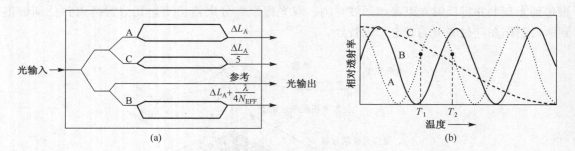

图 20.7　光集成回路温度传感器 。(a)器件结构；(b)光学传输特性[28]

波长为λ的光的透射率 P_{out}/P_{in} 由有效折射率 n_{eff} 和光程差 ΔL 同时决定，表达式为[28]

$$\frac{P_{out}}{P_{in}} = \frac{\gamma}{z}\left[1 + m\cos\left(\frac{2\pi}{\lambda}b\Delta LT + \Delta\phi_0\right)\right] \tag{20.2}$$

式中，比例常数 b 可表示为

$$b = \frac{\mathrm{d}n_{eff}}{\mathrm{d}T} + \frac{n_{eff}}{\Delta L}\frac{\mathrm{d}(\Delta L)}{\mathrm{d}T} \tag{20.3}$$

n_{eff} 和 ΔL 都是温度 T 的函数。γ 和 m 的值分别与干涉仪的插入损耗和调制深度有关(对于理想器件，$\gamma = m = 1.0$)。$\Delta\phi_0$ 对于给定的器件是一个常数。

通过测量三个干涉仪的透射率可以知道温度值。其中两个干涉仪(A 和 B)的臂长差基本相同，因此它们的透射率曲线离得很近，使得温度测量具有高分辨率。第三个干涉仪(C)的臂长差只有 A 和 B 臂长差的 1/5 左右，因此可以判定所测量到的是 A 和 B 透射率曲线的哪一个峰，也使得温度测量能够在一个很宽的范围内进行。据报道，这种温度传感 OIC 在使用 6328 Å 的氦氖激光光源时，可以在 700 °C 范围内实现 2×10^{-3} °C 的测量精度。当然，在使用时，传感器会安装在需要进行温度测量的位置，而且光的输入/输出也会利用光纤来实现。由于该 OIC 芯片边长大约仅为 1 cm，所以能够对相对小的物体进行测温。又因为测量信号完全为光信号，所以该器件相对来说不会受电噪声的影响。

20.1.7　集成光学高电压传感器

集成光学 Mach-Zehnder 干涉仪可用来进行温度传感，也可用于高电压传感。图 20.8 给出了一个此类器件的示意图[29]，通过对 LiNbO$_3$ 衬底进行 Ti 扩散形成波导结构，回路中干涉仪的两臂上覆盖的金属电极形成了电容分压器。高压源产生的电场在电极上感应出电压，从而在两臂中的光波之间产生相对相移，使输出光带有强度调制。电压入/光功率出的传递函数可表示为[29]

$$P_{out} = \frac{\alpha P_{in}}{2}\left[1 + \gamma\cos\left(\frac{\pi V}{V_\pi} + \phi_i\right)\right] \tag{20.4}$$

式中，P_{in} 为输入功率，ϕ_i 为固有相位差或零电压相位差，V 为所加电压，V_{π} 为半波相移电压。常数 α 和 γ 对于给定器件必须为确定值（理想器件 $\alpha = \gamma = 1.0$）。对于给定的传感器，一旦确定了其定标曲线，就可以用它来准确地测量电压了。

由于这种传感器实际上是利用感生电压原理进行工作，所以无须与高压源发生电接触，并且传感器的输入和输出都可以用光纤来实现，这样就可以保持良好的高电压隔离。此外，光纤链接的采用使得器件免

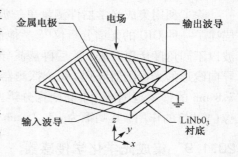

图 20.8　集成光学高电压传感器[29]

受电噪声的影响，这对于高电压环境下工作的器件来讲是另一个尤为重要的优点。例如，发电厂和配电站里 SF_6 气体绝缘总线管道中的线路电压的监控就可以用集成光学高电压传感器来完成。

20.1.8　集成光学波长计和频谱分析仪

通过仔细排布 OIC 中的波长选择性光学元件，可以制造出能够测量发射波长和频谱的仪器。例如，Nabiev 等人[30]制成了如图 20.9(a) 所示的分光光度计。它包含两个垂直堆叠的 p-n 结 InGaAs/GaAs 量子阱光电二极管，两二极管之间有一个由 10.5 对 AlAs/GaAs 层组成的 DBR 反射器。由上表面进入的光波穿过两个光电二极管并被它们探测，但是由于 DBR 具有波长选择性的反射率，部分入射光无法到达底部的光电二极管。上、下两个二极管的探测响应比可表示为

$$\frac{I_{top}}{I_{bot}} = R_0 \frac{1 + R(\lambda)}{1 - R(\lambda)} \tag{20.5}$$

式中，R_0 为比例常数。式(20.5)的比值是波长的单值函数，可用于测量波长，如图 20.9(b) 所示。图中虚线表示 I_{top}，实线表示 I_{bot}。(c)中的曲线实际是(b)中三个光功率水平下测量所得的三条曲线互相叠加的结果。这说明波长的测量对光功率并不敏感。

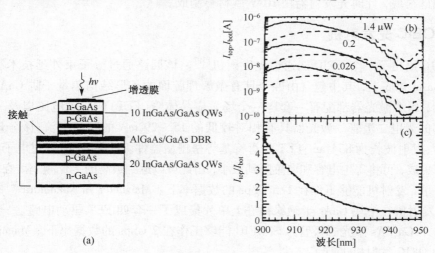

图 20.9　波长计。(a)器件结构；(b)响应曲线；(c)响应比[30]

除了利用集成光学器件测量单一波长之外，还可以用它来测量光谱。例如，Madsen 等人描述了一种 OIC 的光谱分析仪[31]。他们利用平面单模波导上的倾斜啁啾光栅将不同波长的光波以不同角度衍射开来，然后再从波导中耦合出去。出射的光被一垂直的平板波导捕获并被导向线形的光探测器阵列，每个探测器只能拦截很窄波长范围的光，这样就能够测得光谱。在 7.8 nm 的带宽范围内，半高全宽分辨率为 0.15 nm。该器件中的光栅同时起着空间色散和成像(聚焦)的作用，其啁啾为 −1.75 nm/cm，焦距为 12 cm。

20.1.9　集成光学化学传感器

集成光学器件可以用来感测各种化学元素的存在和浓度。这类传感器一般通过测量由待测化学物质所引起的波导中材料的某些光学特性的变化来工作。除荧光光谱法外，还可以使用吸收分光光度法和衰减全反射光谱法。波导结构可以是光纤，也可以是 OIC 中的多层波导。Kim 等人报道的薄膜聚氯乙烯(PVC)共聚物传感器[32]就是这类传感器的一个例子。用 HDOPP-Ca(钙的一种中性载体)、邻苯二甲酸二辛酯(DOP)和显色感应剂(ETH5294)对 PVC 波导进行掺杂;当波导与 $CaCl_2$ 溶液接触时，与 Ca^{2+} 离子发生的化学反应足够用来测量 Ca^{2+} 离子的浓度。Ca^{2+} 的存在改变了掺杂 PVC 波导在 500 ~ 700 nm 范围内的吸收特性，使得吸收减弱且吸收峰向短波移动。可将这些变化量根据钙离子浓度进行标定。使用不同的掺杂剂可使波导对其他元素的离子敏感。

20.2　光电集成回路

在 20.1 节所谈到的光集成回路中所有的关键部件都是光学器件。然而，还存在另一类光集成回路，这类回路中的许多器件都是纯电子器件;在回路的某些部分，信号由电压或电流波而非光束携带。这类回路便称为光电集成回路(OEIC)。它们通常制作在半绝缘的 GaAs 或 InP 衬底上，因为电子器件和光学器件都可以在这些材料上实现单片集成。但是若采用混合工艺，则仍可使用硅衬底，此时光发射器由 III-V 族材料制成。

20.2.1　OEIC 光发射机

图 20.10 给出了一个 OEIC 四通道光发射机[31]。该回路通过分子束外延技术制备在一块半绝缘的 GaAs 衬底上，其中包含由四个具有微解理腔面的条形结构单量子阱 GaAlAs 激光器构成的阵列，每个激光器都配有一套含三个场效应晶体管(FET)的驱动电路以及一个用于检测输出功率的光电二极管。激光器具有相对较低的 15 ~ 29 mA 的阈值电流;微分量子效率为 50% ~ 60%;发射波长为 834 nm;FET 为肖特基势垒栅型器件。此类 OEIC 通过电子器件和光学器件的单片集成，可将寄生电容和电感降到最小，由此可以达到最高的工作频率。在图 20.10 中给出的回路里，发射机能够工作在 1.5 Gbps 的数据率下。Matsueda 和 Nakamura[34]制作的单通道 OEIC 光发射机在一块 GaAs 半绝缘衬底上单片集成了一套四 FET 驱动电路、一个监控光电二极管和一个 GaAlAs 激光二极管。该 OEIC 能够工作在 2 Gbps 的数据率下。Matsueda 在其文章中对其他 OEIC 发射机进行了综述[35]。

Woolnough 等人制作了 1.55 μm 工作波长的四通道激光发射机 OEIC[36]。该器件在一块 InP 衬底上包含了四个单模、脊形波导、InGaAsP 分布式反馈激光器，工作在 1545 ~ 1560 nm 窗口内，相邻通道间隔为 0.8 nm。驱动电路含有晶格匹配的扩散结型 InGaAs 沟道 JFET，得到了 155 Mbps 的激光调制。

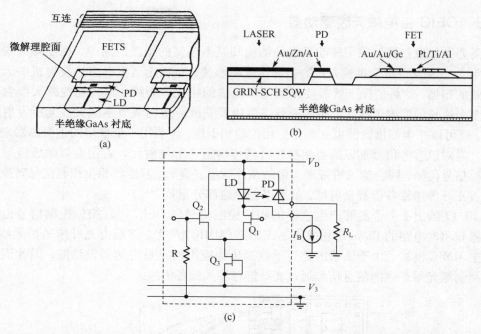

图 20.10　四通道 OEIC 发射机结构图。(a)整体构造图；(b)沿激光腔横截面的器件结构；(c)OEIC 发射机电路图。虚线部分为一个通道的集成单片

20.2.2　OEIC 光接收机

光接收机的探测和放大功能也可以用 OEIC 形式实现。图 20.11 给出了典型的 OEIC 光接收机结构[37]。该回路在半绝缘 InP 衬底上单片集成了 p-i-n 光电二极管探测器和肖特基势垒栅型 FET 放大器。该器件设计为 5 V 供电工作，简化了与标准 5 V 逻辑电路(IC)的互连。回路的 3 dB 带宽为 240 MHz，跨阻为 965 Ω。

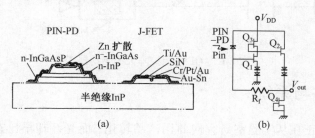

图 20.11　OEIC 光接收机。(a)回路芯片横截面；(b)电路图[37]

与分立元件回路相比，速度的提高使得 OEIC 在光波通信系统、信号处理和传感应用中很有吸引力。人们已经利用基于 InP 的 OEIC 光接收机实现了超过 40 Gbps 的数据率[38]；该接收机含有一个波导集成的光电二极管，以及包含四个高电子迁移率晶体管(HEMT)的分布式放大器。结合了光发射与光接收功能的光收发机同样可以被制作成 OEIC 的形式[39~41]。

OEIC 光收发机获得了 100 Gbps 的总数据率。例如，Kish 等人[41]制成了含有 10 个独立收

发机的 InP 单片集成芯片，每个收发机工作速率为 10 Gbps；所有的输出在同一根光纤中进行密集波分复用(DWDM)。

20.2.3　OEIC 相控阵天线驱动器

在需要微波束扫描但采用移动天线的结构却是不现实的微波应用中，相控阵天线已使用了许多年[42]。例如，由于机械方式的扫描速度不够快，超音速飞机上雷达发射机的天线不能实现有效的扫描，这种情况下就需要用到电子扫描的相控阵天线。这种相控阵天线含有大量的相隔多个波长的发射天线元，通常沿着飞机机翼安放。适当调节不同天线元所发射波的相对相位，就可以产生扫描微波束。为保持相位的相干性，需要用一个稳定的主振荡器来提供频率参考。需对该参考信号加以适当相移并将其传给每一个发射元。若用金属微波波导或同轴电缆进行信号传输，则会给飞机带来大量的额外载重。显然，若能将相位控制信号转换为光信号并通过光纤传递给各微波发射器，就可以去掉这部分重量[43]。

图 20.12 给出了一个能够产生这样的相位控制信号的 OEIC[44]。相位控制信号由含有集成激光器和驱动电路的 GaAs 单片微波集成回路(MMIC)产生，然后由光纤传送给天线元，即微波发生 MMIC 模块。由于该系统是为了数据传输应用而不是雷达而设计的，因此同时还有一个由调制激光器产生的信息信号通过光纤链路输入到各天线元。

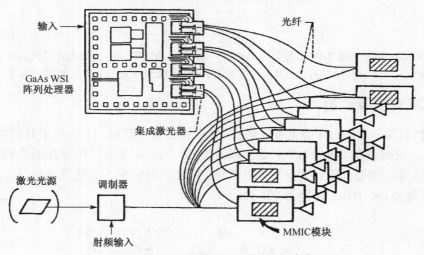

图 20.12　OEIC 相控阵天线驱动器[44]

20.3　通信器件与系统

光集成回路大多正在从实验室研究向商用产品转化，而光纤却早已在通信系统中得到广泛应用。几乎从一开始，通信系统中光纤波导的使用就具有国际化的特点。许多国家都已利用光纤链路来进行音频、视频以及数据的传输。由于现已建成或进入最后规划阶段的光纤通信系统的例子不胜枚举，本章无法进行一一介绍，只能考虑一些具有代表性的系统。

20.3.1　光通信的趋势

光纤通信系统的容量在过去的 25 年中有了显著提高。表 20.3 中列出了约在 1980 年前建成的系统。这些系统长度通常在 10 km 量级，数据率小于 150 Mbps，携带有至多 30 000 路电话。相比之下，在 1980 年后投入使用的系统(见表 20.4)长度通常为几千千米，数据率从几百兆比特每秒到几吉比特每秒不等，电话通道数多达 40 000 路，中继距离也从早期的几千米增加到了大于 100 km。

1990 年以后(见表 20.5)，技术继续发展。色散位移光纤和密集波分复用(DWDM)技术的使用将系统容量扩充至 480 000 路电话；掺铒光纤放大器(EDFA)的使用则允许高达 400 km 的中继距离以及 10 000 km 量级的系统总长。远程/数据通信系统的性能在过去 25 年间提高是如此之大，主要源于若干关键性的技术突破。

表 20.3　商用光纤通信链路(1980 年前)

公司	地点	长度	性能数据
AT&T	Atlanta	10.9 km	44.7 Mbps 144 光纤, 6.2 dB/km
GTE	Long Beach	9 km	1.5 MHz/s 6 光纤, 6.2 dB/km
IT-STL	Harlow	9 km	140 Mbps 4 光纤, 5 dB/km
Teleprompter	So. Cal.	240 m	CATV 干线 10 k 用户
Rediffusion Ltd.	Hastings	1.4 km	CATV 干线 34 k 用户
AT&T	Chicago	2.5 km	44.7 Mbps 12 光纤, 8.5 dB/km
British Telcom	Brownhills-Walsall Croydon-Vauxhall London-Vauxhall	总长 28 km	8 Mbps
GEC	London Subway	7 km	8 Mbps
Philips	Eindhoven 至 Helmond	14 km	140 Mbps 12 光纤, 渐变折射率 1920 电话通道/光纤
Siemens	Frankfurt/Main Oberursel	15.4 km	34 Mbps
Thomson-CSF	Paris	7 km	34 Mbps 50 光纤, 渐变折射率 30 000 电话通道
Martin Marietta Data Systems	Orlando, Fla.	9.2 km	45 Mbps
Israeli Post Office (Fibronics Fibers)	Tel-Aviv	2.7 km	8 光纤, 148 MHz, 0.82 μm 损耗 6 dB/km

表 20.4　商用光纤通信链路(1980 年后)

公司	地点	长度	性能数据
Pacific 　Telephone Co.	Sacramento, San Jose Stockton, Oakland San Francisco	总长 270 km	
AT&T	Cambridge, MA Richmond, VA	1250 km	波分复用 270 Mbps
AT&T	California Coast	830 km	波分复用 270 Mbps
AT&T	Atlanta(1982)	65 km	432 Mbps, 6048 通道 WDM(1335 & 1275 nm) 单模光纤, 无中继

（续表）

公司	地点	长度	性能数据
Pacific	Sacramento, San Jose	总长 270 km	
AT&T	Atlanta(1984)	74 mi	420 Mbps, 6000 通道 单模激光器, 1500 nm 单模光纤, 无中继
AT&T	5 条城际链路 Phila.-Pittsburgh Pittsburgh-Cleveland Dallas-Houston San Antonio-Seguia Atlanta-Charlotte		432 Mbps, 6048 通道 单模激光器, 1300 nm 两根单模光纤(无 WDM) 中继距离 46 英里
NTT (F400-M) 商用	Asahikawa 至 Kagoshima (主干线)	4000 km	1.3 μm, 单模 40 km 中继距离 445 Mbps, Ge APD 1985 年完工
现场试验			1.55 μm, 单模 InGaAs APD 80~120 km 中继距离 5760 电话通道
NTT (F1.6G) 现场试验		4000 km	1.6 Gbps DFB 激光器 1.3 μm, 40 km 中继距离 1.55 μm, 80~120 km 中继距离 23 040 电话通道
NTT (FS-400 M)		1000 km(2 段)	海底光缆
Telecom Australia	Perth 至 Adelaide	2800 km	565 Mbps 单模 1.3 和 1.55 μm 1989 年完工
International Consortium (TAT-8)	New Jersey 至 Widemouth(英) Penmarch(法)	6687 km	海底光缆 40 000 电话通道 55 km 中继距离 单模, 1.3 μm 274 Mbps 1988 年完工
International	北美		海底光缆

表 20.5　商用光纤通信链路(1990 年后)

公司	地点	长度	性能数据
International Consortium of 25 Organizations (TAT-9)	北美至欧洲及英国		80 000 电话通道 海底光缆 565 Mbps 1991 年完工
Consortium of 4 Organiza- tions (Taino-Carib)	Puerto Rico St. Thomas, U. S. V. I. Tortola, Brit. V. I.	175 km	225 000 电话通道 海底光缆 WDM, 565 Mbps 无中继 1993 年完工

（续表）

公司	地点	长度	性能数据
MCI	MCI 骨干网	总长 58 000 km	400 000 电话通道 波分复用 色散位移光纤 400 km 中继距离 （链路中含 3 个 EDFA） 1996 年完工
International Consortium of 30 Organizations（Columbus III）	南欧至美国	10 000 km	2 光纤对，8 波长/对 2.5 Gbps 总共 40 Gbps 480 000 电话通道 1999 年完工
International Consortium of 50 Organizations（TAT – 14）	美国至英国、法国、荷兰、德国、丹麦	15 000 km	16 波长 DWDM 640 Gbps 2 光纤对 2001 年完工
Cable & Wireless 与 Alcatel（Apollo）合资企业	北路： Bude（英）至 Shirley，长岛 南路： Lannion（法）至 Manasquan，新泽西	（约 6000 km） （约 6315 km）	DWDM，4 光纤对 每路 3.2 Tbps 2003 年完工

　　工作波长在 1.3 μm 或 1.55 μm 的高效 GaInAsP 激光器和光电二极管或许可以称得上是最大突破了，它们利用了同为该波长的具有低损耗和最小色散光纤的优势。如同第 1 章所提到的，1.3 μm 和 1.55 μm 波长下可分别实现小于 0.4 dB/km 和 0.2 dB/km 的损耗。最小的体色散可在 1.3 μm 波长下得到，也可在 1.55 μm 的"色散位移"光纤中得到。

　　模间色散的严重问题限制了早期多模系统的距离-带宽积，但这一问题在现在的单模系统中被彻底地消除。然而，由多模系统向单模系统过渡需要开发新型的单模光纤、耦合器和激光器，这并非一日之功。不久前，许多人曾一度认为亚微米级容差的单模光纤耦合问题是无法解决的。然而幸运的是，这种观点是错误的。现在已经有多家供应商提供商业化的由技术和维修人员进行"现场"安装的单模耦合器。例如图 20.13 所示的 AT&T 单模 ST^R 连接器就是一种适用于高速宽带数字传输的低损耗低反射连接器[45]。该连接器的平均插入损耗为 0.34 dB，标准偏差为 0.28，平均反射率 –42.8 dB，最大反射率为 –34.1 dB。实际用于通信系统的单模光纤光缆和激光器也均已商用化[46]。

　　在数据率超过 1 Gbps 的光纤通信系统中通常需要使用 DFB 激光器。这种激光器极窄的发射线宽（< 1 Å）使得体色散效应最弱，与最好的光纤共用时能够提供超过 2000 GHz·km 的距离-带宽积。例如，已在实验室测试中实现了 1.55 μm 波长、20 Gbps 数据率下 109 km 的数据传输[47]。一般来说，当以高数据率调制高功率激光二极管时，载流子注入或温度变化会导致折射率变化，这将带来频率漂移或"啁啾"问题。然而，DFB 激光器固有的频率选择特性会对啁啾现象产生一定的抑制。已有专门设计的 DFB 激光器能够在无显著啁啾的条件下实现超过 13 GHz 的 3 dB 调制带宽[48]。

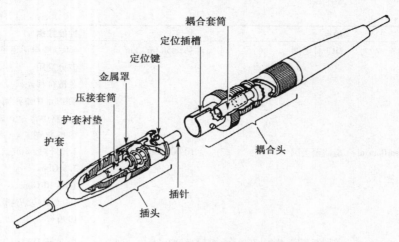

图 20.13　AT&T 单模 ST 连接器[45]

DFB 激光器的窄线宽和频率稳定性使其在波分复用系统中得到了应用。使用 DFB 激光器阵列,每个工作在略有不同的波长,可以实现大量信息信号通道的传输。典型的通道波长间隔为 10 或 20 Å,这样就可以在光纤的低损耗、低色散通带内安排多个通道。表 20.5 所列的许多系统都利用了波分复用技术来提高传输容量。

近年来,由先进 DFB 激光器、极低损耗光纤、GHz 数据率调制器以及 EDFA 组合而成的 DWDM 系统已实现了几百千米距离内总数据率达太比特每秒的信号传输[49～51]。对于光纤通信系统发展的综述,请见 Kogelnik 的论文[52]。

20.3.2　新型通信器件

除了前面一节中提到的关键性突破以外,还有许多其他新型器件和技术也对通信系统现在和未来的蓬勃发展产生着影响。当然,第 18 章中介绍过的量子阱器件已经使通信系统的性能得到了提升,而且如第 13 章中介绍的光放大器也正在新近建成的系统中得到应用。由于使用这种光放大方式的中继器在工作时无须将光信号转换为电信号,因此能够增加系统的带宽。20.2节中介绍的 OEIC 接收机、发射机和收发机则提高了每个通道的数据率。

5.4.1 节中介绍的阵列波导光栅(AWG)器件可用来制作光分插复用器(OADM)。OADM 的作用是在密集波分复用(DWDM)光纤传输线的指定节点处实现通道的耦合。这些通道或含上载信号,或含下载信号。19.4 节中描述了 OADM 的基本工作原理,它们是现代光纤远程/数据通信系统中的关键器件。Gemelos 等人分析了利用单一 AWG 同时实现复用和解复用功能的 OADM 的工作原理[53]。对于一个 N 通道(其中含 m 个分/插通道,n 个传输通道)的此类 OADM,当 N 或 m 增大时,AWG 中的串扰会导致器件性能变差,这就限制了网络中的通道数量。但若在输出端增加一个合适的光学滤波器将串扰消除,则可使数字信号的信噪比免受 N 和 m 的影响。

光纤的改进也为光通信系统性能的提升作出了贡献。"零水峰"单模光纤拓展了第三低损耗通信窗口的可用波长范围,可以从大约 1450 nm 延伸至 1600 nm(见第 13 章[4]),这就增加了 DWDM 系统中的通道数量。色散位移单模光纤将 1.55 µm 波长的色散效应降到了最低,色散补偿(平坦)单模光纤则在 1.3 µm 或 1.55 µm 波长下都能提供最小的色散,如图 20.14 所示。

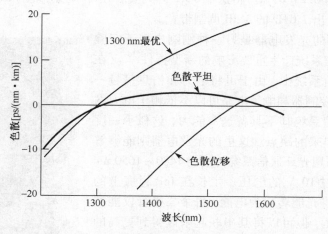

图 20.14　色散位移光纤和色散平坦光纤的色散

　　将这些改进的光纤与 EDFA 和高数据率的激光器/调制器相结合，形成了数据率-距离乘积为数百万 Gbps·km 量级的系统[49~51,54]。

　　垂直腔表面发光激光器(VCSEL)阵列是近年来刚刚走出实验室并实现商用的一种新型光通信器件。由于 VCSEL 不是从端面发光，而是以很窄的发射角度垂直于表面发光，其横截面又能够做成圆形，因此是一种能够与光纤高效耦合的理想器件。若将其集成为阵列，或许还能与电子驱动电路一起做成 OEIC 形式，则可以为多光纤系统提供一种方便的光源。Kosaka 报道了用于高速并行链路的二维 VCSEL 阵列光源[55]，图 20.15 给出了该阵列的细节。

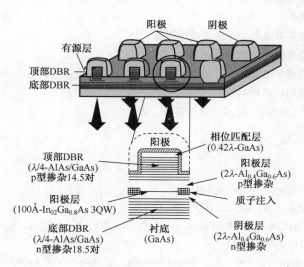

图 20.15　垂直腔表面发光激光器(VCSEL)阵列[55]

　　所有的外延层都由分子束外延(MBE)技术生长在 n 型 GaAs 衬底上。有源层由三层 0.01 μm 厚的 InGaAs 应变多量子阱(MQW)层构成，位于单波长 AlGaAs 包层内电场驻波的波峰处。每个 InGaAs 层的组份比都不尽相同，为的是得到不同的带隙波长(990 nm、980 nm、970 nm)以实现宽增益带宽。包层被夹在两个分布式布拉格反射器(DBR)之间；DBR 由 GaAs-AlAs 1/4 波长多层膜系构成，膜系具有线性渐变的超晶格过渡层。VCSEL 阈值电流为

1.5 mA，量子效率为 0.29 W/A。将这个 8×8 阵列安装在可单独寻址的 64 通道带状线馈电的微波组件内时，显示出 7 GHz 的 3 dB 调制带宽。

Dentai 等人研制的光发电器是另一种刚刚出现于实验室却可能对未来通信系统产生重要影响的新型器件[56]。在金属导线的电子通信系统中，由于可将电力和信息信号一起传输，因此开关、控制器和电子电路可以不依赖于电力网而工作。而光纤通信系统却不具备这一能力，这似乎一度成为光纤系统与生俱来的缺点。这里的光发电器则能够解决这个问题，它仅利用光纤通信系统传输的 1480～1650 nm 的光便能够产生超过 10 V 的电压。生长在 InP 衬底上的 InGaAs 光电二极管将光能转化为电能，每个二极管仅能产生低于 0.5 V 的电压，但可以将其串联起来以得到更高的电压。图 20.16 给出了能够产生 10 V 电压的 30 扇区光发电器。采用 500 μW 的 1554 nm 光照明时产生了 10.3 V 电压，短路响应度为 0.025 A/W。这已足够用来给许多种光波回路和 MEM 供电了。

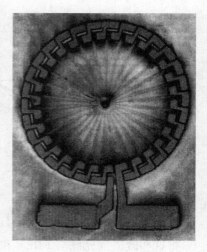

图 20.16   扇区光发电器显微照片(直径约1 mm)

习题

20.1   过去几年中将远程/数据通信系统的总数据率提高到太比特每秒的关键性技术进展有哪些？

20.2   OADM 的目的是什么？

20.3   什么是色散位移光纤？

20.4   列出三类不同的可制成集成光学形式的传感器。

20.5   首条光纤通信链路是在哪个年代建成的？

20.6   蓝光光驱内用的是哪种激光器？

20.7   什么是密集波分复用(DWDM)？

20.8   光学传感器与电学(电子)传感器相比有哪些优势？

参考文献

1. M. C. Hamilton, D. A. Wille, W. J. Micelli：Opt. Eng. **16**, 475 (1977)

2. D. Mergerian, E. C. Malarkey：Microwave J. **23**, 37 (May 1980)

3. D. Mergerian, E. C. Malarkey, R. P. Pautienus, J. C. Bradley, M. Mill, C. W. Baugh, A. L. Kellner, M. Mentzer：SPIE Proc **321**, 149 (1982)

4. A. F. Milton：Charge transfer devices for infrared imaging, in *Optical and Infrared Detectors*, R. J. Keyes 2nd edn., Topics Appl. Phys., Vol. 19 (Springer, Berlin, Heidelberg 1980)

5. D. F. Barbe (ed.)：*Charge-Coupled Devices*. Topics Appl. Phys., Vol. 38 (Springer, Berlin, Heidelberg 1980)

6. M. E. Pedinoff, T. R. Ranganath, T. R. Joseph, J. Y. Lee：NASA Conf. on Optical Information Processing for Aerospace Applications, Houston, TX (1981) Proc. p. 173

7. B. Chen, T. R. Joseph, J. Y. Lee：IGWO'80, Incline Village, NV Paper ME-3

8. K. Aiki, M. Nakamura, J. Umeda：IEEE J. **QE-13**, 220 (1977)

9. K. Aiki, M. Nakamura, J. Umeda：IEEE J. **QE-13**, 597 (1977)

10. C. Zah, R. Bhat, B. Pathak, L. Curtis, F. Favire, P. Lin, C. Caneny, A. Gozdz, W. Lin, N. Andreadakis, D. Mahoney, M. Koza, W. Young, T. Lee: IEEE 5th Intl Conf. on InP and Related Materials, Paris (1993) Proc. p. 77

11. K. Sato, S. Sakine, Y. Kondo, M. Yamamoto: IEEE J. **QE-29**, 1805 (1993)

12. S. L. Lee, I. F. Jang, C. Y. Wang, C. T. Pien, T. T. Shih: Monolithically integrated multiwavelength sampled grating DBR lasers for dense WDM applications. IEEE J. Sel. Top. Quant. Electron. **6**, 197 (2000)

13. H. F. Taylor: IEEE J. **15**, 210 (1979)

14. H. F. Taylor, M. J. Taylor, P. W. Bauer: Appl. Phys. Lett. **32**, 559 (1978)

15. S. Yamada, M. Minakota, J. Noda: Appl. Phys. Lett. **39**, 124 (1981)

16. M. J. Demler: *High-Speed Analog-to-Digital Conversion* (Academic Press, San Diego, CA1991)

17. W-R. Yang, T. Renkoski, W. Nunnally: Overview of an all-optical analog-to-digital converter: focusing of deflected terahertz optical pulse and propagation characteristics, Proc. SPIE **5814**, 62 (2005)

18. J. U. Kang, R. D. Esman: Demonstration of time interweaved photonic four-channel WDM sampler for hybrid analogue-digital converter. Electron. Lett. **35**, 60 (1999)

19. M. Currie, T. R. Clark, P. J. Matthews: Photonic analog-to-digital conversion by distributed phase modulation. IEEE Photonics Tech. Lett. **12**, 1689 (2000)

20. P. Rabiei, A. F. J. Levi: Analysis of hybrid optoelectronic WDM ADC. IEEE J. Lightwave Tech. **18**, 1264 (2000)

21. J. C. Twichell, R. Helkey: Phase-encoded optical sampling for analog-to-digital converters. IEEE Photonics Tech. Lett. **12**, 1237 (2000)

22. H. Toda, M. Haruna, N. Nishihara: IEEE J. **LT-5**, 901 (1987)

23. H. Toda, K. Kasazum, M. Haruna, N. Nishihara: IEEE J. LT-7, 364 (1989)

24. S. Ura, T. Suhara, H. Nishihara: IEEE J. **LT-4**, 913 (1986)

25. S. Ura, M. Shimohara, T. Suhara, N. Nishihara: IEEE Photon, Tech. Lett. **6**, 239 (1994)

26. J. A. Hudgings, S. F. Lim, G. S. Li, Wupen Yuen, K. Y. Lau, C. J. Chang-Hasnain: Compact, intergrated optical disk readout head using a novel bistable vertical-cavity surface-emitting laser. IEEE Photonics Tech. Lett. **11**, 245 (Feb. 1999)

27. K. Manoh, H. Yoshida, T. Kobayashi, M. Takase, K. Yamauchi, S. Fujiwara, T. Ohno, N. Nishi, M. Ozawa, M. Ikeda, T. Tojyo, T. Taniguchi: Small integrated optical head device using a blue-violet laser diode for Blu-ray Disc system, Jpn. J. Appl. Phys. **42**, 880 (2003)

28. L. Johnson, F. Leonberger, G. Pratt: Appl. Phys. Lett. **41**, 134 (1982)

29. N. A. F. Jaeger, L. Young: IEEE J. **LT-7**, 229 (1989)

30. R. F. Nabiev, C. J. Chang-Hasnain, L. E. Eng: Spectrodetector-Novel Monolithic wavelength meter and photodetector. Electron. Lett. **31**, 1373 (1995)

31. C. K. Madsen, J. Wagener, T. A. Strasser, D. Muehlner, M. A. Milbrodt, E. J. Laskowski, J. DeMarco: Planar waveguide optical spectrum analyzer using a UV enhanced grating. IEEE J. Sel. Top. Quant. Elect. **4**, 925 (1998)

32. K. Kim, H. Minamitani, K. Matsumoto, S. Kang: Sensing property of thin film optical waveguide sensor based on PVC co-polymer. Proc. SPIE **3278**, 220 (1998)

33. O. Wada, H. Nobubara, T. Sanada, M. Kuno, M. Makiuchi, T. Fujii, T. Sakurai: IEEE J. **LT-7**, 186 (1989)

34. H. Matsueda, M. Nakamura: Appl. Opt. **23**, 779 (1984)

35. H. Matsueda: IEEE J. **LT-5**, 1382 (1987)

36. P. Woolnough, P. Birdsall, P. O'Sullivan, A. Cockburn, M. Harlow: Electron. Lett. **29**, 1388 (1993)

37. T. Horimatsu, M. Saskai: IEEE J. **LT-7**, 1612 (1989)

38. G. G. Mekonnen, W. Schlaak, H-G. Bach, R. Steingruber, A. Seeger, Th. Enger, W. Passenger, A. Umbach. C. Schramm, G. Unterborsch, S. van Waasen: 37 GHz bandwidth InP-based photoreceiver OEIC suitable for data rates up to 50 Gb/s. IEEE Photonics Tech. Lett. **11**, 257 (1999)

39. D. A. Louderback, O. Sjolund, E. R. Hegblom, S. Nakagawa, J. Ko, L. A. Coldren: Modulation and free-space link characteristics of monolithically integrated vertical-cavity lasers and photodetectors with microlenses. IEEE J. Sel. Top. Quant. Electron, **5** 157 (1999)

40. K. Kato, Y. Thomori: PLC hybrid integration technology and its application to photonic components. IEEE J. Sel. Top. Quant. Electron. **6**, 4 (2000)

41. F. A. Kish, R. Nagarajan, C. H. Joyner, R. P. Schneider, Jr., J. S. Bostak, T. Butrie, A. G. Dentai, V. G. Dominic, P. W. Evans, M. Kato, M. Kauffman, D. J. H. Lambert, S. K. Mathis, A. Mathur, R. H. Miles, M. L. Mitchell, M. J. Missey, S. Murthy, A. C. Nilsson, F. H. Peters, S. C. Pennypacker, J. L. Pleumeekers, R. A. Salvatore, R. S. G. Reffle, D. G. Mehuys, D. Perkins, D. F. Welch: 100 Gb/s (10×10 Gb/s) DWDM photonic integrated circuit transmitters and receivers, Lasers and Proceedings of Conference on Electro-Optics, 2005. (CLEO). **1**, 585 (2005)

42. J.-F. Luy, P. Russer (eds.): *Silicon-Based Millimeter-Wave Secives*, Springer Scr. Electron. Photon., Vol. 32 (Springer, Berlin, Heidelberg 1994)

43. R. G. Hunsperger, M. K. Barnoski, H. W. Yen: A system for optical injection locking and switching of micro-wave oscillators. US Patent No. 4,264,857 (issued April 1981)

44. R. R. Kunath, K. B. Bhasin: IEEE AP-S/VRSI Symp., Philadelphia, PA (1986)

45. G. M. Alameel, A. W. Carlisle: Fiber and Integ. Opt. **8**, 45 (1989)

46. Laser Focus World Buyers Guide '01 (PennWell Publishing, Tulsa, OK 2001)

47. D. Mathoorasing, C. Kazmiricrski, M. Blez, Y. Sorel, J. Kerdiles, M. Henry, C. The bault: Electron. Lett. **30**, 507 (1994)

48. Y. Hirayama, H. Furuyama, M. Moringa, N. Suzuki, M. Kushibe, K. Eguchi, M. Nakamura: IEEE J. **QE-25**, 1320 (1989)

49. H. Onaka, H. Miyata, G. Ishikawa, K. Otskula, H. Ooi, Y. Kai, S. Kinoshita, M. Seino, H. Nishimoto, T. Chikarna: 1.1 Tb/s WDM transmission over a 150 km 1.3 μm zero-dispersion single-mode fiber. Proc. Opt. Fiber Conf., San Jose, CA, 1996

50. A. H. Gnauck, A. R. Chraplyvy, R. W. Tkach, J. L. Zyskind, J. W. Sulhoff, J. Lucero, Y. Sun, R. M. Jopson, F. Forghieri, R. M. Derosier, C. Wolf, A. R. McCormick: One terabit/s transmission experiment. Proc. Opt. Fiber Conf., San Jose, CA, 1996

51. T. Morioka, H. Takara, S. Kawanishi, O. Kamatani, K. Takiguchi, K. Kuchiyama, M. Saruwatari, H. Takahashi, M. Yamada, T. Kanamori, H. Ono: 100 Gbit/s 10 channel OTDM/WDM transmission using a single supercontiuum WDM source. Proc. Opt. Fiber Conf., San Jose, CA, 1996

52. H. Kogelnik: High-capacity optical communications: personal recollections. IEEE J. Sel. Top. Quant. Electron. **6**, 1279 (2000)

53. S. M. Gemelos, D. Wonglumsorm, L. G. Kazovsky: Impact of crosstalk in an arrayed waveguide router on an optical add-drop multiplexer. IEEE Photonics Tech. Lett. **11**, 349 (1999)

54. K. Imai, T. Tsuritani, N. Takeda, K. Tanaka, N. Edagawa, M. Suzuki: 500 Gb/s (50 × 10.66 Gb/s) WDM transmission over 4000 km using broad-band EDFAs and low dispersion slope fiber. IEEE Photonics Tech. Lett. **12**, 909 (2000)

55. H. Kosaka: Smart integration and packaging of 2D VCSEL's for high-speed parallel links. IEEE J. Sel. Top. Quant. Elect. **5**, 184 (1999)

56. A. G. Dentai, C. R. Giles, E. Burrows, C. A. Burrus, L. Stulz, J. Centanni, J. Hoffman, B. Moyer: A long-wavelength 10-V optical-to-electrical InGaAs photogenerator. IEEE Photonics Tech. Lett. **11**, 114 (1999)

第 21 章 光子与微波无线系统

大约从 1990 年开始，集成光学领域的一个新趋势愈发明显，这就是光子器件及系统与 RF（射频）和微波器件及系统的融合。利用光纤和集成光学器件，远程通信/数据通信系统现在大都已改造成了光波系统，使得全球通信网络的容量和有效性都得到大幅提高，这在第 20 章中已经讨论过。然而在与终端用户的链接方面，这类系统还有所欠缺。我们都生活在"移动的社会"里，因此并不总能方便地通过玻璃纤维或金属导线与网络相连通，于是就产生了基于空气传输 RF 或微波信号的"无线"通信网络。但是要让每个人都随身携带高功率的无线电收发机也是不现实的。而若将短距、低功耗无线系统与利用光纤和 OIC 实现远距离传输的光波系统结合起来，我们就能够让在洛杉矶行驶的车辆里的人或计算机与远在欧洲或亚洲主要城市的车辆里的人（或计算机）互相通信成为可能。长距点对点通信用光导纤维与短程无线通信用微波之间的这种结合，提供了高数据率、高安全性和可靠性的移动通信。

21.1 光子技术与微波技术的融合

在多数大城市和许多小城镇地区，通过无线移动电话与用户相链接的通信系统已经发展起来。移动电话发出的射频或微波信号经空气传输到中继站，并由中继站耦合到陆线电话系统中传输。通常认为频率低于 1 GHz 的波属于射频波，高于 1 GHz 的叫做微波。30 GHz 以上频率的微波则称为毫米波。现在的移动电话或是工作在 RF 频段（约 900 MHz），或是在微波频段（约 3 GHz），但研究工作则明显是朝着毫米波方向进行的，这是因为短波长允许更小的天线和更小的移动电话尺寸。通常每个小区只有几英里见方，因此可以在便携式收发机中使用仅有几毫瓦发射功率的低功率发射机。当某移动电话越过两个小区之间的界线时，它发射的信号也会从一个小区越区切换至另一个小区。必要时，电话会自动地切换频率以找到新小区中的开放信道。移动电话中继站必须通过金属电缆或光纤与陆线系统相连；而鉴于第 1 章中提到的种种优势，很多时候使用的都是光纤。最终，我们可以设想这样一个系统：携带有光波信号的光纤一路延伸到位于高层建筑或高塔上且具有内置天线的小型毫米波中继站收发机中。对毫米波系统而言，便携式收发机的尺寸也许会从今天的衬衫口袋大小缩减到手表大小。这类系统早在 1992 年（也许更早）就已经被提出[1]。在第 16 章中讨论过，毫米波频段的调制半导体二极管激光器技术已经被开发；毫米波光电二极管也已研制成功[2]。21.2.3 节中将回顾使用这类器件来传输以毫米波频率调制的光波信号的系统。为了得到毫米波通信系统中所需要的小尺寸，必须将单片微波集成回路（MMIC）与光集成回路（OIC）技术相结合，制造出光-微波单片集成回路（OMMIC）。这将在 21.2.2 节中讨论。

微波技术与光子技术的融合也体现在家庭、企业和广域互联网接入系统内的无线局域网（WLAN）中。正如先前已经提到的那样，很多时候都是用光纤和光波来将信息和控制信号传送到微波收发机中。而在其他应用中，光子学的作用则可能更为微妙。这些应用包括自由空间的"光无线"，利用太阳能电池为设备供电，以及光子器件在无线系统元件制造及测试中的应用。

在微波信号的产生、传输、探测和处理过程中经常会用到集成光学技术。20.1 节中提到的射频频谱分析仪和 20.2 节中的相控阵天线驱动器就是这类应用的两个例子。利用光信号来控制微波器件常常是有利的，其原因有很多。首先，对微波器件或信号使用光控信号，可以避免电子信号控制时所遇到的射频耦合现象，这就消除了控制信号以一种不希望的方式直接馈入或耦合到其他通道的问题；同时，光学控制用光纤来代替金属波导，因此能够显著减轻控制信号传输线的重量。其次，光学控制通常具有更快的响应速度，这是因为光信号不会因为寄生电容以及同轴电缆或金属波导的电子信号延迟而减速。利用光信号控制微波器件的例子有：射频开关[3]、移相[4]、微波振荡器的光注入锁定[5] 以及光泵浦的微波混频器二极管[6]。关于这些技术的详细讨论已超出本书范围，可参考其他文献[7,8]。

除用于微波器件的控制以外，集成光学技术还可以用于微波信号的分析。集成光学射频频谱分析仪就是用它来进行微波信号频域分析的一个例子。Ridgway 和 Davis[9]制造了集成光学时域射频电压波形采样器，如图 21.1 所示。该装置的衬底上覆盖有共面射频带状线，沿着带状线分布着一系列的电光双通道定向耦合器；带状线形成了耦合器的行波电极。工作时，光脉冲在主波导中沿着与 RF 电压波相反的方向传输，并将一部分光能耦合到各耦合器的辅助波导中；耦合光能的多少取决于光脉冲经过该耦合器时此处射频电压波的幅度。

这样就实现了射频电压波形的采样，从而可以确定其幅度和形状。由于光脉冲的速度远大于电压波速度，因此可以得到良好的时域分辨率。图 21.1 中的 OIC 是在具有 Ti 扩散波导的 LiNbO$_3$ 衬底上制成的，估计在超过 4×10^{10} 样本每秒的采样速率下，最佳时间分辨率能达到几皮秒。所用光源为发射波长 0.84 μm 的 GaAlAs 激光器。

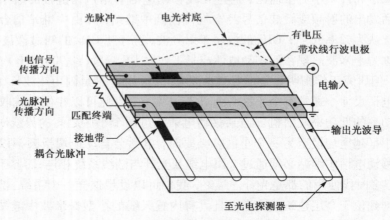

图 21.1　集成光学高频波形采样器[9]

光-微波应用的范围相当广泛，其中最普遍的应用是高速光纤链路中微波频率调制信号的传输。通信领域中光子技术与射频和微波技术的融合，已经使得联席会议的召开成为可能[10]。

21.2　射频与微波信号的光纤传输

在光纤链路中利用受调制的光束来进行射频或微波信号的传输，是传统金属波导或电缆传输的理想替代方案。光纤传输具有重量轻、安全性高和传输损耗低的优点。有趣的是，光纤与电缆或金属波导相比所具有的低损耗，不只是能够补偿耦合损耗和(电/光)转换损耗。因而，对于一个合理设计的系统，若用光纤传输系统来替换其中的电缆或波导，通常不仅不会出现插入损耗，反而会带来插入增益[11]。

21.2.1　基本原理

微波信号的光纤传输是一个相对直接的过程，如图 21.2 的框图所示。

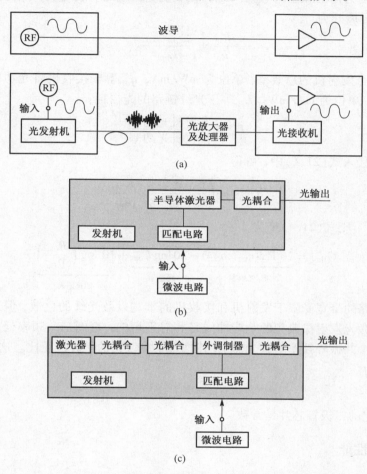

图 21.2　（a）～（c）用光纤链路替代传统微波传输系统[11]。
（a）系统比较；（b）直接调制发射机；（c）外调制发射机

利用射频或微波信号对半导体激光二极管进行强度调制，既可如图 21.2(b) 直接与调制信号成比例地改变二极管电流，也可如图 21.2(c) 使用外调制器。但无论哪种方式都需要使用合适的光耦合器和微波阻抗匹配电路来将反射和耦合损耗降到最低。正如第 16 章讨论过的，微波信号通常是由带状线引入的，外调制器（如果用到）应该带有行波电极。该应用中，电吸收调制器和 Mach-Zehnder 调制器都是有效的。光接收机通常含有一个带微波晶体管放大器的 p-i-n 光电二极管。光纤系统被用来传输频率在毫米波波段且含有声音、数据和数字视频的微波信号[12]。数字数据可在高达 60 GHz 的频率上传输[13, 14]，这些系统详见 21.2.3 节。

Olson 已经出版了一本关于光纤微波链路的相对详尽的设计指南[15]。光纤微波传输链路的两个最为重要的特性是它的插入增益（或损耗）G_{link} 和 3 dB 带宽 f_{3dB}。计算这两个参数所需的方程(摘自上述指南)在下面给出。构成 G_{link} 的各项分别为发射机效率、光纤损耗、接收机效率以及输出/输入阻抗比。若考虑功率增益,则链路增益可写为

$$G_{link} = \left(\frac{I_{out}}{I_{in}}\right)^2 \frac{R_{out}}{R_{in}} \tag{21.1}$$

式中,I_{out} 和 I_{in} 分别为输出和输入电流,R_{out} 为接收机输出端的负载阻抗,R_{in} 为激光发射机的输入阻抗。电流比可展开为

$$\frac{I_{out}}{I_{in}} = \frac{\eta_{txrf} \cdot \eta_{rxrf}}{L_{opt}} \tag{21.2}$$

式中,η_{txrf} 等于整个发射机的总效率,单位为 mW/mA,η_{rxrf} 等于接收机将光功率调制转化为输出电流的总效率,单位为 mA/mW。L_{opt} 等于光纤链路的光损耗:

$$L_{opt} = \frac{发射机光功率}{接收机光功率} \tag{21.3}$$

将式(21.2)代入式(21.1)中,可得

$$G_{link} = \left(\frac{\eta_{txrf} \cdot \eta_{rxrf}}{L_{opt}}\right)^2 \frac{R_{out}}{R_{in}} \tag{21.4}$$

若用 dB 表示,则式(21.4)变为

$$G_{link} = \underbrace{20 \log(\eta_{txrf} \cdot \eta_{rxrf})}_{电/光效率} - \underbrace{20 \log L_{opt}}_{光损耗} + \underbrace{10 \log\left(\frac{R_{out}}{R_{in}}\right)}_{阻抗差别} \tag{21.5}$$

光纤微波链路的带宽受限于发射机和接收机的带宽以及光纤的色散,但通常是发射机带宽起主要作用。激光发射机典型的响应曲线是相对平坦的,直到某一频率处首次升至峰值然后快速下降。这个共振峰频率与激光器平均输出光功率 P_{out} 的平方成正比。这样,链路的 3 dB 带宽 f_{3dB} 可表示为

$$f_{3dB} = A(P_{out})^{1/2} \tag{21.6}$$

式中,A 对于给定的二极管芯片是常数。

21.2.2　器件性能

为了制造出工作在毫米波波段的激光发射机和光电二极管接收机,通常需要将带驱动电路的激光二极管和带放大器的光电二极管进行混合(多芯片)或单片(单芯片)集成。单片集成的即为 OMMIC,有时也称为 OEMMIC(光电单片微波集成回路),由 III-V 族半导体(比如 GaInAsP 或 GaAlAs)在 GaAs 或 InP 衬底上形成。由于这些材料的某些固有特性正是 OIC 和 MMIC 中所需要的,因此非常适用于微波器件和光学器件的单片集成。表 21.1 列出了这些特性。

第 16 章中已经讨论了激光器/驱动器 OMMIC,所以这里不再举更多的例子。Umbach 等人报道了一种为毫米波应用而设计的 OMMIC 接收机[16]。他们将 p-i-n 和 MSM 光电二极管与双栅极 HEMT(高电子迁移率晶体管)放大器组合在一起。接收回路由 MOVPE 技术生长在掺 Fe 的 InP(半绝缘)衬底上。器件设计工作波长为 1.55 μm。为了对毫米波调制频率具有高效率的响应,要求光电二极管具有微米(μm)大小的尺寸,如图 21.3 所示。

表 21.1 OIC 与 MMIC 中所需的 GaInAsP 和 GaAlAs 材料特性

OIC 中所需

- 对可见光和近红外光透明
- 直接带隙——能够制成高效率的光发射器和探测器
- 通过改变组份能够方便地控制带隙和折射率，从而制造出给定波长的发射器、探测器和波导

MMIC 中所需

- 高增益晶体管所需的高电子迁移率
- 高频晶体管所需的高散射限制速率
- 能够进行半绝缘掺杂——能够在半导体表面直接沉积微波带状线

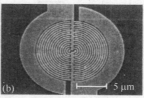

图 21.3 光电二极管的扫描电子显微(SEM)照片。(a)利用空气桥与有源区接触的 p-i-n
波导光电二极管;(b)具有 0.2 μm 叉指形电极的顶部入射 MSM 光电二极管[16]

这两种光电二极管都具有高达 70 GHz 的带宽。光电二极管与不同结构的 HEMT 放大器集成在一起;HEMT 放大器转换频率高达 90 GHz。在用于时分复用系统的 40 Gbps 宽带光接收机,和用于移动通信系统的 38 GHz 及 60 GHz 窄带光接收机中都已报道了该种 OMMIC 的应用。

Baeyens 等人也报道了 p-i-n 光电二极管与 HEMT 放大器的集成[2]。他们将 InGaAs 的 p-i-n 光电二极管与 AlGaAs/InGaAs/GaAs 的 HEMT 放大器生长在半绝缘 GaAs 衬底上;利用空气桥接触将光电二极管和 HEMT 栅极耦合在一起以减小电容。使用了一个基于 0.15 μm 栅长的 GaAs 双栅极 HEMT 的二级窄带放大器;双栅极降低了对高频响应起主要限制作用的有效栅极电阻。光电二极管对 1.3 ~ 1.55 μm 的波长敏感。制备了两个接收机,第一个设计工作在 42 GHz,响应度为 7 A/W;第二个工作在 58 GHz,响应度为 2.5 A/W。

21.2.3 系统性能

许多已经建成的光纤微波系统中都用到了前面介绍过的各种器件。在毫米波频段,通常不采用直接调制,而是使用外调制器,以避免出现"啁啾"(由于电流变化导致脉冲各处发生频移)的问题,但"外"并不是指在激光器芯片以外。通常,外强度调制器是与激光器集成在一起的,既可以用 Mach-Zehnder 调制器,也可以用电吸收调制器。但是若频率超过了 50 GHz,即便使用外调制器也不能完全将啁啾减小到可以忽略的程度。调制器利用载波产生一个啁啾双边带光信号,如果利用传统的未经色散校正的光纤来传输此双边带信号,那么色散效应将会限制最大的光纤长度[17]。人们研究了许多种技术来解决这个色散问题。啁啾光纤光栅可用来补偿色散[18]。双电极 Mach-Zehnder 调制器可用来产生光学单边带(SSB)调制;这种调制信号由于谱宽极窄,所以对色散的敏感度大大降低[19]。Stohr 等人用带负啁啾的电吸收(EA)调制器来抵消通常啁啾带来的影响[17]。当多量子阱(MQW)电吸收调制器工作波长刚好大于激子共振波长或工作在大的反向偏置电平下时,会表现出负的啁啾。在这些情况下,由于量子限制斯塔克效应(QCSE)而产生的折射率变化为负值,从而啁啾也为负值(关于 QCSE 的讨论

请见第 18 章）。利用负啁啾电吸收调制器，已经在标准单模光纤中演示了 60 GHz 频段的两路156 Mbps 数据通道的同时传输，传输长度达到 1409 m[17]。

　　Kuri 等人报道了用于 60 GHz 频段的含电吸收 OMMIC 光收发机的全双工（同时收发）光纤无线系统[20]。该 OMMIC 为制备在介质衬底上的混合型回路，如图 21.4 所示。

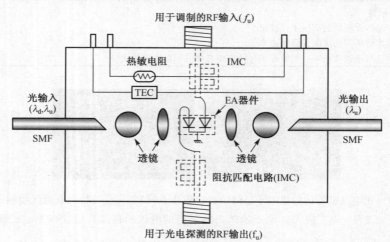

图 21.4　60 GHz 频段电吸收光收发机，回路结构示意图[20]

　　该收发模块大小为 21 mm(w) × 13 mm(d) × 11.3 mm(h)。模块具有带标准连接器的独立的射频输入和输出端口。微波信号由微波带状线送入和送出 EA 二极管芯片，并使用阻抗匹配电路（IMC）来将反射减至最小。标准单模光纤通过透镜与 EA 芯片相耦合。测得总耦合损耗为 6 dB。利用热敏电阻和内置的帕尔贴热电制冷器（TEC）将 EA 芯片温度保持在 25 ℃ 常温。EA 芯片中含有 10 阱 InGaAsp-InGaAsP 多量子阱芯，分成两个二极管区，分别用于光电探测（接收）和 EA 调制（发射）。下行链路（接收）通道工作在 1530 nm，上行链路（发射）通道则工作在 1570 nm。对 59.6 GHz 下行链路接收与 60.0 GHz 上行链路发射同时实现了 156 Mbps 数据传输率。借助于光学 SSB 滤波克服光纤色散的影响，已经利用这种收发机在 85 km 长的标准单模光纤中实现了 60 GHz 频段信号的传输[13]。

　　光纤无线系统还可以这样实现。首先用较低的中频（IF）信号对激光二极管进行调制，使其可以在光纤中传输，然后用设置在远处毫米波无线电发射机上的远程锁相环（PLL）将其上变频至毫米波频率。PLL 的参考信号由光纤传输，与之一同传输的还有携带信号信息的数字调制副载波。Griffin 等人对这类系统进行了分析[21]。

　　利用光纤中的光束来传输射频和微波的技术并非仅限于实验室中的研发。现已有许多公司销售光纤无线链路。这些链路的输入和输出均为射频或微波，但传输过程则通过光纤中的光波实现。能够提供超过 10 Gbps 数据率的链路现在已经是现成的商品了。

21.3　利用光学技术产生微波载波

　　在光子学与微波技术的融合中，一个非常有意思的领域是利用光学手段来产生微波。从物理学家的角度来看，这是对"无线电波和光波都属同一种电磁波，只是具有不同频率"的绝佳证明。而从工程师的角度来看，它则为频分复用（FDM）系统所需的微波副载波的产生提供了一种简便的方法。光波产生微波所涉及的基本概念是众所周知的外差原理。当两列不同频率的波在可对其响应的介质中互相混合时,会产生一个大小等于两波频率之差的"拍"频。该原理除适用于射频外,也同样适用于光频。那么,若令两个可调谐 DFB 激光器发射的两列不同频率(波长)的光波在一 p-n 结电二极管的有源区互相混合的话,则会产生拍频的电流。由于半导体激光器发射的光波频率在 10^{15} Hz 量级,所以仅由相对较小的激光频率差便可以很容易地得到 $10^9 \sim 10^{11}$ Hz 的微波频段拍频。这种借助于外差法产生微波的光学技术,由于涉及到靠混合两束光来产生一个拍频调制的输出光束,因此有时也被称为"双光束调制"[22~24]。

可以用许多种不同的技术来实现两个所需频率光束的产生和混合,以及将拍频光信号转换为微波信号。如图 21.5 所示,可将两个可调谐 DFB 激光器紧挨着集成在同一芯片上,它们的输出光束便可在光电二极管的表面互相混合。

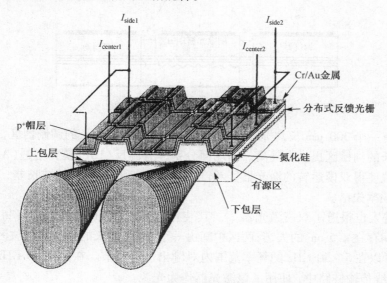

图 21.5　集成的可调谐 DFB 激光器

通过改变边缘部分的电流,便可以利用电学手段来实现图 21.5 中激光器的调谐。利用这种方式,可以产生远远延伸至毫米波频段的拍频。或者,也可以使用互相独立的分立式可调谐激光器。例如,Chau 等人[25]使用两个发射波长约为 1.55 μm 的外腔可调谐激光器产生了频率高达 95 GHz 的微波。激光器发出的光经 3 dB 耦合器合束,然后由高功率 EDFA 放大,再用 1 nm 的带通光学滤波器来滤除 EDFA 带来的放大自发辐射(ASE)噪声。当然,用于将拍频光信号转换为微波的光探测器必须具有足够的通带来容纳所产生的频率。这里使用了一个速率匹配分布式光探测器(VMDP)。VMDP 含有四个 MSM 光电二极管,每个二极管长 14 μm,管间相距 148 μm。VMDP 的击穿电压很高,为 7~9 V,对应 $3.5 \sim 4.5 \times 10^5$ V/cm 的场强。5 V 偏置下测得直流响应大于 0.25 A/W。直至 105 GHz,VMDP 的响应都相对平坦。

在外差法产生微波的技术中所用的激光器并不一定是 DFB 半导体激光器。Li 等人[26]利用两个 Nd:YVO₄/MgO:LiNbO₃ 单模微芯片激光器的输出产生拍频,制成了可调谐的毫米波源。该器件含有单片集成在单复合材料晶体上的 Nd:YVO₄ 增益部分和 MgO:LiNbO₃ 调谐部分。该信号源可从直流调谐至 100 GHz,灵敏度为 8.8 MHz/V,调谐率大于 10 THz /s。

两个激光器输出的光波不一定是先在外部混合后,再在光电二极管中产生微波。Wang 等人[27]在双区增益耦合 DFB 激光器中产生了可调谐毫米波,调谐范围为 20~64 GHz;也有人在双区折射率耦合激光器中实现了微波的产生[28]。折射率耦合激光器中的微波产生机理被认为是由于两区有源介质中交换的光子与载流子间的相互作用而产生的非线性模式拍频效应[28]，而增益耦合激光器中大的调制指数则被认为同与增益耦合相关联的增强的传输特性有关[27]。在这些双区激光器中，光束的混合在内部发生，因此输出光束是拍频调制的。然而，为了产生微波必须用到某种光-微波转换器，通常为结型或肖特基势垒型光电二极管。内部混合的优点在于光注入锁定会在光束间产生相位相干性，从而去掉相位噪声。

Hsu 等人[29]报道了在啁啾光栅 DFB 激光器中实现了可调谐双模运转，在单一增益介质中产生了两个增益简并的激光模式。这样，两个模式就可以在内部混合，从而产生微波频率调制的拍频光信号。图 21.6 给出了这种双模激光器的示意图。

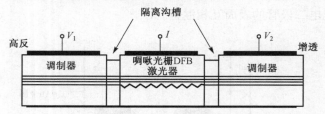

图 21.6　双模啁啾光栅 DFB 激光器[29]

该器件含有一个 300 μm 长的 DFB 激光器区和两个 250 μm 长的调制器区，三区集成在一起，由 80 μm 长的沟槽区提供电隔离。两端面分别镀有高反（HR）膜和增透（AR）膜。调制器区的选择性偏置使得双模运转的激光器能够产生 0.5 nm 和 1.4 nm 的波长差，对应着 63 GHz 和 175 GHz 的频率失谐。

Grosskopf 等人也报道了双模激光器[30]。其装置包含两个 DFB 激光器区（每个长 250 μm），其布拉格波长间存在 2.5 nm 的失谐；两区中间由一个 400 μm 长的集成的相位区隔开。通过改变偏置设置，可以在 5 ~ 50 GHz 的频率范围内对输出进行调节。在一条 40 GHz 频段、超过 62 km 长的光纤无线传输链路中，使用了该激光器作为光源。

两个独立激光器的信号间进行外差时所产生的激光相位噪声问题，可以用锁相环（PLL）来缓解。Johansson 和 Seeds[31]所报道的基于光纤的光注入锁相环（OIPLL）系统就是这种方法的一个例子。图 21.7 给出了他们的实验装置。

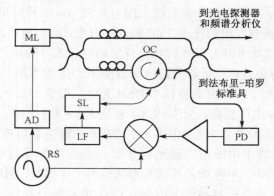

图 21.7　光注入锁相环（OIPLL）系统[31]

主激光器（ML）的调制频率为所需毫米波频率的 1/3。在参考信号发生器（RS）与 ML 之间使用了一个可调节延迟线（AD）。利用分束器/耦合器和光环行器（OC），将 ML 输出的 20% 注入到从激光（SL）二极管中。经调整的 SL 锁定在注入 ML 光的三次谐波边带上。环行器的大部分输出光与 ML 剩余的输出在另一个分束器/耦合器中混合在一起，形成毫米波调制的光信号，然后馈入频谱分析仪和法布里-珀罗标准具中。环行器输出的其余部分被耦合到光探测器（PD）中，PD 便能够探测到 SL 信号和 ML 基频剩余信号之间的拍频。光电二极管的拍频信号经过放大，在一个亚谐波泵浦的双平衡混频器中将其相位与参考信号进行比较。混频器的输出经过环路滤波器（LF）后注入 SL 中。该 OIPLL 系统能够在 ML 和 SL 间保持相位相干性，从而允许相位噪声的抵消。若用两个 1550 nm 的 16 量子阱 InGaAs-InGaAsP DFB 激光器分别作为 ML 和 SL，则可以产生 220 MHz 线宽的 36 GHz 毫米波信号。

也可以将一个激光器的输出光束分成具有频移的两部分，在这两部分间进行外差来产生微波信号。例如，可以利用 10.6 节（见图 10.9）中讲到的表面声波驻波光调制器（SWSAWOM）来进行所需的光束分离。Kissa 等人[32]利用这种方法，在一个 816 nm 波长二极管激光器的输出光束上实现了光信号的微波副载波复用。集成的光调制器制备在 LiNbO$_3$ 衬底上，利用 Ti 扩散平面波导实现。调制器将三路 NTSC 制式 VHF 频段的 TV 信号（2、4、6 频道）上变频至 UHF 频段（44、47、49 频道），形成频分复用（FDM）的光束。将此 FDM 光束分别输入微波频谱分析仪和电视接收机进行分析和观察。SWSAW 的布拉格衍射效率为 41%。透射光谱的中心分量为调制器声波驱动频率的两倍（$2f_a = 600$ MHz），与之相邻的双边带（DSB）谱均由与三个频道相对应的三组频率组成。

Chen 等人[33]仅用一个直接调制的 DFB 激光器和一个 Mach-Zehnder 外调制器便产生了毫米波信号。通过光载波抑制得到了单边带运转。使用该系统在 20 km 的通路长度上实现了 2.5 Gbps 数据通道的传输。

21.4　未来规划

光纤互连的技术合理性和经济可行性已经在许多应用中得到了清楚的证明。光纤光缆传输系统现已在局间链路和海底光缆中得到了广泛的使用。几十吉比特每秒数量级的数字数据传输率已极为普通，而高达几太比特每秒的数据传输率已经应用于商业通信链路中并将在未来几年的 DWDM 系统中得到普及。虽然在很多地方的用户环路中，光纤光缆尚未取代铜线电缆，但是相关规划已经正在制定中。这种转换一旦完成，公用电话网将变成一种灵活得多的媒介，将能够传输包括交互式高速数据传送、高清有线电视频道、可视电话、高速传真以及安全和医疗报警系统在内的各种新型业务。许多家庭已经在享受通过因特网和万维网进行光纤宽带数据通信所带来的种种益处。

随着高数据率光纤光缆传输线路修建的日益完善，对于光集成回路的需求也产生了巨大的增长。因此，光集成回路已经结束了仅为实验室研究对象的阶段，进入了市场。许多公司现已将光集成回路作为现成商品进行销售，并且至少已有一家公司能够提供用户设计 OIC 的加工服务，而这在电子集成电路芯片行业已经出现了很多年。相对而言，当前的商用 OIC 种类还是比较有限的——2×2 光开关、电光相位调制器、Mach-Zehnder 干涉仪型强度调制器、多路复用器和解复用器、OADM、耦合器和分束器。但是与电子集成电路相比，这些产品出现在市场上的时间还比较短。随着系统工程师们对这些器件的用途和优点的逐渐熟悉，对于更为复杂的 OIC 的需求定会增长。而随着光纤的应用延伸到电信系统的用户环路中,对高速光开关和耦合器大量需求的最佳解决方式便是将其制作成 OIC 形式。

随着制造技术水平的提高,器件尺寸已经从微米缩减至纳米量级,这就为封装尺寸更小、结构更为复杂的 OIC 的研制提供了机遇。许多这类光电回路将被制备在"光子晶体"中。该项工作仅仅是一个开始,但是一些回路已经得到了实现。第 22 章中将对这一新的"纳米光子学"领域加以介绍。

OIC 和光纤作为传感器的使用也是一个正在迅速发展的应用领域。虽然到目前为止,大部分工作还仅限于实验室研究和军事应用,但消费者市场的增长是很明显的。比如,现代汽车中的传感和控制功能正变得极为复杂并已高度自动化。光纤互连的集成光学传感器和信号处理器可提高其性能并使重量大大减轻。已经有一款豪华轿车在对其光纤仪表系统进行宣传。

最后,集成光学技术与微波器件及系统的结合也可能带来另一个市场的增长,尤其是在 21.1 节和 21.2 节中讨论的无线通信方面,该项技术已经应用于数据传输、无线互联网、移动电话、航空电子设备、安全系统和电视节目传送等诸多方面。

光集成回路已经走出实验室,有些已经开发成商用产品并能够"现场"安装于系统中,这将进一步推动对于更为复杂的 OIC 的研发。

习题

21.1　一个光纤微波链路具有如下特征:发射机总效率为 10 mW/mA,接收机总效率为 3 mA/mW,发射光功率与接收光功率之比为 2.5。发射机输入电阻和接收机输出电阻均为 50 Ω。请问链路总增益为多少?

21.2　若上一题中的光纤微波链路,对于 100 mW 激光输出功率的 3 dB 带宽为 40 GHz,请问如果激光功率增加到 200 mW,3 dB 带宽为多少?

21.3　为什么 GaAlAs 和 GaInAsP 材料适于制作光-微波单片集成回路(OMMIC)的元器件?它们分别应使用何种衬底材料?

21.4　如果一条光纤微波链路的输出电流比输入电流大 30 倍,接收机输出电阻为发射机输入电阻的 1/2,链路增益用 dB 表示为多大?

21.5　请列出在过去 20 年中出现的并导致现代光波通信的集成光学技术的四个主要改进。

21.6　在光-微波单片集成回路(OMMIC)中使用 GaAs 或 InP 衬底的优点是什么?

21.7　为使用光纤链路传输一模拟微波信号,需用该信号对光束进行调制。光束经由光纤链路传输后,在接收机解调。调制器的峰值输入电流为 10 mA,解调器峰值输出电流为 15 mA。如果调制器输入电阻与解调器输出电阻均为 50 Ω,请问链路增益用 dB 表示为多大?

21.8　若令上题中解调器的输出电阻等于 100 Ω,那么新的链路增益用 dB 表示又为多大?

参考文献

1. D. Politko. H Ogawa. The merging of photonic and microwave technologies. microwave J. March, 1992, 75 80

2. Y. Baeyens, A. Leven. W. Bronner, V. Hurm, R. Reuter, K. Kohler, J. Resenweig, M. Schleetweg: Millimeter-wave long-wavelength integrated optical receivers grown on GaAs. IEEE photonics Tech. Lett **11**, 868 (1999)

3. A. Rosen. P. Stabile. W. Janton, A. Gombar. P. Basile. J. Delmaster, R. Hurwitz: IEEE Trans. MTT-**37**, 1255 (1989)

4. A. Vaucher, W. Streiffer, C. H. Lee: IEEE Trans. MTT-**31**, 209 (1983)

5. P. R. Herczfeld, A. S. Durousch, A. Rosen, A. K. Sharma, V. M. Contarino: IEEE Trans. MTT-**34**, 1371 (1986)

6. N. J. Gomes, A. J. Seeds: Electron. Lett. **23**, 1084 (1987)

7. R. G. Hunsperger, M. A. Mentzer: SPIE Proc. **993**, 204 (1988)

8. R. G. Hunsperger: Proc. SBMO Int'l Microwave Symp, Sao Paulo, Brazil (1989), IEEE Cat. No. 89TH0260-0, p. 743

9. R. W. Ridgway, D. T. Davis: IEEE J. Lightwave Tech. **4**, 1514 (1986)

10. IASTED/IEEE Int. Conf. On Wireless and Optical Communications (WC2002), Banff, Canada, July 17 – 19, 2002

11. P. R. Herczfeld: Applications of photonics to microwave devices and systems, in Photonic Devices and Systems, R. G. Hunsperger (ed). (Marcel Dekker, New York, 1994) Chap. 8

12. W. D. Jemison, P. R. Herczfeld, W. Rosen, A. Viera, A. Rosen, A. Paotella: Hybrid fiberoptic millimeter-wave links. IEEE Microwave Mag. **1**, 44 (2000)

13. T. Kuri, K. Kitayama, A. Stohr, Y. Ogawa: Fiber-optic millimeter-wave downlink system using 60 GHz-band external modulation. IEEE J. Lightwave Tech. 17, 799 (1999)

14. T. Kuri, K. Kitayama, Y. Takahashi: 60-GHz-band full-duplex radio-on-fiber system using two-RF-port electro-absorption transceiver. IEEE Photonics Tech. Lett. **12**, 419 (2000)

15. T. Olson: An RF and microwave fiber-optic design guide. Microwave J. August 1996, pp. 54 – 78

16. A. Umbach, T. Engel, H. -G. Bach, S. van Waasen, E. Droge, A. Strittmatter, W. Ebert, W. Passenberg, R. Steingruber, W. Schlaak, G. G. Mekonnen, G. Unterborsch, D. Bimberg: Technology of InP-based 1. 55 μm ultrafast OEMMICs: 40 Gbit/s broad-band and 38/60 GH znarrow-band photoreceivers. IEEE J. Quant. Electron. **35**. 1024 (1999)

17. A. Stohr, K. Kitayama, T. Kuri: Fiber-length extension in an optical 60 GHz transmission system using an EA-modulator with negative chirp. IEEE Photonics Tech. Lett. **11**, 739 (1999)

18. K. Kitayama: Fading-free transport of 60 GHz-optical DSB signal in non dispersion shifted fiber using chirped fiber grating. Proc. Int. Topical Meeting Microwave Photonics (MWP'98), Princeton, NJ, Oct. 1998, pp. 223 – 226

19. G. Smith, D. Novak: Broad-band millimeter-wave (38 GHz) fiber-wireless transmission system using electrical and optical SSB modulation to overcome dispersion effects. IEEE PhotonicsTech. Lett. , **10**, 141 (1998)

20. T. Kuri, K. Kitayama, Y. Takahashi: 60 GHz-band full-duplex radio-on-fiber system using two-RF-port electroab-sorption transceiver. IEEE Photonics Tech. Lett. **12**, 419 (2000)

21. R. A. Griffin. H. M. Salgado. P. M. Lane. J. J. O'Reilly: System capacity for millimeterwave radio-over-fiber distribution employing an optically supported PLL. IEEE J. Lightwave Tech. **17**. 2480 (1999)

22. C. S. Ih: All-optical communications and networks, in *Photonic Devices and Systems*. R. G. Hunsperger (ed) (Marcel Dekker, New York. 1994) Chap. 10

23. C. S. Ih: R. G. Hunsperger, J. J. Kramer, R. Tian. N. Wang, K. Kissa, J. Butlers A novel modulation system for optical communication. Proc, SPIE **876**. 30 (1988)

24. C. S. Ih: R. G. Hunsperger, X. L Wang, J. J. Krarner. K. Kissa. R. S. Tian, J. Butler, X. C. Du. W. Y. Gu, D. Kopehik: Double beam modulation technologies II, (SPIEOE-LASE 90), LosAngles, CA. (1990) pp. 1218-53

25. T. Chau, N. Kaneda, T. Jung, A. Rollinger, S. Mathai, Y. Qian, T. Itoh, M. C. Wu. W. P. Shillue, J. M. Payne: Generation of millimeter waves by photomixing at 1. 55 μm using InGaAs-InAlAs-InP Velocity-matched distributed photodetectors. IEEE Photonics Tech. Lett. **12**, 1055 (2000)

26. Y. Li, A. J. C. Viera, P. Herczfeld, A. Rosen, W. Janton: Optical generation of rapidly tunable millimeter wave source. Proc. International Topical Meeting on Microwave Photonics (MWP 2000), 11 – 13 Sept. 2000, pp. 259 – 262

27. X. Wang, W. Mao, M. Al-Mumin, S. A. Pappert, J. Hong, G. Li: Optical generation of microwave/millimeter wave signals using two-section gain-coupled DFB lasers. IEEE PhotonicsTech. Lett. **11**, 1292 (1999)

28. H. Wenzel, U. Bandelow, H. Wunche, J. Rehberg: Mechanisms of fast self pulsations in two section DFB lasers. IEEE J. Quant. Electron. **32**, 69 (1996)

29. A. Hsu, S. L. Chuang, T. Tanbun-Ek: Tunable dual-mode operation in a chirped grating distributed-feedback laser. IEEE Photonics Tech. Lett. **12**, 963 (2000)

30. G. Grosskopf, D. Rohde, R. Eggemann, S. Bauer, C. Bornholdt, M. Mohrle, B. Sartorius: Optical millimeter-wave generation and wireless data transmission using a dual mode laser. IEEE Photonics Tech. Lett. **12**, 1692 (2000)

31. L. A. Johansson, A. J. Seeds: Millimeter-wave modulated optical signal generation with high spectral purity and wide-locking bandwidth using a fiber-integrated optical injection phase lock loop. IEEE Photonics Tech. Lett. **12**, 690 (2000)

32. K. Kissa, R. G. Hunsperger, C. S. Ih, X. Wang: Generation of microwave subcarriers for optical communication using standing-wave-surface-acoustic-wave waveguide modulator. Proc. Optical Society of America Annual Meeting, Oct. 30-Nov. 4, 1988

33. L. Chen, Y. Pi, H. Wen, S. Wen: All-optical mm-wave generation by using direct-modulation DFB laser and external modulator, Microwave Opt. Technol. Lett. **49**, 1265 (2007)

第 22 章　纳米光子学

纳米技术处理的是具有纳米$(10^{-9}\,\mathrm{m})$量级尺度的粒子与结构。该领域研究范围非常广，在化学、物理、生物、材料科学、机械工程、电子工程、环境科学甚至伦理学领域都有与之相关的工作。然而鉴于本书的重点，本章中所涉及的材料将仅限于与集成光学相关的内容。

22.1　尺度

前面章节中涉及的内容可认为是属于微光子学领域，因为其中光子与之发生相互作用的物理结构的尺度大都在微米量级。但光栅和量子阱是两个例外，因为其中有些具有 100 nm 量级的周期性结构。随着制造技术的进步，诸如量子线、量子点、全息光学元件（HOE）和光子晶体（PhC）等纳米尺寸结构的加工生产已经成为可能。本章对于这一纳米光子学新领域的基本理论和技术加以综述。在光子器件和集成回路中引入亚微米结构带来了性能的提升，如表 22.1 所示。

最终，制备在 PhC 中的光集成回路（PIC）或许可以解决长久以来困扰人们的"电子瓶颈"问题。正是由于这个电子瓶颈，使得当前个人计算机的工作性能被限制在几吉赫（GHz）的数据率下。通过在光子晶体中利用光子而非电子来传输信号，或许可以制造出太赫兹$(10^{12}\,\mathrm{Hz})$数据率的计算机[1]。

表 22.1　纳米结构的优点

- 激光器性能的提升
  - 量子效率更高
  - 线宽更窄
  - 波长范围更大
  - 热稳定性更好
- 探测器性能的提升
  - 量子效率更高
  - 带宽更宽
- 调制器性能的提升
  - 调制指数更高
- 芯片上器件密度更大

22.2　电子和光子的性质

在第 11 章中用光子和电子的粒子性来描述物质中光产生和吸收的微观模型。而当光子和电子在物质中接近纳米尺度的结构内发生相互作用时，它们的波动性会变得重要得多。电子和光子的传输与限制都依赖于其频率、波长、相位等波动性质。PIC 中通常所用的光子波长在 $0.6 \sim 1.8\ \mu\mathrm{m}$ 范围内，而晶体中电子波长则在埃（Å）量级。

在自由空间中，电子和光子都可以用一列以恒定振幅 A 和波矢 $\boldsymbol{k}$ 传播的平面波来描述（$\boldsymbol{k}$ 给出了波的传播方向），如下式所示：

$$\Psi = A(\mathrm{e}^{\mathrm{i}(\boldsymbol{k}\cdot\boldsymbol{r}-\omega t)} + \mathrm{e}^{-\mathrm{i}(\boldsymbol{k}\cdot\boldsymbol{r}+\omega t)}) \tag{22.1}$$

式中，$\boldsymbol{r}$ 为位置矢量，ω 为角频率，t 为时间。波矢 $\boldsymbol{k}$ 与动量 $\boldsymbol{p}$ 有关，如第 11 章中所述，二者有如下关系：

$$\boldsymbol{p} = \hbar\boldsymbol{k} = h\boldsymbol{k}/2\pi \tag{22.2}$$

式中，h 为普朗克常数。波矢 $\boldsymbol{k}$ 的大小可表示为

$$|\boldsymbol{k}| = 2\pi/\lambda = \omega/v \tag{22.3}$$

式中，v 为传播速度。

固体物质中，上述三个自由空间方程对于光子和电子都基本适用，但由于与固体原子和离子的相互作用，需对振幅和波长进行修正。这也导致了传播速度的变化，可由光子的折射率和电子流的电阻体现。在晶体材料中，无论是半导体材料还是介质材料，强烈的散射和共振机制会导致局域化的电子和光子，还会阻止某些具有不允许 k 值的波的传播。

虽然光子和电子的行为有许多相似之处，但二者仍是有区别的。光子的波函数对应于电磁矢量场 E 和 H，而电子的波函数则与表示电子以某能量处于某位置的概率的标量场相对应。电子具有电荷和静止质量，而光子却没有；电子有自旋态特征，而光子则有偏振态。

22.3　光子和电子的限制

第 2 章中描述了波导对光子的限制。波导含有一个被低折射率区包围的高折射率区，这种限制的结果是使光能量在一个或更多维度上的分布为不随时间变化的常数，即形成了一个或一套光学模式。图 22.1 给出了一维平面波导的模式。

通过解麦克斯韦方程组和边界条件匹配（见第 3 章），可以得到每个模式的场分布和传播常数。注意，模式会有延伸至低折射率区的倏逝"尾"。由于模式的部分光子穿透了由折射率差构成的势垒，因此这种现象可以描述为光子隧穿效应。交界处折射率差越大，能够隧穿过势垒的光子数就越少。

第 18 章中描述了量子阱对电子的限制。当窄带隙材料被宽带隙材料所包围时，电子被限制在低势能区域，允许的电子能量被量子化为离散的能级 n_1、n_2、$n_3 \cdots$。受量子阱限制的电子的波函数 Ψ 与波导限制的光子的波函数非常相近，如图 22.2 所示。

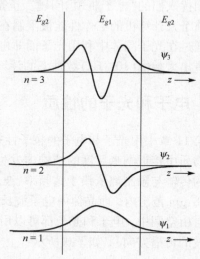

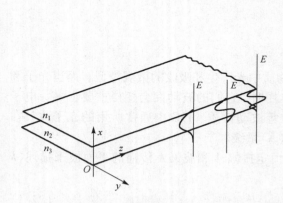

图 22.1　平面波导限制模式的示意图，$n_2 > n_3 > n_1$。给出了三种模式在 x 方向的电场分布情况，z 轴代表传播方向

图 22.2　量子阱的量子化能级 n_1、n_2、n_3 上电子波函数 Ψ 的示意图。量子阱由带隙为 E_{g1} 的材料构成，势垒区由带隙为 E_{g2} 的材料构成，$E_{g2} > E_{g1}$

此处，波函数的倏逝尾代表着在势垒区内的某点处找到电子的概率。由于拖尾不为零，所以存在着电子穿出势阱一段距离并进入势垒材料的概率。概率密度 P 是位置的函数，表示为

$$P(z) = |\Psi(z)_n|^2 \tag{22.4}$$

波函数 Ψ_n 和能级 E_n 通过解薛定谔方程[2]得到(见第 18 章)。值得注意的是,若要得到对于电子和光子限制的最佳描述,需要考虑其波动本性而非粒子本性。

前面的章节给出了对于电子和光子一维限制的描述,而这种限制也同样可以延伸到二维或三维。电子可以被限制在二维量子线[3]和三维量子点[4]中。类似地,通道波导或光纤波导会对光子产生二维限制,光学微球腔[5]则提供三维限制。将这些单一的限制结构组合在一起,可以得到多种多样的耦合限制结构,例如多量子阱(见第 18 章)和量子点阵列[6]。

22.4　光子晶体

22.4.1　光子晶体的种类

当将多个光子限制结构互相耦合在同一芯片上,以得到周期变化的折射率(介电常数),并且周期为光子波长量级大小时,就形成了光子晶体。图 22.3 给出了光子晶体晶格的一个例子。对于真空波长为 1 μm 的光,晶格常数 a 和微扰半径 r 的典型值均为几百纳米。

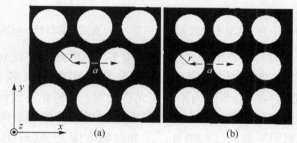

图 22.3　常见的二维光子晶体结构示意图。(a) 三角形晶格;(b) 方形晶格[7]

光子晶体可以是一维、二维或三维的。从技术上讲,图 15.10 中的衍射光栅和图 15.14 中的多层介质膜镜都是一维光子晶体的例子。但是由于这类光栅结构在现代光子晶体出现之前就已使用了很长时间,因此一般不称其为光子晶体。

二维光子晶体通常是通过在一层高折射率材料中产生空气孔(低折射率)晶格,或在一层低折射率材料(如空气)中产生高折射率棒晶格来制作的。图 22.4 画出了这两种晶格,这类晶格结构需要有非常大的宽高比(集成电路芯片上结构元件的宽高比定义为其高度除以宽度)。然而,利用 22.5.4 节中介绍的最新发展的纳米光刻技术和电子束、离子束溅射刻蚀技术,则可以相当容易地制作出这样的高宽高比结构。

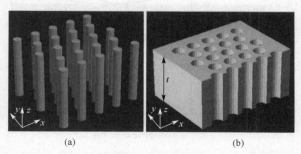

图 22.4　二维光子晶体。(a)空气中的介质棒;(b)高折射率材料中的孔[7]

22.4.2　半导体晶体中电子与光子晶体中光子的比较

　　光子晶体这一名称,是因光子在其中的行为与电子在晶体半导体中的行为相似而得来的。电子在半导体晶体中运动时,会受到与半导体原子间的库仑相互作用产生的周期势的影响。解关于电子波函数及允许能态的薛定谔方程,便得到我们熟悉的允许电子能态与波矢间的色散关系图,如图 22.5 所示。

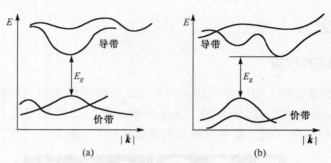

图 22.5　半导体中电子能量 E 与波矢 k 的关系。(a)直接带隙材料;(b)间接带隙材料

　　图中可以观察到的主要特征是价带、导带和带隙 E_g;带隙间不存在允许的能态。解关于光子晶体中光子的麦克斯韦方程组时,会得到与上图非常相似的能量(频率)与波矢的色散关系图,其中也含有频率"带隙"结构;带隙内不存在允许的能态,即光不能传播。关于周期介质晶格中光子的麦克斯韦方程组的求解是一个相当复杂的过程。简单的封闭形式的方程是无法轻易得到的。但是,可以利用平面波法(PWM)[8,9] 和时域有限差分(FDTD)法[10] 等计算机辅助方法来得到精确解。将这些数学方法加以改进,便可以将在周期晶格结构中传播的电磁场的矢量本性考虑进去。PWM 对于具有均匀周期的结构非常适用,也可用于某些具有缺陷的结构,只要缺陷可被包含在一个周期性"超晶胞"中即可[11]。然而,对于含有非周期性缺陷集的结构(例如 22.7 节中讲到的波导和分束器)来说,最好的处理方法是对周期性没有要求的FDTD 法。图 22.6 中画出了针对矩形介质晶格中传播的光子计算出的典型色散关系图。

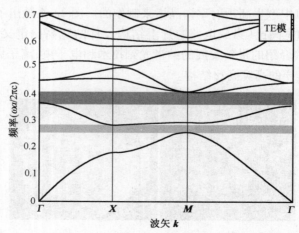

图 22.6　晶格常数为 a 的矩形介质晶格中传播的角频率为 ω 的 TE 偏振光子的色散关系图

　　图中标出了 k 空间中不可约布里渊区的拐角点 $\Gamma(=0)$、$X(=\pi/ax)$ 和 $M(=\pi/x+y)$。关

于晶体布里渊区的综述，请参考相关书籍，如 Ibach 和 Lüth[12] 或 Kittel[13] 的著作。图中灰色区域标出了 TE 光子的带隙，在此区间无允许态，即相应频率光子的传播是被阻止的。就像图 22.5 给出的是半导体晶体中电子的允许能量与其波矢的对应关系一样，图 22.6 画出了 PhC 中光子允许传播能量（频率）与其波矢的对应关系。

为了简单地理解光子晶体中具有特定频率的光子传播受阻的现象，可以将其认为是与第 15 章中所讲的 DBR 激光器中的光子反射相似的布拉格散射（反射）现象，而不用对色散关系图做完整计算。考虑如图 22.7 所示的一列在二维矩形晶格中传播的平面波。

这列波的电场 E 和磁场 H 可表示为

$$E, H \sim e^{i(k \cdot x - \omega t)}, \text{其中} \quad (22.5)$$

$$|k| = \omega / v = 2\pi / \lambda \quad (22.6)$$

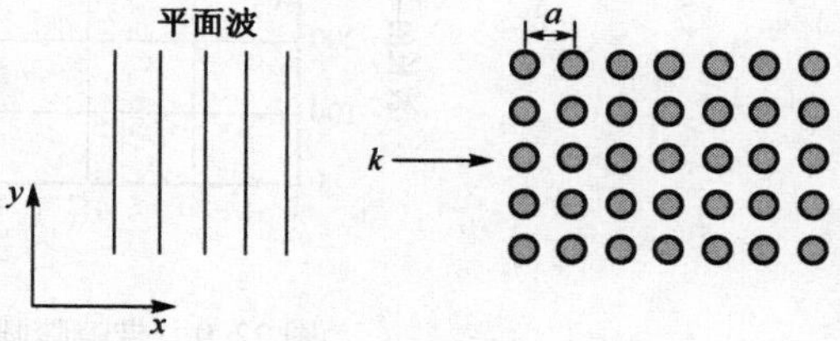

我们知道，以 $2\theta_B$ 角度发生布拉格散射的基本条件为

$$\sin\theta_B = \lambda / 2\Lambda \quad (22.7)$$

式中，θ_B 为布拉格角，Λ 为周期。而在这里 $\Lambda = a$，因此波长等于 $2a$ 的波满足 $\sin\theta_B = 1$，并且会发生 $2\theta_B = 180°$ 的散射。这样的波将被反射，无法传播。

图 22.7　矩形介质晶格中传播的平面波示意图

真实的光子晶体中，由于微扰的存在，上述"$\lambda = 2a$"这一反射（180°散射）条件将会在约为 $2a$ 的较窄波长范围内展开，形成带隙。图 22.8 给出了硅光子晶体的透射谱[14]。该光子晶体由硅层中的空气孔三角形晶格构成，$a = 437$ nm，$r = 175$ nm，产生了从 1118 nm 到 1881 nm 的带隙（带隙边缘定义为透射率下降 20 dB 的位置）。在此波长范围内只允许 1%（或更低）的透射。

对于这样的二维光子晶体，其带隙可能存在，也可能不存在。有时 ω-k 曲线会重叠，因此不存在带隙。这取决于间隔的具体值和介质的具体性质，需要有大的 r/a 比值和大的电容率（介电常数）差（光栅或多层介质膜镜这样的一维光子晶体则总是存在带隙的）。若用介电常数大于 1 的材料填充如图 22.8 所示光子晶体的空气孔，其带隙宽度将减小，如图 22.9 所示[14]。

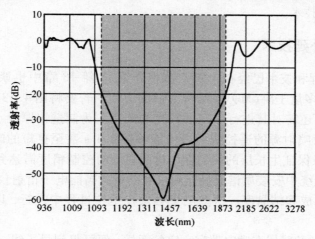

图 22.8　硅光子晶体的透射谱[14]

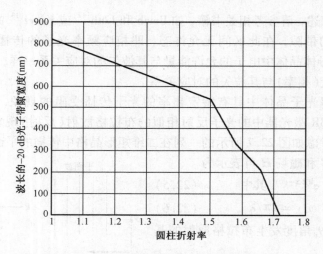

图 22.9　带隙随圆柱折射率的增大而减小[14]

由于对 PIC 中所用的波长而言，硅的折射率约为 3.5，图 22.9 中的数据说明大的折射率差才能产生带隙。若在 PhC 中引入可控的缺陷来打破晶格排列的有序性，则可产生新的传输态，进而用来制造波导、耦合器、开关、滤波器等器件。这类器件将在 22.7 节中加以讨论，但首先需要回顾一下加工纳米结构所用的制作技术。

22.5　纳米结构的制作

能够加工含纳米级尺度特征元件的结构或纳米大小粒子的方法有很多。例如，等离子体电弧、溶胶-凝胶、电沉积、化学气相沉积、球磨、自组装和天然纳米粒子等方法都已得到使用，可以参考 Wilson 等人的[15]著作。然而，这些方法还未广泛应用于光子学领域。相反，在纳米光子结构和光子晶体的制造中所用的，大多是经过升级和改良的、用于半导体器件和 PIC 制造的传统方法，如分子束外延（MBE）、金属有机气相外延（MOVPE）、电子束刻蚀、离子束刻蚀和反应离子刻蚀（RIE）技术。

22.5.1　分子束外延技术

MBE 的基本原理和技术已经在 4.4.4 节中介绍过；第 18 章中也谈到了 MBE 在制造多种光子器件的多层、多量子阱（MQW）结构方面的应用。若要将图 4.13 中的基本 MBE 系统用于纳米层的制造，还需对其进行一定的补充和改进。为制造出厚度小于 100 nm 的膜层，用于控制受热分子束喷射源的遥控快门必须能够在 0.1 s 甚至更短的时间内开关。生长过程中需要旋转衬底来保证生长层的均匀性。衬底温度的控制精度需达到 0.1° 以稳定生长速度。此外，还需在系统中安装质谱流量监测仪和反射式高能电子衍射仪（RHEED）等分析工具，来测量膜层的组成和结晶度。这些测量必须在生长过程中进行，以实现对膜层质量的控制。

若使 MBE 法生长的膜层在横向带有一定的图样，便可得到量子线、量子点或平面光子晶体等二维器件。要达到这样的目的，既可以将膜层生长在预写有图样的衬底上，也可以在膜层生长完成后通过光刻掩模、曝光和刻蚀工艺来使其带上所需的图样。

MBE 生长法既可用于 III-V 族和 II-VI 族半导体，也可用于 IV 族半导体。还能用 MBE 法生长出 $Ga_xAl_{(1-x)}As$ 和 $In_{(1-x)}Ga_xAs_{(1-y)}P_y$ 等三元和四元化合物薄层。

22.5.2 金属有机气相外延技术

MOVPE 技术中，成分原子在生长反应炉里以气体流的形式被送到衬底上。图 22.10 画出了一个基本的平流 MOVPE 反应器。

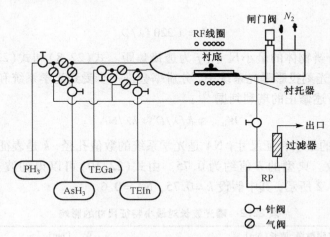

图 22.10 基本平流 MOVPE 反应器结构示意图

MOVPE 是利用金属有机化学气相沉积（MOCVD）技术进行外延生长的一种形式。通常用 H_2 作为气体载体来输运三乙基铟（TEIn）和三乙基镓（TEGa）等金属有机物气体[16]。需要有晶体衬底作为外延生长的种晶，用 MOVPE 方法来进行 III-V 族和 II-VI 族半导体薄层的生长，是为了在生长过程中保持足够高的组元蒸气压以防止膜层的解离。而硅气相外延则无须使用此方法。硅是一种可以用常规 VPE 技术生长的元素半导体，气源可以是四氯化硅，或硅烷、二氯硅烷和三氯硅烷。

若要利用 MOVPE 生长纳米层，必须特别注意所需均匀性和生长速度的控制。反应器内的温度须稳定在 $0.1°$ 以内，遥控阀门须在 $0.1 s$ 内实现开关。还需要在反应器的输入口处增加一个预混合室来保证膜层的均匀性。

图 22.10 所示的基本系统显然很简单，但是实际的 MOVPE 系统却相当复杂，通常需要通过商业渠道购买，而不是由实验室的研究人员自己组装。由于气源极其危险，因此需要严格遵守既定标准来对其进行处理，这是造成系统复杂性的主要原因。市面上销售的除了一些平流 MOVPE 反应器外，还有一种紧配合喷淋头反应器。喷淋头由距离衬底表面 $1\sim2$ cm 的均匀分布的注入孔阵列组成。已经证明，这种反应器对于反应器温度、压强和旋转等生长条件较不敏感[17]。

22.5.3 纳米尺度光刻

在半导体器件和 PIC 的制造中，光刻技术用于将结构的横向尺寸转移到有源层上。半导体工业中采用的基本方法是在有源层上涂覆一层对光子或电子敏感的"抗蚀剂"，曝光后的抗蚀剂在显影液中会变得可去除（正性抗蚀剂）或不可去除（负性抗蚀剂）。抗蚀剂的曝光需透过掩模进行；掩模的某些部分不可透光，而其他部分可以透光，因此限定了曝光所得的横向结构。

使用某种溶液溶解掉曝光后抗蚀剂可去除的部分,使其"显影"。显影后的抗蚀剂则被用做液体或溅射刻蚀的掩模。能够得到的特征尺寸的大小紧密依赖于曝光辐射源的波长。读者可能已经想到,较短的波长能够产生更小的特征尺寸。圆形透镜的衍射极限分辨率由瑞利判据的经验式给出:

$$\sin\theta = 1.220\lambda/D \tag{22.8}$$

式中,θ 为角分辨率,λ 为真空中的波长,D 为透镜直径。由此可以得到理想透镜的空间分辨率 Δl 的表达式:

$$\Delta l = 1.220 f\lambda/D \tag{22.9}$$

式中,Δl 为透镜可分辨物体的最小尺寸,f 为透镜焦距。式(22.8)和式(22.9)中假设透镜是理想的,而在实际的光刻投影曝光系统中,分辨率会进一步受到光学系统和抗蚀剂中缺陷的限制。由此可以得到下述修正的瑞利判据[18]:

$$W_{\min} \approx k f\lambda/D \approx k\lambda/\text{NA} \tag{22.10}$$

式中,$W_{\min}$ 是可得到的最小特征尺寸,NA 是光学系统的数值孔径,k 是表征抗蚀剂区分光强微小变化的能力的常数。典型的 k 值约为 0.75。由式(22.10)可以得到波长对最小特征尺寸 $W_{\min}$ 的影响,如表 22.2 所示,其中假设 $k=0.75$,NA $=0.6$。

表 22.2　曝光波长对最小特征尺寸的影响

曝光辐射源-波长(nm)	$W_{\min}$(nm)
UV(紫外)汞弧 i-line-(365)	456
DUV(深紫外)F_2激光-(157)	196
EUV(极远紫外)激光等离子体-(13.4)	16.8
X 射线-(0.8)	1.0
电子束-(0.07)	0.09

对于 X 射线和电子束曝光来讲,上面假设的 k 值和 NA 值可能过于乐观。经验数据显示,这两种方法现在能够实现 $W_{\min} = 10$ nm。

从表 22.2 中的数据可以看出,紫外(UV)和深紫外(DUV)曝光系统并不适用于制造纳米尺度的特征结构,极远紫外(EUV)系统才有可能。然而,由于极短的波长伴随着强烈的吸收,因此无法找到合适的透镜。光的聚焦和导向都必须利用反射镜完成,并且需要在真空中进行以避免光子的吸收和散射。关于极远紫外光刻(EUVL)的介绍,请参阅 Bjorkholm 的论文[19]。

X 射线光刻可用于纳米结构的制造。这种情况下,曝光掩模必须使用特殊材料。对 X 射线透明因而可以用做掩模衬底的材料有硅、碳化硅、氮化硅、氮化硼和金刚石。对 X 射线强烈吸收因而可用做掩模阻光区的材料有金和钨。由于尚未发现适合于 X 射线的高效透镜或反射镜,X 射线曝光系统变得很复杂。因为无法进行准直,所以光束是从一个小的点光源向外辐射到较大的掩模上。这就在特征结构的形状和位置上引入了误差,使得掩模的设计变得复杂[18]。利用同步辐射光源可以得到准直的 X 射线束,从而避免上述问题,但是这种光源体积庞大且价格昂贵。

纳米尺度光子器件横向图样成形中应用最为广泛的方法是电子束刻蚀技术。电子束由带电粒子组成,其准直、聚焦和导向技术已经相当完善,而且也已经出现了大家所熟知的电子抗蚀剂材料,例如聚甲基丙烯酸甲酯(PMMA)和一些商业专利抗蚀剂产品。用电子束进行纳米尺度特征结构的曝光，与使用短波长光子曝光是一致的。以 $v = 10^7 \text{ m/s}$ 的速度运动的电子的德布罗意波长为

$$\lambda = h/mv = 6.63 \times 10^{-34}/10^7 \times 9.11 \times 10^{-31} = 7.2 \times 10^{-11} \text{m} \qquad (22.11)$$

或 0.07 nm。

电子束曝光中最为常用的方法是利用聚焦电子束进行直写，用预编程的计算机控制聚焦电子束与目标的横向相对位置。这种方法无须使用掩模，因此消除了掩模带来的失真和磨损等问题。图 22.11 画出了电子束曝光系统的基本结构。

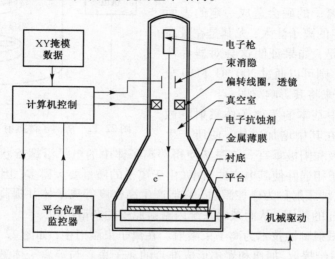

图 22.11　基本的电子束曝光系统结构示意图

需用金属薄膜来为电子提供接地路径，否则抗蚀剂表面积累的电荷会使电子束发生偏转。聚焦电子束直径可以小至 5 nm，最小线宽 20 nm。典型的加速电压为 25 ~ 50 kV。直写电子束刻蚀在器件设计经常变化、批量生产也不是问题的实验室应用情况下非常有效。然而，由于计算机控制电子束在点与点之间步进移动，所以这种过程非常耗时。若光子晶体和其他纳米尺度光子器件进入大批量生产，则 EUVL 技术则很可能在其发展成熟时得到应用。

22.5.4　纳米加工

一旦用光刻限定出了纳米结构的横向尺度，就需要可控地去掉材料的某些部分以使其具有一定的形状。这可能会涉及到在膜层上制作空气孔晶格（见图 22.4(b)）或形成柱状结构（见图 22.4(a)）。由于多数情况下都希望有高的宽高比和密集的间距，液体刻蚀技术无法达到要求，必须采用特殊的刻蚀技术。

采用的基本方法是溅射刻蚀，有时也称干法刻蚀。溅射刻蚀中，用高能离子来轰击待刻蚀层。通常使用的是氩或氖等惰性气体的离子，典型的离子能量为 1 ~ 2 keV。离子通过碰撞将能量传递给靠近膜层表面的原子，并使其射出。去除率取决于离子通量（离子数/面积·秒）和溅射产额（定义为每入射一个离子，由靶面抛射出的原子数）。溅射产额通常随离子能量的增加而增大。但当离子能量超过约 2 keV 时，则会由于离子注入效应而减小。在同样的离子能量下，较重的"子弹头"离子通常有更高的溅射产额。多种常用离子和靶材溅射产额的测量值已经出版，如可参见 Vossen 和 Kern 的著作[20]。主要的溅射类型有两种，分别为等离子体溅射和离子束溅射。

等离子体溅射中，离子的产生是通过在含有惰性气体的真空室中的阴极和阳极间进行"辉光"放电实现的。图 22.12 给出了等离子体溅射刻蚀系统的结构示意图。

典型压强值为 $(2 \sim 20) \times 10^{-3}$ 托。加在阳极和阴极之间的高电压可以是直流，也可以是含有直流成分的射频。阴极上必须保持直流负偏压，以保证能将离子吸引到上面。碰撞离子将晶层上未被显影抗蚀剂遮蔽的部分区域中的原子溅射出去。这些离子的确会造成一定的表面损伤，也会发生一定的离子注入，尤其是在较高的溅射能量下。但是，如果证明这会对器件性能产生有害的影响，则可以通过 200 ℃ 下 10 分钟或 20 分钟的退火来将其影响减弱。

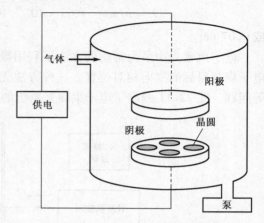

图 22.12　等离子体溅射刻蚀系统示意图

可将图 22.12 中基本的等离子体溅射刻蚀系统加以改进——在其中增加磁体，使所产生磁场的磁力线与阴极和阳极垂直。该磁场使得等离子体中的电子沿螺旋状路径运动，从而增加了电子与气体原子相遇并使其电离的概率(由于离子的质量要大得多，因此其运动路径受磁场的影响不大)。这种溅射称为磁控溅射，它能产生高密度等离子体并提高溅射率，还允许室压降至 $10^{-5} \sim 10^{-3}$ 托的范围，从而减弱系统内溅射原子的杂散沉积。

第二类主要的溅射刻蚀技术为离子束溅射。在离子束溅射中，如图 22.13 所示，离子由本地离子源产生，然后经提取、加速和聚焦形成准直的离子束。与等离子体溅射技术一样，通常也使用惰性气体离子。

图 22.13　离子束溅射刻蚀系统示意图

与等离子体刻蚀相比，离子束刻蚀的一个优点就是离子束是经过良好准直的。因此"根切"效应较弱，还能获得更高的宽高比。此外，离子束系统可以(也应该)工作在 10^{-7} 托或更高的超真空中，这能够减少污染。等离子体溅射系统的气体中可能存在杂散的杂质原子，而在离子束系统中却不会掺入。如在离子注入系统中一样，还可以用滤质器来净化由离子源提取出的离子。离子束溅射的另一优点是能够通过改变加速电压和提取器电压来分别控制离子能量和离子束流。基于这些原因，通常在纳米结构制造中更倾向于采用离子束溅射。

有时，在等离子体和离子束溅射刻蚀中都不用惰性气体离子，而是使用化学活性离子，这称为反应离子刻蚀(RIE)。化学活性离子可以方便地在卤素等离子体或 $SiCl_4$、Cl_2、CHF_3、CF_4、C_2F_6、SF_6 等卤化物等离子体中产生。通常利用调节气体流速的方法将气压保持在 $10^{-3} \sim 10^{-1}$ 托。RIE 尤其是一种各向异性的刻蚀技术，在某些工艺中能够产生超过 20∶1 的宽高比。这类工艺称为深反应离子刻蚀(DRIE)工艺。两种常用的 DRIE 工艺为低温 DRIE[21,22] 和 Bosch DRIE[23,24]。

在低温 DRIE 技术中，晶圆被冷却至 −110 ℃(163 K)。低温减缓了趋于对沟槽侧壁产生各向同性刻蚀的化学反应，而离子则继续轰击沟槽的底面并将其刻蚀掉。这样加工出的沟槽具有垂直的侧壁。

由 Bosch GmbH[25] 持有专利的 Bosch 工艺，其特点是多次交替地进行刻蚀和沉积。沟槽以微小增量逐渐形成，直至达到所需的宽高比。沉积物能够在每步刻蚀过程中保护侧壁，防止横向刻蚀削弱各向异性。图 22.14 画出了 Delaware 大学使用的改良 Bosch 刻蚀工艺的示意图[7,26]。

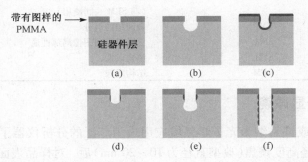

图 22.14　改良的 Bosch 刻蚀工艺示意图[26]。(a)在 PMMA 抗蚀层上形成图样并显影；(b)高压、低能量的各向同性刻蚀；(c)沉积 CHF₃ 钝化层；(d)通过离子轰击进行高能量、低压的各向异性刻蚀；(e)重复高压、低能量的各向同性刻蚀并循环进行(b)~(d)各步骤；(f)多次重复(b)~(d)各步骤后形成的刻蚀剖面图

低温 DRIE 和 Bosch DRIE 都能用来生产具有垂直侧壁的高宽高比结构。电感耦合等离子体(ICP)刻蚀也是一种能够生产高宽高比和垂直侧壁的改良的等离子体溅射技术。ICP 刻蚀技术通过安装在不导电绝缘窗外面的电感线圈将射频能量耦合到诸如 SF₆ 的低压气体中。ICP 的几何结构有两种——平面和圆柱。平面结构中的电极是一个螺线状缠绕的平板金属线圈，而圆柱结构中的电极则像一个螺旋弹簧。当线圈中有射频电流通过时，所产生的时变磁场会导致反应室内气体的击穿，产生高密度等离子体。在 ICP 系统中，可以用两路独立的电源来为等离子体溅射刻蚀过程供电，因而可以分别控制离子能量和离子束流。低频电源用来产生高密度等离子体，高频电源则用来提供晶圆的偏置电压。这种双电源供电装置能够在产生高密度等离子体来加快刻蚀速率的同时，提供低的晶圆偏压以降低对晶圆表面的损伤。晶圆偏压可以调节，以控制刻蚀过程的各向异性程度。而在传统的单电源供电的电容耦合溅射刻蚀系统中，离子能量和离子束流都是由同一电压所决定的。

22.6　纳米结构的定性和评价

22.6.1　有效工具

对于纳米材料、纳米结构和纳米器件的定性，可供选择的有效分析工具有很多。由于这些工具都是实验室中常见的标准仪器，因此没有必要对其一一详细描述，但表 22.3 除了将这些仪器列出之外，仍给出了讲解其操作细节的相关文献。

表 22.3　纳米技术中常用的分析技术

技术	缩写	应用	参考文献
X 射线衍射	XRD	晶体结构定性	[27,28]
X 射线光电子能谱	XPS(ESCA)	表面组分及电子态	[27]
透射电子显微术	TEM	极薄样本的结构	[27,28]
扫描电子显微术	SEM	结构成像	[27,28]
低能电子衍射	LEED	表面结构	[28]
反射式高能电子衍射	RHEED	MBE 生长的逐层监控	[27]
能量色散能谱	EDS	微观区域的化学组分 (与 SEM 一同使用)	[27]
电子显微探针	EMP	表面层的组分	[28]
扫描探针显微术	SPM	三维实空间图像局部性质	[27]
扫描隧道显微术	STM	结构成像	[27]
原子力显微术	AFM	结构成像	[27]

22.6.2　扫描电子显微镜

扫描电子显微镜或许是纳米光子学领域应用最为广泛的分析仪器了。由 0.3 ~ 30 keV 的电子组成的电子束,经高度聚焦(典型直径为 10 ~ 20 nm)后,对样品表面进行扫描。利用后向散射电子和二次发射电子,可以形成样品表面的三维图像。除此之外,利用测量到的阴极发光和由入射电子产生的特征低能量 X 射线,还可以对样品表面的性质进行表征。电子束直径限制了分辨率。图 15.10(b)中的 DFB 光栅图像就是高分辨率 SEM 显微照片的一个很好的例子。需要注意的是,SEM 的样品必须至少有点导电性,否则电荷会在表面上积累并导致入射电子和二次电子的偏转。为避免这一问题,可将不导电的样品覆上金属或石墨薄层。市面上可以买到用于此目的的石墨喷剂。

22.6.3　反射式高能电子衍射

反射式高能电子衍射(RHEED)是另一种广泛应用于纳米光子学领域的分析工具。MBE 系统中通常配有一个 RHEED 枪和显示屏来逐层分析生长层的结晶度,这样就能够在第一时间发现问题并给予纠正。高能(10 ~ 20 keV)电子束以小角度(1° ~ 3°)入射到生长表面。衍射电子在表面的前几层发生后向散射,衍射图样可以在荧光屏上观察到。从衍射图样的形态和强度,可以确定出层厚、晶体对称性和生长方式。测量是在生长过程中原地、逐分子层进行的,因此可以通过适当控制喷射源的闸门,生长出含有特定数目分子层的 MBE 薄膜,这样就可以生长出厚度和组份都得到良好控制的不同材料(如 GaAs 和 GaInAsP)的多层结构。

22.7　纳米光子器件

前面章节介绍过的大多数器件中都用到了纳米光子技术。该研究的最终目标是生产出性能更好的器件,并创造出更小、更复杂的光集成回路。这项工作目前仍在初期阶段,但是已经取得了许多显著的成就。

22.7.1　纳米波导

任何 PIC 中的基本元件之一都是波导,因此在光子晶体中制作波导的研究很早就已展开便不足为奇了。已经证明,可将引入线缺陷的二维平板光子晶体制成波导。沿着光子晶体晶格中的一条直线增加或去除介质材料，便可得到线缺陷。这与半导体中的杂质掺杂类似，因此有时也称为"缺陷掺杂"。"受主"掺杂是用低折射率材料替换某些高折射率材料以减小格点处的等效折射率（例如增大平板中的空气孔）。"施主"掺杂则指用高折射率材料来替换部分低折射率材料以增大格点处的等效折射率（例如减小平板中的空气孔）。图 22.15 画出了此类缺陷的一个例子，它是通过去掉平板光子晶体中的一行空气孔得到的[7]，其中的平板为一层硅绝缘体（SOI）。

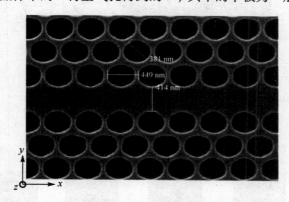

图 22.15 　平板光子晶体中线缺陷波导的 SEM 照片[7]

在 x-y 平面上，频率处于光子带隙内的光被限制在波导中。而在垂直于该平面的 z 方向上，光波由于平板表面折射率的变化而发生全内反射（TIR），从而在该方向受到限制（这类线缺陷波导中不采用受主掺杂，因为那样会将光波限制在低折射率区，如空气中，从而无法在垂直方向将光限制在平板中）。

图 22.16(a) 给出了该波导的色散图，浅灰色区域标示出了光子带隙。该图说明此波导是多模的，在光线以下的光子带隙内有四个传播模式。光子晶体平板上下的包层材料的折射率确定了该光线的位置。理想情况下，光线以下的模式没有传播损耗。光线以上的深灰色区域中，频谱变成了被称为准传导模式的连续共振态。这些模式与波导中经受传播损耗的泄漏辐射模式相对应。图 22.16(b) 中画出了由 PWM 方法计算出的这四个传播模式在 x-y 平面上的稳态场分布。其中两个模式相对于平板的水平镜面为偶分布，另外两个为奇分布。

若要在传统的靠 TIR 机制导光的折射率引导型波导中获得单模传输，可以减小波导的横截面尺寸至除一个模式以外其他模式均被截止。但是这种技术并不适用于光子晶体波导，因为光子晶体波导对不同模式的传导是由干涉和共振效应来决定的，并不依赖于折射率的变化。我们必须利用共振效应来阻止不需要的模式的传播。例如，Baba 等人[29] 已经证明，若在类似于图 22.15 中的线缺陷的任意一侧再去掉几个空气孔，以这种方式在线缺陷中加入点缺陷，便可以制造出单模波导。他们认为，如果在线缺陷中掺入另外一种缺陷，那么共振频率处于截止范围内的模式将被牢牢地局域在此附加缺陷处，而与波导带重叠的其他模式则透过波导被辐射出去。这样就保证了单一模式的传输。

可以将平板光子晶体平面内的线缺陷波导做成互相交叉的形式而不会引起过度的串扰。例如，Johnson 等人[30] 报道的图 22.17 中的结构具有近 100% 的透射率和 0% 的串扰。

计算得到的标准 90° 交叉结构的场分布具有大的串扰，如图 22.17(a) 所示，而经过改良的交叉结构则基本上没有串扰，如图 22.17（b）和图 22.17（c）所示。

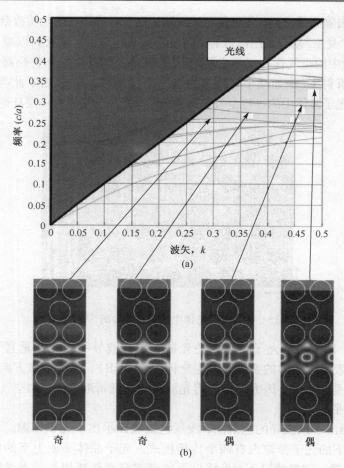

图 22.16　光子晶体单线缺陷波导的导模。(a)色散图;(b)导模的场分布[7]

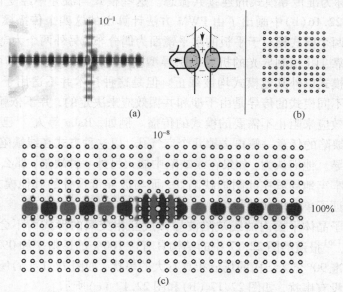

图 22.17　交叉线缺陷波导示意图。(a)垂直交叉结构;(b)改良的交叉结构;(c)改良交叉结构的场分布[30]

还有一些类型的光子晶体光波导不是基于线缺陷的。Yariv 等人[31]提出的耦合谐振腔光波导（CROW）便是以光子晶体中的点缺陷共振腔之间的弱耦合为基础的。CROW 带的色散关系可以用一个小耦合参数 κ 来描述；CROW 模式的空间特征与单谐振腔高 Q 模式的相同，可以利用 CROW 来构建无串扰的波导。此外，CROW 的二次谐波产生效率也有所提高[32]。已经证明，在线缺陷波导中插入一段 CROW，能够改变波导的群速度和正/负群速度色散。在由线缺陷光子晶体波导连接的 PIC 中，可以用这种方法来制作延迟线或色散补偿器[33]。Poon 等人[34]描述了 CROW 延迟线的设计，其中包括延迟、损耗和带宽的计算。因为 CROW 能够显著降低光波的群速度，所以有时也称其为慢光结构。CROW 中可能包含弯曲和分支结构，这意味着基于 CROW 的高效可调的路由器和光开关是可能实现的[35]。事实上已经出现了 CROW 型的 Mach-Zehnder 干涉仪[36]。

纳米线是另一类纳米光子波导。可将纳米线限定为截面尺寸为几十纳米甚至更小而长度不限的结构。由于在这种大小的尺度内会出现量子力学效应，因此纳米线有时也被称为量子线。现有的纳米线种类很多，包括金属的（如 Ni、Pt、Au）、半导体的（如 Si、InP、GaN 等）和绝缘的（如 SiO_2、TiO_2）。

纳米线波导可以方便地制作在硅绝缘体（SOI）衬底上；SOI 是在氧化物缓冲层（$n = 1.45$）上覆盖硅的薄层（$n = 3.45$）。用 DUV、EUV 或电子束刻蚀方法限定横向芯层尺寸约 10 nm 的波导，干法刻蚀则用来制作三面由空气包围、底部由 SiO_2 包围的波导。这样就能够在芯层的四面都得到 $\Delta n > 2$，从而提供所需的紧束缚条件。Bogaerts 等人[37]利用这种纳米线波导制作出了阵列波导光栅（AWG）、Mach-Zehnder 格型滤波器（MZLF）和环形谐振器。他们使用的 SOI 晶圆中，氧化物包层厚 1 μm，上面的硅薄层厚 220 nm。利用 $\lambda = 248$ nm 的 DUV 曝光，并将抗蚀剂作为刻蚀掩模，用 ICP-RIE 方法在顶部硅层上直接进行刻蚀。掩埋的氧化物则不被刻蚀[38,39]。测得这种类型直波导的传输损耗可低至 0.24 dB/mm[38]。对于半径为 3 μm 的 90° 弯曲，每个弯曲的额外损耗为 0.016 dB。基于硅纳米线波导，还制成了紧凑的耦合器[40]和阵列波导[41]。

金属纳米线还可用做光频波导。这种情况下的光频波实际上是由称为表面等离子体激元的带电"粒子"运载。等离子体激元是一种由量子化的等离子体振荡而产生的准粒子，就像光子和声子分别是光波和振动波量子化的产物一样。在等离子体中，离子的运动相对缓慢，但自由电子气体却能够以光频振荡，从而产生等离子体激元。金属纳米线表面的等离子体激元又能与光子发生强烈的相互作用而产生极化声子。表面等离子体激元能够在金属条形纳米线上支持光频模式，其基模类似于矩形截面平板波导的对称和非对称模式。然而高阶模式也是存在的，例如角模式。Al-Bader[42]计算了嵌在硅中的银条的色散和损耗特性。对于磁场的横向耦合分量使用的计算方法是全矢量有限差分法，发现对于厚 20 nm、宽 1 μm 的银条，其基模的模式有效折射率约为 4.6。利用金属纳米结构中激发并维持表面等离子体激元的方式，能够产生可见光和近红外频段的电磁能量。Maier[43]回顾了对于这种电磁能量的限制和导引方面的最近进展。

22.7.2　耦合器

许多能够在光子晶体中的线缺陷波导之间实现高效率光波耦合的耦合器和分束器已有报道。Fan 等人[44]通过数值模拟在光子晶体中的波导分支内传播的电磁波，确认出了接近完全透射的结构，例如图 22.18 中给出的结构。

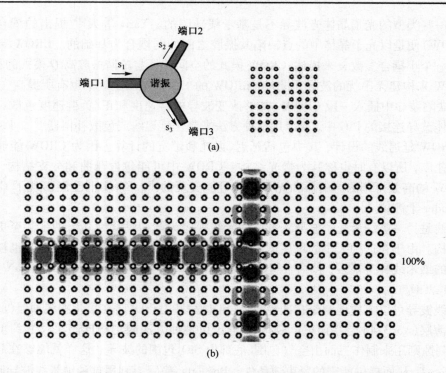

图 22.18　线缺陷波导分束器示意图。(a)3 dB 分束器结构;(b)分束器中的场分布[44]

该器件的工作依赖于一维连续介质间局域共振态的隧穿过程[44]。在一种高效率的通道下载耦合器的设计中也用到了同样的机制[45]。

Pustai 等人[46]制作了一种由两个紧邻的线缺陷波导构成的双通道定向耦合器,该器件制作在一片 SOI 晶圆的 260 nm 厚的硅器件层中。先后利用 PMMA 抗蚀剂(200 nm 厚)的电子束刻蚀及反应离子刻蚀过程,制成了由空气孔组成的三角形光子晶体晶格。晶格常数 a 为 472 nm,空气柱直径 d 为 380 nm。平行波导结构则这样制成:首先用掩模盖住一排空气孔不对其进行刻蚀,得到一个波导,然后再对与其相隔一排空气孔并与之平行的那排空气孔进行掩模,得到另一个波导。通过改变这两个耦合波导之间那排空气孔的直径,制作了三种不同波导间距的耦合器。这就改变了两波导中倏逝模尾的重叠量,进而改变了耦合系数。利用波长在 1260 ~ 1380 nm 范围可调谐的激光器对这些耦合器进行了实验测试。当 $d = 380$ nm 时,耦合器的整个 28 μm 长度内均未观察到耦合现象(说明这种波导可以间距 360 nm 放置而无串扰)。当 $d = 292$ nm 时,1260 ~ 1281 nm 波长范围内的大部分光发生了耦合,而波长更长的光则受到较强的限制,倏逝模尾的重叠不足以产生显著的耦合。当进一步减小波导间距,使 $d = 232$ nm 时,这种耦合效应则更为明显。实验结果与基于 PWM 和 FDTD 方法的理论模拟吻合得很好。

目前已经讨论过的线缺陷波导耦合器都是在尺寸相近的波导之间进行耦合的。然而,常常需要将光束从空气耦合到波导中,或从一个波导耦合到另一个不同尺寸的波导中。要做到这一点,一种方法是使用锥形耦合器。锥体部分应该是绝热的,以避免光波在其中通过时发生模式转换。理想情况下,锥体部分在垂直方向和横向都应是绝热的,并且整个结构能与 PIC 单片集成。Sure 等人[47]描述了一种制作三维绝热锥形结构的方法,其中需要用高能电子束在高能电子束敏感(HEBS)玻璃上写入单灰度掩模,然后将其用做 AZ4620 抗蚀剂灰度曝光过程的掩模板。将曝光过的抗蚀剂显影,便可得到连续的器件形状,最大高度和最小高度分别为

10 μm 和 0.25 μm。随后,通过电感耦合等离子体刻蚀技术,将该形状转移给 SOI 衬底上的器件层。在 1.55 μm 波长处对制成的器件进行实验测定,由空气耦合至 200 nm 厚 PIC 波导时得到了 45% 的耦合效率,耦合至 2 μm 厚波导时效率为 75%。

对前面章节中介绍过的耦合器(如棱镜[48]、光栅[49]和微透镜[50])加以改进,或利用新型几何形状的器件(如 J 形耦合器[51]),也已实现了到光子晶体中纳米尺度波导的耦合。

22.7.3 谐振器

图 22.18 中的波导分束器利用谐振结构来提供由主通道到两个次级通道所需的耦合。仅仅向图 22.15 的波导中加入一处点缺陷便可以形成谐振结构,阻止高阶模式而得到单模波导。这类谐振结构常常可以在光子晶体器件和光集成回路中找到。习惯上,人们通常称其为"腔",即使有时它们并不具有常规的腔的形式。

从图 22.19 可以看出光子晶体中的点缺陷结构与传统的谐振腔之间的相似之处。这里的光子晶体腔是通过将腔内格点半径减小 1/2 得到的[7]。与传统的光学腔一样,这种腔也包含具有可辨识的"壁"的局部机械结构。它们都能建立起一种时间不变的电磁能量分布,或称为"模式",也都能选出与其尺寸和介电常数相关的特征谐振频率。

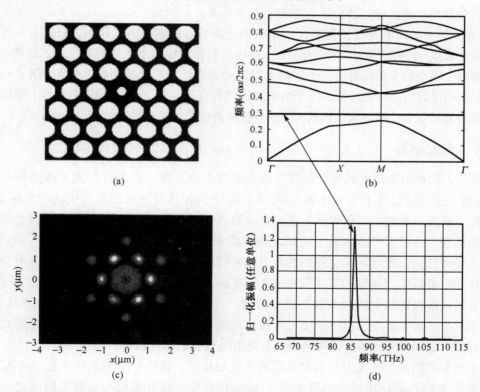

图 22.19 光子晶体点缺陷腔。(a)光子晶体晶格中的施主型点缺陷;(b)色散,其中缺陷产生的状态用暗线标出;(c)TE 偏振腔模的稳态场分布;(d)频率响应[7]

通过改变光子晶体点缺陷腔的尺寸或介电常数,可将其调谐至不同的频率。例如,Ripin 等人[52]制作了图 22.20 所示的空气桥谐振器。光子晶体由 GaAs 平板中规则排布的空气孔线阵形成;Al$_x$O$_y$ 支座将 GaAs 平板支撑起来,形成空气桥谐振器。通过改变中间两孔的间距 d 来形成微腔;谐振波长取决于 d 的大小。在 $1.55~\mu m$ 波长附近,测得品质因数高达 360,模体积小至 $0.026~\mu m^3$。

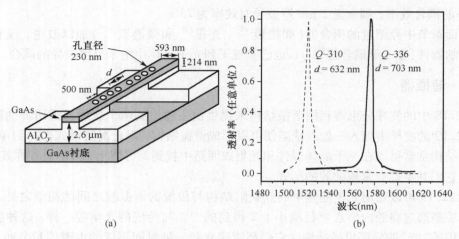

图 22.20 空气桥谐振器。(a)结构示意图;(b)透射谱

也可制作出其他类型的谐振频率可调的光子晶体腔。例如,Nakagawa 和 Fainman[53] 对嵌入法布里-珀罗腔中的两个亚波长周期性纳米结构之间的近场耦合进行调制,制成了一种可调谐腔。形成法布里-珀罗腔的两个平面介质镜,连同黏贴在内镜面上的场局域化纳米结构一起,构成了滤波器。每个纳米结构都由一个横向无限长的亚波长周期光栅构成,光栅周期 $\Lambda = 0.6~\lambda_0$,其中 λ_0 为期望得到的谐振光波长。两个纳米结构之间存在 $0.01~\lambda_0$ 大小的空气狭隙,使得二者间的近场耦合能够发生。两纳米结构间的纵向或横向机械位移都会导致腔谐振频率的改变。

22.7.4 光发射器

目前,人们在纳米尺度的光发射器方面有着极大的兴趣。大多数相关工作都是利用纳米线进行的。已经发现,生长在硅上的 GaN 纳米线与 GaN 体材料相比具有更高的光输出[54,55]。这种性能上的提升要归因于前者具有更少的缺陷、应变和杂质。利用这种纳米线制造的发光二极管已经出现。在生长于蓝宝石上的 GaN 纳米线中也观察到了发光效率的提高[56]。此外,纳米线激光器也已见诸报道。实验得到的激光纳米线的近场图像,为"产生的激光会演变成被纳米线引导并沿着其轴线传输的模式"这一观点提供了有力的证据[57,58]。参考文献[59]中实现了对带有集成电极的纳米线激光器的强度调制。在含有单一 CdS 或 GaN 纳米线的可见光、紫外光纳米尺度的激光器中,利用微加工电极产生的电场对激光器进行泵浦。通过研究不同几何构型器件对电场的依赖性,证明调制现象是由电吸收机制导致的。

并非所有的纳米尺度光发射器都是用纳米线制作的,有些利用的是量子点。嵌入 GaN 薄层的硅量子点 LED 表现出较高的效率[60]。通过在硅量子点有源层与透明电极层之间插入透明掺杂层,以及增加一个多层的微腔 DBR 结构,提高了这些器件的外量子效率。在硅和 III-V 族材料衬底上都已制作出了多种量子点激光器结构。Mi 等人[61] 报道的 $In_{0.5}Ga_{0.5}As$ 量子点激光器直接生长在带有 $0.5~\mu m$ 厚的 GaAs 缓冲层的硅衬底上,能够在室温下运转。Bakir 等人[62] 制作了以 InAs 量子点单平面为增益介质的紧凑型异质"2.5 维"光子晶体微激光器。该器件由顶部二维 InP 光子晶体平板、SiO_2 键合层和沉积在硅晶圆上的底部高折射率差 Si/SiO_2 布拉格反射镜组成。Choi 等人[63]制作了能够以 2.5 Gbps 数据率调制的 InAs、DBR、1.55 μm 波长的量子点激光器。他们在 InP 衬底上以 $2 \times 10^{10}/cm^2$ 的点密度层叠生长了七层量子点，并辅之以光栅结构，最后加工成脊形波导型激光二极管。关于量子点光发射器的详细介绍，请参阅 Michler 的著作[64]。

纳米尺度光发射器也可以用多种不同类型的纳米晶体来制作。Lalic 和 Linnros[65]通过向硅的热氧化物中注入硅离子的方法制成了基于硅纳米晶体的发光二极管结构。Iacona 等人[66]则报道了基于掺铒硅纳米团簇的发光二极管结构。铒掺杂导致了 1.54 μm 处的强烈电致发光，同时伴随着 900 nm 处二次发光的消失。

22.7.5 光探测器

对于一个完整的纳米尺度光集成回路，纳米光探测器是必需的。针对这一要求，人们开发了许多不同种类的纳米光探测器。Zheng 等人[67]制作了纳米尺寸的 p-n 结型雪崩光电二极管（NAPD）。图 22.21 给出了该器件的结构，其中包含两部分——部分是由 n 型浮动阴极及其下方的吸收区构成的光电子收集极，另一部分是由充电层、倍增区和重掺杂 n 型阴极构成的纳米柱。纳米柱的典型高度为 800 ~ 1000 nm，典型平均直径为 100 ~ 150 nm。

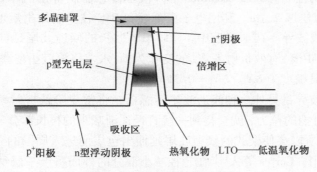

图 22.21   NAPD 结构示意图

对设计的 NAPD 结构进行模拟，预测其雪崩增益在 15 ~ 30 V 的反偏压范围内接近常数，充电层掺杂量为 $10^{14}/cm^2$ 时的增益为 100。实验结果与预测值吻合得很好。

Nayfeh 等人[68]在室温下的 p 型硅衬底上沉积硅纳米颗粒薄膜，制作了硅纳米颗粒薄膜紫外光探测器，颗粒大小约为 1 nm。其电流-电压特性显示，在 UV 照明下，正向电流大幅度增长，说明该器件为与类二极管结串联的光电导体。对于这种器件，365 nm 波长光照明时产生的光电流约为 1 mA，而可见光（λ = 560 nm）照明时产生的光电流约为 0.01 mA。在可见光背景强度很高的情况下，这种对 UV 波长敏感而对可见光波长不敏感的光电二极管尤为适用。

在 22.7.1 节中介绍了利用金属纳米线波导中的带电表面等离子体激元来携带光频信号的原理。用于这类光波长信号的光探测器中最好含有一个纳米尺度的金属共振天线，这样的光电二极管已经研制成功[69~71]。Ishi 等人[69]制作出了含有表面等离子体天线和直径为 300 nm 的有源区的硅肖特基光电二极管。与不含表面等离子体天线的类似器件相比，此种光电二极管的光电流要增大几十倍。这个结果表明，表面等离子体共振能够加强光生载流子的产生。由于光电信号转换过程发生在亚波长尺度内，所以带有表面等离子体天线的光电二极管本身就是一种高速的器件。利用金属纳米线波导和这种光电二极管一起来实现 PIC 中各器件之间的互连，可以为生产高速的纳米尺度 PIC 提供一种有效的途径。

22.7.6　传感器

传感器是纳米光子器件的一个主要的应用领域。由于本书范围所限,无法对已经出现的各种纳米光子传感器一一尽述,只能介绍几个具有代表性的例子。若读者想要了解更多的相关内容,请参阅 Andrews 和 Gaburro 的著作[72]。

纳米光子传感器是为了探测复合材料中的微损伤而提出来的。仿真模型预测,如果杆状复合物中引入了损伤,那么贴在它上面的纳米光子传感器的带隙形状会发生显著变化[73]。这种传感器可以是光子晶体,也可以是空心的光子带隙光纤。对于空心光子带隙光纤的详细讨论,请参考 Vincetti 等人[74]或 Smith 等人[75]的论文。

有一类纳米光子传感器,其工作基础是波导模式的倏逝波尾与其周围介质的相互作用,及其对波导模式有效折射率的实部或虚部所产生的影响。折射率实部的微扰会改变模式的速度、相位和波长;虚部的微扰则会导致损耗和衰减的变化。对于所有这些变化的探测和测量,都能够用来制作传感器。比如,Densmore 等人[76]就研制了一种倏逝场传感器。该器件由包含在Mach-Zehnder 干涉仪(MZI)型传感器中的 SOI 光子线波导构成,可以将它作为一种生物医学换能器来监控均匀溶液的性质。Mach-Zehnder 干涉仪型传感器制备在一片 SOI 晶圆上,晶圆的硅层厚 0.26 μm,埋氧层厚 2 μm。利用电子束刻蚀和 RIE 技术制作出矩形截面为 0.26 μm ×0.45 μm 的单模光子线波导。在水溶液中,1.55 μm 波长的倏逝波尾延伸至水中的长度约为0.8 μm。测得导模(TM 模)有效折射率 N_{eff} 的变化为糖/水上层溶液折射率 N_c 变化的函数。对于 $\lambda = 1.55$ μm,测得灵敏度为 $\delta N_{eff}/\delta N_c = 0.31$。

熔融拉锥型光纤波导是另外一种倏逝波尾传感器。将常规阶跃折射率玻璃光纤的一部分进行加热,然后施以可控的拉力,就会得到一段直径逐渐减小的拉长部分。由于这部分光纤的包层变薄、芯径变小,所以会使模式的倏逝波尾延伸出包层而进入周围的介质中。因此,可以将其作为传感器来使用。Corres 等人[77]在芯径减小部分的外面覆上一层纳米厚度的湿度敏感材料,制成了一种纳米光子型的熔融拉锥光纤波导倏逝波尾传感器。通常,拉锥部分的束腰直径为 20～25 μm,长度为 1 mm。原始光纤为标准通信用单模光纤,$n_{纤芯} = 1.4573$,$n_{包层} =$1.450。利用静电自组装(ESA)法进行湿敏纳米薄膜的沉积[78],湿敏材料为聚二烯丙基二甲基氯化铵(PDDA)和聚合染料 R-478(Poly-R)。在 1310 nm 波长下,对覆有 275 nm 厚聚合物涂层、束腰为 20 μm 的光纤进行了实验测试。当周围环境湿度从 75% 增至 100% 时,光纤透射光强变化从 0 变至 14 dB。

纳米光子传感器也可以用第 19 章中介绍过的微光机电系统(MOEMS)的技术来制作。Zinoviev 等人[79]制作了一种此类的传感器。图 22.22 画出了他们研发的微悬臂梁传感器。

该器件的工作原理是基于两个对接耦合波导的耦合效率对两波导的对准偏差的敏感度。文中提到,可以以 18 fm/(Hz)$^{1/2}$ 的分辨率探测到悬臂梁的挠曲,其限制因素是光探测器的散弹噪声。在此器件中,同一块硅芯片上含有由 20 路带悬臂梁的独立波导通道组成的阵列,悬臂梁长 200 μm,厚 500 nm。悬臂梁和波导宽度均为 40 μm。这种传感器的灵敏度可与采用原子力显微镜(AFM)检测原理的传感器相比,但在需要对同一芯片上多种响应进行并行实时监控的场合,这种传感器用起来要方便得多。

当今,健康科学、环境监测和生物战对策领域对于生物传感器的需求很大。由于光子晶体具有纳米尺度的大小,对周围介质的变化又很敏感,因此是这类应用的理想选择。对于生物物质的传感,可以通过测量其介电性质来直接获得,也可以通过向其附加荧光物质再激发荧光分子的方法来间接实现。前一种方法称为"无标记检测",后一种则称为"荧光增强检测"。光子晶体已经成功地用于上述两种检测方法中[80~84]。

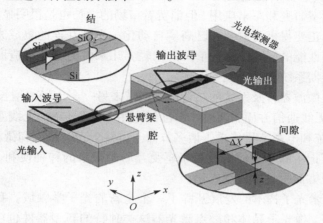

图 22.22　微悬臂梁传感器结构示意图[79]

病毒的大小通常在 20 ~ 200 nm 范围内[85]。如此小的尺寸使得生物战对策应用中所需的实时病毒检测变得困难。Ignatovich 等人[86] 提出了两种纳米尺寸粒子的光学实时检测方法,其中一种方法涉及到纳米粒子穿过受限光场时施加在其上的光学梯度力的测量,而另一种方法则用干涉法来检测激光照射粒子所产生的散射场幅度。

关于纳米尺度生物传感器的进一步介绍,读者请参阅 Shi[87]、Hoffmann[88] 和 Schultz 等人[89] 的著作。

22.8　集成光学和纳米光子学的未来规划

光纤互连器在技术和经济上的可行性已经在众多应用中得到了清楚的体现。光纤光缆传输系统现已在局间链路和海底光缆中得到了广泛的应用,并已扩展到了许多企业和家庭中,用来提供高速互联网接入和数据传输业务。几十吉比特每秒量级的数字数据传输速率已经极为普遍,而高达几太比特每秒的数据率也将在未来几年内的 DWDM 系统中得到普及。虽然在很多地方,光纤光缆尚未取代用户环路中的铜线电缆,但是相关的规划已经在制定中。这种转换一旦完成,公用电话网将变成一种灵活得多的媒介,将能够传输包含交互式高速数据传送、高清有线电视频道、可视电话、高速传真、安全及医疗报警系统在内的各种新型业务。由因特网和万维网数据通信所带来的种种益处已经惠及大多数家庭。

随着高数据率光纤光缆传输线修建的日益完善,对于光集成回路的需求也有了巨大的增长。因此,光集成回路已经结束了仅为实验室研究对象的阶段并进入了市场。许多公司现已将光集成回路作为现成的商用产品进行销售,并且已有几家公司能够提供用户设计 PIC 的加工服务,而这种服务在电子集成电路芯片行业已经存在了很多年。相对而言,当前的商用 PIC 种类还是比较有限的——激光二极管芯片,2 × 2 光开关,电光相位调制器,Mach-Zehnder 干涉仪型强度调制器,复用器和解复用器,OADM,耦合器和分束器。但是与电子集成电路相比,这些产品出现在市场上的时间还比较短。随着系统工程师们对这些器件的用途和优点的逐渐熟悉，对于更为复杂的 PIC 的需求定会增长。而随着光纤的应用进一步延伸到电信系统的用户环路中，对高速光开关和耦合器大量需求的最佳解决方式便是将其制成 PIC 形式。

PIC 和光纤作为传感器的使用也是一个正在迅速发展的应用领域。虽然迄今为止的大部分工作还仅限于实验室研究和军事应用，但消费者市场的增长也是很明显的。比如，现代汽车中的传感和控制功能正变得极为复杂并已高度自动化。光纤互连的集成光学传感器和信号处理器则可以在提高其性能的同时，使重量大大减轻。几家大的汽车制造商已经在他们的汽车中使用了光纤光学仪器系统和其他光子器件。

集成光学技术与微波器件及系统的结合也可能带来另一个市场的增长，尤其是在 21.1 节和 21.2 节中讨论的无线通信方面，该项技术已经应用于数据传输、无线互联网、移动电话、航空电子设备、安全系统和电视节目传送等诸多方面。得益于光纤系统和微波系统的结合，人们已经可以利用无线笔记本和掌上便携设备来享受互联网带来的种种便利。此外，无线光子系统也已在安保和监视方面得到了广泛应用。

过去几年中，纳米光子技术的发展开辟了一个全新的光子学领域。我们所熟悉的器件尺寸缩小了几个数量级，像光子晶体和微点激光器这类独特的新型器件也已创造出来。虽然这些器件的潜在应用还有待开发，但可以预期的是，它们将对人们未来的生活产生重大而广泛的影响，无论是在工程领域还是物理、化学、生物和医药领域。社会生活的许多部门都将受到纳米技术的影响，以至于许多人都认为除了其益处以外，还必须对其在文化、道德和教育方面可能带来的风险加以研究。许多书籍中都谈到了纳米技术这些方面的内容[90~93]。虽然现在我们还无法准确预测纳米光子学的未来，但可以肯定，那将是非常令人兴奋的。

习题

22.1 描述光子晶体是如何导光的，导光的基本原理(机制)是什么?

22.2 垂直腔表面发光激光器(VCSEL)与端面发光激光器相比有何优点?

22.3 有一个理想透镜，直径为 5 cm，焦距为 1 m。用这个透镜将波长为 1.55 μm 的光束聚焦。

　　(a)根据瑞利判据，该透镜能够分辨的最小物体有多大?

　　(b)如果在一个实际的光刻投影曝光系统中使用同一透镜，抗蚀因子 $k = 0.80$，那么能够得到的最小特征尺寸为多大? 提示:假设 $NA = D/2f$。

22.4 以 2×10^7 m/s 的速度在真空中运动的电子，其德布罗意波长是多少?

22.5 请描述两种能够在半导体和介质材料中制作出高宽高比结构的溅射刻蚀技术。

22.6 一列平面波在二维矩形光子晶体晶格中传播，晶格常数为 660 nm。请问何种波长的光波将受到阻止而无法传播?

22.7 用来在 III-V 族半导体(如 GaAs 和 InP)中生长膜层的方法有哪两种? 与微米层的生长相比，生长纳米层所必须采取的特殊步骤有哪些? 请加以说明。

参考文献

1. G. J. Parker, M. D. B. Charlton: Photonic crystals, Phys. World **13**, 29 (2000)

2. R. Dingle: *proc. 13th Intl Conf, on Physics of Semiconductor*. F. G. Fumi (ed.) (North Holland. Amsterdam 1976)

3. S. J. Yoo, J. W. Lim, Y. Sung, Y. H. Jung, H. G. Choi: Fast switchable electrochromic properties of tungsten oxide nanowire bundles, Appl. Phys. Lett. **90**, 173126 (2007)

4. P. M. Petroff, A. Lorke, A. Imamoglu: Epitaxially self-assembled quantum dots, Phys. Today **54**, 94 (2001)

5. Y. Arai, T. Yano, S. Shibata: High refractive -index microspheres as optical cavity structure, J. Sol -Gel Sci. Technol. **32**, 189 (2004)

6. S. F. Tang, C. D. Chiang, P. K. Weng, Y. T. Gau, J. J. Luo, S. T. Yang, C. C. Shih, S. Y. Lin, S. C. Lee: High -temperature operation normal incident 256×256 InAsGaAs quantum -dot infrared photodetector focal plane array, IEEE Photonics Technol. Lett **18**, 988 (2006)

7. D. M. Pustai: *Realizing functional two -dimensional Photonic crystal devices*, Ph. D. Dissertation (University of Delaware, Newark, DE 2004)

8. K. M. Leung, Y. F. Liu: Photon Band structures -the plane wave method, Phys. Revi. BCondens. Matter **41**, 10188 (1990)

9. L. Liu, J. T. Liu: Photonic band structure in the nearly plane wave approximation, Eur. Phys. J. **B**, 381 (1999)

10. A. Taflove: *Computational Electrodynamics: The Finite -Difference Time -Domain Method* (Artech House, Inc., Boston, MA 1995)

11. D. R. Smith, S. Shultz, S. L. McCall, P. M. Platzmann: Defect studies in a 2-dimensional PeriodicPhotonic Lattice, J. Mod. Opt. **41**, 395 (1994)

12. H. Ibach, H. Lüth: *Solid-State Physics, An Introduction to Principles of Materials Science*, 2nd Ed. (Springer-Verlag, New York, Heidelberg, 1996)

13. C. Kittel, *Introduction to Solid State Physics* (Wiley: New York, 1996)

14. D. M. Pustai, A. Sharkawy, S. Y. Shi, D. W. Prather: Tunable photonic crystal microcavities. Appl. Opt **41**, 5574 (2002)

15. M. Wilson, K. Kannagara, G. Smith, M. Simmons, B. Raguse *Nanotechnology: Basic Scienceand Emerging Technologies* (Chapman & Hall/CRC, Boca Raton, FL. 2002)

16. T. Fukui, R. Saito: International Symposium on GaAs and Related Compounds. Biarritz, France (1984).

17. l. Kim, D. G. Chang, P. D. Dapkus: J. Cryst. Growth **195**, 138 (1998)

18. S. A. Campbell: *The Science and Engineering of Microelectronic Fabrication* 2nd edn. (Oxford University Press, Oxford, New York, 2001) Chap. 9

19. J. E. Bjorkholm: EUV lithography-The successor to optical lithography?, Intel Technol. J. **Q3**,1 (1998)

20. J. L. Vossen, W. Kern: *Thin Film Processes* (Academic Press, New York, 1978)

21. M. Koskenvuori, N. Chekurov, V-M, Airaksinen, I. Tittonen: Fast dry fabrication process withultra-thin atomic layer deposited mask for released MEMS-devices with high electromechanicalcoupling, Proc. Solid-State Sensors, Actuators and Microsystems Conference 2007 **10**,501 (2007)

22. M. J. de Boer, J. G. E. Gardeniers, H. V. Jansen, E. Smulders, M-J. Gilde, G. Roelofs, J. N. Sasserath, M. Elwenspoek: Guidelines for etching silicon MEMS structures usingfluorine high-density plasmas at cryogenic temperatures, J. Microelectromech. Syst. **11**,385 (2002)

23. C. Chang, Y-FWang, Y. Kanamori, J-J. Shih, Y. Kawai, C-K. Lee, K-C. Wu, M. Esashi: Etching submicrometer trenches by using the Bosch process and its application to the fabrication of antireflection structures, J. Micromech. Microeng. **15**, 580 (2005)

24. M. Puech, JM Thevenoud, N. Launay, N. Arnal, P. Godinat, B. Andrieu, JM. Gruffat: High productivity DRIE solutions for 3D-SiP and MEMS volume manufacturing, J. Phys: Conf. Ser. **34**, 481 (2006)

25. R. Bosch GmbH: US Patents 5501893, 6127273, 6214161, 6284148 (filed 1994-1999, issued1996-2001)

26. S. Venkataraman, J. Murakowski, T. N. Adam, J. Kolodzey, D. W. Prather: Fabrication of highfill-factor photonic crystal devices on silicon-on-insulator substrates, J. Microlith, Microfab. Microsyst. **2**, 248 (2003)

27. P. N. Prasad: *Nanophotonics* (Wiley-Interscience, New York, 2004) Chap. 7

28. S. M. Sze: *VLSI Technology*, 2nd edn. (McGraw Hill, New York, 1988) Chap. 12

29. T. Baba, D. Mori, K. Inoshita, Y. Kuroki: Light localizations in photonic crystal line defect waveguides, IEEE J. Sel. Top. Quant. Electronics **10**, 484 (2004)

30. S. G. Johnson, C. Manolatou, S. Fan, P. R. Villeneuve, J. D. Joannopoulos, H. A. Haus: Elimination of cross talk in waveguide intersections, Opt. Lett. **23**, 1855 (1998)

31. A. Yariv, Y. Xu, R. K. Lee, A. Scherer: Coupled-resonator optical waveguide: a proposal and analysis, Opt. Lett. **24**, 711 (1999)

32. Y. Xu, R. K. Lee, A. Yariv: Propagation and second-harmonic generation of electromagnetic waves in a coupled resonator optical waveguide, JOSA B, **17**, 387 (2000)

33. W. J. Kim, W. Kuang, J. O 払 rien: Dispersion characteristics of photonic crystal coupled resonator optical waveguides, Opt. Express **11**, 3431 (2003)

34. J. K. S. Poon, J. Scheuer, Y. Xu, A. Yariv: Designing coupled-resonator optical waveguide delay lines, JOSA B **21**, 1665 (2004)

35. S. V. Boriskina: Spectral engineering of bends and branches in microdisk d resonator optical waveguides, Opt. Express **15**, 17371 (2007)

36. A. Martinez, A. Griol, P. Sanchis, J. Marti: Mach Zehnder interferometer employing coupled resonatoroptical waveguides, Opt. Letters **28** (6) 405 (2003)

37. W. Bogaerts, P. Dumon, D. VanThourhout, D. Taillaert, P. Jaenen, J. Wouters, S. Beckx, V. Wiaux, R. G. Baets: Compact wavelength-selective functions in silicon-on-insulator photonicwires, IEEE J. Sel. Top. Quant. Electron. **12**, 1394 (2006)

38. W. Bogaerts, R. Baets, P. Dumon, V. Wiaux, S. Beckx, D. Taillaert, B. Luyssaert, J. Van-Thourhout, Nanophotonic waveguides in silicon-on insulator fabricated with CMOS technology,J. Lightwave Technol. **23**, AOI (2005)

39. W. Bogaerts, V. Wiaux, D. Taillaert, S. Beckx, B. Luyssaert, P. Bienstman, R. Baets: Fabrication of photonic crystals in silicon-on-insulator using 248-nm deep UV lithography, IEEE J. Sel. Top. Quant. Electron. **8**, 926 (2002).

40. D. Dai, S. He: Optimization of ultracompact polarization-insensitive multimode interference couplers based on Si nanowire waveguides, IEEE Photonics Technol. Lett. **18**, 2017(2006)

41. D. Dai, S. He: Ultrasmall overlapped arrayed-waveguide grating based on Si nanowire waveguides for dense wavelength division demultiplexing, IEEE J. Sel. Top. Quant. Electron. **12**,1301 (2006)

42. S. J. Al-Bader: Optical transmission on metallic wires-fundamental modes. IEEE J. Quant. Electron. **40**, 325 (2004)

43. S. A. Maier: Plasmonics: metal nanostructures for subwavelength photonic devices, IEEE J. Sel. Top. Quant. Electron. **12**, 1214 (2006)

44. S. Fan, S. G. Johnson, J. D. Joannopoulos, C. Manolatou, H. A. Haus, Waveguide branches in photonic crystals, J. Opt. Soc. Am. B **18**, 162 (2001)

45. S. Fan, P. R. Villeneuve, J. D. Joannopoulos, H. A. Haus: Channel drop tunneling through localized states, Phys. Rev. Lett. **80**, 960 (1998)

46. D. M. Pustai, A. Sharkawy, S. Shi, G. Jin, J. Murakowski, D. W. Prather: Characterization and analysis of photonic crystal photonic waveguides, J. Microlith. , Microfab. Microsyst. **2**, 292(2003)

47. A. Sure, T. Dillon, J. Murakowski, C. Lin, D. Pustai, D. W. Prather: Fabrication and characterization of three-dimensional silicon tapers, Opt. Lett. **27**, 1601 (2002)

48. N. Ryusuke, M. Takashi, T. Yasuhiro, J. Piprek: Novel nano-defect measurement method of SOI wafer using evanescent light, SPIE Proc. **6013**, 60130 N.1 (2005)

49. F. Van Laere, T. Claes, J. Schrauwen, S. Scheerlinck, W. Bogaerts, D. Taillaert, L. O' F aolain,D. Van Thourhout, R. Baets: Compact focusing grating couplers for silicon-on-insulator integrated circuits, Photonics Technol. Lett. **19**, 1919 (2007)

50. H. M. Presby, C. A. Edwards: Near 100% efficient fiber microlenses, Electron. Lett. **28**, 582(1992).

51. D. W. Prather, J. Murakowski, S. Shi, S. Venkataraman, A. Sharkawy, C. Chen, D. Pustai: High-efficiency coupling structure for a single-line-defect photonic-crystal waveguide, Opt. Lett. **27**, 1601 (2002)

52. D. J. Ripin, K. Y. Lim, G. S. Petrich, P. R. Villeneuve, S. Fan, E. R. Thoen, J. D. Joannopoulos, E. P. Ippen, L. A. Kolodziejski: Photonic band gap air bridge microcavity resonances in GaAs/AlxOy waveguides, J. Appl. Phys. **87**, 1578 (2000) Fig. 22.22, Copyright 2000. Reprinted with permission from American Institute of Physics.

53. W. Nakagawa, Y. Fainman: Tunable optical nanocavity based on modulation of near-field coupling between sub-wavelength periodic nanostructures, IEEE J. Sel. Top. Quant. Electron. **10**, 478 (2004)

54. J. B. Schlager, N. A. Sanford, K. A. Bertness, J. M. Barker, A. Roshko and P. T. Blanchard: Polarization-resolved photoluminescence study of individual GaN nanowires grown by catalyst-free MBE, Appl. Phys. Lett. **88**, 213106 (2006)

55. K. A. Bertness, N. A. Sanford, J. M. Barker, J. B. Schlager, A. Roshko, A. V. Davydov, I. Levin: Catalyst-free growth of GaN nanowires. J. Electron. Mater. **35**, 576 (2006)

56. D-H. Kim, C-O. Cho, J. Kim, H. Jeon, T. Sakong, J. Cho, Y. Park: Extraction efficiency enhancement in GaN-based light emitters grown on a holographically nano-patterned sapphire substrate, Proceedings of the 2005 IEEE Quantum Electronics and Laser Science Conference, **2**, 1268 (2005)

57. J. C. Johnson, H. J. Choi, K. P. Knustsen, R. D. Schaller, P. Yang, R. J. Saykally: Single gallium nitride nanowire lasers, Nature Mater. **1**, (2002).

58. X. Duan, Y. Huang, R. Agarval, C. M. Lieber: Single-nanowire electrically driven lasers, Nature **421**, 241 (2003).

59. A. B. Greytak, C. J. Barrelet, Y. Li, C. M. Lieber: Semiconductor nanowire laser and nanowire waveguide electro-optic modulators, Appl. Phys. Lett. **87**, 151103 (2005)

60. K. S. Cho, N. -M. Park, T. -Y. Kim, K. H. Kim, G. Y. Sung, J. H. Shin: High efficiency visible electroluminescence from silicon nanocrystals embedded in silicon nitride using a transparent doping layer, Appl. Phys. Lett. **86**, 071909 (2005)

61. Z. Mi, P. Bhattacharya, J. Yang, K. P. Pipe: Room-temperature self-organised $In_{0.5}Ga_{0.5}As$ quantum dot laser on silicon, Electron. Lett. **41**, 742 (2005)

62. B. B. Bakir, C. Seassal, X. Letartre, P. Regreny, M. Gendry, P. Viktorovitch, M. Zussy, L. DiCioccio, J. -M. Fedeli, Room-temperature InAs/InP quantum dots laser operation based on heterogeneous "2. 5 D" photonic crystal, Opt. Express **14**, 9269 (2006)

63. B. S. Choi, E. D. Sim, C. W. Lee, J. S. Kim, H. -S. Kwack, D. K. Oh: 1. 55 μm quantum dot laser for 2. 5 Gbps operation, Proc. NSTI Bio-Nanotechnol. conf., Santa clara, CA(2007)

64. P. Michler (ed.): Single Quantum Dots Fundamentals, Applications and New Concepts, Top. Appl. Phys. **90** (Springer, New York, 2003)

65. N. Lalic, J. Linnros: Light emitting diode structure based on Si nanocrystals formed by implantation into thermal oxide. J. Lumin **80**, 263 (1999)

66. F. Iacona, A. Irrera, G. Franzo, D. Pacifici, I. Crupi, M. Miritello, C. D. Presti, F. Priolo: Silicon-based light-emitting devices: properties and applications of crystalline, amorphous and Er-doped nanoclusters, IEEE J. Sel. Top. Quant. Electron. **12**, 1596 (2006)

67. X. Zheng, A. L. Lane, B. Pain, T. J. Cunningham: Modeling and fabrication of a nanomultiplication-region avalanche photodiode, Proc. NASA Science Technology Conference, NSTC, College Park, MD, 2007

68. O. M. Nayfeh, S. Rao, A. Smith, J. Therrien, M. H. Nayfeh: Thin-film silicon nanoparticle UV photodetector, IEEE J. Sel. Top. Quant. Electron. **16**, 1924 (2004)

69. T. Ishi, J. Fujikata, K. Makita, T. Baba, K. Ohashi: Si nano-photodiode with a surface plasmon antenna, Jpn. J. Appl. Phys. **44**, L364 (2005)

70. J. Fujikata, T. Ishi, D. Okamoto, K. Nishi, K. Ohashi: Highly efficient surface-plasmon antenna and its appli-

cation to Si nano-photodiode, Proc. 19th Annual Meeting of the IEEE Lasers and Electro-Optics Society, Montreal, Quebec (2006)

71. K. Nishi, J. Fujikata, T. Ishi, D. Okamoto, K. Ohashi: Development of nanophotodiodes witha surface plasmon antenna, Proc. 20th Annual Meeting of the IEEE Lasers and Electro-OpticsSociety, Lake Buena Vista, FL (2007)

72. D. L. Andrews, Z. Gaburro, (eds.), *Frontiers in Surface Nanophotonics*, Springer Series in Optical Sciences **133** (Springer, New York, 2007)

73. I. EI-Kady, M. M. R. Taha: Nano Photonic sensors for microdamage detection: an exploratory simulation, Proc. IEEE International Conference on Systems, Man and Cybernetics,Waikoloa, Hawaii (2005)

74. L. Vincetti, M. Maini, F. Poli, A. Cucinotta, S. Selleri: Numerical analysis of hollow core photonic band gap fibers with modified honeycomb lattice, Opt. Quant. Electron. **38**, 903(2006)

75. C. M. Smith, N. Venkataraman, M. T. Gallagher, D. Müller, J. A. West, N. F. Borrelli, D. C. A. Koch, K. W. Koch: Low-loss hollow-core silica/air photonic

76. A. Densmore, D. -X. Xu, P. Waldron, S. Janz, P. Cheben, J. Lapointe, A. Del â ge, B. Lamontagne,J. H. Schmid, E. Post: A silicon-on-insulator photonic wire based evanescent field sensor. IEEE Photonics Technol. Lett. **18**. 2520 (2006)

77. J. M. Corres, J. Bravo, I. R. Matias, F. J. Arregun: Nonadiabatic tapered single-mode fiber coated with humidity sensitive nanofilms. IEEE Photonics Technol. Lett. **18**, 935 (2006)

78. A. Ulman: Formation and structure of self-assembled monolayers. Chem. Rev. **96**, 1533(1996)

79. K. Zinoviev, C. Dominguez, J. A. Plaza, V. J. C. Busto, L. M. Lechuga: A novel optical waveguide microcantilever sensor for the detection of nanomechanical forces, J. Lightwave Technol. **24**, 2132 (2006)

80. L. L. Chan, S. Gosangari, K. Watkin, B. T. Cunningham: A label-free photonic crystal biosensor imaging method for detection of cancer cell cytotoxicity and proliferation, Apoptosis **12**,1061 (2007)

81. B. Lin, P. Y. Li, B. T. Cunningham: A label-free biosensor-based cell attachment assay for characterization of cell surface molecules, Sens. Actuators B **114** (2006)

82. P. C. Mathias, N. Ganesh, L. L. Chan, B. T. Cunningham: Combined enhanced fluorescence and label-free biomolecular detection with a photonic crystal surface, Appl. Opt. **26**, 2351 (2007)

83. N. Ganesh, W. Zhang, P. C. Mathias, E. Chow, J. A. N. T. Sooares, V. Malyarchuk, A. D. Smith,B. T. Cunningham: Enhanced fluorescence emission from quantum dots on a photonic crystal surface, Nature Nanotechnol. **2**, 515 (2007)

84. N. Ganesh, I. D. Block, B. T. Cunningham: Near ultraviolet-wavelength photonic-crystal biosensor with enhanced surface-to-bulk sensitivity ratio, Appl. Phys. Lett. **89**, 023901 (2006)

85. C. A. Tidona, G. Darai, C. Buuchen-Osmond: *The Springer Index of Viruses* (Springer-Verlag Berlin, 2002)

86. F. V. Ignatovich, D. Topham, L. Novotny: Optical detection of single nanoparticles and viruses,IEEE J. Sel. Top. Quant. Electron. **12**, 1292 (2006)

87. D. Shi (ed.): *NanoScience in Biomedicine* (Springer-Verlag, New York, 2008)

88. K. -H. Hoffmann (ed.): Functional Micro-and Nanosystems Proceedings of the 4th Caesarium,Bonn, June 16-18, 2003 (Springer-Verlag, New York, 2004)

89. J. Schultz, M. Mrksich, S. N. Bhatia, D. J. Brady, A. J. Ricco, D. R. Walt, C. L. Wilkins, (eds.),*Biosensing-International Research and Development*, (Springer-Verlag, New York, 2006)

90. H. Brune, H. Ernst, A. Grunwald,W. Grunwald (eds.): *Nanotechnology: Assessment and Perspectives* (Springer-Verlag, Berlin, Heidelberg. 2006)

91. N. Cameron, E. Mitchell: Nanoscale: *Issues and Perspectives for the Nano Century* (Wiley,New York, 2007)

92. R. E. Hester, R. Harrison (eds.): *Nanotechnology: Consequences for Human Health & the Environment* (Springer-Verlag, New York, 2007)

93. P. M. Boucher: *Nanotechnology: Legal Aspects* (CRC Press, Boca Raton, Florida, 2008)

中英文名词对照表

Coherent radiation　相干辐射

Commercially available OICs　商用光集成回路

Conductive oxides　导电氧化物

Confinement factor (d/D)　限制因子

Corrugated grating　皱折光栅

Coupled-mode theory　耦合模理论

Coupled-resonator optical waveguide (CROW)　耦合谐振腔光波导

Coupler　耦合器

　3 dB　3 分贝

　air beam to optical fiber　空气光到光纤

　beam to waveguide　光束到波导

　butt-coupled ridge waveguides　对接耦合脊形波导

　confluent　汇合

　direct focus("end-fire")　直接聚焦(端焦法)

　directional　定向的

　dual-channel　双通道

　dual-channel, fabrication　双通道,制作

　end-butt　端接

　end-fire　端焦法

　fiber to waveguide　光纤到波导

　grating　光栅

　prism　棱镜

　tapered　锥形的

　transverse　横向的

　waveguide to waveguide　波导到波导

Coupling　耦合

　coefficient　系数

　efficiency　效率

　length　长度

　loss　损耗

　synchronous (coherent)　同步的(相干的)

Critical angle　临界角

Cross talk　串扰

CROW　耦合谐振腔光波导

Crystal momentum　晶体动量

Current"kinks"　电流扭折

Current trends in integrated optics　集成光学的发展趋势

D

Damage threshold level　损伤阈值

Deep reactive-ion etch (DRIE) processes　深离子反应刻蚀

Defect doping　缺陷掺杂

Delay time, turn-on　延迟时间,打开

Depletion layer photodiode　耗尽层光电二极管

Detector　探测器

　Dark current　暗电流

　High-frequency cutoff　高频截止

　Linearity　线性性

　Proton-bombarded　质子轰击的

　Quantum efficiency　量子效率

　Spectral response　光谱响应

Detector array　探测器阵列

Differential quantum efficiency　微分量子效率

Diffraction theory　衍射理论

Diffused dopants　扩散杂质

Diffusion length, electron　扩散长度,电子

Direct bandgap　直接带隙

Directional coupler tree　树形定向耦合器

Direct modulation of laser diodes　激光二极管的直接调制

Dispersion-compensated fiber　色散补偿光纤

Diffractive optical elements (DOE)　衍射光学元件

Divergence angle　发散角

Doppler velocimeter　多普勒测速计

Dry etching　干法刻蚀

E

Efficiency of light emission　光发射效率

Einstein coefficients　爱因斯坦系数

E versus k diagram　E-k 图

Electro-absorption　电吸收

Elecromagnetic interference (EMI)　电磁干涉

　Confinement of electrons and photons　电子和光子的限制

　Propereties of electrons and photons　电子和光子的性质

Electron transitions　电子跃迁

　direct and indirect　直接和间接

　interband and intraband　带间和带内

Electro-optical effect　电光效应

Electro-optic tensor　电光张量

Emitter/detector terminal　发射器/探测器终端

Enhanced fluorescence detection　荧光增强探测

Epitaxial growth　外延生长

Erbium-doped fiber　掺铒光纤

single-mode　单模

stripe geometry　条形

threshold　阈值

tunnel-injection　隧道注入

threshold conditions　阈值条件

Laser diode　激光二极管

control of emitted wavelength　发射波长的控制

direct modulation　直接调制

frequency response　频率响应

double heterostructure　双异质结结构

effective gain　有效增益

emission spectrum　发射光谱

Extrapolated lifetime　外推寿命

Gain coefficient　增益系数

Heterojunction　异质结

Long wavelength　长波长

Loss coefficient　损耗系数

Microwave modulation　微波调制

Mode spectrum　模式频谱

Output power and efficiency　输出功率和效率

Package　组装

Power flow diagram　功率流程图

Range finder　测距机

Rate equations　速率方程

Reliability　可靠性

Spatial divergence　空间偏离

Threshold conditions　阈值条件

Transverse spatial energy distribution　能量的横向空间分布

Laser, distributed Bragg reflection (DBR)　激光器, 分布式布拉格反射

Effective cavity length　有效腔长

Longitudinal mode spacing　纵模间隔

Laser, distributed feedback (DFB)　激光器, 分布式反馈

Emission linewidth　发射线宽

Laterally coupled　横向耦合

Oscillation condition　振荡条件

In quaternary materials　四元材料

threshold current density　阈值电流密度

wavelength selectability　波长选择能力

wavelength stability　波长稳定性

Lattice constants　晶格常数

Latticemismatch　晶格失配

LEAD devices　光发射-接收器件

Light emitters　光发射器

Light-emitting diodes　发光二极管

Linewidth ot light emission　光发射线宽

Link gain　链路增益

Lithium niobate　铌酸锂

Lithium tantalate　钽酸锂

Local oscillators　本机振荡器

Loss　损耗

M

Mach-Zehnder Interterometer(MZI)　Mach-Zehnder 干涉仪①

Magnetron sputtering　磁控溅射

Maximum deviation　最大偏离

Maximum modulation depth(extinction ratio)　最大调制深度(消光比)

Maxwell's wave equation　麦克斯韦波动方程

MBE, see Molecular beam epitaxy(MBE)　分子束外延

Mesa photodiode　台面型光电二极管

Metal-organic chemical vapor deposition(MOCVD)　金属有机化学气相沉积

Metal-organic vapor phase epitaxy(MOVPE)　金属有机气相外延

Micro-opto-electro-mechanical devices(MOEMs or MEMs)　微光机电器件

Microscopic modelfor light generation and absorption　光产生和吸收的微观模型

Microwave carrier generation　微波载波产生

Microwave modulators　微波调制器

Microwave/optical integrated circuits　微波/光集成回路

Microwave over fiber　光载微波

M lines　M 线

Mode instability　模式不稳定性

Model dispersion　模式色散

Modes　模式

air radiation　空气辐射

definition of　定义

in dual-channel coupler　双通道耦合器

---

①　除牛顿、爱因斯坦等大家都熟知的外国科学家之外, 外国人名用原名。——译者注

Quartz substrate 石英衬底

Quasi-Fermi levels 准费米能级

Quasi-guided modes 准导模

Quaternary materials 四元材料

R

Radiation loss 辐射损耗

Raman optical amplifiers 拉曼光放大器

Rayleigh criterion 瑞利判据

Ray optics 射线光学

Relaxation oscillation 弛豫振荡

Repeater spacing 中继距离

Resonant cavity 共振腔

RF spectrum analyzer 射频频谱分析仪

Ridge waveguides 脊形波导

Reactive-ion etching(RIE) 反应离子刻蚀

Reflection high-energy electron diffraction(RHEED)
高能电子衍射反射

Resonators 谐振器

RHEED, 见 Reflection high-energy electron diffraction
(RHEED)

RIE, 见 Reactive-ion etching(RIE)

S

Scanning electron microscope 扫描电子显微镜

Scattering loss 散射损耗

Schottky-barrier contact 肖特基势垒接触

Schottky-barrier photodiode 肖特基势垒光电二极管

Self-aligned couplers 自对准耦合器

Self electro-optic effect devices(SEED) 自电光效应
器件

Self sustained oscillations 自激振荡

Sellmeier equation Sellmeier 方程

Semiconductor optical amplifiers 半导体光放大器

Sensors 传感器

Silicon nitride 氮化硅

Single-mode optical fibers 单模光纤

Slidebar boat 滑杆舟——外延技术中习惯称"舟"

Slow light structures 慢光结构

Spatial harmonics 空间谐波

Spiking resonance 尖峰振荡

Spontaneous emission of light 光自发辐射

Sputtering 溅射

    ion-beam 离子束

    plasma discharge 等离子体放电

reactive 反应的

Standing wave 驻波

Stepped $\Delta\beta$ reversal 阶跃 $\Delta\beta$ 相反

Stimulated emission of light 光受激辐射

Stop cleaving 中止解理

Strain 应变

Strain-optic tensor 应变光张量

Stress 应力

Substitutional dopant atoms 掺杂原子置换

Substrate mateials for OICs 光集成衬底材料

Super-radiance radiation 超辐射发射

Surface acoustic wave(SAW) 表面声波

Surface plasmon-polaritons 表面等离子体激元

Switching speed 开关速度

Switch matrix 开关矩阵

T

Tantalum pentoxide 五氧化二钽

Telecommunications systems 远程通信系统

Temperature sensor 温度传感器

Ternary materials 三元材料

Thermal effects in lasers 激光器中的热效应

Thermal equilibrium 热平衡

Thermalization 热化

Thin-film deposition 薄膜沉积

    from solutions 溶液沉积

Thin membranes 薄膜片

Thulium-doped fiber amplifiers 掺铥光纤放大器

Torsion plates 扭转盘

Total internal reflection 全内反射

Transition rate equation 跃迁速率方程

Transverse junction stripe(TJS)laser 横向结条形激光器

Traveling wave electrodes 行波电极

Trends in optical telecommunications 光通信的趋势

Tunneling current density 隧道电流密度

V

Vacuum-vapor deposition 真空气相沉积

Variance 变量

Velocity approach 速度方法

Vertical-cavity-surface-emitting laser（VCSEL） 垂直
腔表面发光激光器

W

Waveguide 波导

    asymmetric 不对称

branching　分支
carrier-concentration-reduction　载流子浓度减少
channel　通道
curved　弯曲
cutoff conditions　截止条件
depletion layer　耗尽层
electro-optic　电光
fabrication methods　制作方法
loss measurement　损耗测量
photodiode　光电二极管
planar　平面的
rectangular　矩形的

strip-loaded　条载
　symmetric　对称的
Wavelength incompatibility　波长不兼容性
Wireless network　无线网络

X

X-ray lithography　X 射线刻蚀

Z

Zinc oxide　氧化锌
Zinc selenide　硒化锌
Zinc telluride　碲化锌